中国核科学技术进展报告

（第八卷）

中国核学会 2023 年学术年会论文集

中国核学会◎编

第 4 册

核化工分卷

辐射防护分卷

SCIENTIFIC AND TECHNICAL DOCUMENTATION PRESS

·北京·

图书在版编目（CIP）数据

中国核科学技术进展报告. 第八卷. 中国核学会2023年学术年会论文集. 第4册，核化工、辐射防护 / 中国核学会编. —北京：科学技术文献出版社，2023.12
ISBN 978-7-5235-1045-2

Ⅰ.①中⋯ Ⅱ.①中⋯ Ⅲ.①核技术—技术发展—研究报告—中国 Ⅳ.① TL-12

中国国家版本馆 CIP 数据核字（2023）第 229301 号

中国核科学技术进展报告（第八卷）第4册

策划编辑：丁芳宇　　　责任编辑：王　培　　　责任校对：张永霞　　　责任出版：张志平

出　版　者　科学技术文献出版社
地　　　址　北京市复兴路15号　邮编 100038
编　务　部　（010）58882938，58882087（传真）
发　行　部　（010）58882868，58882870（传真）
邮　购　部　（010）58882873
官 方 网 址　www.stdp.com.cn
发　行　者　科学技术文献出版社发行　全国各地新华书店经销
印　刷　者　北京厚诚则铭印刷科技有限公司
版　　　次　2023 年 12 月第 1 版　2023 年 12 月第 1 次印刷
开　　　本　880×1230　1/16
字　　　数　617千
印　　　张　22
书　　　号　ISBN 978-7-5235-1045-2
定　　　价　120.00元

中国核学会 2023 年
学术年会大会组织机构

主办单位　中国核学会

承办单位　西安交通大学

协办单位　中国核工业集团有限公司　　国家电力投资集团有限公司
　　　　　　中国广核集团有限公司　　　　清华大学
　　　　　　中国工程物理研究院　　　　　中国工程院
　　　　　　中国科学院近代物理研究所　　中国华能集团有限公司
　　　　　　哈尔滨工程大学　　　　　　　西北核技术研究院

大会名誉主席　余剑锋　中国核工业集团有限公司党组书记、董事长

大 会 主 席　王寿君　中国核学会党委书记、理事长
　　　　　　　　卢建军　西安交通大学党委书记

大 会 副 主 席　王凤学　张涛　邓戈　欧阳晓平　庞松涛　赵红卫　赵宪庚
　　　　　　　　　姜胜耀　殷敬伟　巢哲雄　赖新春　刘建桥

高 级 顾 问　王乃彦　王大中　陈佳洱　胡思得　杜祥琬　穆占英　王毅韧
　　　　　　　　赵军　丁中智　吴浩峰

大会学术委员会主任　欧阳晓平

大会学术委员会副主任　叶奇蓁　邱爱慈　罗琦　赵红卫

大会学术委员会成员　（按姓氏笔画排序）

　　　　　　　　于俊崇　万宝年　马余刚　王驹　王贻芳　邓建军
　　　　　　　　叶国安　邢继　吕华权　刘承敏　李亚明　李建刚
　　　　　　　　陈森玉　罗志福　周刚　郑明光　赵振堂　柳卫平
　　　　　　　　唐立　唐传祥　詹文龙　樊明武

大会组委会主任　刘建桥　苏光辉

大会组委会副主任　高克立　田文喜　刘晓光　臧航

大会组委会成员　（按姓氏笔画排序）

　　　　　　　　丁有钱　丁其华　王国宝　文静　帅茂兵　冯海宁　兰晓莉
　　　　　　　　师庆维　朱华　朱科军　刘伟　刘玉龙　刘蕴韬　孙晔
　　　　　　　　苏萍　苏艳茹　李娟　李亚明　杨志　杨辉　杨来生
　　　　　　　　吴蓉　吴郁龙　邹文康　张建　张维　张春东　陈伟
　　　　　　　　陈煜　陈启元　郑卫芳　赵国海　胡杰　段旭如　昝元锋

耿建华　徐培昇　高美须　郭　冰　唐忠锋　桑海波　黄　伟
黄乃曦　温　榜　雷鸣泽　解正涛　薛　妍　魏素花

大会秘书处成员　（按姓氏笔画排序）

于　娟　王　笑　王亚男　王明军　王楚雅　朱彦彦　任可欣
邬良芃　刘　宣　刘思岩　刘雪莉　关天齐　孙　华　孙培伟
巫英伟　李　达　李　彤　李　燕　杨士杰　杨骏鹏　吴世发
沈　莹　张　博　张　魁　张益荣　陈　阳　陈　鹏　陈晓鹏
邵天波　单崇依　赵永涛　贺亚男　徐若珊　徐晓晴　郭凯伦
陶　芸　曹良志　董淑娟　韩树南　魏新宇

技术支持单位　各专业分会及各省级核学会

专 业 分 会　核化学与放射化学分会、核物理分会、核电子学与核探测技术分会、原子能农学分会、辐射防护分会、核化工分会、铀矿冶分会、核能动力分会、粒子加速器分会、铀矿地质分会、辐射研究与应用分会、同位素分离分会、核材料分会、核聚变与等离子体物理分会、计算物理分会、同位素分会、核技术经济与管理现代化分会、核科技情报研究分会、核技术工业应用分会、核医学分会、脉冲功率技术及其应用分会、辐射物理分会、核测试与分析分会、核安全分会、核工程力学分会、锕系物理与化学分会、放射性药物分会、核安保分会、船用核动力分会、辐照效应分会、核设备分会、近距离治疗与智慧放疗分会、核应急医学分会、射线束技术分会、电离辐射计量分会、核仪器分会、核反应堆热工流体力学分会、知识产权分会、核石墨及碳材料测试与应用分会、核能综合利用分会、数字化与系统工程分会、核环保分会、高温堆分会、核质量保证分会、核电运行及应用技术分会、核心理研究与培训分会、标记与检验医学分会、医学物理分会、核法律分会（筹）

省级核学会　（按成立时间排序）

上海市核学会、四川省核学会、河南省核学会、江西省核学会、广东核学会、江苏省核学会、福建省核学会、北京核学会、辽宁省核学会、安徽省核学会、湖南省核学会、浙江省核学会、吉林省核学会、天津市核学会、新疆维吾尔自治区核学会、贵州省核学会、陕西省核学会、湖北省核学会、山西省核学会、甘肃省核学会、黑龙江省核学会、山东省核学会、内蒙古核学会

中国核科学技术进展报告
（第八卷）

总编委会

前　言

　　《中国核科学技术进展报告（第八卷）》是中国核学会2023学术双年会优秀论文集结。

　　2023年中国核科学技术领域取得重大进展。四代核电和前沿颠覆性技术创新实现新突破，高温气冷堆示范工程成功实现双堆初始满功率，快堆示范工程取得重大成果。可控核聚变研究"中国环流三号"和"东方超环"刷新世界纪录。新一代工业和医用加速器研制成功。锦屏深地核天体物理实验室持续发布重要科研成果。我国核电技术水平和安全运行水平跻身世界前列。截至2023年7月，中国大陆商运核电机组55台，居全球第三；在建核电机组22台，继续保持全球第一。2023年国务院常务会议核准了山东石岛湾、福建宁德、辽宁徐大堡核电项目6台机组，我国核电发展迈进高质量发展的新阶段。我国核工业全产业链从铀矿勘探开采到乏燃料后处理和废物处理处置体系能力全面提升。核技术应用经济规模持续扩大，在工业、医学、农业等各领域，产业进入快速扩张期，预计2025年可达万亿市场规模，已成为我国核工业强国建设的重要组成部分。

　　中国核学会2023学术双年会的主题为"深入贯彻党的二十大精神，全力推动核科技自立自强"，体现了我国核领域把握世界科技创新前沿发展趋势，紧紧抓住新一轮科技革命和产业变革的历史机遇，推动交流与合作，以创新科技引领绿色发展的共识与行动。会议为期3天，主要以大会全体会议、分会场口头报告、张贴报告等形式进行，同时举办以"核技术点亮生命"为主题的核技术应用论坛，以"共话硬'核'医学，助力健康中国"为主题的核医学科普论坛，以"核能科技新时代，青年人才新征程"为主题的青年论坛，以及以"心有光芒，芳华自在"为主题的妇女论坛。

　　大会共征集论文1200余篇，经专家审稿，评选出522篇较高水平的论文收录进《中国核科学技术进展报告（第八卷）》公开出版发行。《中国核科学技术进展报告（第八卷）》分为10册，并按40个二级学科设立分卷。

《中国核科学技术进展报告（第八卷）》顺利集结、出版与发行，首先感谢中国核学会各专业分会、各工作委员会和23个省级（地方）核学会的鼎力相助；其次感谢总编委会和40个（二级学科）分卷编委会同仁的严谨作风和治学态度；最后感谢中国核学会秘书处和科学技术文献出版社工作人员在文字编辑及校对过程中做出的贡献。

《中国核科学技术进展报告（第八卷）》总编委会

核化工
Nuclear Chemistry Engineering

目　　录

吹气测量系统算法及应用

唐翊桐，王宇婷，冯存强

（中国核电工程有限公司，北京　100840）

摘　要： 在乏燃料后处理项目中，受放射性环境所限，以液位和界面为代表的测量参数无法通过传统的接触式测量方法有效测得，经过多年研究与实践，以吹气法为代表的非接触式测量技术得到广泛且高效的应用。根据吹气法基本原理，所测得参数均为差压值，因此需要通过各类算法，进而计算取得所需参数值。本文选取较为常见的应用场景，经过一系列的推理，对吹气测量系统算法进行阐述。

关键词： 乏燃料后处理；吹气装置；吹气法；算法

吹气测量系统由吹气装置本体、配套吹气管和差压变送器等部件组成。吹气装置本体内部由壳体，内部管线，减压阀，恒流器，转子流量计[1]等部件组成。吹气测量系统以洁净无油的仪表压缩空气为测量介质。将一定压力的压缩空气通过吹气管道输送至被测设备，当吹气管道内的压缩空气压力大于吹气管下端与被测物料接触位置的压力时，吹气管会稳定、连续地吹出固定频率的气泡。此时，吹气管道内压力相对稳定且有一定的代表性。

1　吹气测量系统基本算法

液相吹气管内压力：$P_1 = P_液$，气相吹气管内压力：$P_2 = P_气$，则所测介质深度处压力值：$\Delta P = P_2 - P_1$，被测介质密度 ρ，设备所在地重力加速度 g，则

被测介质液面高度：

$$H = \frac{\Delta P}{\rho g}。$$

吹气法的基本原理是通过测量计算两种介质之间压力差值进而计算被测参数。而两种介质不仅限于气相与液相。通过测量两种不同密度的液相之间压力差值进而计算，则可以得到两种不溶介质的界面位置。由吹气法基本原理可知：

有机相与水相吹气管压力差：

$$\Delta P = P_1 - P_2 = \rho_{有机} \times (h - L_i) \times g + \rho_水 \times L_i \times g。 \tag{1}$$

经换算，界面：

$$L_i = \frac{\Delta P - \rho_{有机} h g}{(\rho_水 - \rho_{有机}) g}。 \tag{2}$$

式中，P_1 为水相中吹气管压力；P_2 为有机相中吹气管压力；h 界面测量管间距，L_i 为界面高度；g 为当地重力加速度；$\rho_{有机}$ 为有机相密度；$\rho_水$ 为水相密度。

由上述计算可得，两种不溶介质的界面位置的 L_i 数值[2]。

2　吹气测量系统应用算法

吹气装置通过测量设备内各点压力差值，进而换算出目标参数。吹气装置输出信号为差压值，因此需要通过各类算法进行换算。对于工艺设备而言，一台设备往往需要测量多个参数，对于控制系统

作者简介：唐翊桐（1995—），男，北京人，中国核电工程有限公司工程师，学士，研究方向为核化工仪控科研设计。

而言，可将典型设备分类并编制计算模块的形式，以减少设计工作量。本文列举几种常见设备并对其进行阐述。

2.1 单项贮槽

单项贮槽内介质单一，往往需要测量液位和密度两种参数，其中可细分为两种情况：密度较稳定和密度波动较大。密度较稳定的情况可采用基本算法（图1）。

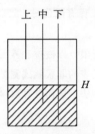

图 1 单项贮槽密度待定示意

当贮槽内介质密度无法给定，上述计算法无法实现正常测量，即需要增加密度补偿功能。密度补偿功能是吹气算法中重要的辅助计算手段。液位测量带密度补偿功能如下：

$$H = \frac{P_1}{\rho g} + \Delta h_1, \tag{3}$$

$$\rho = \frac{P_2}{\Delta h_2 g}。 \tag{4}$$

两式合并可得：

$$H = \frac{P_1 \times \Delta h_2}{P_2} + \Delta h_1。 \tag{5}$$

式中，H 为被测液位；P_1 为液位测量差压值；P_2 为密度测量差压值；Δh_2 为中管与下管间距；Δh_1 为吹气下管距设备底部高度。

2.2 两项贮槽

两项贮槽在核化工领域应用极其广泛，设备内分别有有机相和水相两种互不相溶的介质，两种介质密度差异较大，静置时会出现明显的分层现象。两项贮槽往往需要测量液位、某相或某相介质密度、界面、液位信号等参数。测量参数的增加会导致插入设备的吹气管增加，吹气管之间的配合逻辑也变得更加复杂。按照测量参数大致可分为 2 种情况：

（1）密度变化较小液位界面测量（图2）

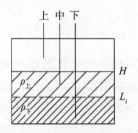

图 2 两项贮槽密度给定示意

由于设备内存在两相介质，无法直接通过差压值与密度进行换算，因此需要采用分段计算的方法，先计算中管以上液位高度，与中管、下管距设备底部两段距离相加，即可得到完整液位高度。

$$H = \frac{P_1 - P_2}{\rho_{上} \times g} + \Delta h_1 + \Delta h_2。 \tag{6}$$

式中，H 为液位高度；P_1 为上下两吹气管压差；P_2 为中下两吹气管压差；$\rho_上$ 为上层介质密度；Δh_1 为下管距设备底部距离；Δh_2 为中下两管距离；g 为重力加速度；Δh_3 为界面与下管距离。

界面的计算与测量需要保证两根吹气管同时分别处于两相介质中，即界面位于中管与下管之间。

$$P_2 = \Delta h_3 \times g \times \rho_下 + (\Delta h_2 - \Delta h_3) \times g \times \rho_上 。 \tag{7}$$

换算可得

$$L_i = \frac{P_2 - \rho_上 \times g \times \Delta h_2}{(\rho_下 - \rho_上) \times g} + \Delta h_1 , \tag{8}$$

式中，$\rho_下$ 为下层介质密度。

（2）密度变化较大液位界面测量（图 3）

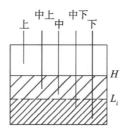

图 3　两项贮槽密度待定示意

当设备内介质无法确定时，即需要在测量和计算过程中引入密度补偿用以确定两相密度值。而增加密度补偿则需要相应增加密度测量管，新增的密度管也可作为界面较低时界面测量管，此举可大大减少界面测量盲区，对于倒料作业有较大的指导意义。此类贮槽在工程项目中应用情况极少，但是却代表了工程项目中所应用吹气装置算法的核心思想，即引入较多的判断步骤，达到对液位与界面的大致位置判断，进而判断计算参数的可信度。在非接触测量技术改进研究试验过程中，曾出现脉冲萃取柱界面由于超过界面测量仪表的量程而导致控制系统算法无法判断界面位置，以及脉冲萃取柱进料过多导致泄漏等问题。同理，如将判断机制更多的引入算法，则可最大限度避免此类问题发生。

本节列举贮槽由于工况过于极限，而实际应用情况有限，但其表达的计算思想，是编制工程项目吹气装置算法的基本逻辑与思路。我们以中管与下管组合测量界面为例，对吹气装置算法进行详细阐述。

首先需要分别计算两种介质密度：

$$\begin{cases} \rho_上 = \dfrac{P_2}{g \times \Delta h_2} \\[2mm] \rho_下 = \dfrac{P_3}{g \times \Delta h_3} 。 \end{cases} \tag{9}$$

式中，$\rho_上$ 为上层介质密度；$\rho_下$ 为下层介质密度；P_2 为中管与中上管压差；P_3 为下管与中下管压差；g 为重力加速度；Δh_2 为中管与中上管间距；Δh_3 为下管与中下管间距。

（1）首先需要确定液位大致位置，以中管为界，判断上下管压差与中下管压差：当 $P_{上下} \geqslant P_{中下}$ 时，可判断液位位于中管以上。此时如果 $\rho_上 < 1$ 且 $\rho_下 > 1$，即判断此时下管与中下管完全浸没于水相，但中管与中上管是否均位于有机相无法判断。此时需要引入差压值进行判断，当 $P_{上下} \geqslant P_{中下} + P_* + P_\#$ 时，则中管与中上管均位于有机相内，此时密度值带入液位和界面的计算公式：

$$H = \frac{P_1 - P_4}{\rho_上 \times g} + \Delta h_1 + \Delta h_4 。 \tag{10}$$

式中，P_1 为上下两管压差；P_4 为中下两管压差；Δh_1 为下管距设备底部距离；Δh_4 为中下两管距离；$\rho_上$ 为上层介质测量密度；g 为重力加速度；P_* 代表中上与中管差压值，$P_\#$、P_{**} 为修正值，两者为可调值，视不同情况而定。

$$L_i = \frac{P_4 - \rho_{上} \times g \times \Delta h_4}{(\rho_{下} - \rho_{上}) \times g} + \Delta h_1 。 \tag{11}$$

式中，$\rho_{下}$ 为下层介质测量密度。

当 $P_{上下} < P_{中下} + P_* + P_\sharp$ 时，即中管位于有机相中而中上管暴露于气相中时，需要引入有机相密度给定值进行计算，即上述计算公式中的 $\rho_{上}$ 为设定值。

（2）当 $P_{上下} \geqslant P_{中下}$ 且 $\rho_{下} < 1$ 时，此时可判断贮槽内界面已下降至中下管以下。当 $P_{上下} \geqslant P_{中下} + P_* + P_\sharp$ 时，此时液位高于中上管，公式与上述式（10）和式（11）相同，但 $\rho_{下}$ 为下层介质给定密度。

当 $P_{上下} < P_{中下} + P_* + P_\sharp$ 时，此时液位低于中上管，两相密度测量均失效，此时计算与上述式相同，$\rho_{上}$ 和 $\rho_{下}$ 均为给定密度。

当 $P_{上下} < P_{中下} + P_*$ 且 $\rho_{下} > 1$，此时无法准确判断液位与界面的准确位置，仅能通过 $\rho_{下}$ 的测量值与 $\rho_{上}$ 的给定值计算平均密度进而估算液位值。界面仅能确定位于中管与中下管之间。

（3）当 $P_{上下} \geqslant P_{中下} + P_{**}$ 且 $\rho_{下} < 1$，此时液位位于中下管与中管之间，界面位于下管与中下管之间，可沿用上述液位和界面计算公式式（10）和式（11），但 $\rho_{上}$ 和 $\rho_{下}$ 均为给定密度。

当 $P_{上下} < P_{中下} + P_{**}$ 且 $\rho_{下} < 1$ 此时界面位置已降至下管之下，液位可通过密度平均值估算，界面位置已无法检测。

本节所列举算法，仅为众多算法中具有代表性的，代表了我们编制工程项目吹气装置算法的基本思想。

2.3　混合澄清槽

第 2.2 节对普通贮槽的算法与判断进行了阐述，本节以混合澄清槽的单级为对象，对其算法与判断进行阐述（图 4）。混合澄清槽往往需要测量至少两级的液位、界面等参数，每级测量原理基本一致，通过公用仪表管，可减少插入仪表管数量[3]。

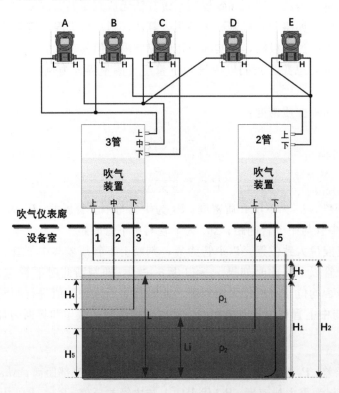

图 4　混合澄清槽（单级）测量系统示意

在实际混合澄清槽仪表管设置过程中，往往多级共用一根气相吹气管，其余吹气管依据实际情况设置。当液位处于正常值时，存在如图 4 情况，1 管处于气相，2/3 管处于有机相，4/5 管处于水相。此时存在判断关系 $P_{上下} \geqslant P_{中下} + P_* + P_\#$，即判断液位稳定处于溢流口位置或高于溢流口，其中 P_* 为 2 管所受压力值，可根据具体设备插入深度，正常液位及当地重力加速度求得。$P_\#$ 为修正系数，可根据调试结果调整。此时：

$$H = \frac{P_1 - P_4}{\rho_{上} \times g} + \Delta h_1。 \tag{12}$$

式中，P_1 为上下两管压差；P_4 为中上-下两管压差；Δh_1 为中上-下两管距离；$\rho_{上}$ 为上层介质测量密度；g 为重力加速度。

当 $P_{上下} < P_{中下} + P_* + P_\#$ 时，即 2 管处于气相时，此时可采用密度给定值或采用平均密度计算。

$$H = \frac{P_1}{\rho_{平均} \times g}。 \tag{13}$$

当 $P_{上下} \geqslant P_{中下} + P_* + P_\#$ 时，即液位处于正常状态时：

$$L_i = \frac{P_4 - \rho_{上} \times g \times \Delta h_4}{(\rho_{下} - \rho_{上}) \times g}。 \tag{14}$$

式中，P_4 为中上-下两管压差；Δh_4 为中上-下两管距离；$\rho_{上}$ 为上层介质测量密度；$\rho_{下}$ 为下层介质测量密度；g 为重力加速度。

当 $P_{上下} < P_{中下} + P_* + P_\#$ 时，即 2 管处于气相时，此时可根据变送器 E 数值判断界面大概位置。当 E 保持在大于等于 1 时，可判断界面位于 3/4 管之间，当 E 发生减小，可判断界面位于 4/5 管之间。

混合澄清槽算法与上述贮槽有一定相似性，但是往往因为工艺要求比较固定，所以没有过多需要考虑的情况，因此在工程项目实际应用中，难度反而有所降低。

3 结论

综上，吹气装置作为一个较为复杂的检测装置，与其他检测仪表相比，在选型、计算、布置、安装等方面都有一定的复杂性和不确定性。吹气测量系统算法经过大量科研探索与研究，实现了不同场景、不同工况的分门别类，适应大多数的应用场景。本文所阐述的算法，包含了较为常见的设备，而对于特殊设备而言，本算法仍需要进行大量的适应性改进。这也体现了吹起测量系统的复杂性，只能通过不断地试验、总结、摸索、再试验的过程，形成稳定成熟的算法。这也是今后科研工作中的一个重要方向。

参考文献：

[1] 张平发．液位测量吹气装置的研究［J］．化工自动化及仪表，2003，30 (1)：3.

[2] 夏浩，潘春娱，纪生中．吹气装置在放射性废液液位测量中的应用及改进分析［J］．产业与科技论坛，2019，18 (21)：60 - 61.

[3] 田阳，李磊，侯学锋，等．我国乏燃料后处理厂泵轮式扁平混合澄清槽的设计及应用［J］．产业与科技论坛，2021，20 (6)：29 - 31.

Air-purge measure system arithmetic and application

TANG Yi-tong, WANG Yu-ting, FENG Cun-qiang

(China Nuclear Power Engineering Co. , Ltd. , Beijing 100840, China)

Abstract: In the spent fuel reprocessing projects, due to the limitation of radioactive environment, the measurement parameters represented by liquid level and interface cannot be effectively measured by the traditional contact measurement method. After years of research and practice, the non-contact measurement technology represented by blowing method has been widely and efficiently applied. According to the basic principle of blowing method, all the measured parameters are differential pressure values, so it is necessary to calculate and obtain the required parameter values through various algorithms. This paper selects the more common application scenarios, through a series of reasoning, describes the blowing measurement system algorithm.

Key words: Spent fuel reprocessing; Blowing device; Blowing method; Arithmetic

乏燃料干法后处理技术研发现状及趋势

赵　远，陆　燕，陈亚君

（中核战略规划研究总院有限公司，北京　100048）

摘　要： 干法后处理是在无机熔融盐、气体或液态金属介质中对乏燃料进行高温化学处理的过程，它具有辐照稳定性较高、燃料循环时间短、废物体积小、防扩散能力强等优点，许多国家纷纷开展了对干法后处理工艺的研发，其中，熔盐电解精炼法、氧化物电沉积法的发展较为成熟，技术成熟度较高。干法后处理被认为是未来先进后处理体系的重要技术选择。本文对世界范围内的乏燃料干法后处理技术研发现状及趋势进行了综述。

关键词： 乏燃料；快堆循环；干法后处理；技术研发

目前，世界上许多发展核能的国家正在探索先进的乏燃料后处理即分离技术，其中，干法后处理技术的研发已有 70 余年，主要包括氟化挥发技术、熔盐金属萃取技术、熔盐电解精炼技术等。其中，技术成熟度相对较高的两项技术是美国针对金属乏燃料开发的熔盐电解精炼流程和俄罗斯针对氧化物乏燃料开发的氧化物电沉积流程。

干法后处理在创新研究和工程化发展方面均取得了突破性的进展。在创新研究方面包括：①开发了更易于废物处理的氟化物体系等新型熔盐体系；②新型活性铝阴极的应用；③熔盐金属还原萃取技术的应用，提高了超铀元素回收率。在工程化发展方面包括：①电解精炼槽的工程化设计和验证；②远距离操作和自动化控制技术的工程化设计及应用。

干法后处理工艺主要具有以下 5 个优势：

（1）采用无机介质，具有较高的辐照稳定性；

（2）大幅缩短快堆燃料循环时间；

（3）不引入中子慢化剂，提高了临界安全系数；

（4）工艺流程短，设备紧凑，设施规模小，可实现反应堆一体化；

（5）产生废物是固体形态，体积小。

近十年，国际上干法后处理研究及其趋势，主要有两大发展方向：一是进一步完善和改进具有应用前景的干法后处理技术，包括工艺条件优化、过程设备改进、工程化发展、对流程原理及相关化学问题的深入研究；二是由主要回收铀钚的传统干法后处理扩大到包括次锕系元素回收的新型干法后处理流程，为此，研究开发了进一步回收次锕系元素的干法分离技术，如熔盐金属还原萃取技术配合快堆和 ADS 嬗变技术，从而实现次锕系元素的分离嬗变。

1　美国

美国是最早开展干法后处理研发的国家之一，对主要的干法后处理技术均有研发经验。

1.1　早期研发

美国很早就进行了氟化挥发技术的研发，但由于该方法对设备材料腐蚀严重，且钚的形态转变困难，因此，该流程已不再是美国能源部（DOE）的研发主流。

作者简介：赵远（1994—），女，河北衡水人，工学硕士，助理研究员，从事核科技情报研究工作。

美国曾开展熔盐金属萃取技术研发。作为美国液态金属快堆工程的一部分，该流程研发于20世纪70年代终止。

1.2　熔盐电解精炼流程

20世纪50年代，美国阿贡国家实验室就开始利用氯化物熔盐电解精炼流程进行金属乏燃料后处理技术研究。1996—1999年，美国完成了熔盐电解精炼流程的示范验证，证明了流程的可行性，并利用该流程对实验快堆EBR-II金属乏燃料进行了后处理。自此，DOE将熔盐电解精炼流程作为干法后处理的首选技术。

目前，美国主要针对快堆金属乏燃料和轻水堆氧化物乏燃料的干法后处理进行技术研发。

在金属乏燃料方面，美国的研发主要集中在对快堆乏燃料的后处理上。EBR-II实验快堆1964—1994年运行，共产生3吨高浓铀驱动乏燃料及22.2吨贫铀增殖乏燃料。1996年，开始对EBR-II乏燃料进行后处理。1999—2005年，阿贡国家实验室对工艺流程进行了改进。2005年，场区归属于爱达荷国家实验室管理，此后便一直由爱达荷实施后处理流程改进。至今，美国共对4吨多EBR-II乏燃料进行了后处理，铀钚溶解率分别为99.8%和大于99.0%。运行结果说明，美国对EBR-II快堆乏燃料的后处理是成功的。

在轻水堆氧化物乏燃料方面，其后处理需要在首端将氧化物燃料还原成金属，为此，美国开发了采用电还原技术的PYROX流程。在不更换电解液的情况下，成功连续处理了3批来自BR3轻水堆的乏燃料（45g/批），从而完成了实验室规模的电化学还原过程的验证。

2　俄罗斯

20世纪60年代，俄罗斯原子反应堆研究所（RIAR）提出通过干法后处理流程发展核燃料循环，经过60多年的发展，并经过了多次模拟和真实乏燃料试验，俄罗斯在电化学氧化物沉积（DDP流程）的研发方面有较大的进展，已发展为较成熟的技术，达到了半工业化水平。DDP流程主要针对的是金属氧化物乏燃料，包括以下3种处理工艺：①从UO_2乏燃料中提取UO_2；②从MOX乏燃料中提取PuO_2；③从MOX乏燃料中提取MOX。

目前，俄罗斯已经发展了较为完备的氧化物核燃料处理和制造的工艺和设备。俄罗斯各研究机构间关于高温熔盐干法后处理研究进行了密切合作，做了大量关于乏燃料成分在氯化物熔盐中的化学性质和电化学性质的基础研究。

俄罗斯在20世纪70年代的后处理目标主要为铀氧化物、铀钚氧化物、铀钍氧化物。20世纪70—80年代，RIAR在手套箱中生产了1265 kg UO_2燃料；20世纪80年代，在热室中生产了795 kg PuO_2和MOX燃料；20世纪80年代末期—21世纪初期，在半工业化生产大楼（OIK）生产了3324 kg UO_2和MOX燃料，并在OIK中利用军用钚生产了381 kg MOX燃料。至2009年，已处理7200 kg各种反应堆的乏燃料和40 kg BN-350和BOR-60燃料。2012年，RIAR开始进行MOX燃料电化学沉积和振捣工艺的工业化应用。俄罗斯利用DDP流程，通过半工业规模试验，累积处理了来自BOR-60、BN-350等反应堆的多种乏燃料，共约6吨，并实现了回收燃料的复用。

3　日本

日本在氟化挥发流程、熔盐电解精炼流程、氧化物电沉积流程3个方面均有发展。目前，日本认为氟化挥发流程是极有希望实现工业化的干法流程。此外，日本将氟化挥发、熔盐电解精炼流程分别与水法后处理相结合，自主研发了干水结合的后处理流程。

3.1　氟化挥发技术

在氟化挥发技术方面，日立公司将氟化挥发与溶剂萃取分离法相结合，自主研发了基于氟化挥发技术的干水结合后处理流程。该流程先利用铀氟化物的高挥发性，使乏燃料中大部分的铀以六氟化铀的形态分离出来，然后，通过 PUREX 流程回收剩余的铀钚制造 MOX 燃料。

目前，日本已完成了关键技术的验证，并对含铀模拟燃料的氟化、高温水解转化和溶解等工艺进行了工程规模的试验。

3.2 熔盐电解精炼流程

在熔盐电解精炼流程方面，日本首先积极参与了美国的一体化快堆项目。在该项目结束后，日本基于获得的经验和数据，后续主要针对快堆金属燃料和氮化物燃料进行了自主研发，该流程与美国的熔盐电解精炼流程类似，可直接用于处理金属（合金）燃料，得到沉积的金属产品。

目前，日本已完成快堆合金燃料和铀钚氧化物燃料的后处理试验，并建立了实验室规模以及半连续工程规模的高温熔盐设备，并成功运行，批次处理量分别为 500 gU 和 7 kgU。在此基础上，日本完成了 40 t/a 后处理设施的设计和经济性评估。

东芝集团将 PUREX 流程与熔盐电解流程相结合，开发了轻水堆乏燃料干水混合后处理流程。技术验证结果表明，铀及钚/镧系元素的回收率分别达到 99.97% 和 99.90%。

3.3 氧化物电沉积流程

在氧化物电沉积流程方面，目前，日本原子能研究开发机构和俄罗斯 RIAR 联合开展了 DDP 流程的研究，提出并进行了 DDP 改进流程的物料计算。

4 韩国

韩国主要针对熔盐电解法后处理氧化物乏燃料的技术进行研发。自 21 世纪以来，韩国与美国阿贡国家实验室合作研发，并接受美国在资金和技术方面的支持。2011 年，两国启动了干法后处理及钠冷快堆循环合作研发项目（简称"干法后处理项目"），经多年研发，韩国的干法后处理技术水平已居于世界领先地位。

该项目主要针对压水堆乏燃料熔盐电解法后处理技术进行研究，包括 3 个阶段：

第一阶段，对实验室规模熔盐电解法的可行性进行研究；第二阶段，评估回收压水堆乏燃料中的铀在 CANDU 堆中再利用的可行性；第三阶段，评估压水堆乏燃料在后处理后制成新燃料的辐照性能。

目前，韩国已建成并投运了 3 个干法后处理的相关设施：一是燃料研发设施（DUPIC），于 2005 年建成并投运；二是先进乏燃料处理研发设施（DFDF），于 2005 年建成并投运，验证了乏燃料电化学还原工艺的可行性；三是干法后处理示范设施（PRIDE），于 2013 年投运，处理能力为 10 吨/年。受当时的去核电政策影响及韩国反核公众抗议，该项目于 2018 年暂停。

5 其他国家

印度开展了实验室规模的金属燃料熔盐电解精炼技术和氧化物燃料的氧化物电沉积技术的研究。在熔盐电解精炼技术方面，印度基于实验室规模研究中的经验，建设了干法后处理示范设施，进行了氧化物燃料还原技术的初步试验，现已对千克级铀熔盐电解精炼技术进行了验证，未来将进行十千克级试验。

在氧化物电沉积技术方面，印度正尝试利用 $MgCl_2 - NaCl - KCl$ 熔盐体系代替俄罗斯 DDP 流程的熔盐体系。未来放大该流程后，或将具备处理 MOX 燃料的能力，且更简单、经济。

法国在干法后处理技术的研发主要集中在氧化物燃料后处理上，对在熔融氟化物中使用液态铝还原萃取镧系元素和裂变产物进行了基础研究。

6 结论

干法后处理流程可作为快堆乏燃料尤其是金属燃料的后处理及超铀元素嬗变燃料处理的分离技术，适合处理不同类型的高放射性燃料（如金属、碳化物、氮化物、氧化物和裂变物质含量高的高燃耗燃料等）。近年，干法后处理流程普遍受到重视，主要国家特别是核能大国都已将干法后处理流程定位为未来先进后处理体系（如快堆及加速器驱动嬗变系统等）的重要选择技术。此外，随着第四代核能系统（快堆、熔盐堆）的发展，干法后处理在核燃料循环后段技术领域必将受到更多的重视。

其中，美、俄分别建立的两种干法后处理流程，即熔盐电解精炼流程和氧化物电沉积流程是极具前景的两项技术，分别达到了大规模应用和半工业化水平。日、韩的干法后处理技术研发基本在此基础上发展而来，韩国投运了干法后处理示范设施，日本也完成了示范设施设计和经济性评估。另外，日本自主研发了干水混合后处理流程。

目前，各流程均未实现商业化应用，干法后处理的工业化部署仍有诸多问题尚未解决。鉴于干法后处理技术的优势和在国际上的发展趋势，从长远看，我国有必要加大对干法工艺的研发力度。

R&D status and trend of spent nuclear fuel pyroprocessing technology

ZHAO Yuan，LU Yan，CHEN Ya-jun

(China Research Institute of Nuclear Strategy Co., Ltd., Beijing 100048, China)

Abstract: Pyroprocessing of spent nuclear fuel is a high temperature chemical treatment process carried out in inorganic molten salt, gas or liquid metal medium. It has the advantages of high radiation stability, short fuel cycle time, small waste volume and nuclear nonproliferation nature. Many countries have carried out the research and development of pyroprocessing technology, among them, the development of molten salt electrolytic refining method and oxide electrodeposition method is relatively mature. Pyroprocessing is considered as an important choice for advanced reprocessing systems in the future. This paper reviews the research and development status and trend of spent nuclear fuel pyroprocessing technologies around the world.

Key words: Spent nuclear fuel; Fast reactor cycle; Pyroprocessing; Technology R&D

俄罗斯乏燃料后处理技术发展现状

赵　远，陆　燕，陈亚君

（中核战略规划研究总院有限公司，北京　100048）

摘　要：俄罗斯始终坚持闭式核燃料循环政策，对乏燃料进行后处理，回收乏燃料中的铀钚并进行循环利用。俄罗斯乏燃料后处理技术研发实力强悍，可对多种堆型的乏燃料进行后处理，在后处理工艺技术领域始终保持着国际先进水平。本文对俄罗斯乏燃料后处理技术的特点、研究现状及部署情况进行了综述，以期为我国乏燃料后处理技术的发展提供参考。

关键词：乏燃料后处理；俄罗斯；先进后处理技术

1　俄罗斯现有后处理能力

俄罗斯一直坚持核燃料闭式循环路线，后处理技术研发实力强悍，始终保持着国际先进水平，俄罗斯现有乏燃料后处理能力如表 1 所示。在 2035 年前，俄罗斯将一直利用 RT－1 厂对 BN－600 反应堆、移动式反应堆/研究堆产生的乏燃料进行后处理。此外，俄罗斯计划在西伯利亚化学联合体建造后处理模块，对 BN－800、BREST－OD－300 反应堆等快堆产生的混合铀钚氧化物和氮化物乏燃料进行后处理。

表 1　俄罗斯现有乏燃料后处理能力

	RT－1 厂	后处理中试厂	"突破"计划后处理模块
地点	马雅克场址	矿业与化学联合体	西伯利亚化学联合体
现状	在运（至少运行至 2035 年）	在建（计划于 2025 年投运）	已完成工艺设计
可处理乏燃料类型	热堆、快堆、移动式反应堆和研究堆（如 RBMK－1000、VVER－440、VVER－1000、AMB－100、AMB－200、BN－600、BN－800 堆等）产生的乏燃料（包括铀、REMIX、MOX、铀钚氮化物）	热堆产生的铀、REMIX、MOX 等乏燃料，以及快堆（如 VVER－1000、BN－600、BN－800 堆等）产生的乏燃料	BREST－OD－300 快堆铀钚氮化物燃料
后处理能力/（吨/年）	热堆乏燃料处理能力从 400 吨/年扩建至 600 吨/年	热堆乏燃料处理能力从 250 吨/年扩建至 450 吨/年	铀钚氮化物乏燃料处理能力为 10 吨/年*
后处理技术	PUREX 流程	简化 PUREX 流程	干湿结合流程（干法首端＋水法后处理，也称 PH 工艺）
分离镅和锔的可行性	仍需改进	无	有
萃取铯-锶的可行性	仍需改进	无	有**

注：* 表示未来可能扩建至 60 吨/年；

　　** 表示或许会纳入此设计。

作者简介：赵远（1994—），女，河北衡水人，工学硕士，助理研究员，从事核科技情报研究工作。

2 俄罗斯湿法后处理技术

位于马雅克联合体（联邦国家单一制企业）的 RT-1 后处理厂于 1977 年投产，采用的是钚铀还原萃取工艺（PUREX 工艺），经多次升级改造，该厂可对多种堆型的乏燃料进行后处理。RT-1 后处理厂已运行了 38 年，共处理了 5600 吨乏燃料。RT-1 乏燃料后处理流程如图 1 所示。

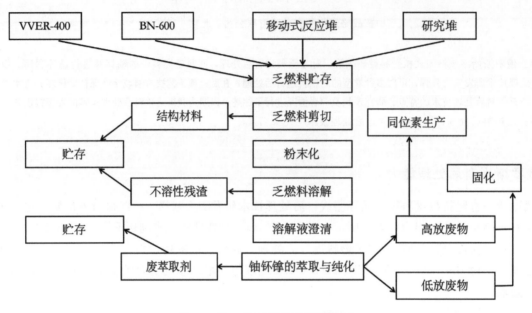

图1 RT-1 厂乏燃料后处理流程

RT-1 后处理厂的成功运行证明了 PUREX 后处理技术处理热堆乏燃料的可行性。在此基础上，俄罗斯对 PUREX 流程进行了简化，实现了具有重大意义的后处理技术改进。与传统 PUREX 流程相比，简化流程不仅具有成本效益，并且由于该流程采用了氧化挥发法首端，除去了几乎全部的氚，从而实现了废液的零排放，彻底转变了后处理"脏"生产的特征。目前，基于简化流程的后处理中试厂一期已完成建设，具备了 5 吨/年的后处理能力，二期工程正在建设，预计在 2025 年左右投运，建成后，该厂将具备 250 吨/年的后处理能力。

3 俄罗斯干法后处理技术

目前，俄罗斯正在大力推动快堆乏燃料干法后处理技术的发展。干法后处理工艺主要包括 3 种：①金属熔融萃取技术；②氟化物挥发技术；③熔盐（或离子介质）中电解精炼。此外，俄罗斯进行了基于等离子体的乏燃料干法后处理技术研发。

针对快堆 MOX 和混合铀钚氮化物乏燃料的处理，俄罗斯提出了包含下列主要操作的流程（图 2）：①将乏燃料进行氧化挥发进而粉末化；②对乏燃料在熔盐中进行电化学还原；③在熔盐中进行电解精炼；④对电解液进行蒸馏；⑤步骤三中的阴极沉积物进行湿法后处理，分离镅和锔，其余锕系元素沉积，随后过滤、造粒。

该工艺将在"突破"计划内部署，可在进行湿法后处理之前将乏燃料的活度降低到一定水平，从而减少废物的产生。获得的产物为粉末状的可裂变材料，随后将被用于燃料再制造。

如果采用纯干法后处理技术，那么需要在电解精炼后对阴极沉积物进行控制电位电解，使可裂变材料和少量锕系元素完全分离，然后对阴极产物进行提纯，随后即可用于燃料再制造。快堆氧化物及氮化物乏燃料纯干法后处理流程如图 3 所示。该工艺流程大大减少了工艺物料，并简化了后续操作中使用的设备。

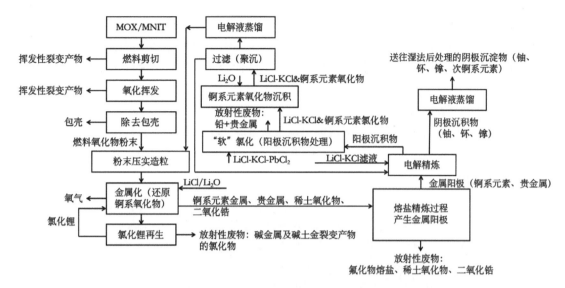

图2 快堆氧化物及氮化物乏燃料部分干法后处理流程

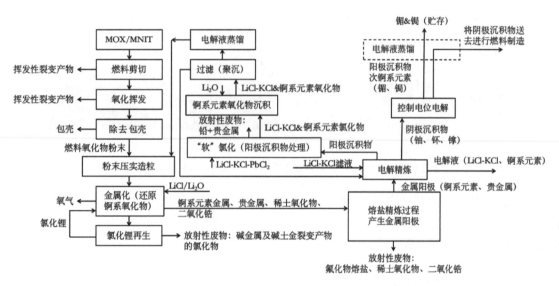

图3 快堆氧化物及氮化物乏燃料纯干法后处理流程

俄罗斯在实验室规模的电解装置中研究了二氧化铀粉末和芯块的还原过程，二氧化铀芯块在被还原后仍保持其初始的形状和几何尺寸（图4）。

（a） （b） （c）

图4 二氧化铀芯块金属化后的照片

（a）部分金属化；（b）完全金属化；（c）还原后的燃料芯块

俄罗斯研发了一氮化铀（UN）与氯化镉在 LiCl - KCl 共晶熔盐中的"软"氯化工艺（用二价金属氯化物进行氯化），并研究了该工艺中温度和熔盐中的氯化剂含量等参数的影响。研究结果表明，随着温度的升高，一氮化铀→三氯化铀的转化率几乎呈线性增长。随后，俄罗斯在西伯利亚化学联合体对"软"氯化工艺进行了大规模的实验，证实了以上结果。

为了从工艺流程中去除裂变产物，并减少熔盐中可裂变材料的损失，必须对电解进行提纯。因此，俄罗斯对不同条件下从熔融混合物中蒸馏出碱金属或碱土金属氯化物的过程进行了实验研究。研究结果证明，蒸馏工艺能够去除 98.8 wt%～99.9 wt%的氯化锂、氯化钾和氯化铯，而馏出液中的铀含量很低，可以忽略不计（图 5）。

（a）   （b）

图 5　通过蒸馏法处理氯化物电解液之前（a）和之后（b）的阴极沉积物照片

2017—2018 年，俄罗斯证实了乏燃料干法后处理基本工艺操作在技术上的可行性。此外还通过实验验证确认了辅助工艺的性能。根据所获得的研究结果，从而制定了快堆混合铀钚氮化物和混合氧化物乏燃料的干法后处理流程。

4　俄罗斯干湿结合后处理工艺（PH 工艺）

湿法后处理技术由于本身的特性，在处理高燃耗、高裂变材料含量和短贮存期的快堆乏燃料方面受到了一定限制，而基于高温电化学工艺的干法后处理技术操作简单、耐辐射性能好，符合核安全标准，不过，干法后处理工艺纯化效果尚无法与湿法后处理工艺相比。俄罗斯为快堆乏燃料开发的干湿结合后处理工艺（又称 PH 工艺）（图 6），PH 工艺中的湿法后处理工艺由无机材料研究所（VNI-INM JSC）、镭学研究院（Radium Institute JSC）、西伯利亚化学联合体、原子反应堆研究院（NIIAR JSC）、马雅克联合体（Mayak PA FSUE）、俄罗斯科学院弗鲁姆金物理化学和电化学研究所及地球化学与分析化学研究所共同开发。

该工艺先将可裂变材料从裂变产物中提纯（约为 100 倍），随后再进一步进行湿法后处理工艺。PH 技术已在 2 个主要领域得到发展：一是对工艺进行创新和研发；二是布置试验台，对设备进行试验并对技术方案进行验证。

俄罗斯利用 BN - 600 快堆的混合铀钚氮化物乏燃料样品对氧化挥发工艺进行了验证，验证结果表明，由于燃料芯块受损并被粉末化，超过 99.9%的氚和 99.8%^{14}C 在该过程中被去除，生成了尺寸为 2～5 mm 的合金粉末或颗粒形式的铀-钚-镎产物，便于进行湿法后处理。俄罗斯推荐采用电化学方法对残留物进行溶解。实验表明，在溶解过程中加入银离子，可完全溶解不溶性残渣。

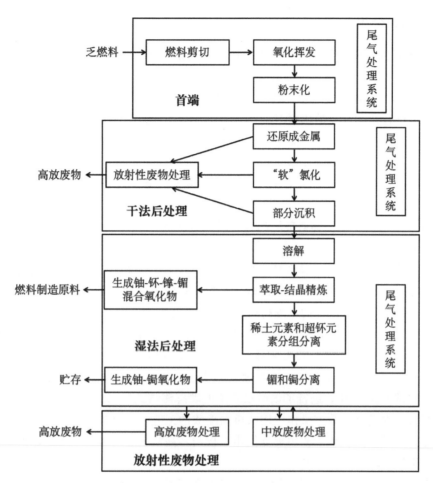

图6 PH 工艺流程

乏燃料溶解之后的过滤（澄清）阶段，俄罗斯建议采用带有陶瓷膜的切向流超滤法。通过对全尺寸净化设备模型的综合验证，证明了将溶液浓缩的可行性。

在萃取精炼步骤中，根据俄罗斯公布的数据，干法后处理提纯铀和钚的纯化系数如下：锝为 10^3，钌不超过 10^2，从稀土金属和钇中纯化系数为 40，从所有其他裂变产物中的纯化系数不超过 10^2。此外，在乏燃料溶解阶段形成的不溶性残渣可在干法后处理过程中与可裂变材料分离。俄罗斯在西伯利亚化学联合体的扩大化试验平台上对萃取精炼工艺进行了验证，结果表明，均达到了相关的纯化目标。

在结晶精炼步骤中，无机材料研究所与西伯利亚化学联合体合作开发了铀酰、钚酰和硝酸镎酰混合物的结晶精炼工艺。从获得的实验数据可以看出，观察到了结晶相的富集铀，铀和钚的共结晶系数低于 1。由于在萃取阶段对锕系元素进行再氟化，因此，达到的共结晶系数在技术上是可接受的。

锕系氧化物的生成阶段，俄罗斯认为微波脱硝技术是生产氮化物原始材料的极具发展前景的技术。实验证明，可在 5％氢气介质中直接生产二氧化铀。俄罗斯还在核材料总重量高达 100 g 的箱式装置中进行了实验，结果证实了可在氢气含量为 5％的氩气流中，通过粉末混合来生产混合锕系元素二氧化物的均匀粉末。不过，在过渡到在中试规模（含 7.5 kg 铀）上测试微波脱硝技术时，仍需要再进行深入的研发，对微波发射器整体功率进行优化。目前，俄罗斯的锕系元素硝酸盐溶液蒸发、微波脱硝成混合氧化物的工艺已通过测试，可以用于工业规模生产。

此外，俄罗斯已完成了乏燃料钒氧化挥发、氧化乏燃料溶解和锕系元素氧化物生成所用的气体处理技术的开发和验证，开发并测试了相关设备，进行了冷试，设备性能参数良好。

5 锔和镅的萃取和分离

2012—2018 年，俄罗斯对分离锔和镅的各种萃取系统进行了实验室研究和测试。俄罗斯现已确定了选择 N，N，N'N'-四辛基二甘醇酰胺（TODGA）-F-3 作为分离的基本方案，而氨基甲酰基甲基氧化膦（CMPO）-磷酸三丁酯（TBP）-偏硝基三氟甲苯（F-3）和 ATP-HDK-F-3 则作为备选方案，可用于进行技术开发的依据。

2014—2015 年，俄罗斯在马雅克联合体实验室的混合澄清槽设施，使用基于四辛基二甘醇酰胺的系统对分馏工艺流程进行了动态测试。2016—2017 年，俄罗斯研究了外部电离辐射和内部 α 辐射对萃取分馏系统降解程度的影响。2016 年，俄罗斯在季米特洛夫格勒股份公司的设施中，利用小量样本进行了试验（批量试验）。

2017—2018 年，对初步遭受辐射破坏的含大量超钚元素（锔）的四辛基二甘醇酰胺-F-3 萃取系统中进行了元素分布研究。

2017 年，俄罗斯在马雅克联合体对从 BN-600、VVER-440 乏燃料后处理后的高放废物中萃取锔和镅的技术进行了开始了为期 30 年的热试，使用的萃取剂是四辛基二甘醇酰胺。在连续（7×24 小时）模式下，产生实际高放废物的设施持续运行 70 小时以上。经证实，该工艺可确保超钚元素和稀土氧化物在萃取阶段的萃取，以及超钚元素和稀土氧化物在再萃取阶段的分离。

2017 年，俄罗斯开始研究使用轻质稀释剂（C8-C10 混合醇）作为四辛基二甘醇酰胺萃取剂。2018 年，俄罗斯给出了针对该工艺进行了小规模的实验。同年，俄罗斯对多自由基的二甘醇酰胺的萃取系统进行了尝试。2019 年，进行了该萃取系统的动态测试。

此外，俄罗斯开发了萃取分馏操作中用盐析剂除酸的工艺。现已证明，在电渗析的情况下，如果想从工艺流中充分除酸，可在该工艺中重复使用盐析剂，高盐含量（2.5 mol/L 硝酸钠溶液）的中放废物体积可减少至原来的 1/700 左右。

2015 年，俄罗斯在马雅克联合体进行了使用阳离子分离锔和镅吸附技术的中试试验。2016—2017 年，俄罗斯利用细粒（50 μm）SAC50 吸附剂（8%）和模拟溶液（含钛、铕、钕等稀土元素），对设计用于高达 100 大气压压力的层析单元（UHVD-100-2，1）进行了实验验证。实验证明了处理总金属含量为 45~70 g 的稀土混合物的可能性。

2017—2018 年，俄罗斯开展了锔-镅层析分离工艺安全分析的一系列工作，证明了该工艺能确保正常操作过程中的安全性处于可接受范围内。

6 采用等离子体分离的乏燃料处理技术

目前，俄罗斯开发了利用等离子体处理乏燃料的技术，包括 Ohkawa 质量过滤设备、等离子体光学和共振方法等技术，评估了对 1 GW 反应堆卸出乏燃料的等离子体处理技术的效率，得出的处理能源效率比反应堆自身容量效率低 0.5%，这大大低于反应堆的辅助功率消耗。

俄罗斯阿基米德公司在等离子体处理技术方面取得了一些成果，相关实验证明，等离子体技术对放射性废物分离是可行的，产能为 440 kg/d，在这种情况下，离子能量约为 500 eV。

尽管阿基米德公司的技术的优点比较突出，但是也有一些明显的缺点：一是磁化等离子体中设置电势的电极将同时充当光离子收集器，这会使从接收器移除分离物质的过程变得复杂，并且会由于发生沉积而导致电极设置的电位失真，进而导致其偏离放射性废物组分分离条件。二是物质必须进入等离子体中。

对此，斯米洛夫提出了另一种方法。该方法将物质转化为低温等离子体，随后根据质量对离子进行空间分离（图 7）。与等离子体-光学工艺流程相比，上述概念或将达到更高的处理能力，成为比 Ohkawa 质量过滤器更成功的分离系统，并且与共振方法相比，该方法受参数波动影响更小。

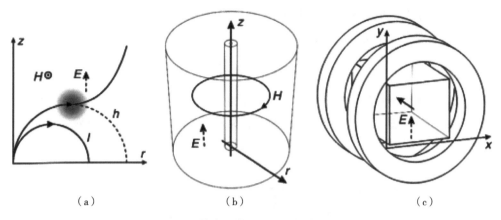

（a）   （b）   （c）

图7　等离子体处理乏燃料的机制

（a）用于选择分离室几何方向的角向；（b）轴向；（c）磁场 H；强电场

l—轻离子的路径；h—重离子的路径

从小规模工程学、模块化以实现产能提升的可能性以及经济因素进行考虑，俄罗斯最终选择了具有轴向磁场的设备（图 8）。该设备的主要参数是：真空室直径为 90 cm，长为 200 cm，压力最高为 10^{-6} torr，可以使用不同气体，磁场最高为 2.1 kG，活跃体积范围内的不均匀度小于 10%，高频等离子体加热功率最高 60 kW，液体冷却系统的散热能力最高为 160 kW，静电电位设置系统的电位表面几何形状可调，电位最高为 1250 V。俄罗斯的设备研发人员的实验证明，可以用扩散阴极连接的真空电弧放电作为这种高容量源，并对在模型金属阴极上引出真空电弧的模式进行了演示。结果证明，在这种情况下，所得等离子体的电离度接近 1，电离倍数约为 100%。

图8　等离子体分离技术分离模拟乏燃料的实验设施外观

因此，等离子体分离技术具备符合商业乏燃料和放射性废物处理技术要求的潜力。通过实验证明了该技术每天处理高达数百公斤等离子体能力的可能性。同时，俄罗斯提出了等离子体分离微量锕系元素和铀衰变产物的方法，并进行了计算建模，证明了在约 1 m 的距离、1 kV 的电势和 1 kG 的磁场下实现这种方法的可能性，开发并布置了能够对等离子体分离方法进行实验验证的设备。

7　结论

俄罗斯一直坚持闭式燃料循环政策，后处理工业发展历程已近 70 年，不仅对传统 PUREX 流程进行了具有重大意义的改进，而且，配套快堆的燃料循环能力建设也在国家规划的支持下稳步落实。目前，俄罗斯已拥有一座后处理厂 RT-1，正在建设一座后处理中试厂，该厂采用的简化 PUREX 流程已完成开发，基于该工艺运行情况，俄罗斯将在未来建设一座后处理商业大厂 RT-2。近期，在国家规划的支持下，俄罗斯在"突破"计划框架内开展的铀钚氮化物乏燃料后处理技术研发也取得了一定进展。总的来说，俄罗斯乏燃料后处理技术研发实力强悍，始终保持着国际先进水平，其技术研发经验和教训可为我国快堆及其燃料循环技术的研发和设施部署提供参考。

Development status of spent nuclear fuel reprocessing technology in Russia

ZHAO Yuan，LU Yan，CHEN Ya-jun

(China Research Institute of Nuclear Strategy Co. , Ltd. , Beijing 100048，China)

Abstract：Russia is committed to closed nuclear fuel cycle policy, and insist on spent nuclear fuel reprocessing, which can recover uranium and plutonium from spent nuclear fuel to recycle in next reactor. Russia has tremendous technological strength in spent fuel reprocessing technology which can reprocessed spent nuclear fuel from various types of reactors, and has always maintained an international advanced level in the field of reprocessing technology. This paper reviews the characteristics, research status and deployment of the spent fuel reprocessing technology in Russia, hoping to provide reference for the R&D of the spent fuel reprocessing technology in our country.

Key words：Spent nuclear fuel reprocessing；Russia；Advanced reprocessing technology

邻菲罗啉二酰胺改性多孔 g-C₃N₄ 材料的制备及其对 Pd 的吸附性能研究

陈怡志[1]，张　鹏[1]，郭琪琪[1]，杨　雨[1,2]，曹　骐[1,2]，林铭章[1,*]

（1. 中国科学技术大学核科学技术学院，安徽　合肥　230027；2. 中国核动力研究设计院，四川　成都　610000）

摘　要： 从高放废液（HLLW）中高效回收钯对于珍贵资源的利用和放射性废物减容具有重要意义，但开发在高酸度下仍能选择性吸附钯离子［Pd（Ⅱ）］的材料是一个挑战。本工作合成了具有高比表面积的多级孔 g-C₃N₄，它可为 Pd（Ⅱ）提供快速传输通道，同时利用 N，N'-二乙基-N，N'-二甲苯基-2，9-二酰胺-1，10-菲咯啉（DAPhen）对 g-C₃N₄ 进行改性，获得了对 Pd（Ⅱ）具有优异选择性的吸附剂（CN-DAPhen）。通过批次实验探究了 CN-DAPhen 在 HNO₃ 介质中对 Pd（Ⅱ）的吸附行为，表现出快速的吸附动力学，可在 5 分钟内达到吸附平衡。通过 Langmuir 模型拟合表明 CN-DAPhen 的理论最大吸附容量为 390.6 mg/g。CN-DAPhen 在含有竞争金属离子的模拟 HLLW 中展现出优异的选择性。在此基础上，我们开发了从 HLLW 中连续分离 Pd 和 Ru 的工艺流程。此外，CN-DAPhen 具有优异的辐射稳定性和可重复使用性。本文不仅开发了一种用于选择性回收钯的新型优质吸附剂，而且揭示了用于乏燃料中高放废液处理的纳米材料的潜在策略。

关键词： 钯；g-C₃N₄；邻菲咯啉二酰胺；吸附

　　钯（Pd）是铂族金属之一，硅酸盐土中的 Pd 目前严重枯竭，但由于催化系统和汽车的快速发展，对 Pd 的需求显著增加[1]。因此，从不同资源中有效分离和回收钯的研究至关重要。根据先前的研究，预计每吨快堆乏燃料中约含有 11 千克裂变产生的 Pd，这大大超过地壳中 Pd 的含量[2]。由于高放废液（HLLW）情况的复杂性及 Pd 与各种干扰金属的相似特征，Pd 的分离仍然面临重大挑战。为了从 HLLW 中去除 Pd，已经提出包括电解、溶剂萃取、吸附、沉淀和光催化等多种方法。由于成本低廉、操作简单和适应性强，吸附是最有效的方法。在众多吸附剂基材中，碳氮化合物因其理想的比表面积、无毒、可靠的稳定性和廉价的成本而受到广泛关注。g-C₃N₄ 材料上的众多胺基（—NH₂、—NH— 和 ═N—）是三嗪和三-s-三嗪/庚嗪作为 g-C₃N₄ 的基本构造单元存在的结果[3]。这些胺基也将为 g-C₃N₄ 的功能修饰提供丰富的有效位点，以提高吸附能力。因此，设计一种有效的改性工艺以生产具有高吸附能力的 g-C₃N₄ 至关重要。吸附材料与高选择性吸附官能团的结合促进了对用于选择性金属分离的新型吸附剂的研究。N，N'-二乙基-N，N'-二甲苯基-2，9-二酰胺-1，10-菲咯啉（DAPhen）是一种相对新颖的 N-杂环二甲酰胺配体，它被发现对锕系元素具有良好的亲和力和选择性[4]。用 DAPhen 基团对 g-C₃N₄ 进行官能化是一种很有前途的方法，用于从 HLLW 中选择性吸附和分离 Pd。

　　本文通过煅烧制备了富含氨基及具有大的比表面积的多孔 g-C₃N₄，随后用 DAPhen 基团对其进行改性，得到吸附剂 CN-DAPhen。CN-DAPhen 在高浓度 HNO₃ 介质中对 Pd（Ⅱ）具有很强的吸附能力，结合吸附动力学和等温线研究了 Pd（Ⅱ）的吸附机理。同时本工作探究了 CN-DAPhen 在含有竞争金属离子的模拟 HLLW 中的选择性。基于对 Pd（Ⅱ）和 Ru（Ⅲ）的优异吸附选择性，设计了从模拟 HLLW 中回收 Pd（Ⅱ）和 Ru（Ⅲ）的分离工艺。此外，CN-DAPhen 表现

作者简介： 陈怡志（1996—），女，四川乐山人，博士研究生，现主要从事辐射化学、放射化学等研究。

基金项目： 强 α 放射性溶液辐射分解产氢的机理和模型研究（U2241289）和氮化硼和氧化石墨烯多级孔材料的制备及其对放射性钴的高效去除研究（22276180）。

出出色的可重复使用性和辐射稳定性，这赋予了 CN－DAPhen 从 HLLW 中回收 Pd 的巨大实用潜力。

1 实验

1.1 试剂与仪器

Pd（Ⅱ）、Cs（Ⅰ）、Fe（Ⅲ）、Ni（Ⅱ）、Ru（Ⅲ）、Sr（Ⅱ）、Cd（Ⅱ）、Cr（Ⅲ）和 Nd（Ⅲ）的硝酸盐（99%）购于北京北方伟业计量技术研究院有限公司；硝酸（65.0%～68.0%）、二氯甲烷（99.5%）、亚硫酰氯（分析纯）、草酸（99.5%）、氢氧化钠（96.0%）、三聚氰胺（99%）、三乙胺（99.5%）、N－乙基对甲苯胺（98%）从国药集团化学试剂有限公司购入；1，10－菲咯啉－2，9－二甲酸（分析纯）购于 Alfa Aesar（中国）化学有限公司；南京杉井工业气体厂提供高纯氮气（99.999%）；实验中使用的超纯水由 Kertone Lab Vip 超纯水系统生产；所有化学品使用前均未纯化。

N_2 吸附-脱附等温线通过全自动气体吸附分析仪（Quantachrome AutosorbiQ）在 77 K 下测量；比表面积和孔径分布通过多点 BET 和 BJH 方法获得；X 射线光电子能谱（Thermo－VG Scientific ESCALAB 250）通过单色 AlKα X 射线（1486.6 eV）测量；使用 pH 计（PHSJ－3F，上海 REX 仪器厂）测试 pH 值；固体 ^{13}C 交叉极化魔角自旋（MAS）核磁共振（NMR）谱通过 Bruker AVANCE AV400 谱仪进行扫描；溶液中 Re 的浓度通过电感耦合等离子体发射光谱（ICP－OES，PerkinElmer Optima 7300DV）测量。

1.2 实验方法

1.2.1 g－C_3N_4 的合成

草酸溶液通常通过将 3.0 g 草酸溶解到 30 mL 超纯水中制成。为了制备三聚氰胺-草酸超分子前体，将 2.0 g 三聚氰胺加入草酸溶液中并将混合物搅拌 2 h。然后，为了合成富含氨基的多孔 g－C_3N_4，将获得的超分子前体在不干燥的情况下转移到坩埚中，并在 550 ℃下煅烧 4 h（3 ℃/min）。自然冷却后，生成多孔的、富含氨基的 g－C_3N_4。

1.2.2 CN－DAPhen 的合成

将 150 mg 1，10－菲咯啉－2，9－二羧酸和 15 mL 亚硫酰氯在烧瓶中在 N_2 下回流 3 h。然后将分散体冷却至环境温度，并通过减压蒸馏除去剩余的 $SOCl_2$ 溶剂。将深黄色固体溶解在 10 mL CH_2Cl_2 中，然后加入 10 mL CH_2Cl_2、0.6 mL Et_3N 和 300 mg g－C_3N_4 的混合物。随后将反应加热至 40 ℃并用 N_2 保护 3 h。接下来，向混合物中加入 0.45 mL N－乙基-对甲苯胺，在 40 ℃下再搅拌 3 h。通过离心分离产物并用 CH_2Cl_2 洗涤 5 次。然后将 CN－DAPhen 产物在干燥箱中在 60 ℃下干燥至恒重。

1.2.3 吸附实验

Pd（Ⅱ）的吸附通过批次实验进行，将 1.6 mg 吸附剂与 0.4 mL Pd（Ⅱ）溶液（1000 mg/L）和 3.6 mL 超纯水混合，使用体积可忽略的 NaOH 溶液和 HCl 溶液将吸附体系的 pH 调节至目标值。悬浮液在（298 ± 1）K 振荡 12 h 后，用 0.22 μm 混合纤维素膜分离固相吸附剂。Pd 的平衡吸附容量（q_e）由 $q_e = (c_0 - c_e)V/m$ 算出，其中 c_0（mg/L）和 c_e（mg/L）分别是溶液中 Pd 的初始浓度和平衡浓度；m（g）和 V（L）分别是吸附剂的质量和吸附实验中所用溶液的体积。热力学平衡常数 K_d（mL/g）由 $K_d = 1000（q_e/c_e）$ 求出。S 用于测量 Pd（Ⅱ）与其他金属离子分离的能力，由 $S_{Pd/M} = K_{d,Pd}/K_{d,M}$ 算出，其中 $K_{d,Pd}$ 和 $K_{d,M}$ 是 Pd（Ⅱ）和竞争金属离子的热力学平衡常数。辐照吸附实验用于测试吸附剂的辐射稳定性，将吸附体系暴露于 ^{60}Co 辐射场以获得 0～100 kGy 的吸收剂量。Pd 的脱附是将使用过的吸附剂分散在 HNO_3 溶液（6 mol/L）中，振荡 6 h 后通过离心收集吸附剂，用超纯水洗涤后在真空下干燥，将回收的吸附剂再次用于吸附。在与上述相同的条件下，吸附-脱附过程循环 5 次。

2 结果分析与讨论

2.1 CN－DAPhen 的表征

^{13}C CP－MAS SSNMR 光谱显示 g－C_3N_4 已成功被 DAPhen 改性（图 1a）。g－C_3N_4 上的三嗪碳原子仅在 $\delta=156$ ppm 处产生一个清晰的峰。DAPhen 基团改性后，172.4 ppm 处的峰对应于酰胺（g）中的羰基碳原子和菲咯啉（e）中的碳原子。一系列化学位移在 $132\sim155$ ppm 的峰与 N-乙基-对甲苯胺（j－m）和菲咯啉（a－f）部分的芳族碳原子相匹配。亚甲基碳原子分配给 54.2 ppm 峰（h）。在 14.5 ppm 的最低化学位移处，乙基（i）和甲苯基（n）中的甲基信号可见。改性后的 CN－DAPhen 显示出与原始 g－C_3N_4 相同的Ⅱ型 N_2 吸附-解吸等温线（图 1b）。$P/P_0 > 0.8$ 时 N_2 吸附量的急剧增加表明存在大中孔。从孔径分布可以清楚地看出，g－C_3N_4 和 CN－DAPhen 具有分级多孔结构，包括从大孔到微孔的不同尺寸的孔（图 1c）。此外，g－C_3N_4 的比表面积和总孔体积似乎都没有受到改性的影响。可以推断，改性后 g－C_3N_4 的分级孔结构仍然存在。CN－DAPhen 中的大孔结构可以增强传质，而具有巨大表面积的微孔结构可以为吸附物提供额外的结合位点，因此，CN－DAPhen 的分级孔结构有利于吸附。

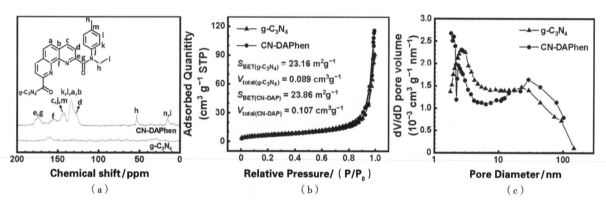

图 1　g－C_3N_4 和 CN－DAPhen 的 ^{13}C CP－MAS SSNMR 谱（a）、N_2 吸附-解吸等温线（b）和相应的孔径分布（c）

2.2 CN－DAPhen 对 Pd（Ⅱ）的吸附行为研究

为了探索 CN－DAPhen 对钯的吸附能力，在不同的 pH 值下进行了测试（图 2a）。由于缺乏吸附基团，原始 g－C_3N_4 在 pH 为 $1.0\sim3.0$ 时无法吸附 Pd（Ⅱ），而 CN－DAPhen 的吸附容量显著增加。当 pH 值大于 3 时，q_e 的增加主要是由 Pd（Ⅱ）的水解和沉淀引起的[5]。尽管 CN－DAPhen 的 q_e 在 pH 值 >3 时仍随 pH 升高，但来自 Pd（Ⅱ）水解和沉淀的干扰太大，不容忽视。然而，在 pH 值为 1 时，Pd（Ⅱ）的吸附量保持在 115.2 mg/g，在 pH 值为 $1.0\sim3.0$ 时吸附能力的差异并不显著，因此后续的吸附研究是在 pH 1 下进行的，以防止 Pd（Ⅱ）沉淀。由于在 pH 值＝1 时有显著的钯吸附量，我们也探究了 CN DAPhen 在不同酸度下对 Pd（Ⅱ）的吸附。当 HNO_3 的浓度从 1 mol/L 上升到 5 mol/L 时，CN－DAPhen 对 Pd（Ⅱ）的吸附容量从 85.9 mg/g 下降到 47.2 mg/g（图 2b）。CN－DAPhen 吸附 Pd 的能力随着 HNO_3 浓度的增加而降低，这是由于菲咯啉部分中 N 原子质子化的增加导致与 Pd 的配位能力降低。

图 2c 显示了接触时间对 Pd（Ⅱ）吸附的影响，吸附容量在接触后迅速增加，并在 5 分钟内达到吸附平衡，平衡吸附容量约为 124.1 mg/g。增加接触时间不会导致更大的 Pd（Ⅱ）吸附容量，这种超快动力学将有助于非常有效地吸附金属。温度对 Re 的吸附也有重要影响（图 2d），吸附过程的标准吉布斯自由能（ΔG^0），标准焓变（ΔH^0）和标准熵变（ΔS^0）可通过 $\Delta G^0=\Delta H^0-T\Delta S^0$ 和 $\ln K_d=-\Delta H^0/RT+\Delta S^0/R$ 计算，其 R（8.314 J/mol·K）是理想气体常数，$T(K)$ 是绝对温度。$\ln K_d$ 对 T^{-1} 作图并线性拟合所得的热力学参数如表 1 所示。CN－DAPhen 吸附 Pd（Ⅱ）的 ΔH^0 为正值，说明该吸附是吸热过

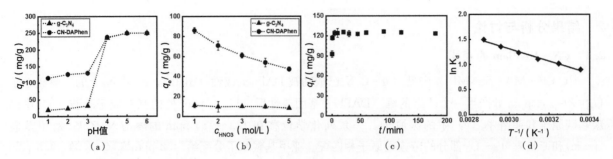

图2　不同 pH 值（a）和不同酸度（b）下 g–C₃N₄ 和 CN–DAPhen 对 Pd（Ⅱ）的吸附容量；CN–DAPhen 吸附 Pd（Ⅱ）的动力学（c）；CN–DAPhen 吸附 Pd（Ⅱ）的热力学 $\ln K_d$ 对 T^{-1} 的线性拟合（d）

程。ΔG^0 在所有测试温度下均为负数，在低温时变小，说明吸附过程为自发的，高温有利于吸附，故 DAPhen 基团改性的 CN–DAPhen 在去除 Pd（Ⅱ）时可适当升温。

表1　CN–DAPhen 吸附 Pd（Ⅱ）的热力学参数

$\Delta H^0/$ (kJ/mol)	$\Delta S^0/$ (J/mol)	$\Delta G^0/$ (kJ/mol)						R^2
		298 K	313 K	323 K	328 K	338 K	343 K	
10.2	41.4	-2.2	-2.6	-3.0	-3.4	-3.8	-4.3	0.989 6

　　研究了起始 Pd（Ⅱ）浓度对吸附容量的影响，以更好地了解 CN–DAPhen 吸附行为。吸附剂表现出随着 Pd（Ⅱ）浓度的增加而增加的吸附容量。当 c_e 超过 400 mg/L 时，曲线变平并趋于平衡，表明吸附已达到其最大容量（图 3a）。CN–DAPhen 对 Pd（Ⅱ）的吸附等温线进行研究用 Langmuir 和 Freundlich 模型进行分析，以研究吸附机制。它们的线性形式可写成 $c_e/q_e = 1/(K_L \times q_m) + c_e/q_m$ 和 $\ln q_e = \ln K_F + (1/n) \times \ln c_e$，其中 q_m(mg/g) 是最大吸附量，K_L(L/mg) 是 Langmuir 吸附平衡常数，K_F 是 Freundlich 吸附平衡常数，n 表示吸附强度。通过 Langmuir 吸附模型拟合得到的 R^2 比 Freundlich 得到的 R^2 更大（图 3b、图 3c），这表明 CN–DAPhen 对 Pd（Ⅱ）是单层吸附。根据 Langmuir 模型，CN–DAPhen 对 Pd（Ⅱ）的 q_m 为 390.6 mg/g。很明显，与用于相同应用的其他同类型的多孔吸附剂相比，CN–DAPhen 在酸性条件下具有更高的吸附容量。

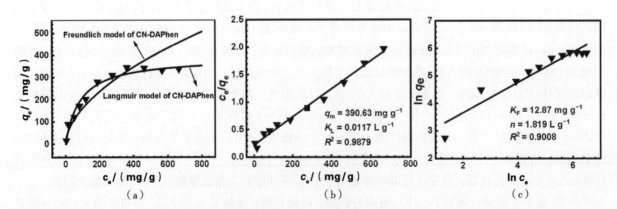

图3　CN–DAPhen 对 Pd（Ⅱ）吸附等温线（a）与 Langmuir 模型（b）和 Freundlich 模型（c）的拟合

　　为了研究吸附过程，对 CN–DAPhen 吸附前后进行 XPS 分析。与吸附前 CN–DAPhen 的 XPS 测量光谱相比，吸附后 CN–DAPhen–Pd 的光谱中出现了 Pd 3d（图 4a），证实 Pd 物种成功吸附在 CN–DAPhen 上。对应于 Pd 的 3d₃/₂ 和 3d₅/₂ 轨道所对应 338.3 eV 和 343.6 eV 处的新峰暗示吸附的 Pd 的氧化态为 Pd（Ⅱ）[6]（图 4b）。为了进一步探究 CN–DAPhen 与 Pd 的结合行为，对吸附后

CN－DAPhen的O 1s高分辨谱图进行了分析。如图4c所示，表明存在两种类型的O原子（O－Pd中的O原子对应534.4 eV；O＝C/O－N中的O原子对应532.0 eV），O－Pd中O原子与总O原子的比率约为4.96。同时，吸附后CN－DAPhen中O与Pd的元素含量为11.2，表明与Pd对应的O原子与Pd原子的比例为2.25。总的来收，一个Pd原子对应于一个具有两个C＝O基团的DAPhen基团，这与从先前文献[7]报道中获得的1：1复合物（DAPhen－Pd）的结果非常吻合。

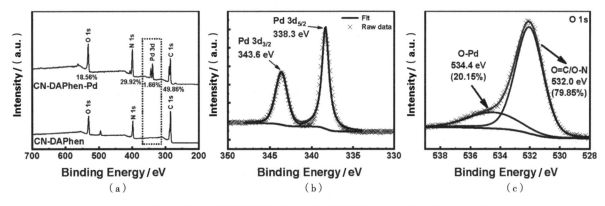

图4　CN－DAPhen吸附前后的低分辨率XPS光谱（a），CN－DAPhen－Pd（吸附后）Pd 3d光谱（b）和O 1s光谱（c）

HLLW中存在40多种组分和400多种核素，不同金属离子的共存可能导致竞争吸附，因此，钯吸附的选择性一直被认为是评价吸附剂的最关键的因素之一[8]。选取了实际HLLW中含量较高的金属离子为代表，CN－DAPhen对模拟核废料中Pd（Ⅱ）的选择性吸附性能包括Cs（Ⅰ）、Fe（Ⅲ）、Ni（Ⅱ）、Ru（Ⅲ）、Sr（Ⅱ）、Cd（Ⅱ）、Cr（Ⅲ）和Nd（Ⅲ）。实验结果表明，CN－DAPhen对Pd（Ⅱ）表现出优异的选择性吸附（图5a）。在含有不同浓度HNO_3的溶液中，CN－DAPhen对于竞争性金属离子表现出超过24.8的高分离系数[9]（图5b）。基于CN－DAPhen对HLLW中不同金属离子的选择性吸附特性的结论，我们提出了使用CN－DAPhen从模拟HLLW中分离Pd和Ru的简单流程（图5c）。

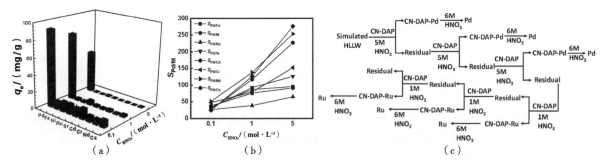

图5　CN－DAPhen在不同HNO_3浓度下对模拟HLLW中Pd（Ⅱ）和其他8种干扰金属的吸附容量（a）和相应的S值（b）；基于CN－DAPhen的模拟HLLW分离Pd和Ru的流程（c）

鉴于HLLW具有极高的放射性，耐辐射性是评估吸附剂时要考虑的一个关键因素。在特定吸收剂量下处理吸附以确定CN－DAPhen吸附性能的辐射诱导变化。如图6a所示，随着吸收剂量的增加，Pd（Ⅱ）的吸附量逐渐减少。在吸附过程中，随着吸收剂量的增加，电离辐射对DAPhen基团的辐射分解会降低吸附容量。当吸收剂量高达100 kGy时，CN－DAPhen对Pd（Ⅱ）的吸附量仍保持在113.5 mg/g，为原始吸附量的88.8%。这表明CN－DAPhen具有优异的辐射稳定性。除此以外，如图6b所示，CN－DAPhen表现出良好的循环使用性能。经过5个连续的吸附-解吸循环后，Pd（Ⅱ）在再生CN－DAPhen上的吸附略有下降并保持在90.9%，表明CN－DAPhen具有高度可回收性。

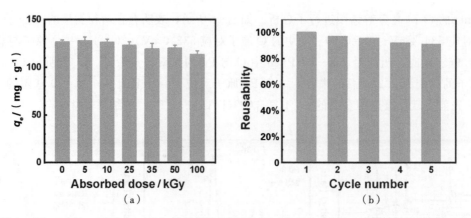

图 6　CN‐DAPhen 吸附 Pd（Ⅱ）的辐射稳定性图（a）及 CN‐DAPhen 的循环使用性能（b）

3　结论

本文通过简便的草酸诱导超分子组装方法制备了富含氨基的多孔 g‐C₃N₄，然后通过 g‐C₃N₄ 和 DAPhen 的酰胺化反应合成的新型吸附剂 CN‐DAPhen，从模拟的高放废液（HLLW）中高效和选择性回收 Pd。在 0.1 mol/L HNO₃ 中，CN‐DAPhen 表现出良好的吸附性能，对 Pd 的最大吸附容量可达到 390.6 mg/g。丰富的多孔结构为 CN‐DAPhen 提供了众多吸附位点，因此对 Pd 具有超快的吸附动力学，能在 5 分钟内达到吸附平衡。CN‐DAPhen 对 Pd 的吸附符合准二级动力学模型，这也表明了 CN‐DAPhen 吸附 Pd 是化学吸附。此外，热力学研究表明 CN‐DAPhen 吸附 Pd 是放热和自发吸附的过程。在模拟 HLLW 中，CN‐DAPhen 在 9 种共存阳离子上对 Pd 表现出极高的选择性，这可能归因于独特的吸附机制，基于这种优异的吸附选择性，本研究开发了从模拟 HLLW 中分离 Pd 和 Ru 的连续工艺流程。本文展示了其他几个 CN‐DAPhen 有利于从 HLLW 中去除 Pd 的特性，包括出色的耐辐射性和良好的可重复使用性。这项研究的结果表明 CN‐DAPhen 是非常有前途的 Pd 分离回收纳米材料，具有高耐辐射性、吸附容量和选择性。这项研究可以为开发新型的钯分离材料提供一些新的思路。

参考文献：

[1]　UENISHI M, TANIGUCHI M, TANAKA H, et al. Redox behavior of palladium at start‐up in the Perovskite‐type LaFePdOx automotive catalysts showing a self‐regenerative function [J]. Applied catalysis B：environmental, 2005, 57 (4)：267‐273.

[2]　PARAJULI D, HIROTA K, SEKON. Effective separation of palladium from simulated high level radioactive waste [J]. Journal of radioanalytical and nuclear chemistry, 2011, 288 (1)：53‐58.

[3]　HU R, WANG X, DAI S, et al. Application of graphitic carbon nitride for the removal of Pb（Ⅱ）and aniline from aqueous solutions [J]. Chemical engineering journal, 2015, 260：469‐477.

[4]　XIAO C L, WANG C Z, YUAN L Y, et al. Excellent selectivity for actinides with a tetradentate 2, 9‐diamide‐1, 10‐phenanthroline ligand in highly acidic solution：a hard‐soft donor combined strategy [J]. Inorganic chemistry, 2014, 53 (3)：1712‐1720.

[5]　KIM Y H, NAKANO Y. Adsorption mechanism of palladium by redox within condensed‐tannin gel [J]. Water research, 2005, 39 (7)：1324‐1330.

[6]　KANCHARLA S, SASAKI K. Acid tolerant covalently functionalized graphene oxide for the selective extraction of Pd from high‐level radioactive liquid wastes [J]. Journal of materials chemistry a, 2019, 7：4561‐4573.

[7]　XIAO Q, SONG L, WANG X, et al. Highly efficient extraction of palladium（Ⅱ）in nitric acid solution by a phenanthroline‐derived diamide ligand [J]. Separation and purification technology, 2022, 280：119805.

[8] KOYAMA S I, SUZUKI T, OZAWA M. From waste to resource, nuclear rare metals as a dream of modern al-
chemists [J] . Energy conversion and management, 2010, 51 (9): 1799 – 1805.

[9] CHEN Y, ZHANG D, JIAO L. High efficient and selective removal of U (VI) from lanthanides by phenanthroline
diamide functionalized carbon doped boron nitride [J] . Chemical engineering journal, 2022: 137337.

Preparation of porous g-C$_3$N$_4$ functionalized with phenanthroline diamide and its adsorption performance towards palladium

CHEN Yi-zhi[1] , ZHANG Peng[1] , GUO Qi-qi[1] , YANG Yu[1,2] ,
CAO Qi[1,2] , LIN Ming-zhang[1, *]

(1. School of Nuclear Science and Technology, University of Science and Technology of China, Hefei,
Anhui 230027, China; 2. Reactor Operation and Application Research Sub-Institute,
Nuclear Power Institute of China, Chengdu, Sichuan 610000, China)

Abstract: Efficient recovery of palladium from high-level liquid waste (HLLW) is of great significance for the utilization of pre-
cious resources and volume reduction of radioactive waste, but the development of materials that can selectively adsorb palladium
ions (Pd (Ⅱ)) under high acidity is still a challenge. Here, hierarchically porous g – C$_3$N$_4$ with high specific surface area was syn-
thesized, which can provide fast transport channels for Pd (Ⅱ) . Secondly, g – C$_3$N$_4$ was modified with N, N' -diethyl-N,
N' -xylyl – 2, 9 – diamide – 1, 10 – phenanthroline (DAPhen) to obtain Pd (Ⅱ) adsorbent (CN-DAPhen) with excellent selec-
tivity. The adsorption behavior of Pd (Ⅱ) in HNO$_3$ media was explored through batch experiments, and CN-DAPhen exhibited
fast adsorption kinetics and could reach equilibrium within 5 min. By fitting the experimental data with the Langmuir model, the
theoretical maximum adsorption capacity of CN-DAPhen is 390. 6 mg/g. Based on excellent selectivity of CN-DAPhen in simula-
ted HLLW containing competing metal ions, we developed a continuous process for the separation of Pd and Ru from HLLW. In
addition, CN-DAPhen also exhibited excellent radiation stability and reusability. This paper not only develops a new high-quality
adsorbent for the selective recovery of palladium, but also reveals a potential strategy of nanomaterials for high-level waste liquid
treatment in spent fuel.

Key words: Palladium; g – C$_3$N$_4$; Phenanthroline diamide; Adsorption

国产核级阳离子树脂对核电站去污液中
放射性钴的吸附性能研究

刘钰森[1]，张　鹏[1]，张惠炜[2]，何小平[2]，林铭章[1,*]

（1. 中国科学技术大学核科学技术学院，安徽　合肥　230027；2. 大亚湾核电
运营管理有限责任公司，广东　深圳　518124）

摘　要： 压水堆核电站一回路去污工艺产生的去污液含有大量放射性核素，主要包含 ^{58}Co 和 ^{60}Co 等，为降低去污环境中的辐射剂量，避免放射性核素的二次沉积，有必要对去污液中的放射性钴（Co）进行有效去除。本文针对国产核级阳离子树脂（G-resin）对模拟去污液中钴的吸附性能，主要探究了在不同模拟实验工况、不同吸附时间、不同 Co^{2+} 初始浓度、干扰离子、辐照剂量和循环使用次数等条件下 G-resin 对模拟去污液中 Co^{2+} 的吸附。结果表明，G-resin 对模拟去污液中 Co^{2+} 的吸附过程符合准二级动力学和 Langmuir 吸附等温线模型，可在 120 min 内达到吸附平衡，其最大吸附容量可达到 74.91 mg/g。同时，G-resin 具有良好的吸附选择性、辐射稳定性和循环使用性。G-resin 有望实际应用于核电站去污液中放射性钴的去除。

关键词： 离子交换树脂；吸附；钴

　　如今，随着人口增长和工业的发展，整个社会对于能源的需求迅速增加，但是能源的生产和使用会排放大量的温室气体，最主要的温室气体是二氧化碳[1]。减少碳排放的有效途径是发展清洁能源，核能发电是一种碳排放非常低的发电方式[2]。随着核电技术的发展，放射性废水的处理成了人们日益关注的问题，如果在未经处理的情况下排放到自然环境中，将会对环境和人体健康造成严重危害[3]。压水堆核电站一回路在运行过程中会产生大量的放射性核素，放射性钴（Co）是其中一种重要的核素[4]。压水堆核电站对一回路材料进行化学去污时，会产生大量含有放射性钴的去污液，在将其排放之前，需要对去污液中的放射性钴进行有效去除。处理含放射性核素废水的方法主要有絮凝沉淀法、膜分离法、萃取法和吸附法等，吸附法由于操作简单、成本低廉和处理效果好等优势受到研究人员青睐[5]。离子交换是核电站废水净化使用极为广泛的工艺，关于使用离子交换树脂去除钴已经在许多文献[6-7]中进行了研究。Rengaraj[8]等的研究表明 IRN77 树脂可以有效去除核电站废水中的钴，因为 IRN77 树脂含有磺酸基团，Fu[9]等人提出了磺酸基团从溶液中分离吸附 Co^{2+} 的机理。苏州热工研究院成功制备了核级阳离子树脂（G-resin）。G-resin 呈棕色球形颗粒状，为强酸性阳离子交换树脂，含有大量强酸性基团磺酸基（—SO₃H）。G-resin 具有高纯度、高强度和均粒性，满足吸附床柱装填要求，可应用于核工业领域。

　　本文针对 G-resin 对模拟去污液中钴的吸附性能展开研究，探究了实验工况、吸附时间、初始浓度、干扰离子、辐照及重复使用对于 G-resin 吸附 Co^{2+} 的影响，希望有助于去除去污液中放射性钴的应用。

1　实验部分

1.1　实验试剂与仪器

　　实验用国产核级阳离子树脂（G-resin）由苏州热工研究院提供。二水合草酸（$C_2H_2O_4 \cdot 2H_2O$），

作者简介： 刘钰森（1999—），男，山西长治人，硕士研究生，现主要从事放射性核素吸附方面的科研工作。

基金项目： 氮化硼和氧化石墨烯多级孔材料的制备及其对放射性钴的高效去除研究（22276180）。

一水合柠檬酸（$C_6H_8O_7 \cdot H_2O$），抗坏血酸（$C_6H_8O_6$），硝酸（HNO_3），六水合硝酸钴［$Co(NO_3)_2 \cdot 6H_2O$］，硝酸银（$AgNO_3$），五水合硫酸亚铁（$FeSO_4 \cdot 5H_2O$），硝酸钠（$NaNO_3$），氯化钾（KCl），硝酸锰（$Mn(NO_3)_2$）以上试剂均为分析纯，购买于国药集团化学试剂有限公司。实验用超纯水由 Kertone Lab Vip 超纯水系统生成。溶液中金属离子的浓度通过电感耦合等离子体原子发射光谱仪（ICP. AES，仪器型号：Optima7300DV，PerkinElmer）测量。

1.2 实验方法

G-resin 对 Co^{2+} 的吸附通过批次实验进行，为尽量接近现实中的去污工艺，模拟液中含 $1.0\ g \cdot L^{-1}$ 的柠檬酸、草酸和硝酸，所有的吸附实验均在 353 K 下进行。将 40 mg 吸附剂与 4 mL 模拟液混合，置于恒温水浴振荡器中在 353 ± 1 K 振荡 12 h，固液分离之后测量溶液中剩余 Co^{2+} 的浓度，吸附剂对于 Co^{2+} 的吸附率（R）与吸附容量（q_e）通过下列公式计算：

$$R = \frac{(c_0 - c_e)}{c_0} \times 100\% 。 \tag{1}$$

$$q_e = \frac{(c_0 - c_e)}{m} \times V 。 \tag{2}$$

式中，R 是溶液中 Co^{2+} 的吸附率，c_0 和 c_e 分别是吸附前后溶液中 Co^{2+} 的浓度（$mg \cdot L^{-1}$），V（mL）为溶液体积，m（mg）为吸附剂质量。

2 结果与分析

2.1 不同实验工况下 G-resin 对钴的吸附

核电站去污工艺产生的去污液中含有放射性核素、金属阳离子、无机阴离子和有机酸等。不同实验工况下去污液的成分见表 1。在 4 种实验工况下，分别进行了 G-resin 对模拟液中 Co^{2+} 的吸附实验。G-resin 对 4 种工况下 Co^{2+} 的去除率均保持在 98% 以上。故实验工况对 G-resin 的吸附性能几乎没有影响，后续实验均在含有 $1.0\ g \cdot L^{-1}$ 的柠檬酸、草酸和硝酸的模拟液中进行。

表 1 化学去污工艺模拟废液

实验工况	去污模拟
去污液 1	$1.0\ g \cdot L^{-1}$ 硝酸 ＋ $1.0\ g \cdot L^{-1}$ 草酸 ＋ 适量非放射性 Co、Ag 元素
去污液 2	去污液 1 ＋ $0.5\ g \cdot L^{-1}$ 柠檬酸 ＋ $0.5\ g \cdot L^{-1}$ 抗坏血酸
去污液 3	去污液 1 ＋ $0.2\ g \cdot L^{-1}$ KMnO$_4$
去污液 4	去污液 1 ＋ $0.1\ g \cdot L^{-1}$ 金属阳离子（钾、钠、铁、锰等）

2.2 吸附动力学

为了确定 G-resin 对 Co^{2+} 的吸附平衡时间，对不同吸附时间下 G-resin 对模拟液中 Co^{2+} 的吸附容量进行了测试，如图 1a 所示，随着吸附时间的增加，G-resin 对 Co^{2+} 的吸附容量不断增加，可以看到，整个吸附过程分为两个阶段，第一个阶段为快速吸附，G-resin 在 100 min 之内对模拟液中 Co^{2+} 的吸附容量迅速增加。之后，G-resin 对 Co^{2+} 的吸附容量缓慢增加趋于平衡，最终在 120 min 左右达到吸附平衡。为了更好地描述对 Co^{2+} 的吸附行为，分别用两种典型的吸附动力学模型来拟合实验数据，即准一级吸附动力学模型（式 3）和准二级吸附动力学模型（式 4）：

$$\ln(q_e - q_t) = \ln q_e - k_1 t 。 \tag{3}$$

$$\frac{t}{q_t} = \frac{1}{k_2 q_e^2} + \frac{t}{q_e} 。 \tag{4}$$

式中，q_e 和 q_t 分别代表吸附平衡时和时间 t（min）时 Co^{2+} 在 $G-resin$ 上的吸附容量，k_1（min^{-1}）被定义为准一级吸附速率常数，k_2（$g \cdot mg^{-1} \cdot min^{-1}$）被定义为准二级吸附动力学常数。

通过准一级吸附动力学和准二级吸附动力学方程拟合实验数据，得到 $G-resin$ 对 Co^{2+} 吸附的动力学参数，拟合结果见图 1b、图 1c 和表 2，从表 2 的拟合结果来看，准二级吸附动力学模型（$R^2 = 0.99$）比准一级吸附动力学模型（$R^2 = 0.96$）更好的拟合实验数据，这就表明 $G-resin$ 吸附 Co^{2+} 的过程可以采用准二级反应动力学模型进行描述，这表明吸附速率受到 Co^{2+} 和吸附剂浓度的影响。同时，根据准二级反应动力学模型建立的机理，准二级吸附动力学模型是建立在速率控制步骤为化学反应或通过吸附剂与吸附质间电子共享、离子交换的基础上，可推测 $G-resin$ 在吸附 Co^{2+} 的过程中，主要受化学作用控制，涉及磺酸基团与模拟液中 Co^{2+} 之间的离子交换或化学键的形成[10]。

表 2　$G-resin$ 吸附 Co^{2+} 的动力学参数

准一级动力学			准二级动力学		
q_e / (mg $\cdot$ g^{-1})	k_1/min^{-1}	R^2	q_e / (mg $\cdot$ g^{-1})	k_2/ (g $\cdot$ mg^{-1} min^{-1})	R^2
6.45	0.02	0.96	10.55	0.007	0.99

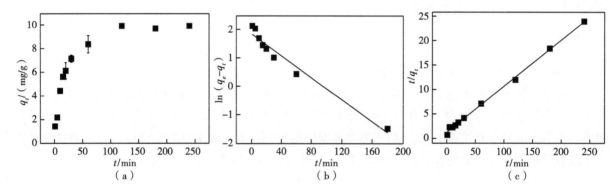

图 1　不同吸附时间下 $G-resin$ 对 Co^{2+} 的吸附容量（a）及准一级（b）和准二级吸附动力学模型（c）线性拟合

2.3　吸附等温线

为了研究 $G-resin$ 在模拟去污液中对 Co^{2+} 的吸附机理，对 $G-resin$ 在不同 Co^{2+} 初始浓度下进行了吸附实验，如图 2a 所示，$G-resin$ 对 Co^{2+} 的吸附能力随溶液中 Co^{2+} 初始浓度的增加而提升。吸附等温线可以揭示溶液中吸附剂与吸附质的相互作用行为。采用 Langmuir（式 5）和 Freundlich（式 6）吸附等温线模型的线性形式对实验数据进行拟合。

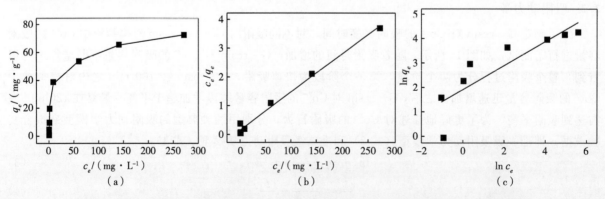

图 2　$G-resin$ 对 Co^{2+} 的吸附等温线（a）及 Langmuir（b）和 Freundlich（c）模型的拟合

$$\frac{c_e}{q_e} = \frac{1}{q_m k_L} + \frac{c_e}{q_m}, \tag{5}$$

$$\ln q_e = \ln k_F + \frac{1}{n}\ln c_e 。 \tag{6}$$

式中，q_m（mg/g）是最大吸附容量，k_L（mL/mg）是 Langmuir 吸附平衡常数，k_F〔（mg/g）(L/mg)$^{1/n}$〕和 n 均为 Freundlich 吸附平衡常数。

表 3　G‑resin 吸附 Co^{2+} 的等温线参数

Langmuir			Freundlich		
q_m / (mg/g)	k_L / (mL/mg)	R^2	k_F / (mg/g) (L/mg)$^{1/n}$	n	R^2
74.91	0.08	0.99	6.95	2.04	0.72

由 Langmuir 和 Freundlich 吸附模型拟合的吸附等温线及相关参数如图 2b、图 2c 和表 3 所示，结果表明，通过 Langmuir 吸附模型拟合得到的 R^2（0.99）比 Freundlich 得到的 R^2（0.72）大，说明相对于 Freundlich 模型而言，Langmuir 模型能够更好地拟合实验数据，表明 G‑resin 对于 Co^{2+} 的吸附属于单分子层吸附，根据 Langmuir 模型的拟合参数，G‑resin 对模拟液中 Co^{2+} 的最大吸附容量达到 74.91 mg·g^{-1}。基于 Freundlich 模型计算的 $1/n$ 为 0～1（$1/n = 0.49$），表明化学吸附在 G‑resin 对 Co^{2+} 的吸附过程中占据主导作用。因此，推断 Co^{2+} 在 G‑resin 表面的吸附过程可能以均匀的单层化学吸附为主。

2.4　吸附选择性

在实际使用中，去污液中存在的其他金属离子可能会影响 G‑resin 对 Co^{2+} 的吸附效果。共存的金属离子（Na$^+$、Ag$^+$、Fe^{2+}）同等浓度（100 mg/L）下对 Co^{2+} 吸附的影响如图 3a 所示。实验结果显示，在 Na$^+$、Ag$^+$、Fe^{2+} 存在时，G‑resin 对 Co^{2+} 吸附率均达到 98% 以上。由于去污液中存在高浓度的 Fe^{2+} 且清洗时产生的 Fe^{2+} 浓度信息不明，多次的清洗工况下废水中 Fe^{2+} 浓度在一定区间下变动，因此，实验探究在不同浓度 Fe^{2+} 存在下 G‑resin 对 Co^{2+} 的吸附率，实验结果如图 3b 所示。随着 Fe^{2+} 浓度的增加，虽然 G‑resin 对 Co^{2+} 的吸附率有所下降，但在 Fe^{2+} 浓度 10 倍于 Co^{2+} 浓度时，G‑resin 对于模拟液中的 Co^{2+} 仍保持 74% 以上的吸附率。总体而言，G‑resin 对 Co^{2+} 具有较强的选择性吸附能力，这一结论对于实际去污液中放射性钴的去除具有重要意义。

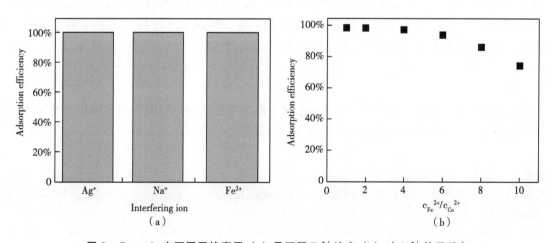

图 3　G‑resin 在不同干扰离子（a）及不同 Fe^{2+} 浓度（b）对 Co^{2+} 的吸附率

2.5 辐射稳定性和循环使用性

考虑到去污液的放射性，由于官能团的辐射分解，会导致吸附剂的吸附性能变差，因此在评价树脂对 Co^{2+} 的吸附性能时，抗辐射性是一个关键因素[11]。使用 ^{60}Co 放射源对 G-resin 进行了不同剂量的辐照，辐照之后的 G-resin 对 Co^{2+} 的吸附率如图4a所示，可以看出，虽然随着辐照剂量的增加，G-resin 对 Co^{2+} 的吸附率有所下降，但 G-resin 对于模拟液中的 Co^{2+} 依然保持97％以上的吸附率。由此得出，G-resin 具有良好的辐射稳定性。G-resin 还具有优良的循环使用性，将吸附过的 G-resin 使用 $6 \ mol \cdot L^{-1}$ 的硝酸溶液进行脱附，之后重复进行吸附实验，实验结果见图4b。由图4b 可知，在经过4次吸附-脱附循环后，G-resin 对 Co^{2+} 的吸附率未出现明显下降，与新鲜树脂相当。

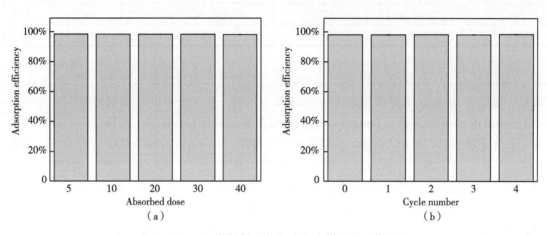

图4 G-resin 的辐射稳定性（a）和循环稳定性（b）

3 结论

本文研究了 G-resin 对核电站一回路模拟去污液中 Co^{2+} 的吸附性能，探究了不同模拟实验工况、吸附时间、Co^{2+} 初始浓度、干扰离子及辐照剂量等对于 G-resin 吸附 Co^{2+} 的影响，得到结论如下：

将 40 mg G-resin 置于 4 mL 模拟液（$1 \ g \cdot L^{-1}$ 的柠檬酸、草酸和硝酸背景）中，在 353 K 的条件下，G-resin 在对模拟去污液中的 Co^{2+} 的吸附过程中表现出良好的选择吸附性能、辐射稳定性和循环使用性，吸附过程可以通过 Langmuir 吸附等温线模型和准二级吸附动力学模型来描述，可在 120 min 内达到吸附平衡，最大吸附容量达到 $74.91 \ mg \cdot g^{-1}$。整个吸附过程主要受化学作用控制，推测为在吸附剂 G-resin 表面的均匀的单层化学吸附，涉及磺酸基团与 Co^{2+} 之间的离子交换或化学键的形成。上述研究有助于为核电站一回路去污液的处理提供参考。

致谢

在相关实验的进行当中，感谢苏州热工研究院有限公司提供国产核级阳离子树脂以及国家自然科学基金氮化硼和氧化石墨烯多级孔材料的制备及其对放射性钴的高效去除研究（22276180）的支持。

参考文献：

[1] JEFFRY L, ONG M Y, NOMANBHAY S, et al. Greenhouse gases utilization：a review [J]．Fuel, 2021, 301：121017.

[2] MATHEW M D. Nuclear energy：a pathway towards mitigation of global warming [J]．Progress in nuclear energy, 2022, 143：104080.

[3] ZHANG X, GU P, LIU Y. Decontamination of radioactive wastewater：state of the art and challenges forward [J]．Chemosphere, 2019, 215：543-553.

［4］ 胡文超，赵传奇，毕金生，等. 压水堆一回路腐蚀产物源项钴的研究［C］//中国核学会. 中国核科学技术进展报告（第五卷）：中国核学会 2017 年学术年会论文集第 5 册（核材料分卷、辐射防护分卷）. 北京：中国原子能出版社，2017：6.

［5］ 姚初清，戴耀东，罗威，等. 一维普鲁士蓝/硅藻土复合材料 Cs^+ 的吸附［J］. 核化学与放射化学，2020，42（2）：121 - 128.

［6］ 柳丹，王鑫，刘杰安，等. 离子交换树脂吸附处理核电厂废液中铯、钴的研究进展［C］//中国核学会. 中国核科学技术进展报告（第三卷）：中国核学会 2013 年学术年会论文集第 5 册（辐射防护分卷、核化工分卷）. 北京：中国原子能出版社，2013：7.

［7］ WOLOWICZ A，HUBICKI Z. Comparison of ion - exchange resins for efficient cobalt（Ⅱ）removal from acidic streams［J］. Chemical engineering communications，2018，205（9）：1207 - 1225.

［8］ RENGARAJ S，YEON K H，KANG S Y，et al. Studies on adsorptive removal of Co（Ⅱ），Cr（Ⅲ）and Ni（Ⅱ）by IRN77 cation - exchange resin［J］. Journal of hazardous materials，2002，92（2）：185 - 198.

［9］ FU Y，HE Y，CHEN H，et al. Effective leaching and extraction of valuable metals from electrode material of spent lithium - ion batteries using mixed organic acids leachant［J］. Journal of industrial and engineering chemistry，2019，79：154 - 162.

［10］ 暴秀丽，张静静，化党领，等. 褐煤基材料对 Cd^{2+} 的吸附机制［J］. 农业资源与环境学报，2017，34（4）：343 - 351.

［11］ CHEN Y，ZHANG P，YANG Y，et al. Porous g - C_3N_4 modified with phenanthroline diamide for efficient and ultrafast adsorption of palladium from simulated high level liquid waste［J］. Environmental Science：Nano，2023.

Study on the adsorption performance of domestic nuclear-grade cationic resin for radioactive cobalt in decontamination solution of nuclear power plant

LIU Yu-sen[1], ZHANG Peng[1], ZHANG Hui-wei[2],

HE Xiao-ping[2], LIN Ming-zhang[1,*]

(1. School of Nuclear Science and Technology, University of Science and Technology of China, Hefei, Anhui 230027, China; 2. Daya Bay Nuclear Power Operations and Management Co., Ltd, Shenzhen, Guangdong 518124, China)

Abstract: The decontamination solution produced by the primary circuit decontamination process of the PWR nuclear power plant contains a large number of radionuclides, mainly ^{58}Co and ^{60}Co. In order to reduce the radiation dose in the decontamination environment and avoid the secondary deposition of radionuclides, it is necessary to effectively remove the radioactive cobalt (Co) in the decontamination solution. In view of the adsorption performance of domestic nuclear-grade cationic resin (G-resin) for cobalt in simulated decontamination solution, this paper mainly explored the adsorption of G-resin for cobalt in simulated decontamination solution under different simulated experimental conditions, different adsorption time, different initial concentration of Co^{2+}, interference ions, irradiation dose and cycle number. The results show that the adsorption process of Co^{2+} in the simulated decontamination solution by G-resin conforms to the pseudo-second-order kinetics and Langmuir adsorption isotherm model. The adsorption equilibrium can be reached within 120 minutes, and its maximum adsorption capacity can reach 74.91 mg g^{-1}. Meanwhile, G-resin also has good adsorption selectivity, radiation stability and reusability. G-resin is expected to be applied to the removal of radioactive cobalt in the decontamination solution of nuclear power plants.

Key words: Ion exchange resin; Adsorption; Cobalt

Al 掺杂抑制高放废液玻璃固化中钼酸盐黄相的形成

赵　星，焦力敏，陈怡志，张　鹏，吴志豪，林铭章 *

（中国科学技术大学核科学技术学院，安徽　合肥　230027）

摘　要：抑制硼硅酸盐玻璃中钼酸盐黄相的形成对高放废液玻璃固化至关重要。本工作旨在研究添加铝（Al）对钼酸黄相形成的影响，以期提高固化体的化学耐久性。研究表明，Al 的加入可以有效分散并还原 Mo（Ⅵ），使硼硅酸盐玻璃中产生的黄相显著减少。加入 0.5 wt％的 Al 后，泪滴状钼酸盐晶体转变为较难团聚的波纹状结构；添加 1 wt％～1.5 wt％的 Al 后，约 20％的 Mo 以 Mo（Ⅳ）和 Mo（Ⅴ）的形式存在；而当 Al 含量高于 2 wt％时，则出现 MoO_2 相。本研究显示了 Al 在抑制钼酸盐黄相形成方面的巨大潜力，为有效解决玻璃固化过程中的黄相问题提供了新的思路。

关键词：高放废液；玻璃固化；黄相；钼酸盐；铝

随着全球能源需求的持续增长，核能凭借高效、经济且清洁等特性正在迅速发展，已成为我国及世界人民解决能源供需矛盾的重要途径之一。但在核能生产过程中会产生大量具有高放射性、高毒性和高流动性的高放废液（HLLW），其对人类和环境健康构成巨大的潜在风险[1]。因此，有效管理和处置高放废液以减少放射性核素的迁移或扩散至关重要[2]。一种国际公认的方法是将高放废液固定在耐用可靠的玻璃基质中以形成密实稳定的固化体[3]。其中，硼硅酸盐玻璃因其优良的耐化学性、热稳定性及抗辐射性而被广泛用于高放废液的固化处理[4]。然而，在实际的玻璃固化过程中，由于钼（Mo）在硼硅酸盐玻璃中的溶解度特别低（$\leqslant 1\%$），导致在固化过程中玻璃熔体表面容易形成钼酸盐结晶相[5]。这类结晶相通常被称为黄相，因铬的掺入使其呈黄色。黄相具有高水溶性，其通常会容纳一些放射性核素（如 [137]Cs 和 [90]Sr），如果它们与水接触，会增加放射性核素释放到生物圈中的风险[6]。此外，黄相会加速熔体对设备的腐蚀，导致熔炉设备的效率和寿命大大降低[7]。因此，必须提高 Mo 在硼硅酸盐玻璃中的溶解度以抑制玻璃固化过程中黄相的形成。

目前，主要通过优化基础玻璃配方及降低 Mo 的价态来提高 Mo 在硼硅酸盐玻璃中的溶解度。研究表明，在硼硅酸盐玻璃中添加五氧化二钒（V_2O_5）、五氧化二磷（P_2O_5）和氧化钕（Nd_2O_3）等均可以提高 Mo 的溶解度[8-10]。但是，V_2O_5 和 P_2O_5 的加入可能会带来一些缺点，例如，在高 V_2O_5 浓度下，熔体发泡增加，而含磷玻璃对熔炉的腐蚀性增强。此外，玻璃基体中掺入高浓度的 Nd_2O_3 会导致磷灰石晶体的形成及玻璃固化体整体成分的显著改变。这会极大的影响对其他放射性核素的包容性，并且熔体成分的显著改变可能需要调整现有的熔炉工艺参数。通过降低 Mo 在玻璃中的氧化态以抑制其形成规则排列的倾向，并实现与玻璃网络形成有利的键合作用也是一种有效提高 Mo 溶解度的方法[11-12]。然而，在常规熔融条件下难以获得高浓度低氧化态的 Mo 限制了该方法的实际应用。Short 等报道，在还原性大气中熔化才可将 Mo（Ⅵ）部分还原为 Mo（Ⅳ）或 Mo（Ⅲ）[11]。Farges 等也发现，需要在极低氧逸度条件下才能得到较高浓度的 Mo（Ⅴ）和 Mo（Ⅵ）[12]。因此，开发一种在常规熔融工况下不显著改变玻璃固化体最终成分就实现钼酸盐黄相的消除的新方法具有重要意义。

作者简介：赵星（1997—），男，博士研究生，现主要从事放射性废物处理等研究。

基金项目：强 α 放射性溶液辐射分解产氢的机理和模型研究（U2241289）和氮化硼和氧化石墨烯多级孔材料的制备及其对放射性钴的高效去除研究（22276180）。

本研究通过添加少量 Al 实现了在空气熔融氛围下 Mo 的还原，有效抑制了钼酸盐黄相的形成，提高了玻璃固化体的抗浸出性能。同时，Al 作为高放废液中含量较高的固有元素，添加 Al 不会给固化工艺流程引入新的杂质问题。

1 实验

1.1 样品制备

本次实验所用的硼硅酸盐玻璃是由分析纯级 SiO_2、B_2O_3、Na_2O、CaO、MoO_3、Cr_2O_3、Al 等原料通过熔融淬火法制备得到的，硼硅酸盐玻璃组分如表 1 所示。按照配比称取适量的原料放入坩埚中混合均匀，然后将坩埚放入马弗炉中，再将炉温缓慢升至 1100 ℃熔融 3 h，最后在空气中淬火得到玻璃固化体。

表 1 硼硅酸盐玻璃组分

Series	Samples	SiO_2	B_2O_3	Al_2O_3	Na_2O	CaO	Cr_2O_3	MoO_3	Al
Ay	A0	43.93%	17.19%	4.78%	14.33%	14.33%	0.96%	4.50%	0
	A0.5	43.70%	17.10%	4.75%	14.25%	14.25%	0.95%	4.50%	0.50%
	A1	43.47%	17.01%	4.73%	14.18%	14.18%	0.95%	4.50%	1.00%
	A1.5	43.24%	16.92%	4.70%	14.10%	14.10%	0.94%	4.50%	1.50%
	A2	43.01%	16.83%	4.68%	14.03%	14.03%	0.94%	4.50%	2.00%
	A3	42.55%	16.65%	4.63%	13.88%	13.88%	0.93%	4.50%	3.00%

1.2 样品表征

玻璃固化体的物相结构采用 X 射线衍射（XRD，TTR‑Ⅲ，Rigaku）表征，Cu‑Kα 辐射（λ = 1.5418 Å，40 kV，20 mA）；通过激光拉曼光谱仪（HORIBA LabRam HR Evolution，FR）得到玻璃样品的拉曼光谱图。Mo 在玻璃样品中的价态信息采用 X 射线光电子能谱（XPS，ESCALAB 250XI）表征，Al‑Kα 辐射（hν = 1486.6 eV，200 W）；采用扫描电子显微镜（SEM，SU8220，3.0 kV）分析样品的显微形貌。

抗浸出性能测试：根据美国材料与试验协会（ASTM）标准测定，用产品一致性测法（Product Consistency Testing，PCT）进行化学稳定性实验[13]。

2 结果与讨论

2.1 物相结构与光学外观

不同 Al 添加量玻璃样品的光学照片、XRD 谱图及 Raman 谱图如图 1 所示。从图 1a 中可知，随着 Al 含量的增加，黄相逐渐减少。具体来说，当 Al 含量从 0.5 wt%增加到 1.5 wt%时，黄相减少，当 nZVAl 含量达到 2 wt%或更高时，黄相完全消失。样品的 XRD 谱图（图 1b）也显示了相同的结果，当 Al 含量增加到 1.5 wt%时，属于 $CaMoO_4$（PDF No. 85‑1267）和 Na_2MoO_4（PDF No. 12‑0773）晶体的衍射峰逐渐消失。而当 Al 含量进一步增加到 2 wt%或更高时，MoO_2（PDF No. 78‑1069）晶体的衍射峰被检测到，且强度逐渐增大。这一观察结果为添加 Al 的玻璃样品中存在低价 Mo 的可能性提供了初步证据。从图 1（c）的 Raman 谱图中可以发现，随着 Al 含量的增加，玻璃样品中属于 $CaMoO_4$ 及 Na_2MoO_4 中［MoO_4］$^{2-}$的特征振动逐渐减弱，条带逐渐展宽，并且在 Al 含量大于 2 wt%的样品中观察到属于 MoO_2 的信号[14‑15]。这些结果均表明，添加 Al 能够有效消除硼硅酸盐玻璃中的钼酸盐黄相，且玻璃样品中存在低价态的 Mo。

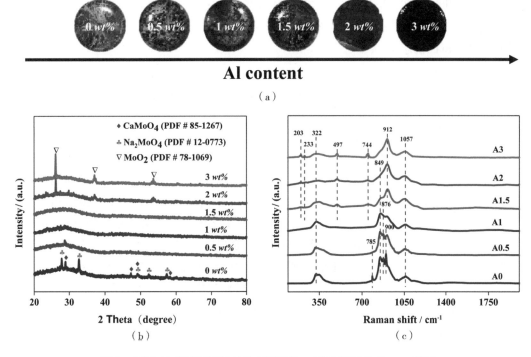

（a）

（b）   （c）

图1 不同 Al 掺量玻璃样品的光学照片、XRD 谱图及 Raman 谱图

2.2 微观形貌

不同 Al 掺量下固化体样品断面的 SEM 照片如图2所示。从图2可知，随着 Al 含量的增加，钼酸盐相的结晶趋势减弱。如图2a 所示，A0 样品在整个玻璃相中呈现出分散的微米级大小的液滴状相，这是玻璃中钼酸盐相的典型特征。图2b 显示了 A0.5 样品晶体含量的大幅降低。此外，在 A1.5 样品中未检测到宏观相分离，但玻璃相较粗（图2c）。进一步将 Al 含量增加到 2 wt%，钼酸盐相完全消失，玻璃表面光滑。此外，晶体的形态也发生了明显的变化，如图2e 和图2f 所示的 A0.5 样品的局部放大图像。这表明，当 Al 的添加量小于 0.5 wt% 时，随着 Al 含量的增加，玻璃中玻璃相分离的趋势减弱。A2 样品局部放大后的图像显示，在玻璃相的表面出现了一个新的晶体相（图2g、

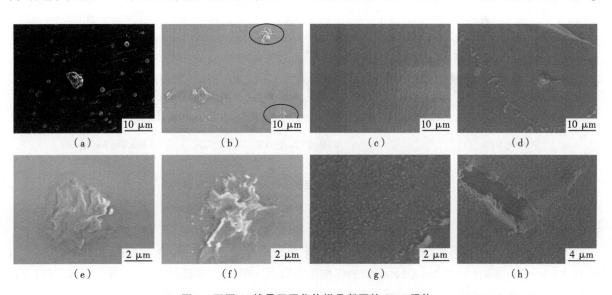

（a）   （b）   （c）   （d）

（e）   （f）   （g）   （h）

图2 不同 Al 掺量下固化体样品断面的 SEM 照片

图 2h），XRD 结果确定为 MoO_2 相。结果表明，在含有 4.5 wt% MoO_3 的玻璃中，加入 Al 成功抑制了钼酸盐相的形成，但过量的 Al 会导致 MoO_2 的形成。

2.3 玻璃样品中 Mo 的价态

不同 Al 添加量玻璃样品 A0、A0.5、A1、A1.5、A2、A3 的 Mo 3d 高分辨 XPS 谱图如图 3 所示。所有的 XPS 谱图数据分析前均选择 C 1 s 的 284.8 eV 峰进行校准。从图 3（a-f）可以看出，Mo 3d 的光谱分解为 3 个峰，分别在 229.5 eV［Mo（Ⅳ）］、230.4 eV［Mo（Ⅴ）］和 232.5 eV［Mo（Ⅵ）］左右[16]。对于 A0 和 A0.5 样品，在 232.5 eV 和 235.6 eV 处，Mo（Ⅵ）$3d_{3/2}$ 和 $3d_{5/2}$ 出现了固定强度比为 3：2 的高强化峰，表明添加 0.5 wt% 的 Al 对 Mo（Ⅵ）没有明显的还原作用。而在 A1 样品的 230.2 eV 和 233.4 eV 处，Mo（Ⅴ）$3d_{3/2}$ 和 $3d_{5/2}$ 出现了低强度峰。对于 A2 和 A3 样品，相对较高的强化峰分别为 Mo（Ⅳ）$3d_{3/2}$ 和 $3d_{5/2}$、Mo（Ⅴ）$3d_{3/2}$ 和 $3d_{5/2}$，分别为 229.5 和 232.6 eV 和 231.1 eV 和 234.2 eV。这表明，当 Al 的加入量超过 1 wt% 时，可以有效地还原部分 Mo。

通过反卷积法得到 Mo 的价态分布情况。Mo 的还原程度（Re_{Mo}）用 Mo（Ⅳ）和 Mo（Ⅴ）在总 Mo 种中的面积百分比（ar%）来评价。所有玻璃样品的还原度依次为：A3（35.5%）＞ A2（33.7%）＞ A1.5（20%）＞ A1（9.7%）。Mo 3d 的高分辨率 XPS 结果表明，加入 Al 后，核废物玻璃中低价 Mo 的数量大幅增加。根据已有的研究表明，低价 Mo 具有更低的场强，其在玻璃中将会具有更高的溶解度，并且可能实现与玻璃网络的直接相连[11-12]。

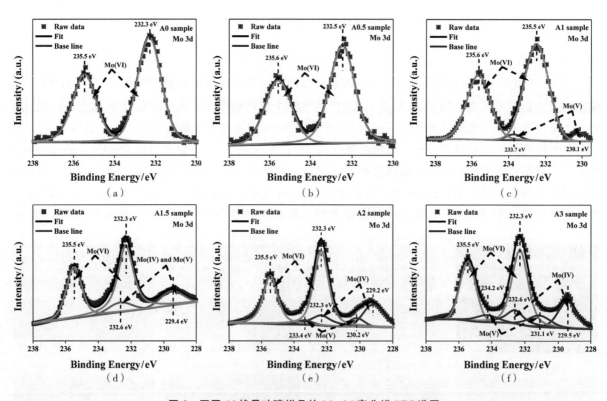

图 3 不同 Al 掺量玻璃样品的 Mo 3d 高分辨 XPS 谱图

2.4 抗浸出性能

不同 Al 掺杂量的玻璃样品在 90 ℃ 的超纯水中浸泡 1、3、7、14 和 28 天，测量了 Si（LR_{Si}）、Al（LR_{Al}）、Ca（LR_{Ca}）和 Mo（LR_{Mo}）的标准化浸出率（图 4）。观察到 LR_{Si}、LR_{Al}、LR_{Ca} 和 LR_{Mo} 随着时间的推移迅速下降，这是由于在残留的玻璃表面形成了一层保护凝胶层[17]。28 天后，LR_{Si}、LR_{Al}、LR_{Ca} 和 LR_{Mo} 分别降至 1.22×10^{-3}、1.34×10^{-5}、2.35×10^{-4} 和 2.63×10^{-3} g·m⁻²·d⁻¹。

值得注意的是，LR_{Mo} 的降低可能是由于高水溶性 Na_2MoO_4 的形成受到抑制。此外，随着 Al 含量的增加，LR_{Si}、LR_{Ca} 和 LR_{Mo} 均有所降低，表明 Al 的加入增强了玻璃的化学耐久性。而 LR_{Al} 表现出相反的趋势，可能是由于 Al 浓度的升高。

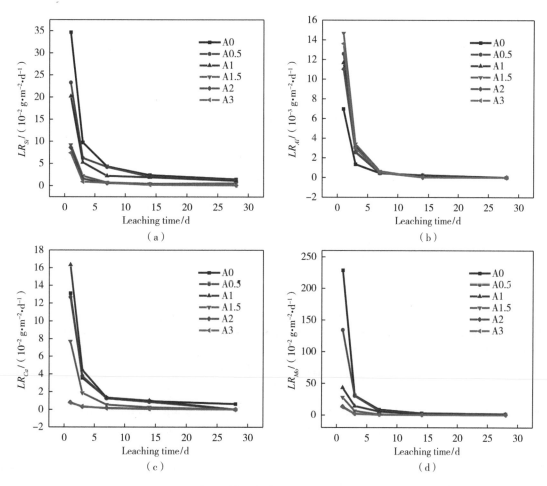

图 4　不同 Al 掺量玻璃样品中的标准化浸出率
（a）Si；（b）Al；（c）Ca；（d）Mo

3　结论

本文通过熔融淬火法成功制备了一系列不同 Al 掺量的含 Mo 硼硅酸盐玻璃，并对固化体中钼酸盐晶体的数量、形态及钼的价态分布进行了系统研究。结果表明，添加 Al 可以有效还原 Mo（V），并且对钼酸盐相具有明显的分散和固定作用。加入低浓度的 Al（< 1 wt%）导致钼酸盐晶体在玻璃相表面局部聚集和宏观分散。当 Al 含量在 1 wt%～2 wt% 时，钼酸盐黄相数量明显减少，这得益于 Mo 的有效还原，使得 Mo 在玻璃中的溶解度明显增加。此外，当添加过量的 Al（> 2 wt%）时，黄相完全消失，但是会导致 MoO_2 晶体的形成。同时，正如浸出试验所证明的那样，添加 Al 提高了玻璃的化学耐久性。本研究有望为抑制高放废液玻璃固化过程中黄相的形成提供一种新的有效策略。

参考文献：

［1］ KURNIAWAN T A, OTHMSN M H D, SINGHD, et al. Technological solutions for long‐term storage of par-tially used nuclear waste：a critical review ［J］. Annals of nuclear energy, 2022，166：108736.

［2］ WALLING S A, KAVFFMANN M N, GARDNERLJ, et al. Characterisation and disposability assessment of multi – waste stream in – container vitrified products for higher activity radioactive waste ［J］. Journal of hazardous materials, 2021, 401: 123764.

［3］ JANTZEN C M, OJOVAN M I. On Selection of matrix (Wasteform) material for higher activity nuclear waste immobilization ［J］. Russian journal of inorganic chemistry, 2019, 64 (13): 1611 – 1624.

［4］ ZHU H, WANG F, LIAOQ, et al. Structure features, crystallization kinetics and water resistance of borosilicate glasses doped with CeO_2 ［J］. Journal of non – crystalline solids, 2019, 518: 57 – 65.

［5］ ROSE P B, WOODWARD D I, OJOVAN M I, et al. Crystallisation of a simulated borosilicate high – level waste glass produced on a full – scale vitrification line ［J］. Journal of non – crystalline solids, 2011, 357 (15): 2989 – 3001.

［6］ CAURANT D, ODICE M, FADEL E, et al. Effect of molybdenum on the structure and on the crystallization of $SiO_2 – Na_2O – CaO – B_2O_3$ glasses ［J］. Journal of the American ceramic society, 2007, 90 (3): 774 – 783.

［7］ SENGUPTA P. A review on immobilization of phosphate containing high level nuclear wastes within glass matrix – Present status and future challenges ［J］. Journal of hazardous materials, 2012, 235: 17 – 28.

［8］ PINET O, DVSSOSSOY J L, DAVID C, et al. Glass matrices for immobilizing nuclear waste containing molybdenum and phosphorus ［J］. Journal of nuclear materials, 2008, 377 (2): 307 – 312.

［9］ CHOUARD N, CAURANT D, MAIERVS O, et al. Effect of neodymium oxide on the solubility of MoO_3 in an aluminoborosilicate glass ［J］. Journal of non – crystalline solids, 2011, 357 (14): 2752 – 2762.

［10］ PATIL D S, KONALE, MANISHA G, et al. Impact of rare earth ion size on the phase evolution of MoO_3 – containing aluminoborosilicate glass – ceramics ［J］. Journal of nuclear materials, 2018, 510: 539 – 550.

［11］ SHORT R J, HAND R J, HYAT T N C, et al. Environment and oxidation state of molybdenum in simulated high level nuclear waste glass compositions ［J］. Journal of nuclear materials, 2005, 340 (2 – 3): 179 – 186.

［12］ FARGES F, SIEWERT R, BROWN G E, et al. Structural environments around molybdenum in silicate glasses and melts. I. Influence of composition and oxygen fugacity on the local structure of molybdenum ［J］. Canadian mineralogist, 2006, 44 (3): 731 – 753.

［13］ ASTM. Standard test methods for determining chemical durability of nuclear, hazardous, and mixed waste glasses and multiphase glass ceramics: the product consistency test (PCT): C1285—14 ［S］. West Conshohocken: ASTM International, 2014.

［14］ PATEL K B, et al. Swift heavy ion – irradiated multi – phase calcium borosilicates: implications to molybdenum incorporation, microstructure, and network topology ［J］. Journal of materials science, 2019, 54 (18): 1 – 21.

［15］ CAMACHO – LÓPEZ M A, ESCOBAR – ALARCÓN M, PICQUART, et al. Micro – Raman study of the m – MoO_2 to α – MoO_3 transformation induced by cw – laser irradiation ［J］. Optical materials, 2011, 33 (3): 480 – 484.

［16］ HE J H, CHEN D Y, LI N J, et al. Self – supported $MoO_2 – MoO_3/Ni_2$ Phybrids as a bifunctional electrocatalyst for energy – saving hydrogen generation via urea – water electrolysis ［J］. J Colloid Interface Sci, 2022, 614: 337 – 344.

［17］ GAN X Y, ZHANG Z T, YUAN W Y, et al. Long – term product consistency test of simulated 90 – 19/Nd HLW glass ［J］. Journal of nuclear materials, 2011, 408 (1): 102 – 109.

Mitigating the formation of molybdate yellow phase during the vitrification of nuclear waste- Addition of aluminium

ZHAO Xing, JIAO Li-min, CHEN Yi-zhi, ZHANG Peng, WU Zhi-hao, LIN Ming-zhang*

(School of Nuclear Science and Technology, University of Science and Technology of China, Hefei, Anhui 230027, China)

Abstract: Inhibiting the formation of molybdate yellow phase in borosilicate glasses is essential for the vitrification of high-level liquid waste (HLLW). The purpose of this work is to study the effect of Al addition on the formation of molybdate yellow phase, and it was expected to improve the chemical durability of the glass. The research showed that the amount of yellow phase in borosilicate glass was markedly reduced by adding Al, which benefits from the addition of Al can effectively disperse and reduce Mo (VI). After adding 0.5 wt% Al, the teardrop-shaped molybdate crystals transformed into corrugate -structures that were more difficult to aggregate. About 20% Mo existed in the forms of Mo (IV) and Mo (V) after adding 1 wt% ~1.5 wt% Al, however, MoO_2 appeared when the Al content was higher than 2 wt%. This work demonstrated the great potential of Al in inhibiting the formation of molybdate yellow phase and will provide a new idea for solving the yellow phase problem during the vitrification process.

Key words: High-level liquid waste; Vitrification; Yellow phase; Molybdate; Al

中国核科学技术进展报告（第八卷）

核化工分卷　　　　Progress Report on China Nuclear Science & Technology（Vol. 8）　　　　2023 年 10 月

氟离子对 717 树脂吸附的影响程度探究

周驿汶，李罗西，敖海麒，李晓杰，韩悌刚

（四川红华实业有限公司，四川　乐山　614200）

摘　要：我单位目前采用 717 阴离子交换树脂来富集含容器清洗液中的重金属离子，其吸附效率关乎重金属回收处理工序的运行效率。容器内的残存物料主要是重金属氟化物和氟化氢，致使容器清洗产生的清洗液中氟离子浓度较高。而含氟量较高的重金属溶液会导致 717 树脂吸附效率下降甚至出现树脂化学中毒。本文对 717 树脂吸附重金属离子的化学原理作了阐述，通过静态吸附试验研究了 717 树脂对重金属离子的热力学特性，探究了氟离子对于重金属离子的竞争吸附机制。结果表明：氟离子对 717 树脂吸附重金属离子有较大影响，在氟离子的浓度从 4 g/L 达到 10 g/L 时，重金属离子的吸附曲线也随之降低，在重金属离子浓度为 1000 mg/L 时静态吸附量从 85.67 mg/g 降到了 73.28 mg/g。

关键词：重金属离子；717 树脂；吸附

　　随着我国经济的快速发展及城镇化和工业化进程的加速推进，我国生活用水和工业用水量日渐增多，污水排放量日益增加。大量的重金属离子被排放到水体中，而重金属离子具有高度毒性和持久性，即使在极低浓度下也能对生物造成不可逆的损害，因此水体的重金属污染会严重破坏生态环境和威胁人们生命健康安全。

　　树脂吸附法是解决重金属离子污染的一项重要技术，该技术已经被广泛应用于各行各业。其中，717 阴离子交换树脂是一种具有高度选择性的材料，其通过离子交换的方式将重金属离子从水溶液中去除，而后可被特定的脱附剂脱附，因此 717 阴离子交换树脂具有操作简便、吸附效率高和可重复使用等优点，目前已经成为重金属污染治理的热门技术之一。

　　在我单位的生产工艺过程中，重金属离子在物料中一般呈现 +6 价，在碱性条件下重金属离子易与水中的 CO_3^{2-} 络合，生成不同形态的碳酸酰根络合物。在物料容器清洗液的回收处理过程中，717 阴离子交换树脂主要用于吸附处理重金属浓度小于 1 g/L 的溶液，而树脂离子交换效率，吸附率及树脂饱和吸附容量等都是重金属回收处理工艺的关键参数。而物料容器清洗液中离子成分较为复杂，其中含有大量的氟离子，本文将研究氟离子对离子交换的影响，探究氟离子影响重金属离子吸附的机理，为提高重金属离子回收处理的生产效率提供理论指导。

1　离子交换树脂法简介

　　717 阴离子交换树脂是在苯乙烯-二乙烯基苯交联共聚物基体上引入季氨基 $[-N(CH_3)_3OH]$，属于强碱性基团，在酸性、中性甚至碱性介质中显示离子交换功能，具有机械强度好、耐热性能高等优点。

　　717 阴离子交换树脂在重金属回收处理工艺流程中被用于吸附溶液中的重金属碳酸酰根络合离子。这个吸附过程可能会受到氟离子的影响，因为 F^- 作为阴离子在待吸附溶液中大量存在，会与重金属碳酸酰根络合离子产生竞争吸附作用，影响 717 阴离子交换树脂的吸附效率。在实际生产过程中，操作人员会对待吸附溶液进行稀释处理，使其氟离子浓度低于 8 g/L 后再进行树脂吸附。

作者简介：周驿汶（1998—），男，陕西汉中人，工学学士，助理工程师，从事化工相关研究工作。

2 实验部分

2.1 试剂、原料及设备

717 阴离子交换树脂：氯型，淡黄色球状颗粒，含水量 40%～50%，颗粒度（φ0.3～1.2 mm）≥ 95%。使用前先用 1 mol/L 的 NaOH 溶液浸泡 12 h，再用去离子水洗至中性后风干备用。实验所使用试剂均为分析纯，水为去离子水。

实验原料为含有重金属离子的水溶液，氟化钠的水溶液。

石墨晶体预衍射 X 射线荧光分析仪用于测定溶液中的重金属浓度，PHS－25 型 pH 计用于测定溶液 pH，BSA4202S 型电子天平用于树脂的称量。

2.1.1 重金属离子静态吸附试验

准确称取经预处理并干燥至恒重的 717 阴离子交换树脂 1 g 于 250 mL 锥形瓶中，各加入 100 mL 质量浓度分别为 200 mg/L、400 mg/L、600 mg/L、800 mg/L、1000 mg/L 的重金属离子水溶液，分别在 303 K 和 323 K 下振荡，平衡后，测定平衡浓度（表1）。

表 1 重金属离子在 717 树脂上的等温吸附数据

温度/K ＼ 浓度/(mg/L) 静态吸附量/(mg/g)	200	400	600	800	1000
303	16.17	33.47	51.22	69.25	87.50
323	17.13	34.79	52.30	70.18	89.32

2.1.2 氟离子浓度对重金属离子吸附量的影响

分别配制氟离子质量浓度为 4 g/L、6 g/L、8 g/L、10 g/L 的重金属离子水溶液 100 mL（质量浓度 200 mg/L），准确称取经预处理并干燥至恒重的 717 阴离子交换树脂 1 g 于 250 mL 的锥形瓶中，将配制好的重金属离子水溶液倒入装有 717 阴离子交换树脂的锥形瓶中充分混合。在温度 303 K 的条件下，恒温振荡器中振荡 24 h，以确保达到吸附平衡，取 2 mL 吸附平衡后的重金属离子溶液用石墨晶体预衍射 X 射线荧光分析仪测定平衡浓度 C_e。根据 $Q_e = (C_0 - C_e)V/W$ 计算静态吸附量 Q_e（mg/g），式中 C_0 和 C_e 分别为原溶液和吸附平衡溶液的质量浓度（mg/L），V 为溶液的体积（L），W 为树脂质量（g）。

重复上述步骤，用质量浓度为 400 mg/L、600 mg/L、800 mg/L、1000 mg/L 的重金属离子水溶液替换上述浓度为 100 mg/L 的重金属离子水溶液，得到不同氟离子浓度下的重金属离子静态吸附曲线。

表 2 氟离子浓度梯度下的重金属离子吸附数据

浓度/(g/L) ＼ 浓度/(mg/L) 静态吸附量/(mg/g)	200	400	600	800	1000
4	15.21	30.42	50.19	67.36	85.67
6	12.35	26.97	45.13	61.87	80.20
8	10.19	23.24	42.36	56.77	76.10
10	8.17	20.50	38.65	54.99	73.28

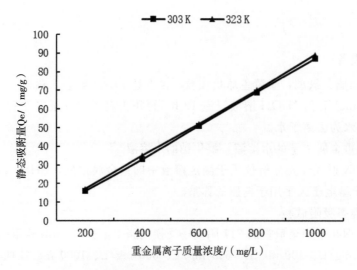

图 1　重金属离子在 717 树脂上的静态吸附等温线

3　结果与分析

3.1　717 阴离子交换树脂对重金属离子的静态吸附等温线

在温度分别为 303 K 和 323 K 时，717 阴离子交换树脂对重金属离子的吸附等温线（图 1）。可以看出，717 阴离子交换树脂对重金属离子吸附量随温度升高变化不大，随着重金属离子浓度的增大，吸附量显著增加。

将试验数据分别与 Freundlich 和 Langmuir 吸附等温方程进行拟合（表 3）。结果表明：717 阴离子交换树脂对重金属离子的吸附符合 Freundlich 吸附等温方程，相关系数 R 大于 0.99；在不同温度下经验常数 n 都大于 1，表明 717 阴离子交换树脂对重金属离子的吸附是优惠吸附。同时 Langmuir 方程能很好地拟合 717 阴离子交换树脂对重金属离子的吸附，由于 Langmuir 方程是用单分子层吸附模型推导出来的，表明此吸附可能为单分子层吸附。

表 3　重金属离子在 717 树脂上的等温方程拟合

温度/K	Freundlich 方程				Langmuir 方程			
	回归方程	K_f	n	R	回归方程	Q_m	b	R
303	$\ln Q_e = -2.497 + 1.0759\ln C_e$	0.082	0.929	0.9972	$\dfrac{Q_e}{C_e} = 0.0090\,C_e + 8.6747$	111.12	0.0010	0.9923
323	$\ln Q_e = -2.486 + 1.0812\ln C_e$	0.083	0.925	0.9963	$\dfrac{Q_e}{C_e} = 0.0091\,C_e + 8.7592$	109.90	0.0011	0.9945

3.2　717 阴离子交换树脂对重金属离子的吸附机理探究

根据上述描述，该吸附过程为单分子层吸附，在单分子层吸附的过程中，我们可以使用多种方程来计算该过程的吸附热力学量，从而分析该吸附的热力学原理，得到该吸附的吸附原理分析。

以下我们将使用 Clausius – Clapeyron 方程分析该吸附过程的焓变，来研究该吸附过程的吸放热的定量分析。之后使用 Gibbs 方程计算自由能，来判断该过程的是否为自发过程。最后使用 Gibbs – Helmholtz 方程分析该过程的吸附熵，从而得到该过程的熵分析，最终得到该过程的热力学分析，从而探究该吸附过程的机理。

3.2.1 Clausius – Clapeyron 方程分析

Clausius – Clapeyron 方程可以用来计算该吸附过程的焓变 ΔH，从而去判断该吸附过程的吸放热属性。

根据 Clausius – Clapeyron 方程

$$\ln C_e = -\ln k_0 + \frac{\Delta H}{RT}。 \tag{1}$$

式中 C_e 是在热力学温度 T (k) 时，特定的吸附量 Q_e 下溶质的平衡浓度；ΔH 是等量吸附焓；R 是常数 $[8.314\ J/(mol \cdot K)]$；K_0 为常数。

由不同温度下 717 阴离子交换树脂对重金属离子的吸附等温线做出不同等吸附量时的吸附等量线 $\ln C_e$ 与 $1/T$，由线性回归法求出各吸附量所对应的斜率，计算出不同吸附量时重金属离子的等量吸附焓（表4）。ΔH 都大于 0，表明吸附是一个吸热过程[1]。

3.2.2 Gibbs 方程分析

Gibbs 方程可以计算该过程的吉布斯自由能变化，通过该计算过程可以验证该吸附是否具有优惠吸附性。

$$\Delta G = -RT \int_0^x \left(\frac{q}{x} \right) dx。 \tag{2}$$

式中，x 代表溶质在溶液中的摩尔分数，q 为吸附剂的吸附量（mmol/g），R 为常数 $[8.314\ J/(mol \cdot K)]$。当用 Freundlich 方程取代式中 q 时，推导出 ΔG 与 q 无关，得如下公式：

$$\Delta G = -nRT。 \tag{3}$$

吸附自由能是吸附驱动力和吸附优惠性的体现，在试验温度下吸附自由能为负，表明吸附是自发过程。吸附自由能随温度变化较小，这证实了吸附过程在较低的吸附量下熵的补偿作用[2]。

3.2.3 Gibbs-Helmholtz 方程分析

吸附熵可采用 Gibbs-Helmholtz 方程计算：

$$\Delta S = (\Delta H - \Delta G)/T。 \tag{4}$$

吸附熵总是正值，表明了 717 阴离子交换树脂的吸附过程为熵推动为主的过程。

表 4　重金属离子在 717 阴离子交换树脂上吸附的热力学参数

$Q_e/$ (mg/g)	$\Delta G/$ (kJ/mol)		$\Delta H/$ (kJ/mol)	$\Delta S/$ (J/mol)	
	303 K	323 K		303 K	323 K
10	-2.94	-3.52	0.87	128.54	144.59
20	-2.94	-3.52	1.99	173.20	181.82
40	-2.94	-3.52	1.32	152.35	158.71

3.3 氟离子不同浓度下 717 阴离子交换树脂对重金属离子的静态吸附等温线

在温度为 303 K 时，各种不同的氟离子质量浓度下 717 阴离子交换树脂对重金属离子的吸附等温线（图2）。可以看出，717 阴离子交换树脂对重金属离子的吸附量随氟离子质量浓度下升高有显著变化，随着离子质量浓度的增大，吸附量显著减少，当离子浓度为 1000 mg/L 时，随着氟离子浓度的增加，静态吸附量逐渐从 85.67 mg/g 降到 73.28 mg/g。

根据上述热力学分析，可以分析出该吸附过程属于单分子吸附，满足 Freundlich 吸附等温方程式[3]。在该过程中，氟离子作为重金属离子的竞争离子，在与重金属离子一起参与该单分子吸附的过程中产生了竞争，致使 717 阴离子交换树脂对重金属离子的吸附量降低。

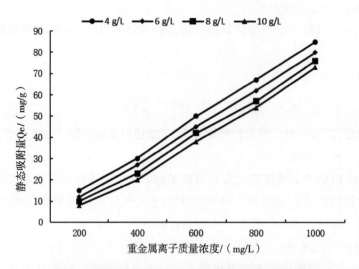

图 2　氟离子浓度梯度下的重金属离子吸附等温线

4　结论

根据上述实验和理论分析过程，可以得出氟离子对 717 树脂吸附重金属离子有较大影响，在氟离子的浓度从 4 g/L 达到 10 g/L 时，重金属离子的吸附曲线也随之降低，在重金属离子浓度为 1000 mg/L 时静态吸附量从 85.67 mg/g 降低至 73.28 mg/g。

在重金属离子的富集过程中尽量减少吸附过程中的氟离子含量，有助于增加该吸附过程的效率，避免出现树脂化学中毒的现象并提高生产效率。

参考文献：

[1]　马聪，王潘，朱春雷，等．离子交换树脂吸附锰（Ⅱ）的热力学和动力学研究［J］．中国锰业，2010，28（2）：13－14.

[2]　李响，魏荣卿，刘晓宁，等．新型弱碱性阴离子交换树脂对 Cr（Ⅵ）的吸附性能［J］．环境科学与技术，2008，31（10）：9－18.

[3]　崔湘兴，龚雨顺，黄建安，等．717 阴离子交换树脂吸附茶氨酸的热力学研究［J］．湖南农业大学学报（自然科学版），2008（5）：601－603.

Study on the influence of fluoride ion on adsorption of 717 resin

ZHOU Yi-wen, LI Luo-xi, AO Hai-qi,
LI Xiao-jie, HAN Ti-gang

(Sichuan Honghua Industry Limited Company, Leshan, Sichuan 614200, China)

Abstract: Currently, our institution employs 717 anion exchange resin for the enrichment of heavy metal ions in container cleaning solutions, as its adsorption efficiency significantly affects the operational efficiency of the heavy metal recovery process. The residual materials in the containers mainly consist of heavy metal fluorides and hydrogen fluoride, resulting in a high fluoride ion concentration in the cleaning solution generated during container cleaning. High fluoride levels in heavy metal solutions can lead to a decrease in the adsorption efficiency of 717 resin and even resin chemical poisoning. This paper elucidates the chemical principles of 717 resin adsorption of heavy metal ions, investigates the thermodynamic properties of 717 resin for heavy metal ion adsorption through static adsorption experiments, and explores the competitive adsorption mechanism of fluoride ions on heavy metal ions. The results indicate that fluoride ions have a significant impact on the adsorption of heavy metal ions by 717 resin. As the fluoride ion concentration increases from 4 g/L to 10g/L, the adsorption curve of heavy metal ions decreases accordingly. When the concentration of heavy metal ions is 1000 mg/L, the static adsorption capacity decreases from 85.67 (mg/g) to 73.28 (mg/g).

Key words: Heavy metal ion; 717 Resin; Adsorb

设备冷却水系统氟离子超标原因排查与
冷水机组冷凝器传热管泄漏处理

王新刚，李文越，毛海谊

（中核核电运行管理有限公司，浙江　嘉兴　314300）

摘　要：本文重点论述了设备冷却水系统氟离子高的原因排查过程及冷水机组冷凝器查漏、泄漏处理的方法和技术要求。作者通过化学活动、维修活动、运行活动和设备故障四个方面排查导致设备冷却水氟离子高的原因，通过排除法判断冷水机组冷凝器传热管泄漏是导致设备冷却水氟离子高的根本原因，并通过相溶性试验验证了冷媒在含亚硝酸钠的水溶液中会分解微量氟离子。通过氦质谱查漏法精准定位传热管泄漏位置，使用补胀法消除了漏点，最终使设备冷却水氟离子水平维持稳定。同时对其他核电站似问题的分析和处理有很好的借鉴意义。

关键词：氟离子；冷媒；相溶性试验；氦质谱；补胀

核电厂设备冷却水系统的英文缩写为 RRI，该系统介质化学指标控制非常严格，其中：氟化物（氟离子）、氯化物（氯离子）含量要求不超过 150 ppb。2015 年 4 月，针对 1 号机组 1RRI－A 列、1RRI－B 列系统的取样分析中发现氟离子浓度数据超标，其中氟离子浓度 1RRI－A 列为 268 ppb，1RRI－B 为 285 ppb。虽然通过系统介质置换，氟离子浓度会短时合格，可此后随着系统投运，又多次出现氟离子异常升高的现象。氟离子浓度偏高将增大材料腐蚀几率，使 RRI 系统设备造成腐蚀渗漏，增大放射性流体释放到海水的风险。临时通过对 RRI 系统水进行频繁置换，提高了运行成本，也不利于系统设备的稳定运行。

1　概述

进入 1 号机组 RRI 系统氟离子质量估算

以 2015 年 4 月 23 日取样浓度为例，1RRI－A 列带载（A＋公共列），氟离子浓度为 268 PPb。1RRI－B 列氟离子浓度为 285 PPb。1RRI 单列装水容量约为 50 吨，公共列装水容量约为 65 吨。因此，氟离子总质量≈A 列氟浓度×（A＋公共列的装水容量）＋B 列氟浓度×B 列装水容量，即氟离子总质量约为 45.07 克。即进入 1RRI 系统中氟离子总量为 40～50 克。

2　原因排查

1 号机组 RRI 系统介质氟离子浓度异常升高，可能来源有 4 种：化学活动带入、维修活动带入、运行活动带入、设备故障导致。排查后排除前 3 种可能，下文对故障设备锁定分析及实验验证过程介绍如下。

RRI 系统通过多个热交换器进行传热，与其进行热交换的系统中，只有 SEC 系统（介质海水）含有较高的氟离子浓度。其次是电气厂房冷冻水系统（DEL）冷水机组冷凝器、核岛冷冻水系统（DEG）冷水机组冷凝器，与 RRI 系统进行热量交换的介质为冷媒 R134a（化学式 CH_2FCF_3）含有氟元素（非离子状态）。

（1）1RRI/SEC 板换内漏影响分析

如果 RRI/SEC 板换内漏，低压侧的 SEC 海水一般不会进入 RRI 侧，即使有少量物质交换，在

作者简介：王新刚（1983—），男，河北廊坊人，大学本科，长期从事核电厂机械专业设备维护管理、机组大修管理工作。

RRI 侧氟离子浓度升高的同时，氯离子也必然同步升高，而实际升高的是氟离子浓度，氯离子含量变化不大。因此，可排除海水漏入的可能性。

（2）DEL、DEG 冷水机组冷凝器内漏影响分析

DEL、DEG 冷水机组冷凝器为管板式热交换器，冷水机组运行时，设冷水走管程，制冷剂走壳程。如冷凝器发生内漏，壳侧的冷媒 R134a 会进入 RRI 系统介质。由于冷媒 R134a 含有氟元素，不含氟离子，氟离子来源怀疑为冷媒进入 RRI 介质后分解所产生。为了证明这一假设，对冷媒进行了相溶性试验。试验过程如下。

向一个密封容器中加入 20L 浓度为 580 ppm 的亚硝酸盐溶液（模拟 RRI 系统介质），充入 R134a 冷媒至压力恒定在 0.4 MPa，定期取样，每次取样前摇动混匀，结果如下。

试验数据表明，冷媒 R‑134a 直接进入含亚硝酸钠的水溶液中，会有微量的氟离子产生，随着与冷媒接触时间的延长，氟离子含量呈缓慢上升趋势，经过近两个月的试验，氟离子浓度上升到 52.1 ppb。说明冷媒在水中有微量的溶解性，如果冷媒源源不断地漏入设备冷却水中，那么将存在引起氟离子浓度缓慢上升的可能性。

综上，造成 RRI 系统介质氟离子浓度高的原因可能为 DEL、DEG 系统冷凝器内漏，冷媒 R134a 含有氟元素，微溶分解成氟离子，从而引起 RRI 系统介质氟离子浓度超标。

表 1　R134a 冷媒相溶性试验测量数据

日期	氟离子浓度/ppb	备注
9 月 7 日	<0.1	
9 月 8 日	12.9	充 R134a 冷媒后取样
9 月 12 日	13.5	容器有漏，压力为 0.1 MPa
9 月 14 日		再次充 R134a 冷媒
9 月 19 日	18.1	
9 月 26 日	38.4	
10 月 10 日	43.8	
10 月 17 日	44.4	
10 月 20 日		再次充 R134a 冷媒
10 月 24 日	47.3	
10 月 31 日	51.5	
11 月 9 日	52.1	

3　冷凝器传热管泄漏检查及故障处理

3.1　冷凝器结构

冷水机组的主要部件为实现设备制冷循环的基本构成部件，包括压缩机组、蒸发器、冷凝器、节流孔。其中冷凝器为卧式壳管式换热器，内装有传热性能优良的高效冷凝传热管，管束的长度方向由支撑板支撑。冷凝器进出水管在同侧，该侧水室封头中间设有肋板隔离设冷水的进出水，冷水机组运行时，RRI 设冷水走管程，制冷剂 R134a 走壳程。

3.2　凝汽器泄漏位置分析与查漏

3.2.1　凝汽器泄漏位置分析

冷凝器内部铜管束与管板采用黏结剂加胀管的形式连接来保证密封性和抗拉脱。冷凝器内漏可能原因有两点：换热管-铜管穿孔；铜管与管板胀接处密封失效。

3.2.2 冷凝器查漏

冷凝器管板式换热器传热管查漏一般有 4 种方法，分别为泡沫查漏法、正压保压查漏法、真空查漏法和氦质谱查漏法。

泡沫查漏法是利用肥皂水或查漏液查漏，是检修最常用的方法，用毛刷涂抹或喷壶喷将查漏液洒在易漏处，观察该部位是否起泡。检查结束后，将查漏溶液擦干，以防腐蚀。泡沫法主要检查机组外部铜管接头、机组部件、接头等表面位置。

正压保压查漏法是在冷水机组退出运行后，将机组润滑油、冷媒排空后，向冷凝器壳侧充入一定压力的气体（一般压力为高压压力的 1.25 倍），并进行保压试验，一般在一定时间内压降不超过 5‰ 视为合格。

真空查漏法是将冷凝器壳侧抽真空，观察一定时间内其压力是否上升。一般冷水机组经过正压查漏与真空查漏均合格后，才能确保机组的密封性合格，即视为冷水机组可用。

由以上检查手段及标准可以看出，传统手段只能检查到表面的或较大的漏点缺陷，而不能排除水室铜管的微漏缺陷，需要重新寻找新的检测手段及并确定检查要求。

氦质谱查漏法是利用氦质谱查漏仪的氦分压力测量原理，实现被检测部件的泄漏量测量。当被检测部件密封面上存在泄漏时，示漏气体氦气及其他气体泄出，泄漏出来的气体进入氦质谱检测仪后，由于氦质朴检测仪的选择性识别能力，可以仅给出气体中的氦气分压力信号值。针对冷水机组的冷凝器结构特性，选用正压法氦质谱查漏，不仅能识别微小的泄漏，并能精准对泄漏位置进行定位。

氦质谱查漏法具体操作步骤如下：

在冷凝器的制冷剂侧（即壳侧）充入一定浓度的氦气、氮气混合气体（先充入 8 kg 氮气，后充入少量氦气至压力检测压力数值 11.5 kg），如铜管与管板接头或铜管内壁存在漏点，则示踪气体氦气和氮气会从漏孔进入外侧及周围的大气环境中，采用吸枪的方式检测周围大气环境中氦气浓度升高的变化，可以具体判断存在泄漏缺陷的位置及漏量水平。

3.2.3 检漏情况

引入了氦质谱查漏方式，针对性地对 DEG 及 DEL 系统的冷水机组的冷凝器内铜管内壁及管板接头进行了查漏，发现了在机组冷凝器内铜管与管板接头多处存在轻微泄漏，换热铜管无穿孔。管板与换热管之间的微量泄漏通过泡沫查漏法、正压保压查漏法、真空查漏法是无法识别出的，具体情况如下表。

表 2　DEG/DEL 冷水机组冷凝器查漏情况

设备编码	检修时间	水室漏点情况	单点最大漏量
1DEG201GF	2017 年 11 月	右水室发现一个管束与管板的接头漏	4×10^{-8} Pa·m³/s
1DEG301GF	2017 年 12 月	冷凝器水室：6 个漏点，为铜管与管板接头处渗漏	5×10^{-8} Pa·m³/s
1DEG101GF	2018 年 3 月	冷凝器水室：管板处查到一处微漏	1.2×10^{-8} Pa·m³/s
1DEL002GF	2018 年 4 月	冷凝器水室：铜管与管板接口漏点 14 处	10^{-8} Pa·m³/s
1DEL001GF	2018 年 5 月	冷凝器水室：铜管与管板接口漏点 43 处（尾侧）	10^{-8} Pa·m³/s

3.3　冷水机组冷凝器传热管泄漏处理

3.3.1　冷凝器传热管泄漏处理工艺选择

冷凝器换热管与管板之间选择的是黏结剂加胀管的形式。胀接是换热管与管板的主要连接形式之一[1]，胀接的原理是利用胀管器伸入换热管管头内，挤压管子端部，使管端直径扩大产生塑性变形，同时保证管板处于弹性变形范围内。当取出胀管器后，管板孔弹性变形，管板对管子产生一定的挤压应力，使管子与管板孔紧紧地贴合在一起，达到密封和固定连接的目的。

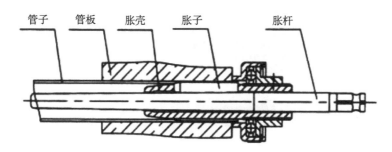

图 1   机械胀管示意

胀管连接往往因为温度变化和压力波动使管子与管板产生泄漏，在较大的温差应力情况下，还会造成传热管从管板拉脱。如果发现连接处泄漏，需要进行补胀处理[2]。

3.3.2   补胀的实施要求

（1）检查换热管，管子内表面、端头不得有裂纹、压扁等缺陷。

（2）换热管端头内表面打磨清理，打磨长度应为 2 倍的管板厚度（注意打磨时应环向打磨除锈，不得纵向打磨造成表面损伤）。

（3）胀管器应涂以润滑油，保证胀管器在润滑状态下使用。

（4）使用专用钢套在漏管的相邻四周管头内处轻微插入，轻轻拍入（注意拍入力度并确保处理完毕后能用工具将其拔出）。

（5）对漏管的管头（管子与管板的接合处）内孔用胀管器的三滚子旋转成圆柱面，将胀管器胀杆顺时针旋转，由于胀管器的胀珠与铜管之间有一定的旋转角，使得胀管器在旋转的同时沿着换热管的轴线向前，同时由于胀管器前细后粗，使换热管在胀珠的滚动着逐渐被胀开，与管板孔壁紧密相接。

（6）管子实际内径扩大或管子胀接后的实际尺寸按下列公式进行计算：

$$h_0 = \frac{(d_{n!} - d_n) - (d_0 - d_w)}{d_0}, \tag{1}$$

式中：h_0——胀管率。取值 0.3%～0.7%；

$d_{n!}$——胀紧后实测管子内径尺寸；

d_n——胀接前管子内径的算术平均值；

d_0——胀管前管孔直径的算住平均值；

d_w——胀管前管子外径尺寸。

（7）退出胀管器，管板产生弹性恢复，使铜管与管板的接触面产生挤压力，铜管与管板牢固地结合，达到换热管与管板孔的紧密接合消除泄漏。

（8）修复完毕后最后通过氦质谱查漏确保不漏后再取出周边的钢套。

（9）补胀工作要求在不低于 10 ℃的环境温度下进行，以免产生冷脆现象。

3.4   实施效果

随着 DEG 和 DEL 冷水机组陆续查漏处理后投运的氟离子数据跟踪情况，自 2018 年 3 月以来氟离子浓度的上升速率已变缓或趋于稳定，2018 年 4 月 26 日对 1RRI－B 列换水合格加药后氟离子浓度为 20 ppb，5 月 6 日对 1RRI－A 列换水合格加药后氟离子浓度为 20 ppb，经过一个月的跟踪，氟离子浓度无明显变化，稳定在 20～30 ppb。

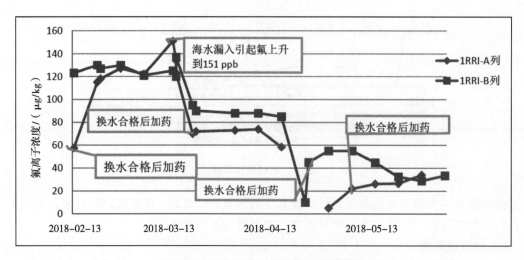

图 2   处理后 1RRI 系统氟离子浓度趋势

4   结论

造成 1RRI 氟离子浓度异常升高的根本原因是与设备冷却水接触的 DEG/DEL 冷水机组冷凝器随着运行时间的增长，管板和换热管连接处因为温度变化和压力波动使管子与管板产生泄漏，造成冷媒侧的 R134a 向设备冷却水侧泄漏；含有氟的冷媒 R134a 通过漏点源源不断漏入设备冷却水中，并分解成氟离子，从而导致系统水质中氟离子浓度缓慢上升。由于漏点比较小，采用常规的方法无法找到漏点，在采用灵敏度更高的氦质谱查漏法后，准确定位了漏点位置。通过对换热管补胀处理后，系统氟离子浓度趋于稳定，最终 1RRI 氟离子浓度异常升高问题得到有效解决。同时对其他核电站冷水机组换热器类似问题的分析和处理有很好的借鉴意义。

参考文献：

［1］ 陈梁，李涛 . 核反应堆核级设备检修工（技师技能 高级技师技能） ［M］. 北京：中国原子能出版社，2014：147.

［2］ 陈梁，李涛 . 核反应堆核级设备检修工（初级技能 中级技能 高级技能） ［M］. 北京：中国原子能出版社，2014：156.

Troubleshooting the causes of excessive fluoride ions in the equipment cooling water system and handling the leakage of the condenser heat transfer tube of the water chiller

WANG Xin-gang, LI Wen-yue, MAO Hai-yi

(CNNC Nuclear Power Operation Management Co. , Ltd, Jiaxing, Zhejiang 314300, China)

Abstract: This article focuses on the troubleshooting process for the high fluorine ion in the equipment cooling water system, as well as the methods and technical requirements for leak detection and leakage treatment of the chiller condenser. The author investigated the causes of high fluorine ions in equipment cooling water from four aspects: chemical activities, maintenance activities, operation activities, and equipment failures. Through elimination methods, it was determined that the leakage of the condenser heat transfer tube of the chiller was the root cause of high fluorine ions in equipment cooling water. Through phase solubility tests, it was verified that the refrigerant can decompose trace fluorine ions in aqueous solutions containing sodium nitrite. The helium mass spectrometry leak detection method is used to accurately locate the leak location of the heat transfer tube, and the expansion method is used to eliminate the leak point, ultimately maintaining a stable fluoride ion level in the cooling water of the equipment. At the same time, it has a good reference significance for the analysis and treatment of similar problems in other nuclear power plants.

Key words: Fluoride ion; Refrigerant; Phase solubility test; Helium mass spectrometry; Rebulging

高放废液分离对乏燃料后处理厂高放固体废物的产生量和暂存与处置方案的影响研究

韦　萌[1]，刘建权[1]，任丽丽[2]

（1. 中核龙安有限公司，北京　100026；2. 中核环保工程有限公司，北京　101121）

摘　要：本研究根据影响玻璃固化体包容率的 3 个主要因素（热功率、钼含量，贵金属含量），计算了"乏燃料后处理＋高放废液分离"之后产生的玻璃固化体的废物量，分析了燃耗以及冷却时间这两个变量对废物量的影响，提出了相应的废物管理策略以及工艺路线、废物整备方式等方面的改进意见。研究结果表明：高放废液分离可以显著减少后处理产生的高放固体废物量。分离后的玻璃固化体产量仅为分离前的 39%（对应乏燃料燃耗 33～55 GWd/tHM，冷却 8 年）。只要通过 TRPO 流程除去高放废液中＞99.967% 的 α 核素，由 TRPO 流程的萃残液制成的玻璃固化体就有可能通过"暂存 95 年＋中等深度处置"的方式替代深地质处置，从而节约了高放废物的管理费用。从废物减容的角度看，从 TRPO 萃残液中分离锶铯毫无必要。乏燃料剪切溶解产生的渣水不宜和 TRPO 萃残液混合后玻璃固化。但渣水单独玻璃固化的废物量十分可观，有必要为其找到更好的固定方案。

关键词：燃耗；高放废液分离；玻璃固化；暂存；处置

1　研究背景

乏燃料后处理厂使用水法工艺（PUREX 流程及其改进流程）回收铀和钚，产生的高放废液集中了乏燃料中绝大部分的放射性和化学毒性。目前，世界上成功运行的后处理厂均采用成熟的玻璃固化技术，将高放废液蒸发浓缩后（一般会混合乏燃料剪切溶解产生的渣水）制成玻璃固化体，暂存一段时间后进行地质处置。

为减少乏燃料产生量，提高核电的经济性，自 20 世纪 80 年代，世界范围内的压水堆核电站都在逐渐加深氧化铀燃料的燃耗[1]。乏燃料中超铀元素（TRU）和裂变产物（FP）的总量会随着燃耗的加深而增大，这将导致乏燃料的放射性水平和发热量的提升[1-2]，无论是处置乏燃料还是高放玻璃固体废物，处置库所面临的压力（废物量和发热量）都会大大增加。

如果采用分离技术，将高放废液中的长寿命（由次锕系元素和长寿 FP 引起）和强释热（主要由 ^{144}Ce，^{106}Ru/Rh，^{90}Sr 与 ^{134,137}Cs 等短寿命和中等寿命裂变产物引起）两类不同性质的核素分开，并分别整备成固体废物/稳定的中间体，再实施有针对性的差异化管理，将可以减少需要深地质处置的废物量（需要深地质处置的废物的短期热功率将大幅降低），从而提高了核燃料循环后段的经济性[3]。这也是高放废液分离-整备（Partitioning-Conditioning）技术路线的思路[4]，世界范围内已有一些成功的工程案例，尤其是从高放废液中分离出强释热的裂变产物（主要是 Cs 和 Sr）固化后暂存以释放衰变热。经过不少于 100 年的冷却（对应着 ^{90}Sr 与 ^{137}Cs≥3.3 个半衰期；^{144}Ce、^{106}Ru/Rh 及 ^{134}Cs 半衰期很短，在乏燃料冷却过程中就迅速衰减），待锶铯废物的衰变热和 βγ 活度水平降至中等深度处置库或近地表处置库（二者的建设与运行成本都远低于深地质处置库）的接收水平再进行最终处置。这种"长期暂存＋中等深度"或近地表处置的方式其实是一种用（暂存）时间换（深地质处置）空间的策略，操作灵活，技术手段多样。

作者简介：韦萌（1983—），男，博士，正高级工程师，现主要从事乏燃料后处理化学工艺和放废管理等研究工作。

国内外有多位学者[1-2,5-6]从废物管理的角度定量研究过不同燃耗条件下的压水堆乏燃料经后处理制成的高放玻璃固体废物的产生量和管理策略。但是对高放废液分离之后高放固体废物的产量和特性的定量研究却不多[4,7]，对锶铯玻璃固化体的研究更为罕见——而这些都是制定并优化相应的废物管理方案（如废物整备方式和废物基材、暂存方式和时长，通风及散热的要求、最终的处置概念等），以及经济性评估的基础。高放废液分离技术作为一种提升核燃料循环系统可持续性和经济性的关键技术要素，其工艺方案、与后处理厂的衔接方式、核素的分离策略和物流走向，以及固体废物/中间体的整备和管理方式等也需要根据固体废物，尤其是高放废物（如锶铯废物）及含有次锕系元素的废物（或中间体）的产生量和特性来设计。

鉴于此，本文对乏燃料后处理＋高放废液分离之后产生的锶铯玻璃固化废物进行了定量分析，计算了乏燃料燃耗，以及乏燃料卸出后冷却时间两个因素对锶铯玻璃固化体的产生量和废物特性（热功率和活度浓度）的影响，分析了相应的废物管理策略，并提出了工艺路线、废物整备等方面的改进思路。

2 假设条件和计算方法

2.1 乏燃料的燃耗和冷却时间

用 ORIGEN 2 程序计算不同燃耗（分别是 33 GWd/tU、45 GWd/tU、55 GWd/tU、65 GWd/tU）和冷却时间（分别是 5 年、8 年、12 年、20 年）条件下，压水堆乏燃料（UO_2 芯块，锆合金包壳）中所有核素的质量、热功率，以及 βγ 活度水平。初始 ^{235}U 富集度为 4.95％。比功率为 40.2 MW/kg。

2.2 乏燃料后处理和高放废液分离的工艺条件

乏燃料后处理使用 PUREX 流程：

乏燃料在溶解过程中会有一些不溶于浓硝酸的颗粒物（主要是铀和钚的氧化物，以及 Mo、Zr 和贵金属），它们与剪切过程中产生的锆包壳碎屑混合形成渣水[8-11]。气态裂片元素，主要是 I、Kr，以及 Xe 不进入乏燃料溶解液[2]。在化学分离工艺中，绝大部分 U 和 Pu 从乏燃料溶解液中分离出来并制成产品，几乎所有难挥发的裂片元素、次锕系元素和残留的 0.2 wt％～0.5 wt％铀和钚一起进入高放废液。此外，燃料组件和后处理厂众多的化工设备和管道所产生的腐蚀产物（Fe、Cr、Ni）是高放废液中不可忽视的组分[4,8]。这些腐蚀产物的含量并非通过 ORIGEN 2 计算，而是参考了文献[4]中的数据。由于早期的含盐类还原剂（氨基磺酸亚铁和亚硝酸钠等）已被无盐试剂（如四价铀、羟胺类化合物等）替代，因此高放废液中没有额外引入的 Fe 和 Na 等金属离子[3-4]。

高放废液分离使用具有我国自主知识产权的 TRPO 流程[3-4]（图 1）。假设只有 TRPO 流程的萃残液（图 1 中的 1AW'）被制成玻璃固化体；Am/Cm 反萃液流（图 1 中的 1BP）将制成固体氧化物封装后暂存（未来视情况回取并选择性分离后实施嬗变、制成快堆燃料或提取同位素，或者制成合适的固体废物），Np/Pu 反萃液流（图 1 中的 1CP）将被用于 Np 产品的生产。

根据清华大学提供的最新的 TRPO 流程中各主要核素的分配比数据，在 TRPO 流程的进料液（图 1 中 1AF）中：

几乎 100％的 Sr、Cs、Ba、Ag、Cd、Rb、Sn、Te、Cr、Ni 进入 TRPO 萃残液 1AW'；95％的 Fe，36％的 Ru，以及 50.7％的 Rh 进入 TRPO 萃残液 1AW'；低于 0.01％的超铀元素，以及低于 0.001％的稀土元素残留在 TRPO 萃残液（即图 1 中的 1AW'）。这些残留核素（主要是 ^{241}Pu/^{241}Am，^{244}Cm，以及中短寿命的高释热镧系元素同位素）在最终废物中的热贡献不超过 0.01％，在计算中可以忽略。

如果进一步采用锶铯分离工艺（图 2）从 TRPO 残液（图 1 中的 1AW'）中选择性分离锶和铯[12]，则可以获得一股很纯净的 Sr - Cs - Ba 液流（图 2 中反萃段的产品液）。TRPO 萃残液中几乎 100％的 Sr、Cs 和 Ba 会全部进入 Sr - Cs - Ba 液流。

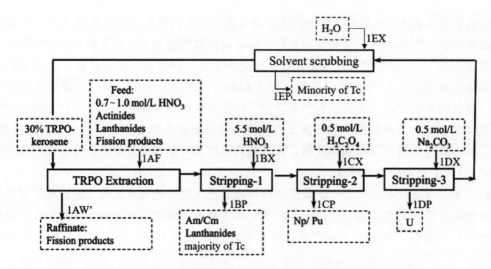

图1 从高放废液中分离超铀元素的 TRPO 原理流程示意[3-4]

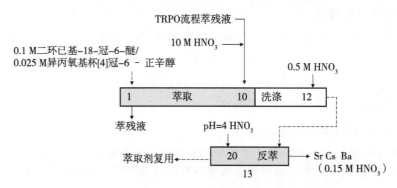

图2 从 TRPO 流程的萃残液中同时除去锶和铯的共分离流程[12]

根据 PUREX 流程、TRPO 流程，以及锶铯分离流程的物流走向和核素在各液流中的分配情况，可以建立起 TRPO 萃残液及锶铯分离后 Sr－Cs－Ba 液流中各金属元素与乏燃料中相应核素的分配比例关系，如表1所示。表1为简化计算，由实验得到的＞99.9％的分配比被视为100％，而＜0.01％被视为0％。

表1 乏燃料中的裂变产物在 PUREX 流程、TRPO 流程及锶铯分离流程中的分配情况

	乏燃料中裂变产物进入高放废液的比例	高放废液中裂变产物进入 TRPO 萃残液的比例	乏燃料中裂变产物进入 TRPO 萃残液的比例	乏燃料中裂变产物进入 Sr－Cs－Ba 液流的比例
Sr	100％	100％	100％	100％
Cs	100％	100％	100％	100％
Ba	100％	100％	100％	100％
Ru	63.0％ *	36.0％	22.7％	0
Rh	93.4％ *	50.7％	47.4％	0
Ag	100％	100％	100％	0
Cd	100％	100％	100％	0
Rb	100％	100％	100％	0
Sn	100％	100％	100％	0
Te	100％	100％	100％	0
Mo*	65.4*	0	0	0
Tc	91.6*	0	0	0

	乏燃料中裂变产物进入高放废液的比例	高放废液中裂变产物进入TRPO萃残液的比例	乏燃料中裂变产物进入TRPO萃残液的比例	乏燃料中裂变产物进入Sr-Cs-Ba液流的比例
Zr	100**	0	0	0
R. E. ***	100	0	0	0
U	0.2	0	0	0
Pu	0.5	0	0	0
M. A. ***	100	0	0	0

注：* 根据文献[8]报道，渣水中的不溶性裂变产物颗粒包括 37.0% 的 Ru、6.6% 的 Rh、13.2% 的 Pd、8.4% 的 Tc 和 34.6% 的 Mo。渣水将与 HLLW 浓缩液混合后玻璃固化。然而，高放废液分离之后，几乎去 α 化 TRPO 萃残液或 Sr-Cs-Ba 液流都不会与含有 α-核素的渣水混合后固化。

** 仅统计了裂变产物 Zr，而乏燃料剪切过程中产生的锆包壳碎屑 100% 残留在渣水中。

*** R.E. 代表稀土元素，M.A. 代表 Np，Am 和 Cm 3 种次锕系元素。

2.3 TRPO 萃残液或 Sr-Cs-Ba 液流的玻璃固化以及后续的暂存和处置

国内外的研究人员提出了很多 Sr 和/或 Cs 的固化方案。虽然陶瓷体和人造岩石稳定性、耐 α 辐照和抗浸出等性能均优于玻璃固化体，但远未达到工程应用所要需的技术成熟度，且很难大批量连续生产[13]。放射性废物的玻璃固化技术，尤其是成熟的硼硅玻璃体系，已有超过半个世纪的工程应用历史，仍是固化 TRPO 萃残液或 Sr-Cs-Ba 液流的现实可行的方案。而影响玻璃固化生产工艺和玻璃固化体稳定性的 3 个主要限制因素[1-2,5-7]，即钼含量上限、贵金属含量上限，以及最大热功率同样会影响锶铯玻璃固化体中裂变产物的负载量：

(1) 钼含量上限：硼硅玻璃固化体中钼以 MoO_3 形式存在，其含量应控制在 1 wt% ~ 2 wt%[2,5]。若超出此限值，就会在玻璃体顶部形成独立的水溶性富钼相，俗称黄相。废物处置过程中，黄相中的放射性核素很容易溶于地下水并扩散到环境中。不过，由于 TRPO 萃残液或 Sr-Cs-Ba 液流中不含 Mo，因此钼含量不成为本研究中制约锶铯玻璃固化体产生量的因素。

(2) 贵金属含量上限：贵金属在硼硅玻璃基体中的溶解度低，且容易形成 RuO_2 及 Pd-Rh-Te 等三元或二元合金沉积在玻璃熔炉的底部。这不但会导致熔融玻璃的流出性能变差（严重时会堵塞出料口），还会加速电极腐蚀（甚至陶瓷熔炉的电极短路）及电功率浪费，缩短熔炉寿命[2]。美国和日本的工业运行经验表明，玻璃固化体中贵金属含量应低于 1.25 wt%[1-2,5,7]；法国 T7/R7 设施增加了熔炉搅拌措施，贵金属的含量上限略有提升，但也不能高于 3 wt%[8]。

(3) 最大热功率：玻璃材质在较高温度时发生相转变（硼硅酸盐玻璃的这一相转变温度约为 610 ℃），会导致玻璃固化体的组织结构遭到破坏，化学稳定性大幅降低，核素浸出率提高。由于硼硅酸盐玻璃的热导率不高，存放过程中会形成芯部温度高、边缘区域温度低的温度梯度[8,13]。法国核安全局规定新生产的玻璃固化体经过 24 小时的自然冷却后，芯部温度不高于 510 ℃（设置了 100 ℃ 的安全冗余）[8]。法国 La Hague 后处理厂玻璃固化设施 R7/T7 在工业运行中将玻璃固化产品的单筒热功率限制在 3 kW 内，完全可以满足法国核安全局的要求[8,11,13]。

在本研究中，采用文献 [1] 中报道的类似方法计算高放玻璃固体废物的数量，影响废物金属载量的限制因素取值如下：

热功热率 ≤ 3.0 kW/筒（与法国 R7/T7 设施的限值一致，高于日本学者采用的 2.3 kW/筒）；

MoO_3 含量 ≤ 1.5 wt%/筒；

贵金属（Ru+Rh+Pd）含量 ≤ 1.25 wt%/筒；

玻璃固化体产品容器采用法国阿格厂 R7/T7 设施及 821 厂所使用的 UC-V 型容器。玻璃体的净体积和净质量取 150 L 和 400 kg，产品容器的外体积和净质量取 170 L 和 100 kg。

3 结果与讨论

3.1 燃耗对玻璃固化体废物产生量的影响（乏燃料冷却时间恒定为 8 年）

随着燃耗的加深，乏燃料的发热量及产生的裂变产物都会增加。分别计算出不同源项条件下，影响玻璃固化体中裂变产物的负载量的各个限制因素所对应的玻璃固化体的产生量。高放废液（以及渣水）直接玻璃固化的废物量受燃耗的影响如图 3 所示，高放废液分离后所产生的 TRPO 萃残液及锶铯分离之后产生的 Sr－Cs－Ba 液流玻璃固化的废物量受燃耗的影响如图 4 所示。

从图 3 可见，高放废液（以及渣水）直接玻璃固化的废物量由钼含量上限（当燃耗低于 57 GWd/tU）和贵金属含量上限（当燃耗高于 57 GWd/tU）所控制。通过调整玻璃配方、改进熔炉结构、加强搅拌等措施，可在一定程度上提高钼含量和贵金属含量的上限值，从而提高玻璃体中裂变产物的负载量，但效果不明显。如果可以设法除掉高放废液中的大部分钼及贵金属（并不容易，且花费和二次废物可能让这种尝试变得不值得），让玻璃固化体的产生量由热功率控制，废物量将会减半。

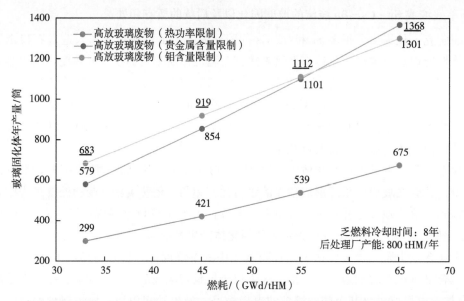

图 3 在影响玻璃固化体废物包容率的 3 种制约因素下，高放废液直接玻璃固化产生的高放玻璃废物量随燃耗变化的规律。虚线上的数值为高放废液玻璃固化体的实际产生量

高放废液分离之后，TRPO 萃残液中的贵金属含量骤降（Pd 被除去，Ru 和 Rh 仅剩乏燃料中总量的约 1/4 和 1/2，表 1），由其制成的锶铯玻璃固化体的数量在各燃耗条件下均由热功率控制，且随着燃耗的加深（近似）呈线性增加趋势（图 4）。

虽然采用锶铯分离工艺（图 2）可以从 TRPO 萃残液中选择性地分离出完全不含贵金属的 Sr－Cs－Ba 液流，但 Sr－Cs－Ba 玻璃固化体的产生量并没有因为锶铯被提纯而显著减少（图 4）。从废物减容的角度看，如果仍采用玻璃固化工艺（硼硅玻璃），锶铯分离完全没有必要。

高放废液分离对后处理厂产生的玻璃固化废物的减容效果由分离后（源项是 TRPO 萃残液）与分离前（源项是高放废液＋渣水）的玻璃固化罐数量的比值表示。燃耗从 33 GWd/tU 提升至 65 GWd/tU（均冷却 8 年），分离后与分离前废物量的比值略有降低（从 38.8% 降至 36.5%）。如果能提高玻璃基材对热功率限制（如调整配方、使用增强散热型产品罐等），TRPO 萃残液玻璃固化体的数量将进一步减少，但由此产生的代价是每个玻璃固化罐的放射性和热功率都会更高，需要更长的暂存时间（详见第 3.3.1 小节）。

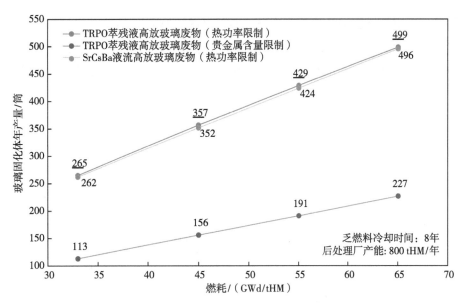

图 4　在影响玻璃固化体废物包容率的各种制约因素下，燃耗变化对高放废液分离后产生的 TRPO 萃残液及锶铯分离之后产生的 Sr‑Cs‑Ba 液流玻璃固化体产生量的影响

值得注意的是，高放废液分离后产生的 TRPO 萃残液在玻璃固化时并没有混合其他源项，尤其是乏燃料剪切溶解过程中产生的含 α 核素（α 活度为 7E＋10 ～ 3E＋11Bq/tU）的渣水[8]。由于渣水中的贵金属和 Mo 含量比较多（参见表 1 脚注），若将渣水单独（或与碱性废液等其他源项混合后）玻璃固化，废物量会非常高（约为 TRPO 萃残液玻璃固化体数量的 90%，如图 5 所示）。这会让高放废液分离对玻璃体废物减容的效果大打折扣。可见，只有为渣水找到更好的固化/固定方案（如调整玻璃配方[11]或使用其他基材[9]，将渣水和废包壳一起整备[11]），高放废液分离对于后处理厂高放固体废物减容的效用才能最大限度地发挥出来。

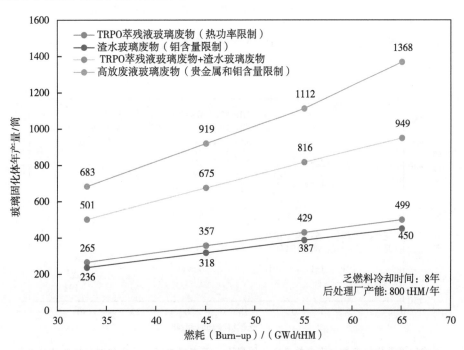

图 5　在影响玻璃固化体废物包容率的各种制约因素下，乏燃料剪切溶解产生的渣水玻璃固化后废物量随燃耗的变化趋势，以及增加了渣水玻璃固化体之后的废物总量随燃耗的变化趋势

3.2 乏燃料冷却时间对玻璃固化体废物产生量的影响（燃耗恒定为 55 GWd/tU）

高放废液（以及渣水）直接玻璃固化的废物量受乏燃料冷却时长的影响如图 6 所示。高放废液分离后产生的 TRPO 萃残液及锶铯分离之后产生的 Sr - Cs - Ba 液流玻璃固化的废物量受冷却时长的影响如图 7 所示。

从图 6 可知，高放废液（以及渣水）直接玻璃固化的废物量由钼含量上限控制。由于钼含量几乎不随冷却时间（≤20 年）的延长而降低，因此高放玻璃固化体的年产量恒定。

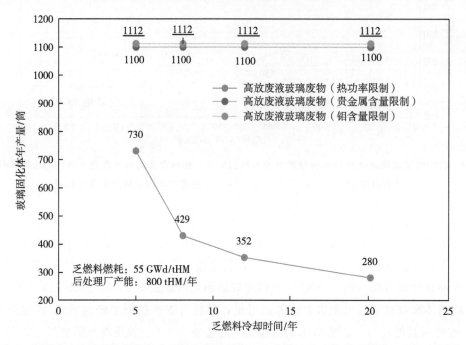

图 6 在影响玻璃固化体废物包容率的各制约因素下，高放玻璃废物产生量随乏燃料冷却时间
变化的规律。虚线上的数值为高放玻璃废物的实际产生量

从图 7 可知，高放废液分离之后，由 TRPO 萃残液制成的玻璃固化体的数量在各冷却时长条件下均由最大热功率控制，且随着冷却时间的延长而减少。锶铯分离对玻璃固化体废物量的影响不大，

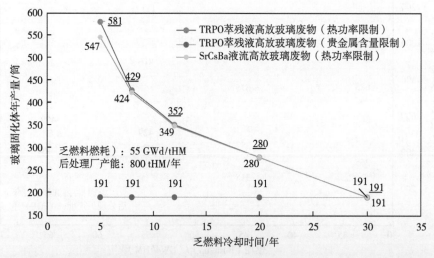

图 7 在影响玻璃固化体废物包容率的各制约因素下，乏燃料冷却时间变化对高放废液分离后产生的
TRPO 萃残液及锶铯分离之后产生的 Sr - Cs - Ba 液流玻璃固化体产量的影响

且随着冷却时间的延长，锶铯分离前后玻璃固化体数量的差异变小。将图7中的趋势线外推（虚线）至更长的冷却年限可以发现，当乏燃料冷却30年时，由TRPO萃残液制成的玻璃固化体的数量可以降至最低（191筒/年，受贵金属含量限制）。由于Sr-Cs-Ba液流中没有贵金属，Sr-Cs-Ba玻璃固化体的数量将随冷却时间的延长持续减少。

高放废液分离对后处理厂产生的玻璃固化废物的减容效果随乏燃料冷却年限的延长显著增强。冷却时间从5年增加至20年（燃耗55 GWd/tU），分离后玻璃固化体的数量（TRPO萃残液玻璃固化体）与分离前的（高放废液＋渣水的玻璃固化体）比值从52.2%降至25.5%。但这并不意味着乏燃料冷却越久越利好。从后处理厂回收铀钚的角度来看，乏燃料的冷却时间越长，钚产品中的易裂变同位素^{241}Pu（$T_{1/2}$＝14年）就越少（相应地，高放废液中由^{241}Pu经β衰变产生的^{241}Am会更多）；从经济性的角度看，乏燃料冷却水池的贮存空间有限，水池运行的成本和运行产生的放射性废物也会随着冷却时间的延长而增加。

3.3 TRPO萃残液玻璃固化体的暂存与处置

本部分将依据环境保护部、工业和信息化部和国家国防科技工业局联合发布的《放射性废物分类》中规定的低水平和中水平放射性废物的控制限值，计算TRPO萃残液玻璃固化体暂存多长时间才能满足中/低放废物对放射性活度浓度和热功率的要求，以及源项TRPO萃残液对α核素的去污要求。

3.3.1 处置前的最短暂存时间

为了便于计算，^{90}Sr（$T_{1/2}$＝28.64年）和^{137}Cs（$T_{1/2}$＝30.17年）半衰期都按30年计，且每一筒玻璃固化体中^{90}Sr（及其子体^{90}Y）与^{137}Cs（及其子体^{137m}Ba）的βγ活度水平相等。单个玻璃固化废物包的质量按500 kg计（玻璃体400 kg，筒重100 kg），体积为0.17 m³。

对于初始^{235}U富集度4.95%，冷却8年，33～65 GWd/tU各燃耗条件下的TRPO萃残液玻璃固化体，每个废物包中βγ活度水平平均为3.55 E＋04 TBq（由ORIGEN2计算），活度浓度＝3.55 E＋04 TBq/500 kg＝7.1 E＋01 TBq/kg。而每个TRPO萃残液玻璃固化体的热功率恒定为3 kW，则废物包的释热率＝3 kW/0.17 m³＝17.65 kW/m³。

TRPO萃残液玻璃固化体最终处置前的暂存时间计算结果如表2所示。可以看出，影响暂存时间的决定性因素是废物包的活度浓度而非释热率（或热功率）。超过220年的暂存时间很难实现，无论是暂存设施本身的寿命，设施运行、监管与保护，还是信息的代际传递都将面临巨大挑战，连社会和政局能否保持长期稳定也成了制约因素。因此，当TRPO萃残液玻璃固化体暂存约100年时间（释热率已经低于中放废物的限值，且不会对处置库回填材料的性能造成影响[1]）便可以考虑处置。尽管此时的活度浓度（7.04 E＋12 Bq/kg）是中水平放射性废物活度浓度上限值的18倍，但在一定的地质条件和工程屏障措施下，有可能对TRPO萃残液玻璃固化体进行中等深度处置。

表2 TRPO萃残液玻璃固化体在各种约束条件下的最短暂存时间

约束条件	限值	达到限值所需的最短时间
低水平放射性废物活度浓度上限值	^{90}Sr：1E＋09 Bq/kg[15] ^{137}Cs：1E＋09 Bq/kg[15]	455年
中水平放射性废物活度浓度上限值	4 E＋11 Bq/kg	220年
中水平放射性废物释热率上限值	2 kW/m³[15]	95年
膨润土（处置库回填材料）的耐热上限值	0.35 kW/筒[1]	93年

注：＊除0.35 kW/筒之外，其他限值引自环境保护部、工业和信息化部和国家国防科技工业局联合发布的《放射性废物分类》（2018年1月1日起施行）。

3.3.2 废液源项中 α 核素的去除

低放和中放废物对半衰期大于 5 年发射 α 粒子的超铀核素的活度浓度有规定：

低放：4E+05 Bq/kg（平均），4E+06 Bq/kg（单个废物包）

中放：单个废物包的总放射性不超过 4E+11 Bq/kg。

后处理厂处理燃耗 55 GWd/tU 的乏燃料（冷却 8 年），回收 99.5% 的铀和钚，产生的高放废液中 α 核素的活度浓度约为 3.32E+14 Bq/tU，全年处理 800 吨乏燃料所产生的高放废液中 α 核素的总活度水平为 3.32E+14 Bq/tU×800 tU=2.576E+17 Bq。

对于低放废物，单个 TRPO 萃残液玻璃固化体废物包的 α 活度不应超过 4E+06 Bq/kg×500 kg=2E+09 Bq，全年产生的 429 筒玻璃固化体中总 α 活度不应超过 2E+09 Bq×429=8.58 E+11 Bq。因此，后处理厂产生的高放废液中 α 核素的活度水平至少应降低 2.576E+17 Bq/ 8.58 E+11 Bq=3.0E+05 倍，相当于去除高放废液中至少 99.999 67% 的 α 核素。

对于中放废物，单个玻璃固化废物包的总放射性（α+β+γ）活度上限为 4E+11 Bq/kg×500 kg=2E+14 Bq。由于暂存过程中 TRPO 萃残液玻璃固化体的 βγ 放射性始终占据绝对主导，因此 α 放射性的上限设定为 2E+11 Bq（即 βγ 放射性水平的 1/1000）都不会对单个废物包的总放射性产生影响。这一 α 活度的限值比低放废物高了 2 个数量级，与之对应的，后处理产生的高放废液中 α 核素活度水平降低 3.0E+03 倍即可，相当于去除掉高放废液中至少 99.967% 的 α 核素。

在 2021 年底实施的实验室规模的温实验中，TRPO 流程可以从高放废液中除去＞99.999% α 放射性（该数据由清华大学提供），完全满足上述中放废物对 α 核素去污的要求（＞99.967%），而要达到低放废物对 α 核素去污要求（＞99.999 7%）则十分困难。即使＞99.999% 的 α 去污系数可以进一步提高到＞99.999 67%，工程放大后在实际运行过程中维持这一水平也是不小的挑战。

因此，从工程应用的角度看，通过 TRPO 流程除去高放废液中＞99.967% 的 α 核素足以满足 TRPO 萃残液玻璃固化废物（几乎）非 α 化的要求。暂存 95～100 年后，可根据废物包及处置库的具体情况评估中等深度处置的可行性。

4　结论与建议

本研究对乏燃料后处理+高放废液分离后产生的锶铯玻璃固体废物进行了初步定量分析，计算了乏燃料燃耗及乏燃料卸出后冷却时间两个因素对锶铯废物的产生量和废物特性（热功率和比活度）的影响，并分析了相应的废物管理策略，得出以下结论。

（1）由高放废液（以及渣水）生产玻璃固化体的废物量受 Mo 含量和贵金属含量的上限制约，而高放废液分离之后，由含锶铯的废液制成锶铯玻璃固化体的废物量由发热功率的上限制约。

（2）高放废液分离可以显著减少后处理产生的高放固体废物量。对于冷却 8 年的乏燃料，高放废液分离后产生的锶铯玻璃固体废物量是分离前高放玻璃固体废物量的 36%～39%（对应燃耗 55 ～ 65 GWd/tU）。若延长乏燃料冷却时间，这一比值将进一步降低（冷却 20 年，约 25%）。但是乏燃料冷却时间的确定还需要考虑其他因素的影响，例如，Pu 产品中 ^{241}Pu 的丰度，乏燃料水池的运行成本和废物量等。

（3）锶铯分离几乎不会减少锶铯玻璃固化体的产生量。以高放废物减容的角度看，从 TRPO 流程的萃残液中选择性分离铯锶毫无必要。只有采用耐热性能更优良的固化基材，锶铯分离对于废物减容的优势才能发挥出来。

（4）高放废液分离之后，剪切溶解乏燃料产生的渣水（含少量 α 核素）不应与 TRPO 萃残液混合后玻璃固化。如果将渣水单独玻璃固化，废物量特别大（为 TRPO 萃残液玻璃固体废物量的 90%）。因此，有必要为渣水找到更好的固化/固定方案。

（5）对于燃耗 55 GWd/tU 的乏燃料（冷却 8 年），TRPO 萃残液玻璃固体废物经过 95 年时间的暂存，释热率就可以满足中放废物的要求，但活度浓度高于中放废物的上限近 20 倍。在一定的地质条件和工程障碍条件下，有可能对它们进行中等深度处置。此外，为了限制 TRPO 萃残液玻璃固体废物中 α 核素的含量，高放废液中 α 核素的去污系数应＞99.967％，这很容易通过 TRPO 流程实现。

（6）不建议将 TRPO 萃残液玻璃固体废物作为低放废物进行处置。这需要暂存至少 455 年，且必须通过 TRPO 流程将高放液中＞99.999 67％的 α 核素去除，工程难度很大。

高放废液分离会改变后处理厂的废液流（尤其是高放和中放废液）和玻璃固化的废液源项。本研究涉及 TRPO 流程萃残液是最重要，但绝不是唯一需要被关注的废液流。TRPO 流程进料前除锆所产生的沉淀（可能会含有一定量的 α 核素），以及暂存但未来可能无法全部回收利用的 AmCm 氧化物中间体和 Np 产品等都会产生一些非传统的固体废物。这些废物的整备方式、废物量、管理策略的分析完成后，才能获得高放废液分离后产生的放射性废物的全面而精准的信息。这些对于经济性分析和工程方案的选择至关重要，将是我们下一阶段研究的重点。

参考文献：

［1］ INAGAKI Y，IWASAKI T，SATO S，et al. LWR High burn-up operation and MOX Introduction；Fuel cycle performance from the viewpoint of waste management ［J］. Journal of nuclear science & technology, 2009，46（7）：677－689.

［2］ HUI H E，YAN X C，HONG B T，et al. Influence by burnup of UO_2 fuel on high-level waste glass management ［J］. Atomic energy science and technology, 2013，47（11）：1961－1965.

［3］ CHEN J，HE X，WANG J. Nuclear fuel cycle-oriented actinides separation in China ［J］. Radiochimica acta, 2014，102（1－2）：41－51.

［4］ LIANG F，LIU X . Analysis on the characteristics of geologic disposal waste arising from various partitioning and conditioning options ［J］. Annals of nuclear energy, 2015，85（11）：371－379.

［5］ KOTA K，HIROSHI S，KENJI T，et al. High burn-up operation and MOX burning in LWR；Effects of burn-up and extended cooling period of spent fuel on vitrification and disposal ［J］. Journal of nuclear science & technology, 2018；1－11.

［6］ TILLARD L，DOLIGEZ X，SENENTZ G，et al. Estimation of the vitrified canister production for a PWR fleet with the CLASS code ［J］. European physical journal N（nuclear science & technologies), 2021.

［7］ OIGAWA H，YOKOO T，NISHIHARA K，et al. Parametric survey for benefit of partitioning and transmutation technology in terms of high-level radioactive waste disposal ［J］. Journal of nuclear science & technology, 2007，44（3）：398－404.

［8］ MELESHYN A，NOSECK U . Radionuclide inventory of vitrified waste after spent nuclear fuel reprocessing at La Hague ［M］//Asme International Conference on Environmental Remediation & Radioactive Waste Management. 2013.

［9］ O，PINET，R，et al. Glass ceramics containment matrix for insoluble residues coming from spent fuel reprocessing ［J］. Journal of nuclear materials materials aspects of fission & fusion, 2014，447（1－3）：183－188.

［10］ MASSONI N . Study of a nickel-copper filter for the future conditioning of insoluble residues ［J］. Journal of nuclear materials：materials aspects of fission and fusion, 2016（479）：365－373.

［11］ DUSSOSSOY J，CHARBONNEL J，FILLET C. Effect of insoluble radioactive dissolution fines on fission product glasses：Final report（nuclear science and technology）［M］. European Commission，1996.

［12］ WANG，JIAN C. Co-extraction of strontium and cesium from simulated high-level liquid waste（HLLW）bycalix-crown and crown ether ［J］. Journal of nuclear science & technology, 2015，52（2）：171－177.

［13］ DIXON B W，GANDA F，WILLIAMS K A，et al. Advanced fuel cycle cost basis ［M］. 2017 Edition. United States：N. p.，2017. Web. doi：10. 2172/1423891.

Benefit of high-level liquid waste partitioning on the waste glasses management: a quantitative Study

WEI Meng[1], LIU Jian-quan[1], REN Li-li[2]

(1. CNNC Long' an Co., Ltd., Beijing 100026, China; 2. CNNC Environmental Protection
Engineering Co., Ltd., Beijing 101121, China)

Abstract: The volume and characteristics of heat-generating waste glasses produced through spent fuel reprocessing PUREX process + HLLW partitioning TRPO process were evaluated as a function of burn-up and cooling period of spent fuel in this study. The waste loading of glass is assumed to be restricted by the heat generation rate, MoO_3 content, and noble metal content. The results show that: For spent fuel of 8 to 20 years cooling, the volume of waste glasses after HLLW partitioning is 39% ~ 25% of that before partitioning. After removing > 99.967% of α-nuclides in HLLW through TRPO process, TRPO raffinate stream can be immobilized into nearly α-free waste glasses. After nearly 100 years of decay storage, intermediate-depth disposal rather than geological disposal of TRPO raffinate waste glasses could be engineered. Separation of Sr and Cs from TRPO raffinate hardly reduces the volume of waste glasses. SrCs separation before vitrification is unnecessary. The insoluble fines generated during the shearing and dissolution of spent fuel cannot be vitrified with TRPO raffinate stream. Alternative immobilization solutions rather than vitrification into borosilicate glasses are recommended to reduce waste volumes.

Key words: Spent fuel; HLLW partitioning; Waste glasses; Waste management; Decay storage; Disposal

高放废液分离策略下的玻璃固化产品
容器优化设计与应用分析

马　夺[1]，韦　萌[1]，任丽丽[2]

（1. 中核龙安有限公司，浙江　台州　318000；2. 中核环保工程有限公司，北京　100000）

摘　要： 本文对乏燃料后处理＋高放废液分离策略下"高释热"物流源项进行了分析，计算了在不同限制条件下，年处理量为 800 t 的后处理厂的玻璃固化体年产量，发现按照目前的设计方案，单个玻璃固化筒的热功率是玻璃固化体产量的决定因素。基于此，本文在法国 La Hague 后处理厂玻璃固化产品容器的基础上进行了强化导热的优化设计，并通过 ANSYS 软件对其应用条件下进行了热计算分析，优选了设计方案。本研究主要发现：在高放分离策略下，通过强化玻璃固化产品容器的导热能力，理论上最大可以玻璃固化体产量减少 47.4％（达到贵金属含量上限制约）；在产品容器中增设导热格栅，在一定条件下可以将玻璃体最高温度降低 79 ℃；通过初步的定量分析，优化后的产品容器设计方案可以将玻璃固化体产量减少约 30％。

关键词： 高放废液分离；放射性废物玻璃固化；玻璃固化产品容器；有限元分析

　　放射性废物的玻璃固化技术，尤其是成熟的硼硅玻璃体系，已有超过半个世纪的工程应用历史，仍是全球范围内固化/固定高放射性、强释热废液的最现实可行的方案。影响玻璃固化生产工艺和玻璃固化体化学稳定性的 3 个主要限制因素[1]，即钼含量上限（1 wt％～2 wt％[2-3]）、贵金属含量上限（Ru、Rh、Pd 等，应低于 1.25 wt％）[1-3]和最大热功率（法国核安全局规定新生产的玻璃固化体经过 24 小时的自然冷却后，芯部温度不高于 510 ℃[4]。法国 La Hague 后处理厂将玻璃固化产品的单筒热功率限制在 3 kW 以内[5-6]），都会影响玻璃固体废物中玻璃基体对放射性核素的包容率，从而影响最终的废物量。

　　对于由压水堆乏燃料后处理产生的高放废液制成的玻璃固化体，玻璃基体对放射性核素的包容率受钼含量和贵金属含量上限的制约，通用的玻璃固化产品容器 UC-V（图 1）完全可以满足玻璃体的散热要求。

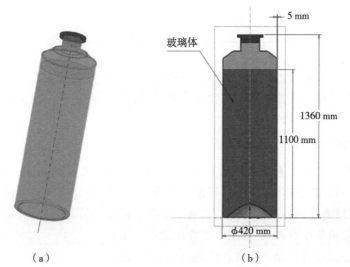

（a）　　　　　　　　　　　（b）

图 1　法国玻璃固化设施应用的通用型玻璃固化产品容器 UC－Ⅴ 设计方案

作者简介：马夺（1993—），男，硕士研究生，工程师，现主要从事乏燃料后处理工艺技术研究工作。

为了减少废物量，降低放射性废物的管理成本，中国的乏燃料后处理厂将不会像其他后处理厂一样直接玻璃固化高放废液，而是先对高放废液进行分离，然后再有针对性地处理或整备各个废液流。由于高放废液分离技术可以将高放废液中"强释热核素（主要为^{90}Sr与^{134,137}Cs等短寿命裂变产物）"与"超长寿核素（超铀元素和长寿裂变产物）"分开，单独进行玻璃固化，将大大缩短需要深地质处置的时间，并在一定程度上降低需要处置的废物量，从而可以提高核燃料循环后段的经济性[7-8]。

从高放废液中分离出的"强释热"废液流，含有高放废液中的大部分β/γ放射性物质与发热核素（释热量约78%）。若要有效地减轻深地质处置压力，减少玻璃固化体的数量，必然需要提高单个玻璃固化筒可以耐受的最大热功率。因此，在高放废液分离策略下，为了避免高释热玻璃固化体在贮存过程中由于温度过高而发生相转变，有必要对玻璃固化产品容器进行优化设计，强化其导热能力。

鉴于此，本文对"乏燃料后处理＋高放废液分离"之后产生的高释热废物源项进行了定量分析，提出了强化导热的玻璃固化产品容器优化设计方案，并采用有限元计算软件对其在实际应用条件下的稳态与瞬态热进行了仿真计算。

1　玻璃固化产品容器优化设计

1.1　高放废液分离策略下的玻璃固化体产量

高放废液分离使用具有我国自主知识产权的TRPO流程[9]（图2）。TRPO流程产生的萃残液（图2中的1AW'）集中了高放废液中主要的高释热裂片产物^{90}Sr、^{134}Cs及^{137}Cs。

高放分离出的锶铯高释热废液流中不含Mo，故Mo含量不成为本研究中制约玻璃固化体产生量的因素，仅需对贵金属含量上限和最大热功率两个因素进行定量分析，找到限制玻璃固化体包容率，决定玻璃固化体产量的直接因素。以初始^{235}U富集度为4.95%，燃耗55 GWd/tUbi，冷却时间8年的乏燃料为基准，计算了处理量为800 tUbi/a后处理厂的玻璃固化体产量（产品容器容积为150 L）。结果如表1所示。

表1　不同限值因素下的玻璃固化体产量

限值条件	玻璃固化体产量（筒/a）
贵金属含量上限（1.25 wt%）	223
最大热功率（3 kW/筒）	424

可见，单个玻璃固化筒的最大热功率是限值玻璃固化体产量的直接因素，如果能够强化产品容器的导热和散热能力，在玻璃固化基体最高温度不突破设计限值的条件下，理论上最多可以将玻璃固化体产量减少（424－223）/424＝47.4%。

1.2　强化导热的玻璃固化产品容器优化设计

玻璃的热导率不高，如果含有发热物质，贮存过程中会形成芯部温度高、边缘温度低的温度梯度。所以本研究按照强化玻璃固化体中心热量的导出能力，降低中心温度的设计思路，在不改变法国La Hague后处理厂玻璃固化设施（R7/T7）的通用型产品容器（图1）外形尺寸的基础上（统一的外形尺寸有利于实施大规模集中管理），提出3个优化设计方案：

（1）产品容器中心增设导热棒（焊接在筒底的中心）（图3）；

（2）产品容器内部增设导热格栅（栅格设有孔道，且容器底部空间完全连通，以强化熔融玻璃的流动，避免冷却过程中产生空腔）（图4）；

（3）产品容器中心增设散热空芯管（焊接在筒底的中心）（图5）。

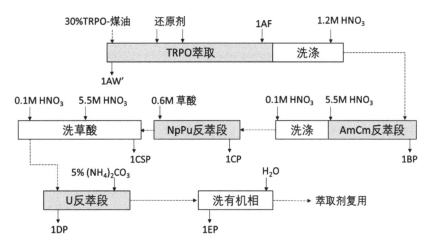

图 2   从高放废液中分离超铀元素的 TRPO 原理流程示意

注：根据清华大学最新提供的 TRPO 流程中核素分配模型，高放废液浓缩液中：几乎 100％的 Sr、Cs、Ba、Ag、Cd、Rb、Sn、Te、Cr、Ni 进入萃残液 1AW'；95％的 Fe，36％的 Ru，以及 50.7％的 Rh 进入萃残液 1AW'

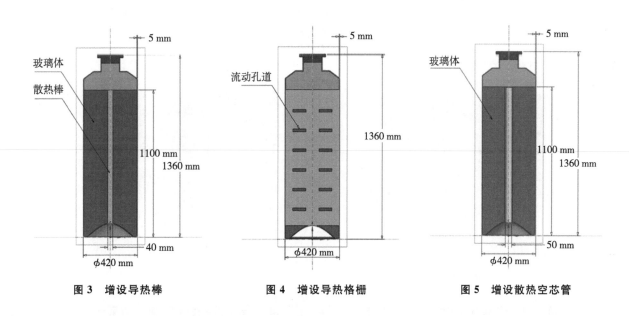

图 3   增设导热棒   图 4   增设导热格栅   图 5   增设散热空芯管

2   强化导热的玻璃固化产品容器的建模分析

2.1   玻璃固化筒在暂存过程中的稳态热分析

采用有限元分析方法，通过 ANSYS 软件中稳态热计算模块，对上述 4 种产品容器［包括原始的法国通用型 UC－V 容器（图 1）］在暂存过程中达到热力学稳态后的温度分布进行计算，比较不同设计方案下玻璃基体内出现的最高温度，筛选出更优的方案。具体计算参数如表 2 所示。

表 2   有限元建模计算的边界条件和物性参数

计算参数	设定值
玻璃体导热率	0.9 W/（m・℃）
玻璃固化体热功率	3 kW/筒
产品容器导热率	随温度变化，由 ANSYS 控制
材质	不锈钢

计算参数	设定值
产品容器外表面对流换热系数	20 W/（m² · ℃）*
散热空芯管外表面对流换热系数 **	5/（m² · ℃）***
暂存库的环境温度	100 ℃[10] ****

注：* 空气强制对流换热系数经验值为 20～100 W/（m² · ℃），本研究选用最低值，以考察最保守的主动通风换热条件下玻璃材质能否保持结构稳定。

** 仅对于增设散热空芯管的设计方案，空芯管外表面的换热条件被视为自然对流。

*** 空气自然对流换热系数经验值为 5～25 W/（m² · ℃），由于暂存过程中多个玻璃固化产品容器上下叠放，不利于空芯管的散热，换热系数取最低值。

**** 参考了法国和日本的玻璃固化设施对强制通风暂存阶段，暂存库空气温度设定的上限。

    按照表 2 中的计算参数，对 4 种设计方案（包括原始的法国通用型 UC－V 容器）（图 1）进行模拟计算，结果见图 6 至图 9。可见在玻璃固化产品容器中增设导热棒的设计方案下，玻璃体的最高温度为 450.7 ℃，相比原始设计（法国通用型 UC－V 容器）的 464.9 ℃，虽有一定降低，但效果并不显著。这主要是因为虽然金属导热棒的导热率高于玻璃基体，但是其与产品容器接触面太小，并不能有效地将热量传导到环境中，导致热量在玻璃体中积累。

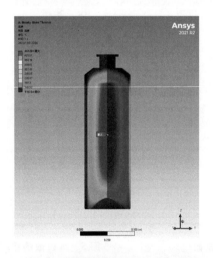

图 6　玻璃固化筒温度云图（UC－V 方案）

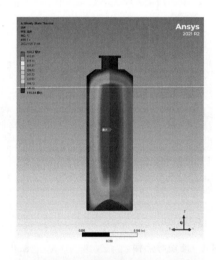

图 7　玻璃固化筒温度云图（方案一）

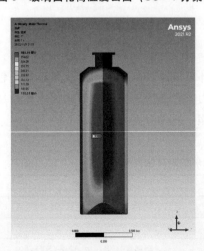

图 8　玻璃固化筒温度云图（方案二）

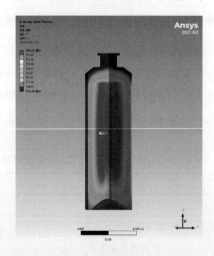

图 9　玻璃固化筒温度云图（方案三）

采用增设散热格栅（方案二）和增设散热空芯管（方案三）的优化方案，玻璃基体中出现的最高温度分别为 385.4 ℃和 384.1 ℃。与原始方案（玻璃基体中出现的最高温度为 464.9 ℃）相比，分别降低了约 79 ℃和 80 ℃。从强化导热的角度考虑，两个方案的效果相差不大；但是从机械加工的角度看，增设散热栅格的产品容器更容易制造，且加工成本更低。

综合考虑上述散热效果和加工难易程度等因素，本研究选取方案二，即产品容器内部增设导热格栅进行进一步的研究。

2.2　应用强化导热的产品容器对于玻璃固化体产量的影响

在高放分离策略下，玻璃固化体产量的决定因素为单个玻璃固化筒的热功率上限。如果提高单个玻璃固化筒所耐受的热功率上限值，就可以提高玻璃固化体对放射性物质的包容率，从而减少玻璃固化体的数量。理论计算中可以参考法国核安全局对于玻璃体冷却 24 小时后最高温度不超过 510 ℃的规定（虽然硼硅玻璃的相转变温度是 610 ℃，但工程应用过程中人为设置了 100 ℃的安全冗余），找到单筒的最大热功率，进而可以算出玻璃固化体的产量。

在玻璃固化体的热力学计算过程中，产品容器外表面的对流换热系数是最关键的计算参数，但该参数并不是一个物理常量，而是与换热过程中流体的物理性质、换热表面的材质和形状、所处空间的构造、发热体在空间中的位置，以及流体的流速等都有密切关系，通常需要结合试验结果以及工程应用场景取经验值。目前，世界范围内还没有针对此的试验报道（玻璃固化工艺极其昂贵，根据国内的经验，单筒的平均生产费用超过 20 万元），尚不具备直接计算的条件。

不过，通过控制法国原始设计方案和散热优化设计方案达到相同/相近的玻璃体芯部“最高温度”，可以间接计算出增加了散热结构的产品容器（方案二）所能耐受的最大热功率（表 3）。

由表 3 可知，如果将增设散热格栅的方案单筒热功率上限设定为 3.9 kW，在 3 种环境温度条件下，对流换热系数为 20 W/（m²·℃）时（最保守的换热条件），两种容器方案的最高温度基本相同（464.9 ℃和 465.8 ℃），仅相差 0.7～2.3 ℃；而在更有利于散热的条件下 [对换热系数＞20 W/（m²·℃）]，增设散热格栅的方案可以让玻璃基体中出现的最高温度远低于原始方案（最高可至 15 ℃）。

可见，在高放分离策略下，应用方案二对用强化导热的玻璃固化产品容器，玻璃固化体对高释热放射性物质的包容率至少可以提高（3.9-3）/3＝30%，即玻璃固化体的年产量至少可以减少 30%。

表 3　不同对流换热条件下，原始设计方案和增强散热优化方案中玻璃体中出现的最高温度

环境温度/℃	对换热系数/W/（m²·℃）	最高温度/℃（法国通用型产品容器方案）热功率：3.0 kW/筒	最高温度/℃（增设散热格栅方案）热功率：3.9 kW/筒
100	20	464.90	465.80
	40	413.10	401.50
	60	385.61	370.14
80	20	437.30	435.00
	40	383.10	373.30
	60	365.63	351.25
60	20	419.04	418.33
	40	363.16	354.34
	60	345.65	330.51

2.3 玻璃固化体在冷却过程中的瞬态热分析

参考法国核安全局"新生产的玻璃固化体经过 24 小时的自然冷却后，芯部温度不能高于 510 ℃"的要求，对增强散热机构优化后的玻璃固化筒进行瞬态热计算分析。在法国 R7/T7 玻璃固化设施中，玻璃固化体浇筑后将转移至冷却热室中冷却 24 小时，待熔融态玻璃转变为坚固的玻璃体。由于不掌握冷却热室内具体的冷却条件，所以本研究的计算中设置了保守的自然对流条件，具体条件如表 4 所示。

表 4 玻璃固化体的瞬态热计算参数

玻璃体导热率	0.9 W/（m·℃）
玻璃固化体热功率	3.9 kW/筒
熔融态玻璃初始温度	1000 ℃
玻璃固化体比热容	837 J/（kg·℃）
产品容器导热率	随温度变化，由 ANSYS 控制（不锈钢）
环境温度	60 ℃
产品容器外表面对流换热系数	15 W/（m²·℃）

通过 ANSYS 有限元计算软件中瞬态热计算模块，对增设散热格栅的玻璃固化体在自然条件下，冷却 24 小时过程中的最高温度进行了计算，结果如图 10 所示。

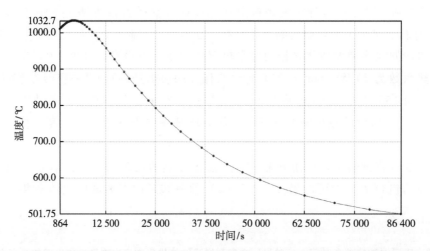

图 10 新浇筑的玻璃固化体（使用增加导热格栅的产品容器）中最高温度随冷却时间的变化

由图 7 可知，在最初的一段时间内（约 4200 s，即 1.16 小时），由于玻璃固化体芯部与边缘未形成较大的温度梯度，热量不能及时导出，玻璃体中最高温度反而有小幅升高，4200 s 后才逐渐降低，24 小时（86 400 s）后，最高温度为 501.75 ℃，完全满足安全要求。

在实际生产过程中，玻璃固化体浇筑后，需要先进行称重、清洁等操作，才会转移至冷却热室，所以实际冷却时间多于 24 小时。从图 7 中曲线的变化趋势可以推测出玻璃体在冷却热室冷却 24 小时后，其最高温度会低于 501.75 ℃。

3 结论

本文定量分析了在高放废液分离策略下影响后处理厂玻璃固化体产量的因素，针对热功率的限制，并对玻璃体在贮存过程中的热计算，分析比较 3 个优化方案的改进效果，并对优选改进方案进行了应用分析，得出以下结论。

（1）在高放分离策略下，单个玻璃固化筒的热功率上限值是限制放射性物质包容率，决定玻璃固化体产量的因素。理论上，通过强化玻璃固化产品容器的导热能力，最多可以玻璃固化体产量减少47.4％（贵金对应属含量上限限制）。

（2）通过对玻璃固化筒进行稳态热分析，对比在产品容器中增设导热棒、导热格栅和散热空芯管3种优化方案，综合考虑导热效果与加工制造难度，增设导热格栅的更优。与通用型玻璃固化产品容器 UC－V 相比，在相同的源项条件和冷却条件下，增设导热格栅可以将玻璃体最高温度降低 79 ℃；

（3）采用增设散热格栅的产品容器设计方案可以将玻璃固化体耐受的最大热功率从 3 kW/筒提升至 3.9 kW/筒，玻璃固化体对高释热放射性物质的包容率至少可以提高 30％。

（4）对玻璃固化筒的瞬态热进行计算分析，在保守的散热条件下，新浇筑的玻璃固化产品（使用增加导热格栅的产品容器）冷却 24 小时后，最高温度仅为 501.75 ℃，满足法国核安全局对新生产的玻璃固化体的要求（不高于 510 ℃）。

高放废液分离技术应用于乏燃料后处理厂将大大优化整个工厂的放射性废物管理方案，不但可以实现废物最小化的目标，还能显著降低废物管理成本。为了配合后处理厂中上述化学分离工艺的优化目标，放射性固体废物的包装容器也需要做出相应的改进和调整。本文采用计算机建模、仿真计算等方法，几乎零成本（相较于玻璃固化体生产费用＞20 万/筒）研究了高放废液分离策略下，增强散热型玻璃固化产品容器的热力学性能指标，推荐了最优散热结构并定量计算了其对高释热玻璃废物减容的效果。

参考文献：

[1] INAGAKI Y, IWASAKI T, SATO S, et al. LWR high burn－up operation and MOX introduction；fuel cycle performance from the viewpoint of waste management ［J］. Journal of nuclear science and technology，2009，46：677－689.

[2] 何辉，陈延鑫，唐洪彬，等. UO₂ 燃料燃耗对高放废物管理的影响研究 ［J］. 原子能科学技术，2013，47 （11）.

[3] WANG J, CHEN J, HE X. Nuclear fuel cycle－oriented actinides separation in China ［J］. Radiochim acta，2014，102 （1－2）：41－51.

[4] LEROY P, JACQUET N, RUNGE S. HLW immobilization in Glass：industrial operation and product quality ［C］. International Higb－Level Radioactive Waste Management Confcrerce，1992.

[5] KOTA K, HIROSHI S, KENJI T, et al. High burn－up operation and MOX burning in LWR；Effects of burn－up and extended cooling period of spent fuel on vitrification and disposal ［J］. Journal of nuclear science and technology，2018；1－11.

[6] TILLARD L, DOLIGEZ X, SENENTZ G. Estimation of the vitrified canister production for a PWR fleet with the CLASS code ［J］. EPJ Nuclear Sci Technol，2021 （7）.

[7] MELESHYN A, NOSECK U. Radionuclide inventory of vitrified waste after spent nuclear fuel reprocessing at La Hague ［C］. ICEM，2013.

[8] DIXON B W, GANDA F, WILLIAMS K A, et al. Advanced fuel cycle cost basis ［M］. 2017 Edition. United States：N. p.，2017. Web. doi：10. 2172/1423891.

[9] WEI M, QIAO D, CHEN J, et al. Study on the Benefit of HLLW partitioning on the high－level waste glasses from the viewpoint of waste management ［J］. Progress in nuclear energy，2023 （160）.

[10] SOMBRET G C. The vitrification of high－level wastes in France from the lab to industrial plants ［C］. Symposium on the Safety of the Nuclear Fuel Cycle. Brussels：1993.

Optimization design and application analysis of glass solidification product container under high level liquid waste separation strategy

MA Duo[1], WEI Meng[1], REN Li-li[2]

(1. CNNC Long' an Co. , Ltd, Taizhou, Zhejiang 318000, China; 2. CNNC Environmental
Protection Engineering Co. , Ltd, Beijing 100000, China)

Abstract: This paper analyzes the "high heat release" logistics source term under the strategy of spent fuel reprocessing and high-level liquid waste separation. It calculates the annual production of glass solidified bodies in a reprocessing plant with an annual processing capacity of 800 tons under different limiting conditions. It is found that according to the current design scheme, the thermal power of a single glass solidified cylinder is the determining factor for the production of glass solidified bodies. Based on this, this article optimizes the design of strengthened thermal conductivity for glass cured product containers at La Hague post-treatment plant in France, and conducts thermal calculation analysis under its application conditions using ANSYS software to optimize the design scheme. The main findings of this study are: Under the high level radioactive separation strategy, by strengthening the thermal conductivity of glass cured product containers, the theoretical maximum production of glass cured products can be reduced by 47.4% (reaching a limit of about precious metal content); Adding a thermal barrier in the product container can reduce the maximum temperature of the glass body by 79 ℃ under certain conditions; Through preliminary quantitative analysis, the optimized product container design scheme can reduce the production of glass solidified body by about 30%.

Key words: High level liquid waste separation; Glass solidification of radioactive waste; Glass cured product containers; Finite element analysis

高放废液分离策略下长寿命次锕系元素暂存管理方案的初步研究

孟宪涛[1]，韦　萌[1]，任丽丽[2]

（1. 中核龙安有限公司，北京　100026；2. 中核环保工程有限公司，北京　101121）

摘　要： 高放废液分离技术（如拥有我国自主知识产权的 TRPO 流程）有助于乏燃料后处理厂对不同性质的核素和高放固体废物实施更有针对性的管理。虽然 20 世纪提出的针对长寿命核素的"嬗变"方案无法在短期内工程应用，但可以先将分离后产生的次锕系元素废液流转型为化学性质稳定的氧化物形态，封装后暂存一段时间（如 50～100 年）。待未来时机成熟后再回取，并根据需要制靶进行嬗变，或提取同位素，以及整备成固体废物。为了设计上述氧化物在暂存阶段的封装容器，设置适宜的暂存条件，需要了解次锕系元素氧化物的质量、核素组成、活度和热功率等基本信息；此外，还需要掌握混合氧化物在长期暂存过程中的变化规律（如核素组成、活度水平和释热率），为将来回取利用提供源项。本研究以不同燃耗（33 GWd/tU ～ 65 GWd/tU）和冷却时间（5～20 年）的动力堆乏燃料经后处理产生的高放废液为源项，计算了 TRPO 流程处理高放废液产生的 Am/Cm 反萃液流整备成的混合氧化物，在暂存阶段（100 年内）的质量、活度和热功率的变化规律，并比较了使用和不使用三价镧系/锕系元素分离工艺（Cyanex 301 流程）的差异。结果表明：镧锕分离可以显著减少锕镧混合氧化物的总质量（减少约 95 wt%，燃耗 55 GWd/tU，冷却 8 年），还可以有效降低锕镧氧化物暂存初始阶段的活度水平（减少约 80%）和发热量（减少约 21%）。锕镧混合氧化物长期暂存过程中，总质量几乎不变，但随着 U、Pu 和 Np 等其他锕系元素的出现，核素种类变得更加复杂，为将来回取后的分离提纯工作增加了难度。在长期暂存过程中，由于 Am-241 和 Cm-244 等中短寿命的同位素发生衰变，锕镧混合氧化物的发热量和活度水平都有一定程度的降低。锕镧混合氧化物中易裂变核素的总量很低，没有发生临界事故的风险，所以没必要为暂存容器封装的氧化物设置安全质量上限。

关键词： 高放废液分离；长寿命次锕系元素；锕镧混合氧化物；暂存容器；临界事故

　　近年来，随着核电在世界范围内的复苏，核能已经成为电力供应中不可缺少的组成部分，在产生电力的同时，全世界的核电站每年产生的乏燃料约 11 000 tHM，目前乏燃料的累计存量已超过 150 000 tHM[1]。乏燃料中含有大量 U、Pu、次锕系元素和裂变产物，特别是其中一些次锕系元素和长寿命裂变产物对地球生物和人类的生存环境带来了巨大的风险。综合考虑安全性、经济性，以及技术成熟度，乏燃料后处理与高放废液分离相结合的技术路线成为一种先进的乏燃料管理方式[2]。高放废液由乏燃料水法后处理产生，集中了乏燃料中 95% 以上的放射性，其中一些 α 放射性核素的存在决定了需要将其处置在地质库中与生物圈隔离 10 万年以上[3]。20 世纪 70 年代，国际上提出通过"分离-嬗变"的方法[4]，先把长寿命的 α 核素（如 Am 和 Cm）从高放废液中分离出来，然后再通过嬗变技术将其转化成短寿命或稳定核素，使废物所需的地质隔离时间大大缩短。考虑到"嬗变"技术无法在短期内工程应用，"分离-整备"的技术思路应运而生。该思路是先将分离后的长寿命核素整备暂存，未来视情况回取，根据需要制靶进行嬗变、制成快堆燃料、提取同位素或者整备成合适的固体废物。例如，20 世纪末，美国萨凡纳河后处理厂将一批含 Am/Cm 的废液先通过玻璃固化整备成可以安全运输的货包，然后送至橡树岭实验室，用浓硝酸浸取玻璃体并回收其中的 Am 和 Cm 以制备 Cf-252 等同位素[5-8]

　　在本研究中，将高放废液分离产生的 Am/Cm 液流整备成化学性质稳定的氧化物形态暂存。相比于玻璃固化技术路线，整备成氧化物有以下好处：能将 Am/Cm 料液制成固体氧化物的煅烧/脱硝设备种

作者简介： 孟宪涛（1993—），男，甘肃嘉峪关，工程师，硕士研究生，从事乏燃料后处理研究。

类繁多，技术成熟，且生产和运行成本远低于玻璃固化工艺；回取 Am/Cm 时复原为溶液状态的操作更简单；氧化物形态的 Am/Cm 体积远小于玻璃体形态的 Am/Cm，节省了存放、运输和管理成本。为了设计上述镅锔混合氧化物的暂存封装容器，设置适宜的暂存条件，需要了解镅锔混合氧化物的核素组成、质量、活度和热功率等基本信息；此外，需要掌握镅锔混合氧化物的核素组成、质量、活度和热功率在长期暂存过程中的变化规律，为将来回取、复用或整备成最终废物提供源项信息。

鉴于此，本文根据乏燃料水法后处理和高放废液分离等化学分离工艺的特性建立主要核素的分配比模型，定量计算了乏燃料燃耗、乏燃料卸出后的冷却时间，以及是否进行镧锔分离等 3 个因素对镅锔混合氧化物质量，活度和热功率的影响。此外，本文统计了主要锔系同位素在长达 50～100 年的暂存时间中质量、丰度、活度及热功率的变化。这些都为规划镅锔混合氧化物的暂存管理策略，以及配套的工艺路线和废物整备方案提供了参考。

1 假设条件和计算方法

1.1 乏燃料的燃耗和冷却时间

用 ORIGEN 2 程序计算不同燃耗（33 GWd/tU、45 GWd/tU、55 GWd/tU、65 GWd/tU）和冷却时间（5 年、8 年、12 年和 20 年）下，压水堆乏燃料（UO_2 芯块，锆合金包壳，初始 ^{235}U 富集度为 4.95%，比功率为 40.2 MW/kg）中所有核素的质量、活度和热功率。

1.2 乏燃料后处理、高放废液分离工艺，以及镧系/锔系分离工艺

乏燃料后处理使用成熟的 PUREX 二循环工艺。绝大部分 U 和 Pu 从乏燃料溶解液中分离出来并制成产品，几乎所有难挥发的裂片元素和次锔系元素，残留的 0.25 wt%～0.5 wt% 铀和钚一起进入高放废液[3]。

高放废液分离使用具有我国自主知识产权的 TRPO 流程[9-10]（图 1）。TRPO 流程的萃残液（图 1 中的 1AW'）主要含有 Sr 和 Cs 等裂变产物（但几乎不含长寿命次锔系元素或长寿命裂变产物），将被制成玻璃固化体，通过暂存＋中等深度或近地表处置的方式进行管理[11]；Am/Cm 反萃液流（图 1 中的 1BP）将制成固体氧化物封装后暂存，未来视情况回取并纯化后制靶实施嬗变、制成快堆燃料、提取同位素或制成合适的固体废物。

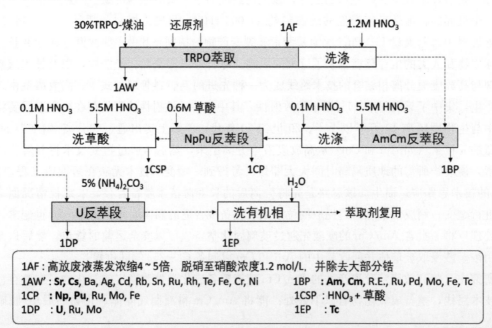

1AF：高放废液蒸发浓缩4～5倍，脱硝至硝酸浓度1.2 mol/L，并除去大部分钚
1AW'：**Sr, Cs**, Ba, Ag, Cd, Rb, Sn, Ru, Rh, Te, Fe, Cr, Ni   1BP ：**Am, Cm**, R.E., Ru, Pd, Mo, Fe, Tc
1CP：**Np, Pu**, Ru, Mo, Fe   1CSP ：HNO_3 + 草酸
1DP：**U**, Ru, Mo   1EP ：Tc

图 1 从高放废液中分离超铀元素的 TRPO 原理流程[9-10]

TRPO 流程的 Am/Cm 反萃液流（图 1 中的 1BP）中除了乏燃料中全部的镅和锔，还集中了乏燃料中几乎全部的稀土金属（镧系元素和钪、钇）和一些其他的过渡金属元素（如 6％的 Ru、87％的 Pd、26％的 Mo 和 64％的 Tc）[12]。如果用镅锔和稀土金属的混合物制靶进行嬗变或快堆循环，一些镧系裂变产物因中子吸收截面过大会严重影响次锕系元素的嬗变效率。因此，将镅锔和镧系元素分开是实现长寿命次锕系元素嬗变或快堆燃料循环的关键步骤。此外，从废物管理的角度看，如果镅和锔最终未能嬗变（或仅部分嬗变），镧系/锕系分离对于 α 废物（或含有较多 α 核素的中放废物）的减容也至关重要。在 Am/Cm 反萃液流中，镅和锔的占比很小，选择性分离镅锔之后，其余的金属（以稀土为主）可整备成中低放固体废物。

基于 Cyanex301（$C_{32}H_{70}P_2S_4$，二烷基二硫代膦酸）对三价锕系元素和镧系元素优异的萃取分离性能，清华大学提出了 Cyanex301 萃取分离三价锕系/镧系元素的工艺[13]（图 2）。

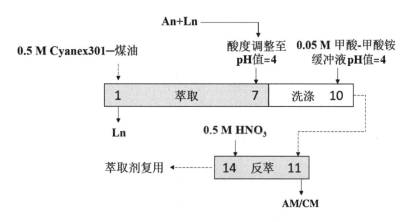

图 2　纯化 Cyanex301 萃取分离镅锔与镧系元素的工艺流程[13]

2　结果与讨论

2.1　不同燃耗条件下镅锔混合氧化物的质量、活度和热功率的变化规律（乏燃料冷却时间 8 年）

镅锔混合氧化物中各组分的质量随乏燃料燃耗和氧化物暂存时间变化的规律如图 3 所示。随着乏燃料燃耗的加深（33～65 GWd/tU），混合氧化物的总质量，以及其中的镅锔、稀土元素和贵金属等元素的质量都有不同程度的增加（为便于统计，"质量"为金属元素的质量，而非金属氧化物的质量，下同）。

混合氧化物在暂存过程中，一些不稳定的核素会通过 α 或 β 衰变的方式转化为其他核素，从而引起质量的变化。镅锔的质量随着氧化物暂存时间的延长而下降，且下降的幅度随着燃耗的升高而增加（图 3a）。以暂存 100 年为例，燃耗 33 GWd/tU、45 GWd/tU、55 GWd/tU、65 GWd/tU，暂存后镅锔的质量相较于初始（0 年）质量分别下降了 14.86％、15.98％、17.97％、20.67％。这主要是因为随着燃耗的加深，Cm-244 在镅锔混合物中的质量占比增加，而 Cm-244 是短寿命 α 核素（$t_{1/2}=18.1$ 年），所以因延长暂存时间造成的质量减少更加明显。

稀土元素和贵金属等其他元素的质量随着混合氧化物暂存时间的延长基本保持不变（图 3b、图 3c）。这主要是因为：

（1）稀土中不稳定的放射性核素的质量占稀土元素总质量的比例很小（以燃耗为 55 GWd/tU，冷却 8 年为例，仅为 0.47 wt％）；稀土中的不稳定放射性核素，如 Ce-144、Pm-147、Sm-151、Eu-54、Eu-155 发生 β-衰变，衰变后生成的 Nd-144、Sm-147、Eu-151、Gd-154、Gd-155 仍属于稀土元素且原子核质量不变。

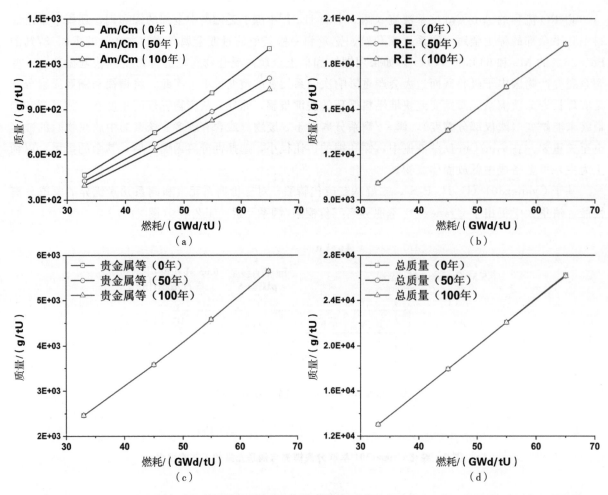

图 3   镅锔混合氧化物中各组分的质量随乏燃料燃耗和氧化物暂存时间的变化（0 年、50 年和 100 年）的规律
（R. E. ＝稀土元素，贵金属等其他元素为 Ru、Pd、Mo 和 Tc）

（2）Pd-107（$T_{1/2}＝6.50E+06$ 年）和 Tc-99（$t_{1/2}＝2.11E+05$ 年）的半衰期很长，衰变 50～100 年质量基本不变；Ru-106 虽然半衰期短（$T_{1/2}＝1.02$ 年），但 Ru-106 在贵金属等其他金属元素中的质量占比非常小（以燃耗为 55 GWd/tU，冷却 8 年为例，仅为 0.001 wt%）。

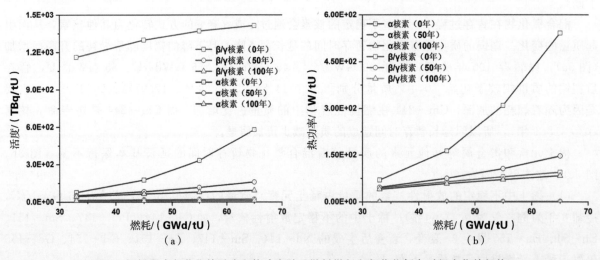

图 4   镅锔混合氧化物的活度和热功率随乏燃料燃耗和氧化物暂存时间变化的规律

镅锔混合氧化物在暂存过程中的活度在不同燃耗条件下的变化趋势如图4a所示。混合氧化物的初始（0年）α和β/γ活度随着燃耗的加深而增加。从斜率看，α活度随燃耗加深的增加幅度大于β/γ活度。随着混合氧化物暂存时间的延长，α和β/γ活度都明显降低，其中：

（1）α活度的下降幅度随燃耗的加深而增加。以暂存100年为例，燃耗33 GWd/tU、45 GWd/tU、55 GWd/tU、65 GWd/tU，暂存后α活度相较于初始（即0年）α活度分别下降了41.49%、63.21%、76.12%和84.05%，这是由于随着燃耗的加深短寿命α核素Cm-244的占比增加。

（2）β/γ活度在混合氧化物暂存过程中迅速降低，暂存50年已衰减超过98.54%（燃耗55 GWd/tU，冷却8年）。这主要是因为对β/γ活度贡献较大的几种核素半衰期都很短，如Ce-144（$t_{1/2}$=285天）、Pr-144（$t_{1/2}$=17.3分钟）、Pm-147（$t_{1/2}$=2.62年）、Eu-154（$t_{1/2}$=8.59年）等。

镅锔混合氧化物在暂存过程中的热功率变化如图4b所示。虽然α核素对混合氧化物的总质量和总活度的贡献很小，但其对热功率的贡献却远大于β/γ核素。经过50～100年的暂存，β/γ核素对热功率的贡献在几乎可以忽略不计，但α核素的热功率依然十分可观。因此在混合氧化物的暂存过程中需要格外关注α核素的导热和散热问题。

α和β/γ核素的热功率均随着乏燃料燃耗的加深而升高，且随着氧化物暂存时间的延长而下降。这与图4a所示的活度的变化规律类似，在此不再展开分析。

2.2 不同乏燃料冷却时间条件下镅锔混合氧化物的质量、活度和热功率的变化规律（燃耗为55 GWd/tU）

如图5所示，乏燃料冷却时间的延长对于镅锔混合氧化物中各金属的质量影响不大，除了镅锔的质量有增加外，稀土元素和贵金属等其他元素的质量基本维持不变。虽然Cm-242（$t_{1/2}$=163天）、Cm-243（$t_{1/2}$=28.9年）和Cm-244（$t_{1/2}$=18.1年）等中短寿命的α核素会在乏燃料冷却过程中衰变成更轻的核，但乏燃料中Pu的一些同位素会通过β⁻衰变不断生成更多新的Am或Cm的同位素，其中由Pu-241（$t_{1/2}$=14.3年）生成的Am-241最值得关注。

在相同的乏燃料冷却时长条件下，镅锔的质量随氧化物暂存时间的延长（0～100年）而减少（图5a），而稀土元素和贵金属等其他元素的质量随着混合氧化物暂存时间的延长基本维持不变（图5b、图5c）。这与图3所示的质量随混合氧化物暂存时间的变化规律相似，在此不再展开分析。

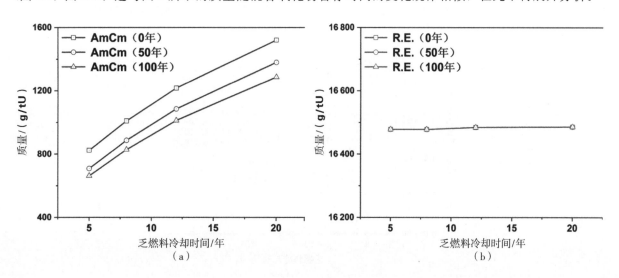

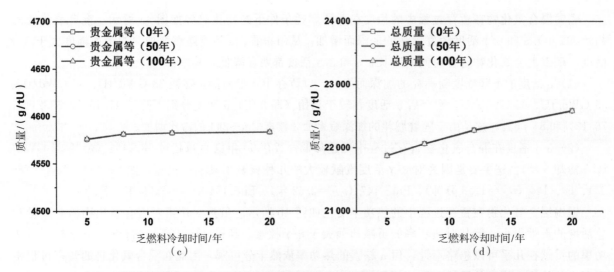

（c）

（d）

图 5 镅锔混合氧化物中各组分的质量随乏燃料冷却时间（5 年、8 年、12 年和 20 年）和
氧化物暂存时间变化的规律

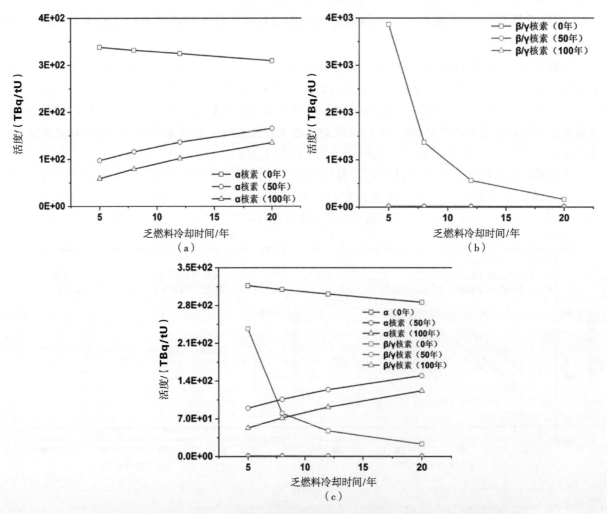

（a）

（b）

（c）

图 6 镅锔混合氧化物的活度和热功率随乏燃料冷却时间和氧化物暂存时间变化的规律

如图 6b、图 6c 所示，β/γ 核素的活度和热功率随着乏燃料冷却时间和氧化物暂存时间的延长
而下降。乏燃料冷却时间的延长让 α 核素的初始（0 年）活度图 6a 和热功率图 6c 小幅减少。而在

镅锔混合氧化物暂存 50 年和 100 年时，随着乏燃料的冷却时间的延长 α 活度和热功率却表现出上升趋势。这也是由于乏燃料冷却时间越长，由 Pu-241 衰变生成的 Am-241 越多。因此，无论是从混合氧化物暂存的角度看，还是从最终 α 废物（或含有较多 α 核素的中放废物）管理的角度看，乏燃料的冷却时间不宜过长，以避免积累太多的 Am-241（对 α 活度和热功率的贡献都很大）。

2.3 镧系/锕系分离对于混合氧化物暂存和废物管理的影响

由表 1 可知，对 TRPO 流程的 Am/Cm 反萃液流进行镧锕分离之后，混合氧化物的总质量急剧减少（减少约 95%），有利于节省暂存空间。镧锕分离之后，由于 β/γ 核素几乎完全被去除，混合氧化物的总活度也大幅减少（减少约 80%），有利于降低暂存过程中辐射防护的难度。不过，镧锕分离之后的总热功率依然较大（仅减少约 21%），需要格外关注氧化物在暂存过程中热量的导出，保证暂存容器的内压可控。

表 1 镧系/锕系分离对镅锔混合氧化物性质的影响（乏燃料燃耗为 55 GWd/tU，冷却 8 年）

	总质量*	总活度	总热功率
镧系/锕系分离前	2.21E+04 g/tU	1.70E+03 TBq/tU	3.90E+02 W/tU
镧系/锕系分离后	1.01E+03 g/tU	3.33E+02 TBq/tU	3.10E+02 W/tU
分离后减少幅度	95.43%	80.47%	20.55%

注：* 为计算方便，"质量"为金属元素的质量，而非金属氧化物的质量，下同。

2.4 暂存 50～100 年后混合氧化物的源项特征

如表 2、表 3 所示，镅锔混合氧化物在暂存过程中，镅和锔的一些同位素会衰变生成 U、Np 和 Pu 等锕系元素，虽然量不大，但给未来回取利用时的纯化工作增加了难度。

表 2 锕系中各主要元素的质量随氧化物暂存时间变化的规律（乏燃料燃耗为 55 GWd/tU，冷却 8 年）

暂存时间	Am/（g/tU）	Cm/（g/tU）	Np/（g/tU）	Pu/（tU）	U/（g/tU）
0 年	9.21E+02	8.88E+01	0.00E+00	0.00E+00	0.00E+00
50 年	8.68E+02	1.88E+01	4.98E+01	7.00E+01	2.31E-01
100 年	8.20E+02	8.35E+00	9.58E+01	8.11E+01	6.18E-01

表 3 锕系中各主要元素的质量百分比随氧化物暂存时间变化的规律（所有锕系元素的总质量为 1）

暂存时间	Am/wt%	Cm/wt%	Np/wt%	Pu/wt%	U/wt%	Np+Pu+U/wt%
0 年	91.20	8.80	0	0	0	0
50 年	86.22	1.86	4.95	6.95	0.02	11.92
100 年	81.52	0.83	9.52	8.07	0.06	17.65

如表 4 所示，镅锔混合氧化物在暂存期间，Am 和 Cm 各同位素的丰度也发生了变化（以燃耗为 55 GWd/tU，冷却 8 年的乏燃料为例）。在暂存初期，Am-241（$t_{1/2}=432.5$ 年）和 Cm-244（$t_{1/2}=18.1$ 年）占主导。随着暂存时间的延长，长寿命核素 Am-243（$t_{1/2}=7.37E+03$ 年）、Cm-245（$t_{1/2}=8.50E+03$ 年）和 Cm-246（$t_{1/2}=4.76E+03$ 年）的占比逐渐增加。可见镅锔混合氧化物中"杂质"（Np、Pu 和 U）的质量（表 3）和长寿命核素的丰度均随着暂存时间的延长而增加，因此不宜暂存过久。

表 4   Am 和 Cm 各同位素的丰度随混合氧化物暂存时间变化的规律（Am 和 Cm 的各同位素丰度加和均等于 1）

暂存时间	Am－241/wt%	Am－242m/wt%	Am－243/wt%	Cm－243/wt%	Cm－244/wt%	Cm－245/wt%	Cm－246/wt%
0 年	71.44%	0.15%	28.42%	0.79%	91.82%	6.62%	0.77%
50 年	69.93%	0.12%	29.95%	1.15%	63.99%	31.24%	3.63%
100 年	68.34%	0.10%	31.56%	0.79%	21.19%	69.93%	8.09%

镅锔的一些同位素及其衰变产物中子裂变截面很大，属于易裂变核素。但这些易裂变核素的总量很低，没有发生临界安全事故的风险，所以没必要为暂存容器封装的镅锔混合氧化物设置安全质量的上限。以燃耗为 55 GWd/tU，冷却 8 年的乏燃料为例，镅锔混合氧化物中易裂变核素（热中子裂变截面大于 100 b）的质量和占比如表 5、表 6 所示。

表 5   镅锔混合氧化物中易裂变核素的质量

暂存时间	Am－242m/（g/tU）	Cm－243/（g/tU）	Cm－245/（g/tU）	Pu－239/（g/tU）	Pu－241/（g/tU）	总质量/（g/tU）
0 年	1.35E＋00	6.99E－01	5.88E＋00	0.00E＋00	0.00E＋00	7.93E＋00
50 年	1.07E＋00	2.16E－01	5.86E＋00	1.69E＋00	8.84E－03	8.85E＋00
100 年	8.38E－01	6.57E－02	5.84E＋00	3.04E＋00	9.59E－03	9.79E＋00

表 6   镅锔混合氧化物中易裂变核素占锕系元素的质量百分比

暂存时间	Am－242m/wt%	Cm－243/wt%	Cm－245/wt%	Pu－239/wt%	Pu－241/wt%	总占比/wt%
0 年	0.13%	0.07%	0.58%	0	0	0.79%
50 年	0.11%	0.02%	0.58%	0.17%	0	0.88%
100 年	0.08%	0.01%	0.58%	0.30%	0	0.97%

3 结论

本研究定量分析了高放废液分离之后产生的 Am/Cm 反萃液流，以及三价镧系/锕系元素分离后产生的镅锔液流的元素组成和各主要核素的物理性质，计算了在不同的乏燃料燃耗和冷却时间的条件下，由 Am/Cm 反萃液流和镧锔分离后的镅锔液流整备而成的镅锔混合氧化物中各主要核素的质量、活度和热功率，以及镅锔混合氧化物在暂存期间（50～100 年）质量、活度和热功率的变化规律。结论如下：

（1）如果不进行镧系/锕系元素分离，镅锔混合氧化物中主要含有镅锔、稀土和贵金属等其他过渡金属元素。它们的质量、活度和热功率均随着燃耗的升高而增加。随着镅锔混合氧化物暂存时间的延长，混合氧化物的质量基本不变，但活度和热功率下降显著。

（2）延长乏燃料冷却时间虽然有利于降低镅锔混合氧化物的活度和热功率，但是随着冷却时间的延长，乏燃料中的 Pu－241 经 β⁻ 衰变不断生成 Am－241（燃耗为 55 GWd/tU，冷却时间从 8 年增加到 12 年，Am－241 的质量增加了 2.18E＋02 g/tU）。从后处理厂回收铀钚的角度来看，乏燃料冷却时间越长，钚产品中的易裂变同位素 Pu－241 就越少，高放废液中的 Am－241 就会越多，给废物处置带来很大的压力；从经济性的角度看，乏燃料冷却水池的贮存空间有限，水池运行的成本和运行产生的放射性废物也会随着冷却时间的延长而增加。

（3）使用三价镧系/锕系元素分离工艺，镅锔混合氧化物中几乎只含有镅和锔。这可以显著减少镅锔混合氧化物的总质量（减少约 95 wt%），且可以有效降低镅锔氧化物暂存初始阶段的活度水平（降低约 80%）。这不但有利于减少暂存空间，还可以降低暂存过程中辐射防护的难度。但镧锔分离之后的总热功率依然较大，需要格外关注氧化物在暂存过程中热量的导出。

（4）镧锕分离后的镅锔混合氧化物，暂存数十年的时间，质量、活度和热功率都有不同程度的下降。但混合氧化物的暂存时间越长，暂存过程中产生并积累的 U、Pu 和 Np 等其他锕系元素的量越多，将来回取后的分离提纯工作的难度越大。此外，暂存罐的内压会随着暂存时间的延长而增加（因 α 衰变产生的氦气，以及氧化物中残留水分和无机物分解产生的气体）。因此，从氧化物暂存的安全性，回取后纯化的难度，以及最终废物处置的角度看，镅锔混合氧化物不宜暂存过久。

（5）镅锔的一些同位素及其衰变产物中子裂变截面很大，属于易裂变核素，但由于总量很低且在混合氧化物中分散良好，没有临界安全风险，所以不用为暂存容器封装的镅锔混合氧化物设置安全质量的上限。

参考文献：

[1] KAPLAN P, BABIKIAN R. Using vitrified and compacted wastes to optimize repository use [C]. Proceedings of the Fourth Conference on Waste Management. USA, Tucson, 2004.

[2] LIU X G, XU J M, LIANG J F. Progress in research of spent fuel reprocessing and high-level liquid waste partitioning integrated process [J]. Science & technology review, 2006, 24 (7): 77-81.

[3] CHEN J, WANG J. Overview of 30 years research on TRPO process for actinides partitioning from high level liquid waste [J]. Progress in chemistry, 2011, 23 (7): 1366-1371.

[4] CROFF A G, BLOMEKE J O, FINNEY B C. Actinide partitioning-transmutation program final report. I. Overall assessment [R]. Oak Ridge National Lab. (ORNL), Oak Ridge, TN (United States), 1980.

[5] FELLINGER A P, BAICH M A, HARDY B J, et al. Americium-Curium vitrification process development (U) [J]. MRS online proceedings library, 1998, 556: 367-373.

[6] FELLINGER A P, BAICH M A, DUVALL J W, et al. Americium/curium vitrification process development part II [J]. MRS online proceedings library (OPL), 1999, 608: 703-708.

[7] SMITH M E, FELLINGER A P, JONES T M, et al. Americium/Curium Melter 2A Pilot Tests [R]. Savannah River Site (SRS), Aiken, SC (United States), 1998.

[8] RAMSEY W G, MILLER D, MINICHAN R, et al. Vitrification of F-area americium/curium: feasibility study and preliminary process recommendation [R]. Westinghouse Savannah River Co., 1994.

[9] CHEN J, HE X, WANG J. Nuclear fuel cycle-oriented actinides separation in China [J]. Radiochimica acta, 2014, 102 (1-2): 41-51.

[10] LIANG F, LIU X. Analysis on the characteristics of geologic disposal waste arising from various partitioning and conditioning options [J]. Annals of nuclear energy, 2015, 85 (11): 371-379.

[11] WEI M, QIAO D, CHEN J, et al. Study on the benefit of HLLW partitioning on the high-level waste glasses from the viewpoint of waste management [J]. Progress in nuclear energy, 2023, 160: 104672.

[12] MELESHYN A, NOSECK U. Radionuclide inventory of vitrified waste after spent nuclear fuel reprocessing at La Hague [C]. Proceedings of the ASME 2013 15th International Conference on Environmental Remediation & Radioactive Waste Management. Brussels, Belgium, 2013.

[13] CHEN J, WANG F, HE X, et al. Studies on separating trivalent actinides from lanthanides by dialkyldithiophosphinic acid extraction [J]. Progress in chemistry Beijing, 2011, 23 (7): 1338-1344.

Study on long-life minor actinide temporary storage scheme based on high-level liquid waste partitioning strategy

MENG Xian-tao[1], WEI Meng[1], REN Li-li[2]

(1. CNNC Long' an Co. Ltd., Beijing 100026, China; 2. CNNC Environmental
protection engineering Co. Ltd., Beijing 101121, China)

Abstract: High-level liquid waste partitioning technologies (such as the TRPO process developed by Tsinghua Univ.) help reprocessing plants to manage nuclides of different properties and high-level solid waste in a more targeted and more precise way. Although the transmutation of long-lived minor actinide (M. A.) proposed in the last century cannot be applied in engineering in a short time, it is possible to transform the waste stream of M. A. generated after separation into chemically stable oxides. The M. A. oxides are stored temporarily for a period of time (for example, 50~100 years) after being encapsulated, and then retrieve when the time is ripe for transmutation, or isotope production, or conditioned into solid waste as required. In order to design the container of the M. A. oxides for decades storage and set the appropriate temporary storage conditions, it is necessary to know the basic information of the M. A. oxides, such as mass, nuclide composition, activity and thermal power. In addition, it is necessary to know the variation of nuclide composition, radio-activity and heat release rate of M. A. oxides during decades of temporary storage, so as to provide source information for future retrieval and utilization. In this study, the high-level liquid waste produced by spent fuel reprocessing with varied spent fuel burn-up (33 GWd/tU – 65 GWd/tU) and cooling time (5~20 years) is taken as the source term. The mass, activity and thermal power of mixed M. A. oxides conditioned from Am/Cm striping stream by TRPO process during the temporary storage period (no more than 100 years) were calculated, and the difference between using and not using the Ln/An separation process (Cyanex 301 process) was compared. It is shown that: The use of Ln/An separation process can significantly reduce the total amount of AmCm mixed oxide (by about 95 wt%, 55 GWd/tU, cooling time 8 years), and effectively reduce the activity (by about 80%) and heat (by about 21%) at the initial stage of AmCm oxide temporary storage. During the temporary storage, the total mass of AmCm mixed oxide is almost unchanged. With the appearance of other actinide elements such as U, Pu and Np, the composition of oxide becomes more complex, which increases the difficulty of the future purification and production. Due to decay of Am – 241 and Cm – 244, the thermal power and activity of AmCm mixed oxide decreased to some extent during the long – term temporary storage. Fissile nuclides are present in very small amounts, thus there is no risk of criticality accident, so there is no need to set an upper limit for the mass of AmCm mixed oxides packaged in temporary containers.

Key words: Partitioning of high-level liquid waste; Long-lived minor actinide elements; AmCm mixed oxide; Temporary storage; Criticality accident

乏燃料后处理厂镎和锝集中管理方案的初步设想

孟庆禄[1]，赵学延[1]，韦　萌[1]，任丽丽[2]

（1. 中核龙安有限公司，广东　阳江　529500；2. 中核环保工程有限公司，北京　101100）

摘　要：乏燃料中除了含有可回收的铀、钚资源外，还有生产航天电池 Pu－238 所需的理想原料镎－237，以及因长寿命、高迁移率、可挥发性而备受关注的锝－99。从可裂变资源利用最大化和放射性污染防治两方面考虑，乏燃料后处理厂对镎和锝实施集中管理具有十分重要的意义。本文分析了后处理主工艺 PUREX 流程、提镎工艺及基于 TRPO 流程的高放废液分离流程各自的特性和优缺点，通过优化工艺条件和工艺接口，提出并比较了镎和锝集中管理的若干工艺方案，为后处理厂实现对镎的完全提取和对锝的集中管理提供了一种新的思路。

关键词：乏燃料后处理；镎；锝；高放废液分离；提镎工艺

　　镎（Np）－237 和锝（Tc）－99 都是乏燃料中备受关注的放射性同位素，世界各国的后处理厂对这两种核素做了大量的研究[1-2]。由于镎和锝价态的多变性和不稳定性，其在后处理工艺流程中的走向也相对分散，集中控制难度较大[3]。但是后处理主/辅工艺流程复杂，接口繁多，这就为物流管理提供了多种可能性[1]。因此，若能通过优化工艺条件和工艺接口，实现镎和锝有针对性的集中管理，则能显著提高资源的利用效率，优化废物固化和处置手段，对于降低乏燃料长期环境风险也意义重大。

1　现有工艺中对镎和锝的管理

1.1　后处理镎和锝管理的重要意义

　　镎－237 是乏燃料中备受关注的放射性同位素之一，也是航天领域重要的战略物资[4]。从我国已公布的航天计划来看，未来镎－237 的需求量是很可观的。同时镎作为次锕系元素，具有较强的 α 放射性，对于废液的处理和废物体的处置又将是一大难题，但在未来的快堆嬗变中，镎是很好的嬗变靶件材料[5]。因此将镎作为我国后处理厂回收铀钚之外的又一个主产品是很有必要的。

　　在可预见的未来，锝－99 虽然没有大规模应用的明确场景及制成产品的需求，但由于其独特的物理化学特性和超长的半衰期，在玻璃固化和长期处置过程中有很高的环境风险[6]。Tc 最大的问题在于其在高温条件下的挥发性，在生产高放玻璃固化体的过程中，超过 1000 ℃的熔炉温度会引起 Tc 的大量挥发，对熔炉尾气的净化造成了很大压力，因此要尽量使含 Tc 的废液保持在中低放水平，不采用高温煅烧的固化方法[7]。将其集中管理以避免这种风险。

　　然而，现有的工艺对于镎和锝的管理并不理想。

1.2　后处理厂对镎的管理

　　法国阿格厂在 1A 对于镎没有进行特殊控制，使其自由分配在 1AP 和 1AW 高放废液中。而美国、英国、以及日本均采用了 1AF 进料前先调价（镎从五价被氧化为六价），用铀、镎、钚共萃的方法从乏燃料的溶解液中回收镎[8]，但由于 Np（V）→Np（VI）的转化率无法达到 100%，料液中的 Np 难以完全被萃入 1AP 有机相，导致 Np 的回收率不高[9-10]。因此，无论如何控制，镎总是分散的，并且一定有一些镎进入高放废液中，对于资源利用和废物管理都有一定影响。

作者简介：孟庆禄（1997—），男，辽宁沈阳人，大学本科，助理工程师，从事乏燃料后处理工作。

1.3 后处理厂对锝的管理

尽管锝-99 的特性和风险早已被人们关注，但却并未在各主要后处理厂的运行管理中受到重视。在美国高放废液分离 UREX 流程中，锝始终是单一的产物，可见其对于锝也给予了很高的关注，因此，锝的集中管理已成为大势所趋。

法国则是在经典 PUREX 流程 1A 萃取之后的洗锝工序中将大部分锝洗下来（1AXXW），以减少其对 U（Ⅳ）还原反萃钚（Pu）的影响。但 Tc 洗液蒸发浓缩后又将蒸残液（富集了大部分的锝）汇入高放废液[10]。但在高放废液玻璃固化的过程中，超过 1000 ℃的炉温又会引起锝氧化物的挥发，对熔炉尾气的净化造成了很大压力。

中国原子能科学研究院（简称原子能院）开发的先进无盐二循环流程，在 1B 使用 DMHAN 作为还原剂，则可以忽略 Tc 对于铀钚分离的影响，因此可以取消洗锝工序，减少设备投入。

乏燃料溶解液中的锝（有一部分锝无法溶解）易与铀、锆共萃到 1AP 中（基本上为 100%），如果后处理一循环铀钚分离用 U（Ⅳ）作还原剂，则需要在 PUREX 流程 1A 萃取后增加洗锝工序，锝洗涤柱中约 2/3 的锝被洗下来（1AXXW），剩余约 1/3 的锝进入二循环[3]。原子能院开发的先进无盐二循环体系由于使用 DMHAN/MMH 作为 1B 的还原剂，洗锝工序可以取消[11]，乏燃料溶解液中的锝将全部进入 PUREX 流程二循环，并最终汇入二循环废液中。

从锝管理的角度来看，洗锝工序已经完成了一次对锝的初步分离与提纯，再混入高放废液十分不合理。通过洗锝工序集中起来的锝溶液可以采用更温和的固化方式（如微波脱硝或沉淀法）制成固体废物，并采用特殊的密封筒封装后单独处置。中国原子能研究院也开发出了一套专门用来提纯锝的 NTA-amide 提锝工艺，如有必要可将其作为备选方案[12]。

1.4 高放废液分离流程对核素管理的影响

如果说现有工艺对于镎和锝的管理并不理想，那么高放废液分离技术就是实现镎和锝集中管理的关键桥梁，甚至是充分利用可裂变核能、实现先进燃料循环体系目标的阶梯。

由清华大学开发的基于 TRPO 流程的高放废液分离技术，在高放废液非 α 化和高放废物最小化方面有很大的优势[13-14]。从高放废液中分离出 MA 与镧系元素，最后分离出 MA，可制成靶件，并在快堆中进行嬗变。分离-嬗变方案一旦实施，将使需要进行地质处置的高放废物的体积和毒性降低 1~2 个数量级[5]。

此外，高放废液分离技术可为后处理厂镎的集中管理提供有力的支撑：在 TRPO 流程中，镎钚反萃液流集中了高放废液中全部的镎和钚，因此无论高放废液中有多少镎，都可以通过镎钚反萃液流回收，从而实现对乏燃料溶解液中镎的完全回收。正是因为 TRPO 流程可以对 PUREX 流程中"流失"的镎进一步回收，即使在主工艺中不调节 Np 的价态、不控制 Np 的走向，任由镎进入 1AW/2AW/2DW，只要将含镎的液流引入 TRPO 流程，也可以（理论上）实现乏燃料溶解液中全部镎的提取，降低工艺难度。

另外，锝在 TRPO 流程中比较分散（约 70%分布在镅锔反萃液流，约 30%分布在残留锝洗涤段）[14]，反而不利于实现锝的集中管理，因此，在主工艺的流程设计时应尽量避免锝进入高放废液。

1.5 对现有工艺的思考

根据以上分析，PUREX 流程和 TRPO 流程 U、Pu、Sr/Cs、Am/Cm 的走向简单且集中，而 Np 和 Tc 却时而四散在各处，时而交织在一起。两个流程对于镎和锝的管理各有所长，如果能取长补短，设计出"PUREX＋提锝工艺＋TRPO"的一体化流程，在不影响铀钚回收的前提下，通过改变工艺接口和物流走向实现乏燃料溶解液中镎的完全提取和锝的集中管理，将从资源利用最大化和放射性污染防治两方面提升后处理厂的先进性。

2 镎和锔集中管理改进方案及比选

在本文的方案设计过程中，目标为在不影响铀钚回收的前提下，合理配置工艺接口，从而调整物流走向，力求实现乏燃料溶解液中镎的完全提取和锔的集中管理，同时重点区分了主工艺流程是否使用了四价铀作为 1B 的还原剂（影响洗镎工序的存废），还考虑进入 TRPO 流程的高放废液组成：一是包含 2AW＋2DW，即二循环废液先去 TRPO 流程再提镎；二是不包含 2AW＋2DW，即二循环废液浓缩后直接提镎。

为了方便各方案的定量比较，对镎和锔在流程中的走向进行半定量假设：在 1A 不对镎进行特殊控制，使其自由分配，并在后续的纯化循环进入萃残液当中；溶解液中可溶性锔 100％进入 1AP，且在经典 PUREX 二循环洗镎液 1AXXW 中含溶解液中 67％的锔，其余 33％锔进入二循环；锔在 TRPO 流程中 70％分布在镅锔反萃液流，约 30％分布在残留锔洗涤段。在高放废液进入高放废液分离设施前进行蒸发浓缩脱硝预处理，加入适量 Mo 以沉淀绝大部分 Zr，并采用先进蒸发浓缩脱硝设备将沉淀分离，消除 Mo、Zr 的影响[13,15]。

2.1 方案一：保留洗镎工序＋二循环废液先提镎

如图 1 所示：

（1）在一循环，镎自由分配，锔全部进入 1AP 中。

（2）1AXXW 含有溶解液中 67％锔，浓缩减容后存入专门的含锔溶液暂存罐。

（3）1AW 中含有一部分镎，进入高放废液分离 TRPO 流程。

（4）2AW＋2DW 中含有另一部分镎和 33％锔，它们的蒸发浓缩液合并进入提镎生产线，提镎后萃残液是含锔的，其浓缩减容后也存入专门的含锔溶液暂存罐中（乏燃料溶解液中 33％锔，加上 1AXXW 中的锔就可以集中乏燃料溶解液中 100％锔）。

（5）在 TRPO 流程中，Am/Cm 反萃段和最后的溶剂洗涤段几乎没有锔。

（6）Np/Pu 反萃段含有剩余的镎，转化为硝酸环境进入提镎生产线，提镎后的萃残液送去中放废液处理或水泥固化（不含锔，无须送去含锔暂存）。

此方案使得乏燃料溶解液中锔的全部集中管理；提镎工艺从二循环废液中回收一部分镎，又从 TRPO 流程的镎钚反萃液中回收了剩余的镎，实现的乏燃料溶解液中镎的完全回收，是本文提出的最理想的核素管理方案。

但目前还有如下问题要考虑或验证：

（1）含锔浓缩液的处理处置问题，沉淀方法对于上述集中起来的含锔溶液是否适用还需要工程化验证，其他杂质元素对于沉淀固化的影响还需进一步研究。

（2）当提镎料液来源不一致时，对于工艺的控制也许不一样，且由于萃残液的核素组成有差异，导致其去向可能不一致，可能需要准备两种提镎后萃残液的处理方法，有成本和设施复杂性增加的风险。

（3）不论提镎生产线的料液是何种来源，都存在提镎后少量铀钚的去向问题：一是返回主工艺以提高铀钚的收率，二是作为废物整备而不影响主工艺流程，如何选择还需进一步讨论。

（4）若提镎工艺的萃残液含有铀和钚，则将其混入含锔溶液暂存罐可能改变该废液的放射性等级，从而对后续的处理处置产生影响。

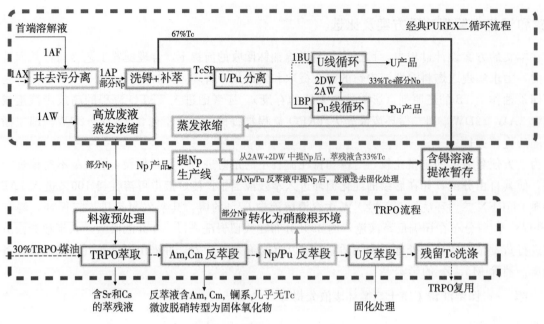

图1 方案一工艺流程示意

2.2 方案二：保留洗锝工序＋二循环废液先去高放废液分离再提锝

如图 2 所示：

（1）一循环与上一个方案没有变化，1AXXW 仍含有乏燃料溶解液中 67％锝。

（2）区别在于 1AW＋2AW＋2DW 的蒸发浓缩液合并，其中含有 100％锝和 33％锝，形成高放废液，进入 TRPO 流程。

（3）Np/Pu 反萃段集中了全部的锝，其转化为硝酸环境后进入提锝生产线实现了锝的集中提取。

（4）Am/Cm 反萃段含 0.33×0.7×100％≈23％锝。

（5）TRPO 溶剂洗涤液浓缩后存入专门的含锝溶液暂存罐中（乏燃料溶解液中 0.33×0.3×100％≈10％锝）。

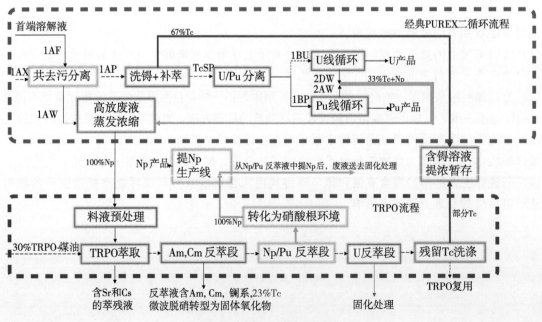

图2 方案二工艺流程示意

此方案实现乏燃料溶解液中所有的锝集中管理，且提锝生产线只需处理一种料液，运行操作简单。但该方案除了方案一中已提出的问题之外，还有如下问题：

现有的提锝工艺并不是接着高放废液分离设施 Np/Pu 反萃段开发的，技术能否成功还需验证。不仅如此，锝还有一部分（约 23%）进入 Am/Cm 反萃段，对于废物减容、废物整备、固体暂存均有一定影响。

2.3 方案三：取消洗锝工序＋二循环废液先提锝

如图 3 所示：

（1）一循环取消洗锝工序，则 2AW＋2DW 含有乏燃料溶解液中部分锝和全部锝，该蒸发浓缩液合并进入提锝生产线，提锝后这部分萃残液浓缩后存入专门的含锝溶液暂存罐（乏燃料溶解液中100%的锝）。

（2）在 TRPO 流程中，Am/Cm 反萃段和溶剂洗涤段几乎没有锝。

（3）Np/Pu 反萃段（含有另一部分的锝）进入提锝生产线。

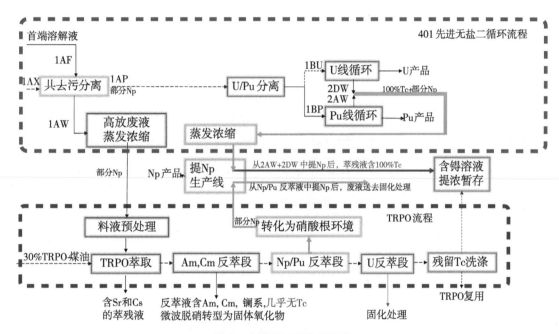

图 3　方案三工艺流程示意

此方案虽然也能实现乏燃料溶解液中近100%锝的提取和锝的集中管理，但其成功实施受以下条件的制约：

如上文所提，目前在运行的成熟提锝工艺并非为含有大量锝的溶液环境而设计，技术能否成功还需验证，且若杂元素过高，则需要更高的分离系数以求达到合格指标的锝产品。虽然这一问题可以通过在提锝洗涤时，使用高浓度的酸将锝洗下来，或者使用 401 的 NTAamide 提锝工艺在提锝前先把锝除掉。但这又会出现新的问题，若提锝洗涤时采用高酸洗锝，则会增加废液量和酸使用量且洗完之后的料液酸度能否满足提锝工艺要求仍需验证；若使用 NTAamide 提锝工艺，则该提锝工艺与提锝工艺如何衔接，而且会有新增的废有机相处理和废液处理的问题。

2.4 方案四：取消洗锝工序＋二循环废液先去高放废液分离再提锝

如图 4 所示：

（1）在上一个方案的基础上，1AW＋2AW＋2DW 的蒸发浓缩液合并，形成高放废液经预处理后进入 TRPO 流程（乏燃料溶解液中全部的锝和锝）。

（2）在 TRPO 流程中，Np/Pu 反萃段液流进入提锝生产线（将所有的锝集中提取 100％的锝）。

（3）Am/Cm 反萃段含溶解液中 70％锝，残留锝洗涤段含剩余的 30％锝洗涤液浓缩后存入专门的含锝溶液暂存罐中。

此方案对镎的提取仍存在方案二中所提到的问题，且对锝没什么管理，若专门暂存也只能管理乏燃料中 30％的锝，若为了生产少量锝产品倒是不错，且其余 70％的锝进入 Am/Cm 反萃段，若最后高放废液分离设施有机溶剂洗涤液也汇入 Am/Cm 反萃段倒是实现了锝集中管理，但其易挥发性给 Am/Cm 反萃段转型带来难题，对后续的废物减容降级、固体暂存都没有好处。

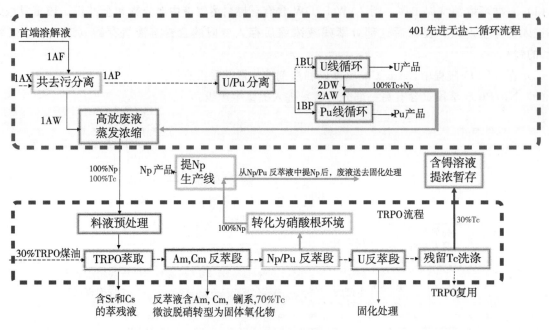

图 4　方案四工艺流程示意

3　结果和讨论

各方案实施的影响因素对比如表 1 所示。

表 1　各方案实施影响因素对比

方案	Np 集中	Tc 集中	提锝料液来源	1A 对 Np 调价	提锝工艺适配	废物处置影响
方案一	100％	100％	2 种	需要	较好	有利
方案二	100％	77％	1 种	不需要	考虑接口	一般
方案三	100％	100％	2 种	需要	考虑杂质	有利
方案四	100％	30％	1 种	不需要	考虑接口	不利

由上文可知，对于镎来说，4 个方案均能实现镎的应提尽提，但某些方案需考虑料液来源对工艺的影响。对于锝来说，无论是否保留洗锝工序，只要不将含锝废液送入 TRPO 流程，都能让溶解液中近 100％的锝实现集中管理。

但二者互相矛盾，矛盾点如下：

若锝的料液来源单一、则 2AW＋2DW 汇入 HLLW，就会将部分含锝废液送入 TRPO 流程，Tc 无法全部集中；若不将含锝废液送入 TRPO 流程，则 2AW＋2DW 不汇入 HLLW，想实现锝全部提取，那么料液的来源就有两种。

针对矛盾点的解决有两个选择：

（1）选择一：保证 Tc 不进入 TRPO 流程，优先实现 100％Tc 集中（方案一、三）。则要么舍弃一股含镎料液以保证提锝工艺简单运行（不提取 100％Np），要么提出适配两种料液的提锝工艺，或者可以将两股料液合二为一，开发一套专为此种料液的提锝工艺（提取 100％ Np）。

（2）选择二：保证提锝料液单一，优先考虑提锝工艺简单可靠运行（方案二、四），则要将含镎废液汇入高放废液进入 TRPO 流程，就势必有部分 Tc 进入 TRPO 流程并与 Am/Cm 混合。想要进一步实现 100％Tc 集中，需采取相应的补救措施：增加镧锕分离（Cynex301）流程。

选择一的思路清晰，不影响物料分配和走向，因此在这里对选择二展开讨论。

针对方案二增加镧锕分离（Cynex301）流程，在实现提锝料液单一的基础上，将 TRPO 流程的 Am/Cm 反萃液送入 Cynex301 流程。合并 1AXXW（67％Tc）＋ Cynex301 流程萃残液（23％Tc）＋ TRPO 流程的锝洗液（10％Tc），实现 Tc 的全部集中（图 5）。

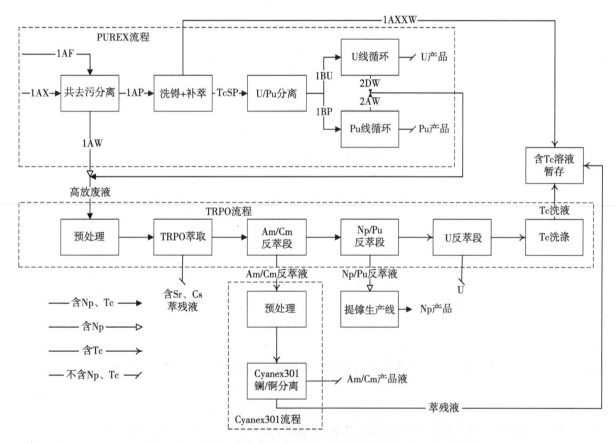

图 5　保留洗锝工序＋2AW/2DW 汇入 TRPO 流程＋Cynex301 流程

针对方案四增加镧锕分离（Cynex301）流程，取消洗锝工序后，将 TRPO 流程的 Am/Cm 反萃液送入 Cynex301 流程。Cynex301流程萃残液（70％Tc）＋TRPO 流程的锝洗液（30％Tc），实现 Tc 的全部集中（图 6）。

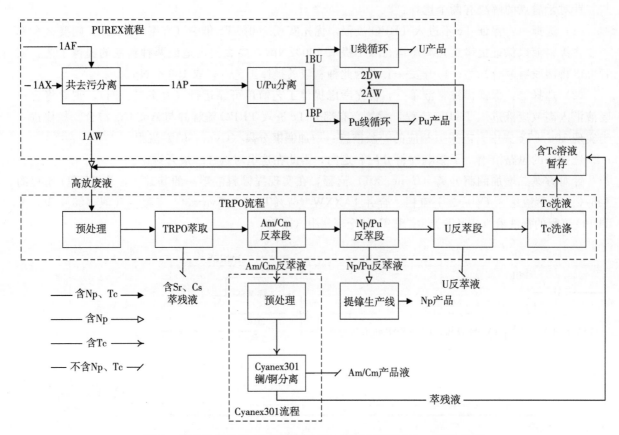

图 6 取消洗锝工序＋2AW/2DW 汇入 TRPO 流程＋Cynex301 流程

4 结论

综上所述，如果不增加 Cynex301 流程，则需要克服提镎料液取舍或多样性问题；如果增加 Cynex301 流程，则需考虑设施复杂程度和成本增加的问题。以上所提的方案有望实现乏燃料溶解液中大部分锝集中管理，以及绝大部分镎的回收，考虑到生产运行过程中的回收率问题，可能无法全回收，但能够尽量回收可用资源并兼顾放射性污染防治。未来后处理厂将核素管理优化作为先进性体现的重要一环，对于这两种不利于废物处理又存在应用可能的重要核素一定会更加重视。

参考文献：

[1] 任凤仪，周镇兴. 国外核燃料后处理 [M]. 北京：中国原子能出版社，2006：126－127.

[2] MONTGOMERY D A, EDAYILAM N, PAGE H, et al. Comparative uptake, translocation, and plant mediated transport of Tc－99, Cs－133, Np－237, and U－238 in Savannah River Site soil columns for the grass species Andropogon virginicus [J]. Science of total environment, 2023, 857 (Pt 1): 159400.

[3] GOLETSKII N D, ZILBERMAN B Y, FEDOROV Y S, et al. Ways of Technetium and Neptunium Localization in Extraction Reprocessing of Spent Nuclear Fuel from Nuclear Power Plants [J]. Radiochemistry, 2014, 56 (5).

[4] CHOTKOWSKI M. Redox interactions of technetium with neptunium in acid solutions [J]. Journal of radioanalytical and nuclear chemistry, 2018, 317 (1): 527－533.

[5] 顾忠茂. 我国先进核燃料循环技术发展战略的一些思考 [J]. 核化学与放射化学，2006 (1): 1－10.

[6] CHEN J, LIU X, ZHANG Y, et al. Solids Formation Behavior of Simulated High－Level Liquid Waste During Long－Term Storage [C] //18th International Conference on Nuclear Engineering, 2010.

[7] MONTGOMERY D, BARBER K, EDAYILAM N, et al. The influence of citrate and oxalate on (99) Tc (Ⅶ), Cs, Np (Ⅴ) and U (Ⅵ) sorption to a Savannah River Site soil [J]. Journal of environmental radioactivity, 2017, 172: 130 - 142.

[8] 张虎, 叶国安, 李丽. 铀、钚、镎共萃取的方法: CN102776372B [P]. 2013 - 10 - 30.

[9] 李峰峰, 蒋德祥, 何辉, 等. 铀镎钚混合溶液中提取镎的工艺研究 [C] //中国核学会 2017 年学术年会. 北京: 中国原子能出版社, 2017: 237 - 246.

[10] 王辉, 刘方. 国外乏燃料后处理 PUREX 流程简析 [C] //中国核学会 2017 年学术年会. 北京: 中国原子能出版社, 2017: 188 - 196.

[11] 何辉. N, N-二甲基羟胺在铀钚分离中的应用和计算机程序的开发 [D]. 北京: 中国原子能科学研究院, 2001.

[12] 王辉, 申震, 王均利, 等. 一种从核燃料后处理废液中回收锝的方法: CN112851573B [P]. 2022 - 07 - 01.

[13] 陈靖, 王建晨. 从高放废液中去除锕系元素的 TRPO 流程发展三十年 [J]. 化学进展, 2011, 23 (7): 1366 - 1371.

[14] 宋崇立. 分离法处理我国高放废液概念流程 [J]. 原子能科学技术, 1995 (3): 201 - 209.

[15] 刘学刚, 梁俊福, 徐景明, 等. 硅胶吸附去除高放废液中的锆 [J]. 原子能科学技术, 2007, 41 (1): 46 - 51.

A Preliminary proposal for a centralised management programme for neptunium and technetium at spent fuel reprocessing plants

MENG Qing-lu[1], ZHAO Xue-yan[1], WEI Meng[1], REN Li-li[2]

(1. CNNC Long' an Co. Ltd., Yangjiang, Guangdong 529500, China; 2. CNNC Environmental Engineering Co. Ltd, Beijing 101100, China)

Abstract: In addition to recoverable uranium and plutonium resources, neptunium - 237, an ideal raw material to produce Pu - 238 in space batteries, and technetium - 99, which is of great interest due to its long lifetime, high mobility and volatility, are also contained in spent fuel. For the perspective of maximizing the utilization of fissionable resources and preventing radioactive contamination, it is of great importance to implement centralized management of neptunium and technetium in spent fuel reprocessing plants. In this paper, we analyze the characteristics, advantages and disadvantages of the main reprocessing process PUREX process, neptunium extraction process and TRPO process based high discharge waste stream separation process, and propose and compare several process options for centralized management of neptunium and technetium by optimizing process conditions and process interfaces. It provides a new way of thinking for reprocessing plants to realize complete extraction of neptunium and centralized management of technetium.

Key words: Reprocessing; Neptunium; Technetium; Separation of high-level liquid waste; Neptunium extraction process

放射性废物减容技术进展

毛宇婷，杨　恩，包潮军

（中核四川环保工程有限责任公司，四川　广元　628000）

摘　要： 随着我国核能产业的快速发展及核设施退役与放射性废物治理进程加快，放射性废物量迅速增加，如何处理放射性废物是核工业持续健康发展必须面对的问题，高效先进的放射性废物减容处理技术的开发势在必行。目前，各主要核能开发国家相继开发了多种高效废物减容技术，这些技术多数具有针对性，而从其工艺特性来分，大致可分为冷处理工艺和热处理工艺两大类。本文针对国内核单位低放废物集中减容处理技术的需求，分析了国内外对放射性废物减容技术的研究发展现状，为国内放射性废物管理工作提供技术支撑。

关键词： 核设施退役；放射性废物；减容技术

　　核电作为绿色高效的清洁能源，在优化能源结构、促进经济可持续发展方面具有明显的优势。在我国整体电力结构中，核能发电比例仅为 3.94%。《中国核能发展报告（2018）》指出，到 2030 年，我国核电装机规模将达到 1.2 亿～1.5 亿 kW，核能发电比例占 10%～12%，接近当前全球核发电平均水平。为实现绿色低碳与可持续发展，应大力发展核电技术。然而，对核废物的处理是核电快速发展的主要制约因素。根据 2018 年 1 月 1 日施行的《中华人民共和国核安全法》第四十一条要求核设施营运单位、放射性废物处理处置单位应当对放射性废物进行减量化、无害化处理、处置，确保永久安全。目前从我国国内外放射性废物处置场选址经验来看，处置资源相对稀缺问题普遍存在。我国核电发展较快的沿海经济发达地区，土地资源紧张，处置场选址中的"避邻现象"突出，大型处置场选址困难；而国内早期规划的处置场容量日趋饱和。采取先进的废物减容工艺，持续推动废物最小化，不仅是环保理念的提升，更是解决现实处置问题、提升核电经济性的需要。针对核设施放射性废物集中减容处理的需求，本文主要从国内外热处理工艺开展技术调研，分析各种技术的优缺点，以探索放射性废物集中高效减容处理的技术路线，为国内核电站放射性废物管理工作提供参考。

1　放射性废物管理

　　国内在运行核电厂低放废物管理已达到技术瓶颈，废物减容工艺尚需改进。依据长期运行记录，国内放射性固体废物采用水泥固化、超级压缩及水泥固定的传统工艺，增容较大。百万千瓦机组单堆年产量较大，新投产机组设计废物产量在 50 m³/（堆·年）左右，与世界先进水平有明显差距[1]。因此需要采用更高效的废物减容工艺，进行离堆集中处理，以实现放射性废物产量最小化的要求。世界主要核能国家压水堆核电厂单机组废物包年产生量中位值及最优水平如表 1 所示。

2　高效废物减容技术进展

　　随着各国放射性废物管理实践的不断深入，各主要核能开发国家相继开发了多种高效废物减容技术[2-8]。这些技术多数具有针对性，而根据其工艺特性来分，大致可分为两大类：冷处理工艺，如超级压缩、水泥固化、混凝土固定等，其造价低、操作简便、运行成本低、无二次废物产生、适用废物范围广，但整体减容效果差，其中仅超级压缩为减容过程，减容比约为 0.2，其他废物处理工艺均为增容处理，采用混凝土固定工艺处理废滤芯过程增容比达到 11.0[9]，显然不符合核电废物最小化原

作者简介：毛宇婷（1997—），四川省乐山市人，助理工程师，本科，从事放射性三废治理研究。

则；热处理工艺，如普通焚烧处理、裂解焚烧、等离子处理、蒸汽重整等，具有较高的减容效果，但每种工艺各有不同的特性[9-11]。世界主要核电国家单机组废物包产生量如表 1 所示。

表 1　世界主要核电国家单机组废物包产生量

年产生量	美国	日本	西班牙	比利时	韩国
单机组中位值/m³	20	8	46	23	52
单机组最优值/m³	7	6	30	21	11

2.1　普通焚烧炉减容工艺

20 世纪 50 年代初期，国外已开始研发放射性废物的焚烧技术，并建立了各种类型的焚烧装置。焚烧设备根据对燃烧空气量的控制分为热解焚烧炉、过量空气焚烧炉、控制空气焚烧炉等。早期焚烧炉一般采用过量空气焚烧炉，近年新建的焚烧炉多为热解焚烧炉。这些焚烧炉都可以焚烧一般的可燃废物，还可以焚烧可燃的液体废物和低放射性废树脂。可燃放射性废物经燃烧处理后会最大限度地减容，一般废物减容系数（废物焚烧前后的体积比，也称减容比）可达 80～120。可燃废物焚烧后由有机物转化为无机物，既可以大幅度减少放射性废物的贮存、运输和最终处置费用，又可以大大提高贮存、运输和最终处置的安全性。普通焚烧工艺已经在国外几十座电站有 30 年以上的运行经验，是最成熟的核电站废物高效减容技术之一。

2.1.1　丹麦 ENVIKRAFT 焚烧炉

丹麦针对核电站开发的低放废物焚烧炉 ENVIKRAFT 已在欧洲（法国、比利时、瑞典）及美国、日本、中国台湾等地区得到应用。该技术可将可燃废物（如塑料袋、塑料布、纸、布、橡胶、木材及液体等）焚烧，减容系数达 50～70。灰烬使用超压设备压缩，以进一步提升核电厂低放废物的减容效果，便于安全储存，大大降低未来的最终处置成本。

丹麦 ENVIKRAFT 焚烧炉在瑞典、比利时、美国、我国台湾等均有应用，最早的运行时间可以追溯到 1976 年，处理量从 30 kg/h 至 1000 kg/h 不等。美国拥有两座 ENVIKRAFT 型焚烧炉，设施位于田纳西橡树岭的 Bear Creek 处理厂，设有两座焚烧炉，公用一个二燃室。单炉最大处理能力 725 kg/h，日常处理量约 567 kg/h。主要废物项为低放干杂固体技术废物和液体低放废物，表面剂量率小于 100 mR/h，对于单个小件废物可放宽至 1 R/h，减容系数可达 100。

2.1.2　德国 NUKEM 普通焚烧炉

德国 NUKEM 科技公司基于卡尔斯鲁厄研究中心的技术，开发了一套立式固定床以及控制空气带后燃室的放射性废物焚烧炉装置。目前，基于 NUKEM 工艺的普通焚烧炉在乌克兰的 Chmelnitzki 废物处理中心、俄罗斯的 Balakovo 核电站废物处理中心、Leningrad 核电站、瑞典 Bohunice 废物处理中心、立陶宛 Lgnalina 核电站固体废物处理中心等均有应用。

NUKEM 焚烧炉主要用于处理木材、纤维、纸、棉织物、橡胶、非卤素塑料等核电技术废物。所有废物均按照一定比例放入焚烧炉中进行处理，进炉废物需要确保热值在 15～30 MJ/kg，活度浓度水平 β/γ 为 107～1010 Bq/m³，α 放射性水平小于 105 Bq/m3。处理能力小于 150 kg/h，减容系数达 40～120，焚烧温度在 800～1050 ℃，焚烧产物主要是焚烧灰。NUKEM 公司的焚烧装置的优点为：废物前处理要求低，在焚烧炉中没有炉渣形成，几乎不需要破碎和分拣，炉体结构简单，应用较早，经验丰富；缺点为：PVC 含量不超过 5%，燃烧不充分，烟气净化难度大，二次废物多。

2.2　裂解焚烧工艺

固体废物的热解焚烧分为热解、燃气预混和燃气燃烧 3 个过程。固体废物经前处理后送入热解炉，在热解炉内完成热解过程。热解是废物焚烧主工艺系统全过程的核心部分，废物在中温缺氧环境中受热分解生成热解气和热解焦。热解气由热解炉上方引出进入预混器进行燃气预混过程；热解焦在热解炉中燃烧变成灰烬，落入排灰系统排出。由热解炉上方引出的热解气进入预混器，与助燃空气进行充分混合，然后喷入燃烧炉中进行燃气燃烧过程。燃烧炉炉膛温度为850～1200 ℃，在此高温下，热解气与足够的助燃空气混合充分燃烧，达到非常高的燃烧效率，实现燃气的完全燃烧。废油或有机溶剂的焚烧也可在燃烧炉中进行，利用燃烧炉顶部的燃油喷嘴将废油前处理后送入的废油或有机溶剂雾化后喷入燃烧炉内部，在高温富氧的环境下充分燃烧。

2.2.1　中国辐射防护研究院［简称"中辐院"（CIRP）］热解焚烧炉

中辐院热解焚烧炉主要构成包括：固体废物破碎机、热解炉、燃烧炉、冷风稀释器、喷水急冷器、袋滤器等；测控系统以工业控制计算机为主，常规电气和仪表为辅。在系统安全的设计中，主要考虑放射性物质的包容、防火防爆、防腐、冗余和备用、应急系统、测控和电气系统安全等。中辐院焚烧炉的特点是燃烧完全、减容效果好、运行平稳、对废物组成适应性强、烟气净化流程简单、净化效率高、能耗较低。中辐院的热解焚烧炉技术处理的废物来源有木材、纤维、纸、棉织品，以及部分的橡胶和塑料，处理量为20～30 kg/h。减容系数为40～120，焚烧温度为850～1200 ℃。

2.2.2　法国 IRSI 裂解焚烧炉

法国 COGEMA 公司的 IRSI 裂解焚烧炉由马库尔（Marcoule）研究中心于20世纪80年代开发，主要针对法国核能技术开发实验室产生的手套箱废物。这类废物中 α 核素含量高，橡胶、PVC、卤素塑料比例高，需要采取特殊焚烧方案进行处理。IRSI 为回转式、控制空气焚烧回转式，可处理 α 核素污染的固体废物。法国的 Valduc 研究中心于1991年建造首台工业处理装置，经过6年多实验运行，于1999年正式开展废物焚烧处理工作。处理量<15 kg/h。主要技术特征有：废物源有木材、纤维、纸、棉织品，以及部分的橡胶和塑料，β/γ 为 $4×10^7 Bq/m^3$，α 小于 $2×10^5 Bq/m^3$；处理量为15 kg/h；减容系数为50～150；焚烧温度为900～1200 ℃。

法国 IRSI 焚烧炉的优点为：燃烧稳定性较好、前处理要求低、耐腐蚀性好、废物含 PVC 可高达25％、焚烧灰含碳量低于1％；缺点为：炉体结构复杂、容易发生故障、处理量小。

2.2.3　德国 NUKEM 球磨床裂解焚烧炉

德国 NUKEM 工艺实验室为法国阿格（La Hague）后处理中心开发了处理有机废物裂解处理中试装置，裂解处理厂在 La Hague 建成。该工艺1999年于日本建成，该设施在2012年开始运行。

裂解床部分采用金属或者陶瓷球反应床、球直径为20～25 mm，反应床在负压条件下工作，主要涉及处理 TBP 废物和树脂废物。主系统温度：TBP 处理时为380～450 ℃，废树脂处理时为400～550 ℃，裂解气体时为400～600 ℃。系统的焚烧部分为后燃烧室，用于处理裂解气体，温度为900～1100 ℃。

NUKEM 裂解焚烧工艺主要针对 TBP 废物减容而开发，经试验验证，其具备处理树脂废物的能力，但其对有机废物 TBP 和树脂的减容比有限。2006—2008年，日本核燃料循环工程实验室开展了以蒸汽重整工艺处理 TBP 废物的研究，试验结果表明，蒸汽重整处理后废物包体积仅为裂解焚烧处理废物的1/30，因此 NUKEM 裂解焚烧工艺虽然构造及运行简单，投资少、运行成本相对较低，但减容效果并不理想。几种焚烧装置的特点如表2所示。

表 2　几种焚烧装置的特点[1]

焚烧技术	IRIS 裂解焚烧	NUKEM 裂解焚烧	CIRP 热解焚烧
废物要求	可燃废物	可燃废物	可燃废物
稳定性	好	较好	较好
燃烧速度	一般	较慢	快
效率	燃烧效率高，残碳率很低	燃烧效率一般，残碳率高	燃烧效率较高，残碳率低

焚烧技术	IRIS 裂解焚烧	NUKEM 裂解焚烧	CIRP 热解焚烧
预处理	初步破碎分选	初步破碎分选	严格破碎分选
运行维护	结构复杂，故障率较高	炉体结构简单，不易出现故障	温度低，寿命长，故障率较低
尾气控制	一般	较差	很好
二次废物	一定量废水	一定量废水	极少量废水
经济性	较高	一般	一般

2.3 蒸汽重整工艺

蒸汽重整技术由瑞典 Studsvik 公司开发。该公司拥有蒸汽重整处理技术 THOR 的专利，在美累积处理超过 12 000 m³，废物最高辐射剂量率水平达 10 Sv/h。

蒸汽重整处理技术上属于裂解焚烧处理的一个支类，在欧洲及美国均被纳入焚烧炉管理范畴。其原理是通过低压、高热（650~750 ℃）蒸汽加热可燃放射性废物中的有机组分，使其在乏氧状态下蒸发、气化、分解成小分子组分，经蒸汽重整反应进行除碳，生成 CO_2 和水，而废物中放射性核素则通过矿化反应去吸附、滞留在固体残余物中，进而达到减容的目的。

蒸汽重整工艺技术特点：适应多种废物类型，如离子交换废树脂和化学废液等；处理温度适宜（650~750 ℃），核素不挥发、不产生液体废物；具有较高的减容效果，对废树脂最高减容系数达 12，对于干放射性废物（DAW）减容系数最高达 50；不使用高危险性的化学药品，没有腐蚀性和有害性气体排出。

美国 ES 公司的蒸汽重整工艺主要处理核电站的树脂废物，在该领域已运行超过 15 年。蒸汽重整工艺处理可燃技术废物虽然已在 Erwin 厂处理自身少量可燃技术废物过程中进行验证，但针对核电站大规模技术废物处理还需要一定的摸索实践。

2.4 等离子体熔融工艺

等离子体熔融工艺是近几十年发展起来的一项新技术。因等离子体弧温度极高、能量集中的特性，对污染物有很高的处理效率。等离子炉除可处理可燃废物外，对灰渣、石棉等不可燃废物也可进行熔融处理，其废物适应性广。废物中有机成分通过高温热解成较为简单的分子（如 H_2、CO、C、HCl、C_xH_x 等），经尾气、除尘系统处理净化；而无机成分（如 Al_2O_3、CaO、SiO_2、Fe_2O_3 等）与玻璃添加剂形成玻璃固化体。

等离子体熔融处理技术废物适应性广，可实现整桶废物处理。虽然其对于单纯可燃放射性废物、含易挥发核素废物、含卤族废物等并不是最理想的选择，其放射性尘粒均较普通焚烧炉和裂解焚烧炉高，尾气处理工艺更为复杂。但其处理含有不可燃无机物的混杂废物，具备较为明显的优势。等离子体熔融处理技术配合焚烧技术运行后，可实现优势互补。

2.5 冷坩埚玻璃固化工艺

冷坩埚玻璃固化是玻璃固化的第四代工艺，主要通过电感焦耳热加热冷坩埚内的玻璃体使其熔融，通过高温分解、玻璃熔制达到有机废物减容和稳定化的目的。冷坩埚熔融器由三部分组成：包括冷坩埚、环绕冷坩埚的螺旋电感器和高频电流发生器。工作状态坩埚内熔融物温度在 1000 ℃ 以上，而坩埚壁温度较低，因此称为冷坩埚。

韩国冷坩埚玻璃固化包含的主要系统有：前处理系统、废物供应系统、熔融系统、排气处理系统、灰尘循环系统及其他辅助系统。处理废物类型有可燃干杂技术废物、低活度浓度废离子交换树脂。处理能力最大为 25 kg/h，满足 6 台机组处理要求，减容系数可达 70。冷坩埚熔炉的优点是：熔制温度高，熔制温度范围为 1600~3000 ℃；可处理对象多；熔融玻璃不直接与金属接触；腐蚀性弱、维修少、炉体寿命长；尾气处理较简单；生产能力强，直径为 0.135 m、0.155 m 和 1m 的冷坩埚，玻璃生产能力分别为 2 kg/h、50 kg/h 和 200 kg/h。不足之处是耗能相对较多，约 10％的能量消耗在感应线圈上，约 20％的能量消耗在冷坩埚上。

3 几种减容技术方案探讨

传统冷工艺处理技术由于减容效果差，已经难以满足放射性废物处理需求，热处理工艺相对于传统冷工艺，具有较高的减容效果，但每种工艺各有不同的特性[12]。通过对各种类型废物不同处理工艺的适应性进行分析，减容工艺适应性如表 3 所示。

表 3 减容工艺适应性[1]

处理技术	可燃废物	树脂	废油/溶剂	灰渣	石棉	玻璃纤维
蒸汽重整	Y	Y	Y	N	N	N
焚烧	Y	Y	Y	N	N	N
冷坩埚	Y	Y	Y	N	N	N
等离子体	Y	Y	Y	Y	Y	Y

注：Y 为适应；N 为不适应。

从表 3 可知，蒸汽重整、焚烧、冷坩埚及等离子体处理技术均能实现可燃技术废物的处理，同时能实现树脂、废油及有机溶剂的处理。在不可燃废物方面，等离子体处理技术具备独特的优势，可实现焚烧灰渣、石棉及玻璃纤维废物的处理。

对于废树脂的处理，虽然使用高整体性容器 HIC 对废树脂进行整备能使其增容，但其较于现有水泥固化处理技术的增容比已大幅降低，因此，在等离子体技术对废树脂热处理技术完全成熟前，可使用 HIC 整备技术对废树脂进行整备暂存，待相关热处理条件满足后，可对废树脂进行焚烧＋等离子体熔融技术减容处理。

虽然通过单一技术来实现废物减容存在局限性，但多种减容技术的优化组合可实现优势互补，达到减容最大化。从经济性、适用性等角度出发，以焚烧＋等离子体熔融、固化/HIC 整备及干燥压缩的组合技术路线为例：等离子体处理技术可对电站可燃废物实现无机化减容处理；HIC 整备技术则可对废树脂、废滤芯进行整备处理；干燥及压缩整备技术可对浓缩液及淤积物进行整备处理，实现废物最小化。图 1 为推荐的组合减容技术路线。图 2 是使用组合减容技术前后各类废物包产生量对比。通过组合减容，最终可降低核电站约 60％的废物包年产量，带来巨大的经济效益。

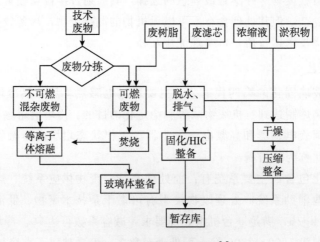

图 1 组合减容技术路线[1]

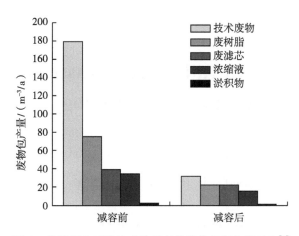

图 2　使用组合减容技术前后各类废物包产生量对比[1]

4　结论

针对核电站低放废物集中减容处理技术的需求，对国内外热处理工艺开展了详细的技术调研，分析了各种技术的特点，并对兼顾经济与环保效益的放射性废物集中减容处理技术进行探讨，得出以下结论：

从可燃技术废物的减容适应性及经济性角度考虑，等离子体处理技术具备明显优势，可作为减容处理技术的核心，再组合其他技术，实现减容最大化。而从核电站废物最小化角度考虑，等离子体处理技术除了能够实现可燃技术废物的妥善处理，还可实现不可燃混杂废物的处理，具备更广的废物适应性，是一种兼顾经济效益与环境效益的离堆集中减容工艺方案。

以焚烧＋等离子体熔融、固化/HIC 整备及干燥压缩的组合减容技术路线为例，在实施后可降低核电站约 60％的废物包产量。

参考文献：

[1]　MARRONE P A. Supercritical water oxidation—Current status of full‐scale commercial activity for waste destruction [J]. The journal of supercritical fluids, 2013, 79：283‐288.

[2]　SHENG J. Vitrification of borate waste from nuclear power plant using coal fly ash. (I) Glass formulation development [J]. Fuel, 2001, 80 (10)：1365‐1369.

[3]　郑伟，王朝晖，林鹏，等. 核电站低放废物集中减容处理技术探讨 [J]. 辐射防护，2021，41 (4)：295‐301.

[4]　马鹏勋，侯明军，何李源. 三门核电站放射性固体废物管理 [C] //两岸核电废物管理研讨会，中国环境科学学会核与辐射环境安全专业委员会，台湾中华核能学会，两岸核电废物管理研讨会论文摘要集 [出版者不详]，2011：5.

[5]　毛莉. 核电厂放射性废物处理技术的应用 [J]. 中国高新技术企业，2012，(26)：3.

[6]　宋云，陈明周，刘夏杰，等. 低中水平放射性固体废物玻璃固化熔融炉综述 [J]. 工业炉，2012，34 (2)：5.

[7]　胡冬梅，张良，张永领. 核设施退役放射性废物最少化实践 [J]. 辐射防护通讯，2013，33 (1)：4.

[8]　刘佩，刘昱，姚兵，等. 核电厂离堆放射性废物处理方案浅析 [J]. 核动力工程，2013，34 (5)：5.

[9]　林力，马兴均，陈先林，等. 放射性废物蒸汽重整处理及矿化技术发展现状及展望 [J]. 科技创新导报，2015，(18)：5.

[10]　林鹏，刘夏杰，陈明周，等. 热处理技术在核电厂放射性废物处理中的应用研究进展 [J]. 环境工程，2013，(S1)：6.

[11]　吕军. AP1000 核电机组离堆废物处理方案探讨 [J]. 核动力工程，2010 (6)：4.

[12]　赵亚珂. 应用焚烧技术处理核电厂放射性固体废物的技术经济分析 [J]. 科技展望，2015，25 (28)：86.

Advances in radioactive waste capacity reduction technology

MAO Yu-ting, YANG En, BAO Chao-jun

(Sichuan Environmental Protection and Engineering Co. , Ltd. , CNNC, Guangyuan, Sichuan 628000, China)

Abstract: With the rapid development of China's nuclear energy industry and the accelerated process of nuclear facilities decommissioning and radioactive waste management, the amount of radioactive waste is increasing rapidly . How to deal with radioactive waste is a problem that must be faced with the sustainable and healthy development of nuclear industry, and the development of efficient and advanced radioactive waste capacity reduction treatment technology is imperative. At present, the major nuclear energy development countries have developed a variety of high-efficiency waste reduction technologies, most of which are targeted, and from their process characteristics, they can be broadly divided into two categories: cold treatment process and heat treatment process. In this paper, we analyze the research and development status of radioactive waste capacity reduction technologies at home and abroad to provide technical support for domestic radioactive waste management in view of the demand for centralized capacity reduction technologies for low-level waste in domestic nuclear units.

Key words: Nuclear facility decommissioning; Radioactive waste; Capacity reduction technologies

放射性废物焚烧技术发展

郭　淞，杨　恩，包潮军

（中核四川环保工程有限责任公司，四川　广元　628000）

摘　要：焚烧是放射性废物的主要处理技术之一，同常规废物焚烧技术相比，放射性废物焚烧技术更关注对放射性核素的截留和改进，对塑料、橡胶、树脂等高分子聚合物适应性更强的第三代焚烧技术已成为主流，包括热解焚烧、蒸汽重整焚烧及等离子体焚烧，分别适用于不同的废物类型。未来放射性废物焚烧技术的发展趋势以整体经济性和满足环保要求为前提，尽量提高废物的整体减容效果，对多种废物的兼容处理，并为满足特殊废物的处理要求开发针对性的焚烧技术。

关键词：放射性废物；焚烧；废物处理

核工业运行和退役过程中会产生一定量的放射性废物，其中有机物占很大比例，如放射性工作场所废弃的纸箱、记录纸、塑料袋、木板等，以及去污和检修时用于包裹设备和铺设场地的塑料布、擦拭用到的棉纱和抹布等，工作人员的手套、防护服、帽子和口罩等，还有核设施退役产生的塑料和橡胶材质的管道、地板等，此外，工艺线上也会产生一定量的废树脂和废机油等。这些有机物存在霉变、着火等安全隐患，若直接处置，其长期稳定性无法得到保证，因此需要进行稳定化处理。放射性废物处置库选址困难、建造成本高、库容有限，最终处置成本很高，因此，需要尽可能地减少处置所需的体积，以节约处置费用和库容。根据这些有机物的可燃性，焚烧成为其主要的处理手段，废物经焚烧后，绝大部分放射性核素集中于焚烧灰，焚烧灰的体积只有原始废物的几十分之一，大大降低了废物的贮存、运输和最终处置的费用；而且有机物焚烧后会转化为无机物，变成惰性焚烧灰，稳定性和安全性得到提高，便于处置。因此，焚烧成为放射性废物处理的主要手段之一，在世界范围内得到广泛使用。

1　放射性废物焚烧技术的特点

与常规民用生活垃圾或者危险废物焚烧相比，放射性废物的焚烧处理更关注放射性核素的截留、焚烧过程的辐射安全、废物的整体减容效果，在技术的关注点上有很大不同。

1.1　焚烧的处理能力较小

民用生活垃圾和危险废物产生量巨大，焚烧设施的处理能力动辄每天几千吨。相对而言，核工业产生的放射性废物数量非常少，焚烧设施的处理能力不需要很强。以核电厂为例，每座核电机组产生的可燃废物一般不超过 15 t/a（约 30 m³，密度按 0.5 t/m³ 计），即使有 10 座机组的大型核电基地，每年也不过产生 150 t 可燃废物，若按照每年运行 200 d，每天 24 小时连续运行，则一座处理能力约 30 kg/h 的焚烧设施即可满足要求。因此，放射性废物焚烧设施的处理能力一般不超过 100 kg/h，世界范围内典型的放射性废物焚烧设施如表 1 所示。

1.2　辐射安全是关注的重点

放射性废物焚烧设施的处理对象一般为低水平放射性废物，属于放射性操作场所，其设计要求与普通放射性工艺厂房无异，无论是设备的密封、放射性物质的屏蔽与隔离，还是个人防护要求均非常

作者简介：郭淞（1995—），男，山西晋城人，工程师，本科，主要从事信息化项目建设及固体放射性废物治理工作。

严格。放射性废物焚烧技术关注的重点在于放射性物质的包容和系统的辐射安全性。例如，人员往往需要通过手套箱或通风柜进行操作，废物的进出和残渣的排出均需要利用专用工作箱确保其过程的密闭隔离，设备的检修和更换也需要设置专用机构密闭操作，需要尽可能降低人员的操作强度，减少人员的操作时间等。

表 1　世界范围内典型的放射性废物焚烧设施

国家	设施	开始运行时间	处理能力
奥地利	Seibersdorf 研究所	1983 年	固体 40 kg/h
比利时	Goprocess CILVA	1995 年	固体 79 kg/h，液体 61 kg/h
加拿大	安大略核电西部废物管理设施	1975 年 2002 年	固体 17 m^3/d，液体 9 L/h 固体 2 t/d，液体 45 L/d
法国	Cadarache Socodei Centraco Melox IRIS Valduc	1988 年 1998 年 1998 年 1994 年 1996 年	固体 20 kg/h 固体 3500 t/a 液体 1500 t/a 固体 20 kg/h 固体 7 kg/h
德国	卡尔斯鲁厄	1980 年	固体 50 kg/h，液体 40 L/h
印度	那洛拉核电厂	1990 年	固体 1 kg/h
日本	东海村，PNC 岩手县，JRIA 千叶，JRIA	1991 年 1987 年 2010 年	固体 50 kg/h 固体 70 kg/h 固体 50 kg/h
荷兰	佛立新根，COVRA	1994 年	液体 40 L/h，固体 60 kg/h
俄罗斯	RADON	1991 年 2002 年	液体 20 L/h，固体 100 kg/h
美国	橡树岭，洛斯阿拉莫斯 萨凡纳河 橡树岭，Duratek	1991 年	固体 700 kg/h 固体 400 kg/h，液体 450 kg/h 200 kg/h
西班牙	ENRESA - EI，Cabril	1992 年	固、液体 50 kg/h
斯洛伐克	Bohunice 废物处理设施	2001 年	固体 50 kg/h，液体 10 kg/h

1.3　减容效果是关键

放射性废物经焚烧处理后，所含的放射性物质并不会随着化学反应而消失，而是主要滞留在产物中，最终产物的体积直接决定着未来的处置代价。一部分放射性物质焚烧后残留在焚烧残渣中，还有一部分进入焚烧尾气，通过尾气净化系统捕集下来。由于尾气中含有一定量的非放污染物，通常需要通过添加一定量的无机盐来净化吸收，这些无机盐受到污染后也会成为放射性废物，同焚烧残渣一起作为最终产物。因此，对于焚烧的减容效果，不仅要考虑焚烧残渣的量，而且要考虑尾气净化产生的二次废物的量。进入焚烧尾气的放射性核素越多，尾气净化的代价越高，产生的二次废物也越多，直接影响着焚烧的整体处理效果。因此，需要尽可能使放射性物质滞留在焚烧残渣中，减少进入尾气的比例，这也是放射性废物焚烧技术发展的主要驱动力之一。此外，焚烧过程中要尽可能减少添加剂的加入量，因为绝大多数的添加剂属于无机物，所以焚烧后成为焚烧残渣的一部分会大幅增加焚烧残渣的量。

2 焚烧技术的发展历程

国际上对放射性废物焚烧技术的研究可追溯到 20 世纪 40 年代，到 70 年代中期，世界上已经建造了 40 多座放射性废物焚烧炉。中国辐射防护研究院（简称"中辐院"）在 1974 年成立了我国第一个焚烧技术实验室并开始相关技术的研究。随着各国对环境保护的重视，一方面对焚烧工艺提出更高的要求以满足越来越严格的环保要求；另一方面随着工业化的发展越来越多的人工合成材料代替了棉织物、木材等天然材料，塑料和橡胶制品在废物中的比例越来越高，对焚烧技术的适应性提出更高要求；此外，为了提高焚烧过程核素的截留效果，新的焚烧工艺被不断开发出来，逐渐替代早期焚烧技术，放射性废物焚烧处理技术的研究和应用不断发展，到目前已发展到第三代。

2.1 第一代：过量空气焚烧技术

过量空气焚烧技术在 20 世纪 60—70 年代开始应用，典型代表为德国 Karlsruhe 核研究中心 HDB 过量空气焚烧炉、瑞典 Studsvik 焚烧炉、韩国富氧空气焚烧炉（OEI）、日本 JARI 焚烧炉等。德国 HDB 过量空气焚烧炉工艺流程如图 1 所示，该技术反应机理与煤炭等化石燃料的焚烧非常相似，可燃废物与空气充分接触直接在 1000 ℃高温下实现焚烧。该技术工艺简单，应用时间长，积累了大量的实际应用经验，在世界范围内应用较广。但由于废物不同于燃料，尤其是塑料和橡胶等高分子聚合物直接焚烧不易燃烧完全，为了提高燃烧效果，后来通过增加燃烧室和通入纯氧助燃等方式使燃烧过程得到一定程度的改进，但可接收的塑料橡胶的含量仍不超过 30%。此外，在 1000 ℃高温下直接燃烧易导致 Cs 元素气化挥发，在焚烧灰中的滞留率较差，尾气净化难度大，会产生大量放射性废液，所以不得不对废液进行干燥处理，处理后的盐分也作为焚烧残渣的一部分，降低了废物的整体减容效果。核工业早期废物中所含塑料橡胶较少，问题不突出，但随着工业化进程的发展，塑料橡胶材料等高分子材料的使用越来越多，问题愈加突出。目前，核设施产生的可燃放射性废物中塑料橡胶占 50%以上。

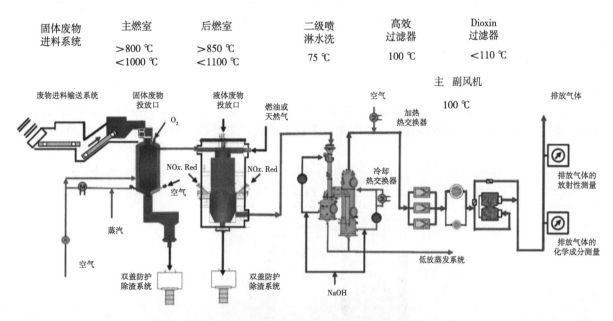

图 1　德国 HDB 过量空气焚烧技术工艺流程

2.2 第二代：控制空气焚烧技术

为克服过量空气焚烧的缺点，在 20 世纪 80—90 年代，国际上开发出控制空气焚烧技术，其焚烧原理是废物先与理论反应所需要的空气混合，使其在 600～800 ℃的温度下进行燃烧，生成热解和半氧化产物，随后再将产物送入后燃室并在 1000 ℃ 高温下完成燃烧，从而一定程度上抑制了焦油、烟怠的生成，减少飞灰的挟带，以改善高分子聚合物不易完全燃烧的缺点。典型代表是比利时 CILVA 焚烧炉、美国 LosAlamos 焚烧炉和 ENVIKRAFT 公司焚烧炉等。其中，ENVIKRAFT 控制空气焚烧炉应用较广，在法国、瑞典、比利时、美国、中国台湾等相继建成了多套焚烧设施。

2.3　第三代：裂解焚烧技术

尽管控制空气焚烧技术在一定程度上提高了对塑料橡胶成分的适应性，但仍跟不上现实需求，目前，核设施产生的可燃放射性废物中塑料橡胶含量已达到 50％ 以上。为从根本上解决此问题，裂解焚烧技术应运而生，其原理是废物先受热发生裂解，生成残渣和小分子物质（CO_2、CO、CH_4、H_2、H_2O 等），然后把小分子物质送入专门的燃烧室，使其在 1000 ℃ 高温下焚烧。该工艺将废物转化为可燃气体在进行焚烧，有效解决了高分子聚合物燃烧问题。裂解焚烧技术根据裂解机理的不同主要分为 3 类：热解焚烧、蒸汽重整焚烧、等离子体焚烧。

3　第三代焚烧技术的发展及应用

第三代焚烧技术以裂解机理为核心，已不同于传统意义上的焚烧，其反应的控制更像一个化工过程，对废物特性要求也更具有针对性。

3.1　热解焚烧

国际上典型的热解焚烧技术有中辐院固定床热解焚烧技术、Studsvik 桶内热解技术、德国卵石床热解技术、美国 FBI 流化床热解焚烧技术、法国 IRIS 回转窑热解焚烧技术等。中辐院热解焚烧工艺示意如图 2 所示，热解焚烧技术将焚烧过程分为热解、燃气预混和燃烧三步进行，废物先在缺氧环境中热分解生成热解焦和热解气，热解焦在热解炉底部局部富氧环境下充分燃烧形成焚烧灰；热解气为含烷烃、CO、H_2 等可燃气体，从热解炉引出后与预热后的助燃空气混合，再进入燃烧炉 1000 ℃ 的环境下进行燃烧。热解反应温度为 400～500 ℃，产生的热解气温度仅为 200～400 ℃，其较低的温度能够避免 Cs 等核素气化进入热解气及尾气系统。热解过程中的废物会根据反应阶段形成稳定的成梯次的反应料层，焚烧灰处于最低层，不存在物料的翻动和气流的强烈扰动，因此，热解气中载带的焚烧灰很少，烟尘含量一般不超过 600 mg/m³，不到过量空气焚烧或富氧焚烧的 1/10，放射性核素在焚烧灰中的滞留比例较高，降低了进入烟气中的量，可大大降低尾气净化难度。此外，由于热解反应温度较低，可以采用金属材料加工制造，因此设备寿命很长，基本上终身无须进行内部炉膛的更换。热解焚烧的主要优势在于处理热值较高的可燃的干有机废物，可处理塑料橡胶含量超过 50％ 的可燃

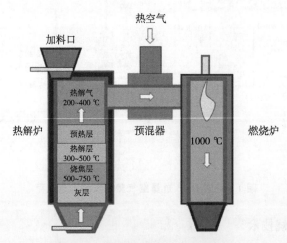

图 2　中辐院热解焚烧工艺示意

固体废物，也可以将废树脂添加在固体废物中一并进行处理。热解焚烧的缺点是无法处理不可燃物，也无法处理粒径很小和热值较低的废物。

3.2 蒸汽重整焚烧

蒸汽重整技术的原理是有机物与 600 ℃以上的过热蒸汽发生反应分解为无机物，生成 CO、H_2 等可燃气体，废物原料中所含的卤磷酸及硫酸基团与废物中的无机成分或添加剂反应形成无机盐，有机氮、硝酸盐和亚硝酸盐中的氮被还原为氮，放射性核素与无机盐和添加剂发生反应形成矿物质，成为最终残渣；废物分解产生的可燃气体由重整反应器引出后送入燃烧室内进行焚烧，最后再对焚烧尾气进行净化。与热解焚烧和等离子焚烧相比，蒸汽重整的主要区别在于废物热分解环节的工艺不一样。蒸汽重整的优势在于热分解过程在还原氛围中进行，对于处理硝酸盐废物具有较大优势，同时反应温度不超过 750 ℃，Cs 元素也不易挥发。蒸汽重整产生的最终产物为包容了放射性核素和其他污染成分的硅酸盐矿化物，霞石是最基本的矿化物，将核素固定在晶体结构中，大大提高了核素的稳定性，这是蒸汽重整的重要特点。如图 3 所示，蒸汽重整反应过程在流化床反应器中进行，这大大限制了其应用范围，因为流化床反应器对废物组成、密度和形状的均一性要求很高，否则很难形成稳定的流化态，因此难以适应组成较为复杂、密度和形状大小不一的废物，目前它只在处理树脂、废液、硝酸盐废物等成分和形态很一致的特殊废物中得到成功应用，若用于处理如工作服、口罩、手套等常规干杂废物，对废物的预处理要求非常高，至今未能实现规模应用。蒸汽重整的另一个缺点是废物的减容效果，由于流化床反应器需要大量的高岭土、石英砂等无机盐作为床层基料和添加剂，最终成为残渣的一部分，尽管矿化反应可以很好地固定核素，但其整体固定率并不理想，形成的残渣仍为颗粒或粉末形态，仍需要装入 HIC 容器或者水泥固化，整体减容比大打折扣，对于废树脂的减容比一般不超过6。然而，低放废物实行近地表处置，监管期只有 300～500 年，矿化物对核素的长期固定能力意义不大。因此，蒸汽重整技术更适合于处理硝酸盐废物、废树脂、废液等组成和形状密度均一的特殊废物，尤其是对于活度较高的废物可以很好地实现核素的固定。

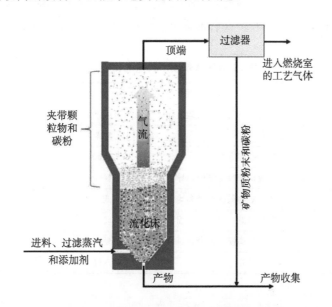

图 3　蒸汽重整反应过程

3.3 等离子体焚烧

等离子体焚烧通过炙热的等离子气流传递能量至废物，在高温缺氧环境下将有机物分解为含 CO、H_2、CH_4 等可燃气体的裂解气，无机物和添加剂一起熔化形成玻璃体。将裂解气引出后，送入燃烧炉内进行焚烧,再对焚烧尾气进行净化。具有代表性的有瑞士 ZWILAG 等离子焚烧技术、俄罗斯 SI-ARADON 等离子体焚烧技术,日本 JAEA 等离子体减容技术等。核工业西南物理研究院与中辐院、中国核动力研究设计院一起开展了相关技术研究,中广核工程有限公司也开展了低放废物等离子焚烧技术研究。通过等离子体炬产生的电弧来加热废物,反应区核心温度高达 5000 ℃,可用于处理金属、混凝土、不同种类的无机颗粒和有机废物。处理过程中,通过向坩埚内加入玻璃形成剂,使产生的炉渣形成非常稳定的玻璃固化体,适合最终处置,尤其适合难处理的废物和有特殊要求的废物,如 PCBs、石棉废物等。等离子体焚烧技术反应过程完全依靠外部能量输入,建造成本高、能耗大,反应过程需要氮气保护,由于不同有机物的成分和反应速率不一致,在处理有机物时反应性波动较大,能耗较高,炉膛寿命短,优势并不明显。其主要优势体现在不可燃物的处理,如焚烧灰、石墨、保温材料等,直接处理可燃有机废物并不多。例如,日本和韩国将常规焚烧和等离子体熔融相结合联合运行,可燃有机物利用常规焚烧处理,产生的焚烧灰和其他不可燃物利用等离子熔融实现产物玻璃化,实现废物的综合处理。等离子体焚烧的另一个问题是核素挥发严重,由于反应区核心温度高达 5000 ℃,核素容易气化进入尾气,给尾气净化带来较大的难度,并导致二次废物产生量较大。

3.4 3 种技术特点比较及分析

同以往技术相比,以裂解为核心的第三代焚烧技术对废物的适应性和放射性核素的截留能力有了本质上的提升,裂解焚烧技术特点的比较如表 2 所示。任何技术都有其优势与局限性,热解焚烧技术更适合处理防护用品、包装物和擦拭物等干杂废物,对不可燃物的适应性很差,在技术上属于传统焚烧技术的延续和发展。蒸汽重整由于流化床的固有特点对废物的组成和形状的均一性要求很高,更适合处理树脂、盐类废物等,对活度较高的废物也可以很好地实现核素的固定。但若用于处理干杂废物,不仅需要非常复杂的预处理,而且完全依靠外部供热,能耗很高,经济性非常差。等离子焚烧也完全需要外部供热,能耗很高,主要优势在于不可燃物的处理,若直接处理可燃有机废物,则放射性核素挥发严重,尾气净化的难度很大。因此,3 种技术类型均有其适合的应用场合和条件,对于焚烧技术的选择,需要在整体处理效果和经济性的前提下,根据处理对象特点而定。

表 2 裂解焚烧技术特点的比较

焚烧技术	热解焚烧	蒸汽重整	等离子焚烧
废物要求	可燃废物废油、废树脂	树脂、泥浆、硝酸盐废物、废液	可燃废物、不可燃废物
工艺	一般	复杂	复杂
处理温度	400~500 ℃	600~750 ℃	1100~5000 ℃
热处理稳定性	好	一般,床料易结渣,导致失流化	好
预处理要求	中	高,对物料的粒径和均一性要求高	低
热解产物	焚烧灰,需进一步固定	重整残渣,需进一步固定	玻璃体
运行维护	一般故障率低	炉体易磨损、寿命较短	复杂、故障率高、等离子体炬寿命短、更换频繁
污染控制	好	好	高温条件下,存在核素挥发问题,烟气净化难度大

4 放射性废物焚烧技术的发展趋势

放射性废物焚烧技术作为有效的废物减容技术,一直是处理放射性废物的主要手段之一,应用非常广泛。经过多年的应用,其技术成熟度不断提高,但为了满足放射性废物特性的变化、处理更多种类的废物、提高废物的整体处理效果,技术也在不断革新和进步,整体上的发展趋势主要有以下几方面。

4.1 对塑料橡胶的高适应性塑料、化纤及橡胶制品

由于其优良的性能和低廉的价格，其使用范围越来越广。20 世纪 80 年代，核设施产生的可燃固体废物中塑料橡胶含量一般不足 20%，然而，时至今日，早已超过 50%，以大亚湾核电站为例（表3），可燃废物中塑料橡胶含量已高达 65.07%。因此，放射性废物焚烧技术需要适应这种变化才能满足现实需求。放射性废物的发展历程也反映了这种发展趋势（表4），预计未来废物中塑料橡胶制品的比例还会进一步升高，如何适应这种变化对焚烧技术提出了新的要求。

表 3　大亚湾核电站可燃废物的典型组成

种类	形态	重量百分比	
棉制品、纸制品	连体服	2.89%	27.86%
	T 恤	1.36%	
	袜子	0.50%	
	白纱手套	4.37%	
	布鞋套	0.57%	
	白布	11.78%	
	吸水纸	1.17%	
	纸帽	0.99%	
	纸衣	4.23%	
塑料制品	塑料鞋套	2.90%	65.07%
	乳胶手套	9.56%	
	气衣	0.82%	
	气面罩	2.74%	
	粘尘贴	0.66%	
	口罩	1.07%	
	塑料布、袋	40.10%	
	白胶带	6.98%	
	双面胶	0.24%	
其他		7.07%	
总计		100%	

表 4　典型焚烧设施对放射性废物的接收要求

技术类型	焚烧设施	树脂	废物的接收要求塑料、橡胶含量	PVC 塑料含量
过量空气焚烧	日本同位素协会	0	30%	5%
	瑞典 studsvic	0	—	5%
	韩国 OEI	0	10%	2.5%
	德国 HDB	0	30%	5%
控制空气焚烧	比利时 civila	25%	—	3%
	法国 iris	—	40%	25%
	Nukem 圆筒热解炉	8%	55%	5%
裂解焚烧	NUKEM 卵石床	50%	—	15%
	等离子焚烧	100%	50%	
	中辐院热解焚烧	10%	—	
	Studsvik 蒸汽重整	100%	60%	

4.2　一炉多用

早期的焚烧炉多为单一废物类型焚烧炉，随着焚烧技术的发展，可利用焚烧来处理的废物种类越来越多，利用一座焚烧设施处理多种废物成为技术发展的趋势。例如，早期 HDB 焚烧炉只能处理可

燃固体废物，后来逐渐可以兼容处理废油，以及 TBP 有机废液。Nukem 球床焚烧炉由最初只能处理 TBP 有机废液，逐渐扩大到处理废树脂。中辐院热解焚烧炉由最初只能处理可燃固体废物逐渐扩大到处理废油、废树脂等。一炉多用可大大提高焚烧设施的利用率，提高经济效益，降低废物的处理成本。

4.3 排放污染物的控制

当前，随着公众环保意识的逐渐增强，二噁英及一些有害成分（酸性气体和重金属颗粒）的排放备受关注。各国针对污染物排放制定了较为严格的排放标准，以避免 Hg、二噁英类污染物对人类健康造成影响。为了满足相应的环保要求，焚烧系统设计过程中，需考虑以下因素：①控制进料中易产生有害物的成分，如 PVC（含 Cl），阴离子交换树脂（含 S，N）以及其他可能产生有害成分的废物量。通常，国外 PVC 量控制在 5% 以下，树脂根据不同的炉型也有相应的限制值；②对尾气净化系统不断进行优化升级，早期焚烧系统多采用干法净化，后期建设的焚烧炉净化系统多为干湿法相结合的方式，为了满足日趋严格的环境排放标准，尾气净化效率也须相应提高。

4.4 特种废物的处理

对于一些特殊废物，需要根据其特性，开发相应的焚烧炉型。比如，对于塑料（含 PVC），焚烧炉设计中应考虑其易流化、易结渣、发烟重，且 PVC 还会产生腐蚀性的 HCl 气体及二噁英类污染物等特性；对于树脂，同样需要考虑其易流化、结渣、产生腐蚀性的硫化物等特性；石墨考虑其结构致密、难于燃烧等特性，开发循环流化床焚烧技术；α 废物焚烧需要充分考虑屏蔽和密封性等问题。此外，根据不同焚烧技术的特点，进行择优结合形成优势互补，实现废物综合处理也是焚烧技术发展的趋势，如等离子焚烧和常规焚烧相结合，既降低了处理成本，也实现了可燃废物和不可燃废物的兼容处理。

5 结语

放射性废物焚烧技术在世界范围内已有 50 年以上的研究和应用，同常规焚烧技术相比，放射性废物焚烧技术更关注对放射性核素的截留效果、系统的辐射安全和对废物的适应能力。随着废物特性的变化、环保要求的日益严格，技术也在不断地革新和改进，以热解、蒸汽重整和热等离子为代表的第三代焚烧技术已成为当今主流，分别适用于不同的废物类型和场合。放射性废物的焚烧处理的目的是实现废物的稳定化和有效减容，从而降低最终处置的成本，对于焚烧技术的选择一定要从废物的具体特征出发，着眼于废物的整体减容效果和经济性，假如脱离经济性，一味求新求异是有违废物减容处理的初衷的。未来放射性废物焚烧技术的发展趋势也是以经济性为前提，在满足环保要求的前提下，尽量提高废物的整体减容效果，提高对废物的适应能力和对多种废物的兼容处理，此外，针对特殊废物开发针对性的焚烧技术也是重要的发展方向。

参考文献：

[1] LINDBERG M, JOAKIMLUVSTRAND, KRONHELM K V. 35 Years of incineration in Studsvik: lessons learned and recent modifications and improvements [C] //ASME 2011 14th International Conference on Environmental Remediation and Radioactive Waste Management, 2011.

[2] MIN B Y, LEE Y J, YUN G S, et al. Volume reduction of radioactive combustible waste with Oxygen Enriched Incinerator [J]. Annals of nuclear energy, 2015, 80: 47-51.

[3] 郭志敏. 放射性固体废物处理技术 [M]. 北京：中国原子能出版社，2007：41-42.

[4] 马明燮. 放射性废物的焚烧处理 [J]. 辐射防护，1991，11 (3)：161-173.

[5] 郑博文. 日本放射性同位素废物的焚烧处理 [J]. 辐射防护通讯，2010，30 (2)：44-48.

[6] 杨丽莉，王培义，郑博文，等. 紧凑式低放可燃固体废物焚烧装置设计、建造与工程验证 [J]. 辐射防护，2016，36 (6)：408-412.

［7］ 王培义，周连泉，马明燮．多用途放射性废物焚烧系统的工艺流程［J］．辐射防护，2002，22（6）：321－325.

［8］ 林力，马兴均，陈先林，等．放射性废物蒸汽重整处理及矿化技术发展现状及展望［J］．科技创新导报，2015，18：6－10.

［9］ 陈明周，吕永红，向文员，等．核电站低中放固体废物热等离子体处理研究进展［J］．辐射防护，2012，32（1）：40－47.

［10］ 王兰，陈顺章，侯晨曦，等．等离子体技术处理放射性废物的研究进展［J］．材料导报，2016，30（S2）：116－120.

Radioactive waste incineration technology development history

GUO Song，YANG En，BAO Chao-jun

(Sichuan Environmental Protection and Engineering Co. , Ltd. , CNNC, Guangyuan, Sichuan 628000, China)

Abstract：Incineration is one of the main treatment technologies for radioactive waste. Compared with conventional waste incineration technologies, radioactive waste incineration technologies are more concerned with the retention and improvement of radionuclides, and third-generation incineration technologies that are more adaptable to polymers such as plastics, rubber and resins have become mainstream, including pyrolysis incineration, steam reforming incineration and plasma incineration, which are applicable to different waste types. The future development trend of radioactive waste incineration technology to the overall economy and to meet the environmental requirements of the premise, to maximize the overall waste capacity reduction effect, the compatible treatment of a variety of wastes, and to meet the special waste treatment requirements to develop targeted incineration technology.

Key words：Radioactive waste；Incineration；Waste disposal

尿素溶液吸收工艺尾气中 NO_x 的影响因素

刘　鑫

（中核四〇四有限公司，甘肃　嘉峪关　735100）

摘　要：本文研究了乏燃料后处理过程中尿素溶液吸收 NO_x 的影响因素，通过实验分析了尿素溶液的浓度、pH 值、反应温度、吸收塔数量对 NO_x 吸收效率的影响，实验结果表明，在本文所研究的 NO_x 浓度范围内，尿素溶液浓度为 25％，反应温度为 25 ℃，pH 值为 2，采用 5 个吸收塔运行，尿素溶液对 NO_x 的吸收效率可以达到 96％以上，尿素溶液吸收工艺尾气中 NO_x 具有良好的效果。

关键词：尿素；工艺尾气；氮氧化物；吸附

随着人们生活质量的提升，对于所居住的环境要求越来越高[1-2]，大气污染受到人们的密切关注。然而从 19 世纪 60 年代后期开始，第二次工业革命进程加快，全世界工业飞速发展，大气污染日益加剧[3-4]，给人类生存和健康带来很大威胁，成为最严重的环境问题之一。氮氧化物（以下称为 NO_x）是整个地球大气环境被污染的主要污染物之一，NO_x 广泛存在于大气环境中[5]，是城市大气化学反应的重要前体物之一。在太阳光紫外线的照射下，大气中的 NO_x 会与环境空气中的其他化学组分发生一系列复杂的光化学反应，并生成一些二次空气污染物［如 O_3、过氧乙酰硝酸酯（PAN）、二次有机气溶胶（SOA）、化学活性较强的中间产物（如自由基等）］，随着这些产物的生成，导致烟雾的表面浓度增加及 O_3 和二次细颗粒的生成，对环境空气造成十分严重的损害[6-8]。

在乏燃料后处理过程中，处理废液一般采用加热蒸发，对于含有一些不挥发性溶质的溶液，通过加热使其沸腾，使废液中的一部分溶剂发生汽化，从而被去除[9-10]，使得溶液中的一些溶质浓度提高。处理的废液为酸性，为了减少沸腾硝酸对设备的腐蚀、提高浓缩倍数和改善废液的贮存性能，在废液蒸发过程中，一般会加入脱硝剂（如甲醛、甲酸等）对废液进行脱硝处理，以此来降低废液浓缩液的酸浓度。甲醛脱硝过程中会产生大量的氮氧化物尾气，对于这些尾气需要集中处理，达标后进行排放，防止对大气环境造成危害，目前，普遍采用尿素溶液吸收法处理氮氧化物尾气[11-12]。

尿素溶液吸收法的主要过程为 NO_x 经氧化吸收后生成 HNO_2，生成的 HNO_2 再次与尿素发生反应，产物为 CO_2 和 N_2，符合直接排放要求。尿素溶液吸收法[13-14]的优点在于以尿素作为溶液中的吸收剂，其价格较低廉、方便运输、且尿素化学稳定性较好，置换率较低，产生的二次产物可以直接排放、不会对环境造成二次污染[15]。但由于诸多因素困扰，导致尿素溶液吸收效率不高，无法达到 NO_x 的处理要求，因此，探究出合理高效的尿素溶液吸收工艺技术条件，对其在处理 NO_x 方面极为重要。本文将重点研究尿素溶液吸收 NO_x 的影响因素，确定最佳运行条件，使其在原有基础上较大提高其吸收效率。

1　实验原理和方法

1.1　尿素脱硝反应机理

NO_x 通过气体分子扩散作用，使其与尿素溶液逆流接触，并发生反应[16-17]。不同的氮氧化物与尿素溶液反应生成 HNO_3 和 HNO_2，电离出 NO^{3-}、NO^- 和 H^+，与 $CO(NH_2)_2$ 的反应具体如下：

$$2NO + O_2 \rightarrow 2NO_2, \tag{1}$$

作者简介：刘鑫（1995—），男，硕士研究生，助理工程师，现主要从事核化工等科研工作。

$$2NO_2 \rightarrow N_2O_4, \tag{2}$$

$$NO + NO_2 \rightarrow N_2O_3, \tag{3}$$

$$N_2O_3 + H_2O \rightarrow 2HNO_2, \tag{4}$$

$$N_2O_4 + H_2O \rightarrow HNO_2 + HNO_3, \tag{5}$$

$$2NO_2 + H_2O \rightarrow HNO_2 + HNO_3, \tag{6}$$

$$3HNO_2 \rightarrow HNO_3 + H_2O + 2NO, \tag{7}$$

$$2HNO_2 + (NH_2)_2CO \rightarrow 2N_2 + CO_2 + 3H_2O. \tag{8}$$

综合所述，以上尿素吸收 NO、NO_2 发生的化学反应可由下列化学式表示：

$$NO + NO_2 + CO(NH_2)_2 \rightarrow 2H_2O + 2N_2 + CO_2. \tag{9}$$

上述反应中，NO 被氧化后溶于液相主体，与液相中的溶质发生化学反应[18-19]。由于 HNO_2 与 $CO(NH_2)_2$ 反应速度非常快，远大于 NO_2 的吸收速率，由此可得，该反应进行的快慢取决于溶质在液膜中的传质速率的快慢及 NO 的氧化速率[20]。

1.2 实验材料和仪器

尿素原料采用农用尿素（总氮≥46%）；HNO_3 采用 60% 分析纯；NO_x 在线监测仪（PS7400 CEMS）。

1.3 实验方法

在尿素吸收塔中充入一定浓度的尿素溶液，保证每个吸收塔中的尿素溶液浓度和体积相同，脱硝剂脱硝生成的大量 NO_x，首先经过预处理后，通过 NO_x 在线监测仪检测进入吸收塔的浓度数据，NO_x 气体依次通过各个吸收塔，进入每个吸收塔时都是先从底部进入，尿素溶液从顶部流下，两相逆向接触反应，反应后气体从顶部流出，尿素溶液从底部流出，通过尿素循环泵循环利用。在实验中，通过电加热器和换热器控制反应的温度，使用 HNO_3 调节尿素溶液的 pH 值，控制生成 NO_x 的条件相同，在最后一个吸收塔的出口使用 NO_x 在线监测仪检测经尿素溶液吸收后的浓度数据，依次分析不同实验条件对吸收效率产生的影响。

2 结果与讨论

2.1 尿素浓度对吸收效率的影响

尿素溶液的浓度对吸收效率的影响很大，当反应温度为 25 ℃，尿素溶液 pH 值为 2，采用 5 个吸收塔串联运行时，我们研究了不同浓度的尿素溶液对 NO_x 的吸收效率（图 1）。

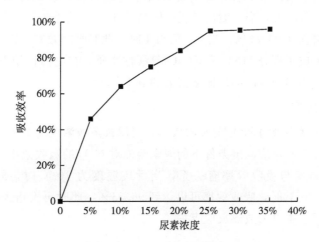

图 1　尿素浓度对 NO_x 吸收效率的影响

由图 1 可知，当反应温度为 25 ℃、pH 值为 2，吸收塔数量为 5 时，随着尿素浓度的不断增加，尿素溶液的吸收效率同时在不断提高，但是提高到一定程度后，尿素溶液的吸收效率不会再发生较大的变化。当吸收塔内尿素浓度为 25％时，其吸收效率可达到 95.1％；然而将尿素浓度提高到 30％时，吸收效率并没有很大变化，为 95.4％，由此可以得到，当尿素浓度达到 25％后，继续提高尿素浓度对吸收效率影响不大。

当然在实际工程应用中，我们还需要考虑处理工艺尾气处理的经济性，不能一味使用高浓度的尿素溶液处理。尿素浓度越高，意味着运行成本也会相应提高，需要的尿素原材料也会增多，因为吸收塔的构造，浓度较高的尿素溶液容易堵塞吸收塔，会形成一部分尿素结晶，因此尿素溶液的浓度并不是越高越好，不能无限制增加；我们从尿素溶液吸收效率和经济性两方面进行综合考虑，得到质量分数为 25％的尿素溶液具有较好的吸收效果，满足处理要求和经济性。

2.2 pH 值对吸收效率的影响

尿素溶液的 pH 值也是影响吸收效率的主要因素之一。通常情况下，配置的质量分数为 25％的尿素溶液，其 pH 值一般呈弱碱性，为 8～9。当反应温度为 25 ℃，尿素溶液的浓度为 25％，采用 5 个吸收塔串联运行时，通过在尿素溶液中加入 HNO_3 来调节尿素溶液的 pH 值，分析不同 pH 值的尿素溶液的吸收效率（图 2）。

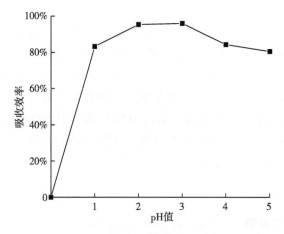

图 2 pH 值对 NO_x 吸收效率的影响

从图 2 可以看出尿素溶液的 pH 值对其吸收 NO_x 有一定影响，在酸性条件下，尿素溶液的吸收效率随着溶液 pH 值增大而增大，当尿素溶液的 pH 值为 1 时，其吸收效率仅有 83.26％，当 pH 值增大到 3 时，吸收效率增长到 95.36％。当 pH 值为 4 时，此时吸收效率反而降低了，分析其中原因，其可能在反应过程中，生成了部分 HNO_3 和 HNO_2 等酸性物质，在电离作用下，解离出 H^+，抑制其反应生成，从而也解释了为何一段时间后尿素溶液的 pH 会增大。

2.3 温度对吸收效率的影响

反应温度也会影响尿素溶液对 NO_x 的吸收效率，当尿素溶液浓度为 25％，pH 值为 2，采用 5 个吸收塔串联运行时，研究不同反应温度条件下的尿素溶液对 NO_x 的吸收效率（图 3）。

由图 3 可知，反应温度与吸收效率有关系，当反应温度为 10 ℃时，尿素溶液吸收效率只有 75.23％，当温度增长到 20 ℃时，吸收效率可以达到 96.53％，此时再次增大反应温度，吸收效率没有明显变化，可能与该反应本身为放热反应有关。

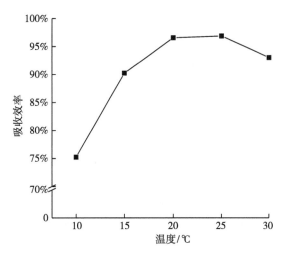

图3　反应温度对 NO$_x$ 吸收效率的影响

2.4　吸收塔数量对吸收效率的影响

吸收塔数量是影响尿素溶液对 NO$_x$ 的吸收效率的主要因素之一，当尿素溶液浓度为 25％，pH 值为 2，反应温度为 20 ℃时，研究不同吸收塔数量条件下的吸收效率（图4）。

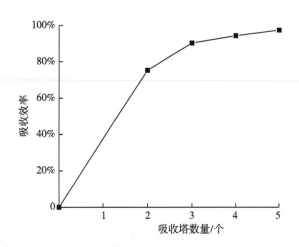

图4　吸收塔数量对 NO$_x$ 吸收效率的影响

由图4可知，吸收塔数量会影响尿素溶液的吸收效率，当吸收塔数量为 2 的时候，尿素溶液的吸收效率仅为 75.23％，当增加吸收塔数量时，可以看到尿素溶液的吸收效率明显增高，当吸收塔为 5 时，尿素溶液吸收效率可以达到 96.33％，满足处理要求。

当然在实际工程应用中，吸收塔数量越多，尿素溶液的吸收效率也会越好，但综合考虑运行的经济性，吸收塔数量越多，其运行成本也会呈指数级的增长，后期维护费用也会越来越高，因此吸收塔的数量不能无限制地增加；运行 5 个吸收塔即可得到较高的吸收效率，满足处理要求。

3　结论

实验表明，采用尿素溶液吸收工艺尾气中 NO$_x$，具有很好的效果，满足处理 NO$_x$ 的要求。通过实验分析，我们可以得到：尿素溶液浓度为 25％时，其吸收效率较好，可以达到 96％，尿素溶液最佳反应温度为 25 ℃，最佳 pH 值为 2，采用 5 个吸收塔运行时，其吸收效率和经济性都满足要求。

参考文献：

[1] 田贺忠，郝吉明，陆永琪，等．中国氮氧化物排放清单及分布特征 [J]．中国环境科学，2007，21（6）：5.

[2] 孙庆贺，陆永琪，傅立新，等．我国氮氧化物排放因子的修正和排放量计算 [J]．环境污染治理技术与设备，2006，2（4）：3.

[3] 胡和兵，王牧野，吴勇民，等．氮氧化物的污染与治理方法．环境保护科学 [J]，2006，32（4）：5.

[4] 叶代启．烟气中氮氧化物污染的治理 [J]．环境保护科学，1999，25（4）：4.

[5] 杨飏．氮氧化物减排技术与烟气脱硝工程 [M]．冶金工业出版社，2007：25 - 30.

[6] 黄建洪，岑超平，张德见，等．尿素湿法烟气脱硫研究 [J]．昆明理工大学学报（理工版），2006，20（3）：15 - 17.

[7] 杨柳，乔慧萍．燃煤烟气的尿素湿法联合脱硫脱硝方法：CN200910262978 [P]．[2023 - 12 - 09].

[8] JOSÉ MARÍA SORIANO - MORA, AGUSTÍN BUENO - LÓPEZ, AVELINA GARCÍA - GARCÍA, et al. No x removal by low - cost char pellets: factors influencing the activity and selectivity towards no x reduction [J]. Fuel, 2007, 86 (7 - 8): 949 - 956.

[9] 黄艺．尿素湿法联合脱硫脱硝技术研究 [D]．杭州：浙江大学，2006.

[10] 王鲁元，玄承博，韩世旺，等．一种湿法脱硫脱硝一体化工艺方法：CN202210271873.0 [P]．[2023 - 11 - 27].

[11] 郝军科，郭瑞堂，潘卫国．尿素/添加剂湿法脱硝技术 [J]．上海电力学院学报，2014，30（31）：5.

[12] 陆雅静，熊源泉，高鸣，等．尿素/三乙醇胺湿法烟气脱硫脱硝的实验研究 [J]．中国电机工程学报，2008，28（5）：44 - 44.

[13] LAMBETH, DAVID J. NO$_x$ enzymes and the biology of reactive oxygen [J]. Nature reviews immunology, 2004, 4 (3): 181 - 189.

[14] LI Y, ROTH S, YASSINE M, et al. Study of factors influencing the performance of a NO$_x$ trap in a light - duty diesel vehicle [J]. International fuels lubricants meeting exposition, 2000, 6 (5): 2507 - 2513.

[15] ZHEN W, LI Y, YONG H. Numerical simulation and analysis on the influencing factors of NO$_x$ emission in full scale coal fired utility boilers [J]. Boiler technology, 2013, 4 (2): 13.

[16] 刘炼，陈琴琳，王学生，等．NaClO$_2$/尿素复合吸收剂脱除 SO$_2$ 和 NO 反应动力学 [J]．实验室研究与探索，2018，10（5）：10 - 12.

[17] 夏志远，许忠允．低温低 pH 尿素与甲醛反应工艺的研究 [J]．林业科学，1989，25（2）：6.

[18] 张翔，赵江伟，张强，等．城市大气环境的氮氧化物污染及治理技术研究 [J]．中国科技期刊数据库工业 A，2023，（2）：4.

[19] 彭浩，张晓云．我国氮氧化物治理技术的现状和研究进展 [J]．广东化工，2009，36（12）：83 - 85.

[20] 朱奕谚．氮氧化物治理技术的研究进展 [J]．轻工科技，2015，31（2）：5.

Factors influencing the removal of NO_x from process exhaust by urea solution

LIU Xin

(China National Nuclear Industry Corporation 404, Jiayuguan, Gansu 735100, China)

Abstract: The influence factors of NO_x absorption by urea solution during spent fuel reprocessing were studied in this paper. The influence of the concentration, temperature, pH of urea solution and the number of absorbing tower on the absorption efficiency was explored. The results show that, the concentration of urea solution is 25%, the reaction temperature is 25 ℃, the pH value is 2, and five absorption towers are used, the absorption efficiency of the urea solution can reach more than 96% in the scope of study, which conforms to the urea solution has a good effect on absorbing NOx from process exhaust.

Key words: Urea; Process exhaust; NO_x; Adsorption

钙盐联合沉淀法处理低铀浓度含氟废水应用研究

徐晨阳，薛晓飞，王　强，许德杰

（中核陕西铀浓缩有限公司，陕西　汉中　723600）

摘　要：采用生产现场为试验体系，研究了熟石灰投入量、熟石灰耦合氯化钙钙盐联合以及聚丙烯酰胺絮凝剂不同投加量对低铀浓度含氟废水处理效果影响，提出了钙盐联合沉淀加聚丙烯酰胺作为新型沉淀剂处理含铀含氟废水最优工艺参数：当熟石灰投入量为 25 kg，氯化钙投入量为 12 kg 时，聚丙烯酰胺投入量为 100 g 时，沉淀后 U 含量 5.26 μg/L、沉淀后 F 含量 3.89 mg/L，去除含氟含铀效果最佳。通过本工艺代替传统工艺的优势是：降低滤液中铀、氟离子远低于国家排放标准，达到了绿色环保的理念。此外，结合国家环保政策和含铀含氟废水处理工艺现状，对今后含铀含氟铀废水处理工艺进行了展望，提出了新思路和新工艺。

关键字：低铀浓度含氟废水；钙盐联合；化学沉淀法

在核燃料循环生产及核技术应用领域中会产生含铀放射性废水，需要经过多道工序处理，降低其中的铀、氟等离子浓度，检测到沉淀工艺处理后废水中氟离子浓度小于 10 mg/L，铀离子浓度小于 50 μg/L，才能达到国家二级排放标准[1]。因此，研究废水中铀和氟离子的浓度降低问题，越来越受到重视。铀浓缩行业放射性废水的来源主要为清洗各类核能容器过程的废水，随着生产规模的逐年扩大，含铀含氟废液的产生量随之增加，导致后端废水处理合格排放压力随之增加，促进节能减排尤为重要，有效方法是优化各工序工艺参数，提高废水合格排放率。

目前，废水处理工艺采用的是离子交换法和化学沉淀法，离子交换法主要是利用强碱性阴离子交换树脂对碳酸铀酰离子的吸附作用，将铀离子从废水中吸附富集，达到分离铀的目的[2]；化学沉淀法主要用于两部分废水的处理：一部分是高铀浓度的解析液或容器清洗液，利用氢氧化钠和这些液体发生沉淀反应生成重铀酸钠，将铀从废水中分离回收；另一部分是经过离子交换后的低铀浓度废水，利用熟石灰和这些液体发生的沉淀反应，生成氟化钙沉淀，达到除氟除铀的目的，同时铀与载体生成难溶解的沉淀物以共沉淀的形式去除，使废水进一步净化后达标排放。

在最初的工艺生产中，低铀浓度含氟废水处理方法采用的是熟石灰沉淀法，即向废水中加入过量熟石灰，氟离子与加入石灰后生成的钙离子反应生成 CaF_2 沉淀，达到除去氟离子的目的。由于熟石灰溶解度低，溶液中有效钙离子的浓度低，需要加入大量熟石灰，才能达到去除氟离子的效果，进而会产生大量的石灰渣，不符合废物最小化的目标。同时采用该方法处理完后氟离子的一次处理合格率只有 78%，仍有少部分不合格废水需进行二次或多次处理后才能达标排放。

本研究根据化学沉淀原理，提出了从树脂吸附塔经过处理合格吸附尾液中进入石灰沉淀工艺，采用高溶解度的氯化钙和熟石灰作为新型沉淀剂处理低铀浓度含氟废水的工艺，降低铀、氟离子浓度，达到绿色环保的目的。本文将对利用新工艺钙盐联合共沉淀的废水中离子浓度进行测定，并对试验结果进行深入分析与探讨。

1　低铀浓度含氟废水处理工艺流程

在核燃料循环企业大多数企业采用离子交换树脂和铵盐沉淀回收废水中铀，即含铀废水经过原液过滤、原液调配使废水中各种离子浓度达到树脂吸附的进塔参数要求，进入吸附塔进行吸附处理，吸

作者简介：徐晨阳（1993—），男，硕士生，工程师，现主要从事废水处理、容器清洗等科研工作。

附后产生吸附尾液中铀离子满足进入沉淀工序参数要求后，进行后续除氟除铀工艺。进入该系统的废水中残留有少量低铀含氟废水，部分铀会共沉淀到氟化钙中，含铀氟化钙渣中的放射性比活度与进入沉淀工艺废水中铀浓度有关。在该系统中，加入熟石灰可迅速使废水成碱性，在石灰沉淀处理反应槽发生反应如下：$Ca(OH)_2 + 2F^- \rightarrow CaF_2\downarrow + 2OH^-$。含铀废水处理工艺流程如图1所示。

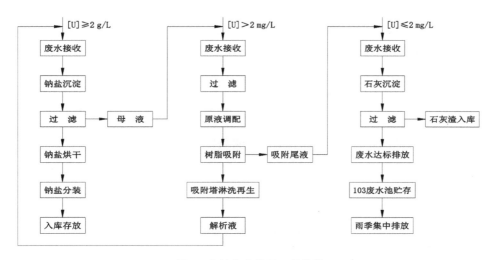

图1 含铀废水处理工艺流程

2 试验准备

2.1 熟石灰沉淀除铀除氟效果研究

根据生产现场生产条件要求，采取树脂吸附塔处理合格吸附尾液1.5 m³废水进入石灰沉淀反应槽进行试验，分别加入15 kg、20 kg、25 kg、30 kg、35 kg的熟石灰进行研究；通过筛选熟石灰的最佳加入量，进行下一步研究。

2.2 熟石灰和氯化钙的钙盐联合共沉淀除铀除氟效果研究

采取树脂吸附塔处理合格吸附尾液1.5 m³废水进入石灰沉淀反应槽进行试验，在筛选出最佳熟石灰的加入量，加入8 kg、10 kg、12 kg、14 kg、16 kg的氯化钙钙盐联合共沉淀研究；通过筛选熟石灰的加入量最佳工艺参数，进行下一步研究。

2.3 钙盐联合和聚丙烯酰胺（PAM）共沉淀效果研究

取1.5 m³废水于反应槽中，按照最佳钙盐联合的用量加入其中，然后分别加入50 g、100 g、150 g、200 g、250 g的聚丙烯酰胺，分析沉淀效果。

3 结果与讨论

3.1 熟石灰沉淀除氟效果研究

取相同1.5 m³的吸附尾液于反应槽中，再加入不同量熟石灰，考察熟石灰的投入量对除氟除铀效果的影响，分析数据为多组现场试验的平均值，结果如表1所示。

表1 不同熟石灰加入量去除效果

石灰乳加入量/kg	15	20	25	30	35
沉淀后F含量/（mg/L）	13.25	15.48	16.23	14.25	9.58
沉淀后U含量/（μg/L）	50.67	27.21	8.22	16.26	18.24

由表 1 可知，加入不同质量的熟石灰后，过滤后分析滤液中 F^- 浓度范围为 9.58～16.23 mg/L，U 含量范围为 8.22～50.67 $\mu g/L$。F^- 的去除效率随着加入石灰乳的用量增加而增大，适当增加熟石灰的用量，改变溶液中离子化学平衡；当熟石灰用量为 25 kg 时，此时，滤液中 U 含量 8.22 $\mu g/L$ 最低，是因为加入熟石灰后，溶液 pH 值增加，也可使铀与 Ca（OH）$_2$ 中的钙盐发生置换反应，生成 UO_2（OH）$_2$，促使铀微粒沉降，此过程中的反应如下[4]：[UO_2（CO_3）$_3$]$^{4-}$ + Ca（OH）$_2$→UO_2（OH）$_2$↓ + CaCO$_3$↓ + 2CO$_3^{2-}$，导致铀的浓度低国家排放标准；而加入过量的石灰乳，使得滤液中 U 浓度略高，当增加熟石灰的用量，导致 pH 增加，根据化学平衡移动原理，此时该反应会逆向移动，导致了铀的浓度略高，而 F^- 浓度随着熟石灰的加入量在逐步下降，当加入量为 35 kg 时，才低于控制标准为 9.58 mg/L。因此结合生产实际的成本问题和去除效果，选择石灰乳的加入量为 25 kg 时，除铀效果最好。

3.2 熟石灰和氯化钙的钙盐联合共沉淀除铀除氟效果研究

取 1.5 m³ 的吸附尾液于反应槽中，再加入相同质量的熟石灰，考察氯化钙的投入量对除氟除铀效果的影响（表 2）。

表 2 不同氯化钙加入量去除效果

处理体积/m³	加熟石灰量/kg	加氯化钙量/kg	沉淀后 U 含量/（$\mu g/L$）	沉淀后 F 含量/（mg/L）
1.5	25	8	12.25	13.26
1.5	25	10	10.58	10.21
1.5	25	12	9.58	3.64
1.5	25	14	25.68	5.63
1.5	25	16	42.25	10.11

由表 2 可知，随着氯化钙用量的增加，氟离子的浓度呈现逐渐下降的趋势。主要归因于采用钙盐联合沉淀的方式，氯化钙本身是很好的钙盐的沉淀剂，随着投入量的增加，导致氟离子和钙离子结合形成了氟化钙的石灰渣。除此之外，氯化钙具有良好的溶解性，加入低铀浓度含氟废水有效提高溶液中钙离子的浓度，同时可以引发同离子效应[5]。根据勒夏特列原理，在难溶电解质的饱和溶液中，加入相同离子的易溶强电解质，可以促进平衡向生成沉淀的方向移动。因此，当增加氯化钙的投入量时，提高了钙离子有效浓度，会使平衡向生成氟化钙的方向移动，从而起到强化除氟的效果。当保持加入熟石灰的保持不变时，氯化钙的投入量为 12 kg 时，除氟效果最优；当继续增加氯化钙用量时，氟离子浓度略有增加，可能原因是加入熟石灰和氯化钙后形成的石灰浆中，石灰粒子形成氢氧化钙胶体结构，颗粒极细（粒径约为 1 μm），比表面积很大（10～30 m²/g），导致过滤产生的氟化钙进入滤液，导致沉淀工序后废水中氟离子和铀离子含量部分变高，影响低铀浓度含氟废水的一次合格率。因此，借助絮凝剂加入需要过滤的吸附尾液中，达到快速聚集成大颗粒，才能有效进行过滤。

3.3 钙盐联合和聚丙烯酰胺（PAM）共沉淀效果研究

根据相关文献和实践经验，改善沉淀情况常用工业方法为添加絮凝剂，絮凝剂的作用是使细微悬浮物快速聚集成大颗粒从而沉淀，使细微粒子聚集；不使其因为电荷作用等因素而一直悬浮在溶液中，快速沉淀后，沉淀层在构成粗过滤层同时能加快过滤速度[6]。因此，取 1.5 m³ 的吸附尾液于反应槽中，再加入相同质量的熟石灰和氯化钙，考察不同投入聚丙烯酰胺（PAM）的对除氟除铀效果的影响，结果如表 3 所示。

表 3　不同聚丙烯酰胺加入量去除效果

处理体积/m³	加熟石灰量/kg	加氯化钙量/kg	加 PAM 量/g	沉淀后 U 含量/（μg/L）	沉淀后 F 含量/（mg/L）
1.5	25	12	50	35.21	12.01
1.5	25	12	100	21.05	9.11
1.5	25	12	150	5.26	3.89
1.5	25	12	200	4.29	3.25
1.5	25	12	250	3.26	2.51

由表 3 可知，随着聚丙烯酰胺絮凝剂投入量增加，石灰沉淀处理后合格排放废水中平均 [U]、[F⁻] 水平明显降低，主要原因是：采用钙盐联合沉淀和絮凝剂后，由于熟石灰和氯化钙提高了溶液中钙离子浓度与 [U]、[F⁻] 的反应更充分，同时引入絮凝剂，使细微悬浮物快速聚集成大颗粒从而沉淀，使细微粒子聚集，导致低浓度含氟废水中的离子留在氟化钙沉渣当中[7]，当聚丙烯酰胺絮凝剂投加量为 150 g 时，沉淀后 U 含量为 5.26 μg/L，沉淀后 F⁻ 含量为 3.89 mg/L，达到了最佳去除效果；而继续增加聚丙烯酰胺用量，去除效果不佳。因此，絮凝剂聚丙烯酰胺的最佳投入量 150 g。

4　结论

（1）采用熟石灰后，随着投入量增加，沉淀后 U 含量明显降低，而沉淀后 F 含量部分略高于国家排放标准，当熟石灰投入量为 25 kg 时，沉淀后 U 含量为 8.22 μg/L。

（2）通过采用熟石灰加氯化钙联合去除低铀浓度含氟水后，废水中氟离子浓度明显降低，主要原因是提高了溶液离子的中有效钙离子含量，根据同离子效应强化了除氟效果，当熟石灰投入量为 25 kg，氯化钙投入量为 12 kg 时，沉淀后 U 含量为 9.58 μg/L、沉淀后 F 含量为 3.64 mg/L。

（3）在优化熟石灰和氯化钙投入量工艺参数后，采用聚丙烯酰胺作为絮凝剂，使细微悬浮物快速聚集成大颗粒从而沉淀，提高了铀和氟离子的共沉淀的效果。当熟石灰投入量为 25 kg、氯化钙投入量为 12 kg、聚丙烯酰胺投入量为 100 g 时，沉淀后 U 含量为 5.26 μg/L、沉淀后 F 含量为 3.89 mg/L，效果良好，远低于国家二级排放标准。

5　今后展望

目前绿色环保理念已经纳入我国国家发展总体布局，在此形式下，各地排放指标日趋严格，核燃料循环作为核特有的含铀含氟废水更是地方政府监管的重中之重。根据上级监管提供的信息，含铀废水处理设施执行现行铀浓度排放指标为 0.05 mg/L，后续将调整为 1 Bq/L。通过统计近 10 年来的生产现场数据，排放废水中的平均 [U] ＝0.016 3 mg/L，排放废水虽然能满足 [U] ＜0.05 mg/L 的标准要求，但是如果后续将废水排放标准中的 [U] ＜0.05 mg/L 调整到 [U] ＜1 Bq/L，这样的要求对废水处理系统将是很大的挑战。因此，结合采用新工艺、新材料的应用保证后续排放废水铀浓度达标。根据废水处理系统具体情况，可以采取以下措施。

5.1　更换吸附性能更高效纤维树脂处理含铀废水

在离子交换环节采用吸附能力更加高效的纤维树脂，尽可能降低废水中的铀含量水平。近年来，核燃料行业所使用的 201×7 型阴离子树脂采用三塔串联吸附后，吸附塔尾液中的平均铀浓度已有所降低，但与同行业先进的工艺水平相比还有很大差距。目前，某同行已采用一种新型高效纤维树脂处理含铀废水，这种新型纤维树脂的吸附容量达 300 mg/g（201×7 型阴离子树脂吸附容量为 180 mg/g），经这种新型纤维树脂处理过的废水中的铀浓度可以达到 1 μg/L 以下；而通过这种新型纤维树脂在生产现场含铀废水处理的实验室小试结果来看，处理后废水中的铀浓度同样可以达到1 μg/L以下，因此该新型高效纤维树脂可以代替201×7型阴离子树脂在含铀废水处理系统中应用。

在经济性方面，虽然新型高效纤维树脂的成本较高，其单位价格是201×7型阴离子树脂的10倍，但是，采用将其置于现有的201×7型阴离子树脂吸附塔后端（图2），使含铀废水先经过201×7型阴离子树脂吸附塔吸附废水中大部分的铀离子，再经过高效纤维树脂塔进一步吸附废水中剩余的铀离子，这样延长了高效纤维树脂的再生周期，也相当于延长了纤维树脂的使用寿命，废水处理成本和现在采用的201×7型阴离子树脂相比变化不大。

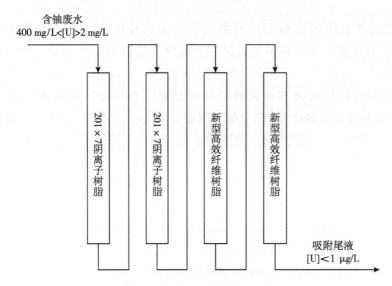

图2　吸附工艺后续改进流程

5.2　采用蒸发浓缩联合喷雾干燥工艺替代现在的石灰沉淀工艺

在含低铀浓度含氟废水沉淀工序，建议采用蒸发浓缩工艺替代现在的石灰沉淀工艺[7]，经过新型高效纤维树脂处理后产生的更低铀浓度的吸附尾液高氟浓水，首先进入MVR中进行蒸发浓缩处理，在蒸发浓缩过程中，定期对浓缩液取样分析，当浓缩液中总盐量达到30％时停止蒸发，进喷雾干燥塔进行固化处理。冷凝液取样分析合格后排放或回用。浓缩液经过喷雾器雾化后，与热空气接触直接固化，产生的固体废物经过旋风分离器进行收集，废气经过水沫除尘器处理合格后才可排放，实现废水节能减排，同时将得到的浓液经喷雾干燥后废渣存放，这样废渣产生量与采用石灰沉淀法所产生的石灰渣量相比也会大大减少，达到节能减排的目的，符合国家绿色发展理念。

蒸发浓缩工艺和喷雾干燥工艺处理低铀浓度的含氟废水的应用，同行核燃料已有规模化生产，取得了很好的处理效果。但是同行单位采用的蒸发浓缩和喷雾干燥工艺设备规模及处理量都比较大，一次性投入较高，运行成本高，可以根据企业自身废水产生量小的特点，开展蒸发浓缩小型化设备、喷雾干燥小型化设备在低浓度铀含氟废水工艺应用研究，找出适用于不同生产现场废水处理量现状的、更高效的生产设备，使废水处理各工序更加安全稳定有效运行，有效减少废水的后续排放量，促进节能减排的作用。废水工艺改进流程如图3所示。

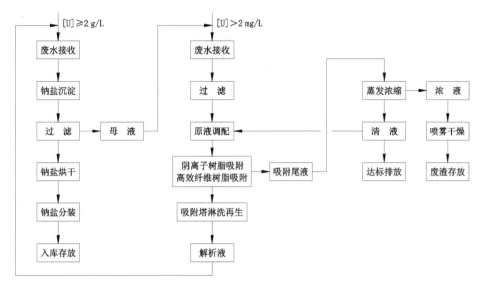

图3 废水工艺改进流程

参考文献：

[1] 国家环境保护局．污水综合排放标准［S］北京：中国计划出版社，1988：4．

[2] 张希祥，王煤段，段德智．氧化钙粉末处理高浓度含氟废水的实验研究［J］．四川大学学报（工程科学版），2001，33（6）：111－113．

[3] 郭晓东，许德杰．含铀废水工艺改进与应用［C］//中国核学会．中国核科学技术进展报告（第六卷）：中国核学会2018年学术年会论文集第6册（核化工分卷、辐射防护分卷），北京：中国原子能出版社，2019．

[4] 杨林娜，王婷，於进，等．钙沉淀法处理含氟废水的实验研究［J］．科技创新导报，2012（27）：4－5．

[5] CHANG C F，CHANG C Y，HSU T L．Removal of fluoride from aqueous with the superparamagnetiezirconimaterial［J］．Desalination，2011，279（1－3）：375－382．

[6] 张欣露，孙新华，于宝青．含氟混合酸制取氟化钙的研究［J］．无机盐工业，2011（6）：59－61．

[7] 刘宏江，李鹏，贺军四，等．含氟废水处理的机理和工艺流程的研究［J］．铜业工程，2012，118：81－84．

Research of calcium salt combined precipitation method in the treatment of low uranium concentration fluoride containing wastewater

XU Chen-yang, XUE Xiao-fei, WANG Qiang, XU De-jie

(CNNC Shaanxi Uranium Enrichment Co. , Ltd. , Hanzhong, Shaanxi 723600, China)

Abstract: Using the actual production site as the test environment, the effects of the amount of hydrated lime, the combination of hydrated lime and calcium chloride, and the different dosage of polyacrylamide flocculant on the treatment effect of low uranium concentration fluoride containing wastewater were studied; The optimal process parameters for treating uranium and fluorine containing wastewater by calcium salt combined precipitation and polyacrylamide as a new precipitant are proposed: when the amount of hydrated lime is 25 kg, the amount of calcium chloride is 25 kg, and the amount of polyacrylamide is 100 g, the U content after precipitation is 5. 26 ug/l, and the F content after precipitation is 3. 89 mg l. In addition, combined with the current situation of the actual wastewater treatment system, the future low uranium concentration fluoride wastewater treatment process is prospected, and new ideas and new processes are put forward.

Key words: Low uranium concentration fluoride containing wastewater; Calcium salt combined chemical; Precipitation method

某核化工厂 TBP-煤油循环工艺应用优化研究

王　震，黄宾虹，彭　涵，杨　薇

（中核四〇四有限公司，甘肃　嘉峪关　735100）

摘　要：有机相循环工艺是核化工领域减少放射性有机相废物产生的重要一环，在通用化工领域中具有降本增效、低碳环保、可持续发展的意义。本文以国内某核化工厂为例，系统研究了工业生产中有机相循环的建立及维持，创建了该核化工厂历史上首个有机相循环工程应用模型。此外，本文还分析总结了在工业运行中有机相的损失来源和关键问题，并提出相应解决方式，对后续有机相循环的建立和稳定运行具有一定的借鉴和参考意义。

关键词：核化工；有机相循环；调试运行；稳态建立；优化改进

在全力实现"碳达峰、碳中和"的背景下，核能资源的利用获得前所未有的机遇与挑战[1]。核能的利用主要是通过 U-235 吸收一个中子后发生裂变，释放出新的中子并放出热量，反应热产生高压蒸汽后透平推动涡轮进行发电。研究发现，核电单位质量的能量密度较高，但核燃料一次发电利用率仅为 0.6%，资源利用率较低，而且我国是一个"贫铀富钍"的国家，虽然我国钍资源丰富，但受制于资源开发受限，主要依赖进口，限制了我国核能事业的发展[2-4]。为实现核能资源的可持续利用，完善核燃料闭式循环模式，回收乏燃料中的铀、钍等核能资源，发展核化工工业后端处理技术势在必行[5-6]。

核化工工业属于放射性产业，以磷酸三丁酯为代表的萃取剂、煤油为代表的稀释剂在放射性核素萃取回收方面起到了举足轻重的作用。放射性核素提取过程中有机相的大量使用在无形中增加了放射性废物的运行及处理成本，而有机相循环工艺的出现有效解决了成本增长问题。但有机相循环工艺作为一个新式工艺，在长期运行中会出现诸多不稳定因素，仍需优化改进[7]。

以国内某核化工厂（简称"化工厂"）为例，在冷料调试过程中，因前期污溶剂精馏工序未运行，系统调试中加入大量有机相，导致系统内出现有机相积累问题，严重影响有机相的良好稳定运行。

为实现有机相的良好稳定运行，本文总结化工厂运行阶段出现的问题及解决办法，并得出结论。

1　有机相循环概述

以化工厂为例，其工艺采取精馏设施处理污溶剂（萃取后有机相）制备复用有机相，返回前端用于其提取工艺的萃取过程中。有机相循环路径如图 1 所示。

试剂配制工序为化工厂有机相的总输入口，开车阶段，试剂配制工序接收新鲜的有机相 TK30[30% 磷酸三丁酯-煤油（体积比）]、KE（煤油）和 TBP（磷酸三丁酯）用于一循环萃取工序、二循环萃取工序的萃取、补萃过程，二循环萃取工序运行完毕后的有机相部分在工序内部进行酸洗、碱洗后实现溶剂再生后复用，部分送至一循环萃取工序调料后进入一循环系统复用，复用后有机相部分在一循环萃取工序进行酸洗、碱洗后实现溶剂再生后使用，部分送至污溶剂精馏工序进入精馏塔，精馏后再生使用，最后重新用于萃取工艺，实现有机相循环。

作者简介：王震（1996—），男，硕士，助理工程师，现主要从事核废料处理等工作。

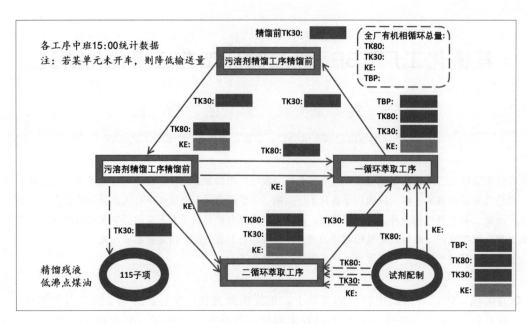

图 1 有机相循环示意

本文研究了化工厂调试阶段各工序有机相的循环情况,并对系统内有机相的存量变化进行研究,对有机相循环工艺在工业上的应用有一定的指导和参考意义。

2 有机相问题描述

冷试整改阶段,有一项重点工作是完成全部贮槽盖板的焊封,因此需提前将有机相储存至优先完成焊封的贮槽(一、二循环倒空槽、高位贮槽、污溶剂精馏工序贮槽),为防止操作过程中出现火灾危险,对有机相储存路径进行分析推演(表1)。

表 1 冷试整改期间有机相输送推演

工序名称	物料代号	可贮存体积	初始状态	转精馏储存	精馏处理后	转KE、转精馏	精馏处理后	系统憋料
一循环萃取工序	TK30	m	m1	m2	m3	m4	m5	m6
	KE	n	n1	n2	n3	n	n	n
二循环萃取工序	TK30	o	o1	o2	o3	o4	o5	o
	KE	p	p1	p2	p3	p	p	p
污溶剂精馏工序待精馏	TK30	q	q1	q2	0	q4	q5	q
污溶剂精馏工序已精馏	TK80	x	x1	x2	x3	x4	x5	x6
	KE	z	z1	z2	z3	z4	z	z

该过程中有机相输送方式如下:

(1) $o1 - o2 = q2 - q1$ 有机相自二循环萃取工序转入污溶剂精馏工序;

(2) $q2 = x3 - x2 + z3 - z2$ 污溶剂精馏工序污溶剂全部处理;

(3) $z3 - z2 = p4 - p3 + n4 - n3$ 精馏后煤油转入一循环分离工序、二循环分离工序高位贮槽,高位槽接满,污溶剂精馏工序煤油接收槽空出空间;

（4）o3 − o4 ＝ q4　有机相自二循环萃取工序转入污溶剂精馏工序；

（5）q4 − q5 ＝ x5 − x4 ＋ z5 − z4　污溶剂精馏工序处理污溶剂，煤油接收槽已接满，无法再接收煤油；

（6）m5 − m6 ＝ q6 − q5　污溶剂精馏工序污溶剂接收槽已满；

（7）x＞x6　m6＞m　最终状态。

经过推演后，最终状态为污溶剂精馏工序污溶剂、煤油贮槽全部转至满槽，二循环萃取工序有机相倒空贮槽、TK80、煤油高位贮槽、一循环萃取工序有机相倒空槽、TK80、煤油高位贮槽全部转至满槽，但一循环萃取工序仍余（m6 − m）TK30无处储存。且该条件下污溶剂精馏工序 TK80 仍余近半体积。根据推演结果，若不施加提前干预，有机相循环将在上述推演过程第六阶段彻底终止，系统停车。

经分析原因如下：冷试启动阶段，因污溶剂精馏工序设备调试问题未按计划开车，又因当时对有机相循环认识尚不清晰，做出了优先启动一循环、二循环萃取工序的决策，引入了过量的新鲜煤油，导致有机相循环一段时间后污溶剂精馏工序内部煤油严重积累，不仅破坏了精馏塔内 TBP 与煤油的平衡，还因煤油接收槽余量过小而限制了有机相的日常接收能力。整改阶段通过提出"转料—清洗—焊封"的思路解决该问题，但缺点是工期延长，并且生产线整体暴露出有机相严重不均衡的问题。

3　有机相循环

为解决系统内有机相严重不均衡的问题，保证系统内有机相良好稳定运行，进一步研究了有机相循环稳定的建立过程。

3.1　有机相循环的建立

有机相循环建立在各工序有机相出入平衡的基础上，如图 1、表 2 所示。

表 2　有机相循环输送

工序	一循环萃取工序		二循环萃取工序		污溶剂精馏工序	
	输入/m³	输出/m³	输入/m³	输出/m³	输入/m³	输出/m³
TK80	a		d			f
TK30	b	h		i	j	
KE	c		e			g

经过对系统内各股物流的流量计算，化工厂各工序间转料需要满足上表所示，即

① a ＋ b ＋ c ＝ h ＝ j ＝ f ＋ g

一循环萃取工序有机相输出体积等于输出体积，因一循环萃取工序有机相输出全部进入污溶剂精馏工序，故等于污溶剂精馏工序的输入与输出值。

② d ＋ e ＝ i ＝ b

二循环萃取工序有机相进出量守恒，输出后全部作为 TK30 进入一循环萃取工序。

生产线按上述流量控制料液输送，可实现有机相循环的动态平衡。在生产线运行过程中，因输送贮槽存在一定缓冲能力，可适当进行改变。以化工厂冷试阶段有机相循环为例，其运行过程中有机相输送情况如图 2、图 3 所示。

3.2　有机相循环的稳定

将一循环、二循环工序 TK80 接收量设为基准 1，由图 2、图 3 可知，在冷试阶段一循环萃取工序、二循环萃取工序有机相接收体积基本沿各有机相设计流量分布。工业运行中因系统中贮槽储存能

力大，缓冲能力较强，料液接收的可接受幅度浮动较大，如一循环萃取工序 TK80 接收量在 54%～170%内浮动，但通过后期调节接收体积可实现系统稳定运行。总体来说，固定有机相接收排放体积，有利于控制系统有机相进出料平衡，实现系统稳定运行。

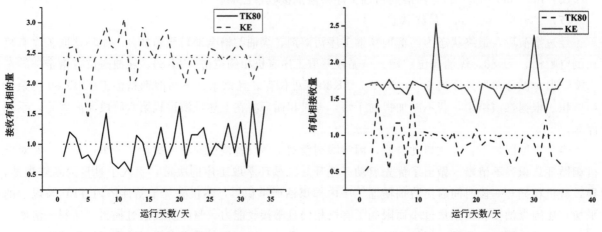

图 2　一循环萃取工序有机相接收示意　　　　　图 3　二循环萃取工序有机相接收示意

为确保有机相有序稳态循环，便于有机相管理，在冷试阶段，结合工业运行情况建立了有机相循环模型（图 1），规范了有机相的接收与外排过程，将有机相的接收、外排时间固定在 9：00 和 21：00，并做出规定每天 15：00 进行有机相接收、外排的统计和盘存，从而实现对系统有机相准确、有效监控。

如图 4 所示，因部分系统运行不可控，为维持有机相循环，各工序有机相（TK30）输送的总体趋势呈现出有机相接收相对于设计值遵循先低后高的运行规律，当前一批有机相低于系统循环要求的输送值时，下一批料液需要将前一批缺少量补足，从而维持有机相在各工序的存量稳定，实现动态平衡。

另外一循环萃取工序接收二循环萃取工序 TK30（2EWR）与一循环萃取工序外排至污溶剂蒸馏工序 TK30（污溶剂）基本呈现出相同的变化趋势，这是由于为维持系统内有机相稳定，当二循环萃取工序输送有机相低于外送体积时，一循环萃取工序需在保证有机相稳定的基础上，相应降低有机相通量，从而保证有机相满足系统循环要求。

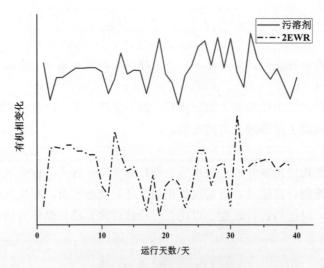

图 4　工序间 TK30 输送示意

4　系统有机相变化研究

有机相循环模型建立后，动态分析了冷试阶段 1 个月中有机相、TBP 和煤油总量变化，该阶段系统各有机相变化趋势如图 5 所示。由图 5 可知，该阶段有机相总量和煤油总量降低趋势明显，TBP 总量存在下降的趋势，但不明显。核化工工艺中，TBP 的损失少量来自 TBP 的水解和放射性射线作用下的辐射降解[5]。但在实际的工程运行中，有机相的损失工况复杂，难以只归结于有机相的化学反应。结合有机相在核化工厂工艺运行的一个月中的数据，总结出有机相的变化原因如下：

（1）除油后水相中有机相夹带情况；

（2）水相中混杂有机相及贮槽正常的相夹带（1.2‰）；

（3）有机相排放槽留底造成有机相体积虚高；

（4）有机相窜料，运行中部分窜料至倒空槽和水封槽；

（5）污溶剂精馏工序精馏后低沸点煤油和精馏残液的产生。

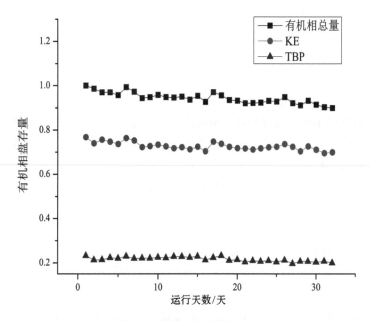

图 5　系统有机相存量示意

以下为对系统内有机相的存量分析：

（1）除油后水相中有机相夹带情况

化工厂中一循环萃取工序 1AW＋1AXXW（一循环萃残液）、1CU（一循环 1♯元素产品液）、1BP（一循环 2♯元素产品液）、2AW（2♯元素二循环萃残液）、2BP（2♯元素二循环产品液），二循环萃取工序 2DW（1♯元素二循环萃残液）、2EW（1♯元素二循环产品液）和 ILLW（废酸碱中放废液）为除油后水相夹带有机相的主要物流。由下文可知，水相中相夹带最大 TBP 量为 350 mg/L。

为减少水相夹带有机相损失量，保证废液蒸发工序稳定运行。提出外排贮槽留底思路，即外排废液时，剩余一定液位进行留底处理，不再外排，留底废液转至倒空槽分相处理并复用。另外，二循环萃取工序外排蒸汽喷射泵位于液位上方，当倒料排放至有机相界面时，因蒸汽喷射泵的固有特性，无法导出有机相，故对上述两个贮槽进行整改，将蒸汽喷射泵改至液下[8-9]，进行留底后倒空至倒空槽，防止有机相积累在排放槽，被夹带外排。该项整改工作已于冷试后整改期完成，且至今未发生因水相中有机相积累导致 TBP 超标排放现象，后续将长期观察运行效果。

（2）水相中混杂有机相及贮槽正常的相夹带（1.2‰）

化工厂工艺中大量使用脉冲萃取柱、混合澄清槽等萃取设备，萃取中易出现水相中有机相的夹带。萃取设备有机相入口、水相出口距离较近，当有机相流量较大时，有机相会随水相自水相出口排出，造成水相夹带严重。且根据前期试验得出结论，正常运行时，水相中夹带有机相约1.2‰。

为有效保证萃取设备的萃取效果，防止有机相流量过大，从水相出口流出，导致水相夹带有机相含量上升，研究后对各萃取设备有机相进口质量流量控制器进行更换，将原设计大量程的质量流量控制器更换成控制更精密的小量程质量流量控制器，更换质量流量控制器后，有机相控制更精密，流量控制更准确，能够有效解决上述问题。更换质量流量控制器涉及一循环萃取工序、二循环萃取工序共22个，本项工作已于冷试整改期完成更换，至今未再发生有机相被夹带出水相出口的异常。

（3）有机相排放槽留底造成有机相体积虚高

一循环萃取工序外排至污溶剂精馏工序有机相贮槽因初期外排控制不稳，造成有机相中夹带大量水相，经研讨前期试验后，对该贮槽进行整改。整改将有机相外排出口提至贮槽中下部，外排有机相时，水相在下部积累，不会误排至污溶剂精馏工序。有机相排出后剩余料液自下出口排出至倒空槽，倒空槽积累分相后进入一循环萃取工序溶剂再生系统处理复用。

（4）有机相运行中窜料，部分窜料至倒空槽和水封槽

有机相在转料或取样过程中，因密度较小，易被压缩空气夹带至呼排管线，进入水封槽，或窜料至倒空槽，造成盘存有机相体积降低。且该过程为一个长期过程，不易被发现。

化工厂多采用空气提升取样分析。空气提升的原理是把气泡作为气动活塞，推动管道内物质上升和扩大，形成相对介质密度更小的气液混合体，由此产生的浮力作为推动力而使液体上升[10]。气液混合体在气液分离罐进行气液分离，在本次调试阶段，由于空气提升开度设定过大，且取样系统排气所用的压空喷射器开度过大，造成气相夹带有机相至呼排管线，经呼排管线进入工艺尾气系统水封槽和倒空槽。

为解决上述问题，通过在控制系统操作盘台对空气提升和压空喷射器操作方式进行参数固化，窜料现象明显减少。

（5）污溶剂精馏工序低沸点煤油和精馏残液的产生

污溶剂精馏工序采用污溶剂精馏工艺处理有机相，其结果是产生少量精馏残液和低沸点煤油等废有机相，废有机相产生后，送至后端焚烧处理。本阶段污溶剂精馏工序精馏系统连续运行，连续产生精馏残液和低沸点煤油，此为系统有机相损失的一大来源。

因化工厂设施繁多，系统复杂，监管存在一定难度。为及时发现系统有机相损失，判断系统的运行状态，结合自前期试验以来的有机相盘存监控经验，在操作盘台后台增加监控程序，以实现有机相的实时动态监控。

该程序通过后台直接抓取液位与贮槽曲线，实时计算有机相体积，并以天为单位实时计算系统内盘存偏差，并计算有机相转料时产生的不明体积（简称"不明量"）及相应占比，以此判断系统内有机相状态，保证系统稳定运行。以一循环萃取工序动态监控程序为例（图6）。

2003年6月16日有机相动态监控													
子项	介质	起始点（L）	前一日存量（L）	当日存量（L）	总偏差（L）	日偏差（L）	日输入（L）	日输出（L）	日净输入（L）	总输入（L）	总输出（L）	总净输入（L）	不明量（L）	不明量占比（%）
103	KE													
	TBP													
	TK30													
	TK80													

图6　一循环萃取工序动态监控程序

5 有机相质量

通过以上措施，系统有机相得到稳定控制。通过复用有机相除油效果、TBP 降解状况对有机相质量进行研究，结果如下。

5.1 除油效果

冷试阶段，对有机相循环质量进行分析，各工序水相除油后有机相含量如图 7、图 8 所示。从图中可以看出水相中夹带 TBP 浓度基本稳定，前期因处于开车初期各工序除油后水相中 TBP 浓度相对较高，运行 1～9 个批次后，TBP 浓度基本稳定。如图所示，一循环萃取工序、二循环萃取工序在运行 30 个批次料液后，除油后水相中有机相含量基本保持在 100mg/L 以下，运行趋势基本保持稳定。这说明除油系统有机相经过 1 个月的循环后，有机品品质没有明显降低，除油效率能够满足设计给定要求（≤110 mg/L）。从侧面证实，通过上述举措对有机相进行监控管理，能够保证有机相在运行中的稳定运行，从而说明精馏处理后有机相能够满足萃取工艺对有机相的要求。

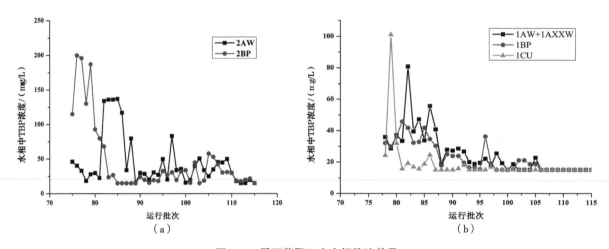

（a）   （b）

图 7 一循环萃取工序水相除油效果

（a）一循环萃取系统；（b）2#元素二循环系统

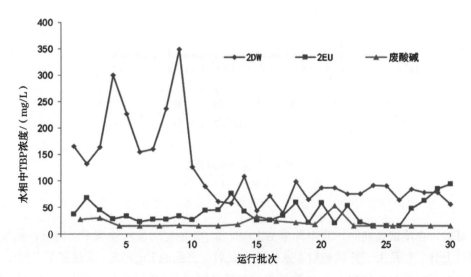

图 8 二循环萃取工序水相除油效果

5.2 降解状况

通过对一循环萃取工序外排至污溶剂蒸馏工序 TK30（污溶剂）降解状况在冷试期间和热试期间（属于同一批未进行置换的有机相）进行研究，对循环有机相质量进行研究，结果如图 9 所示。

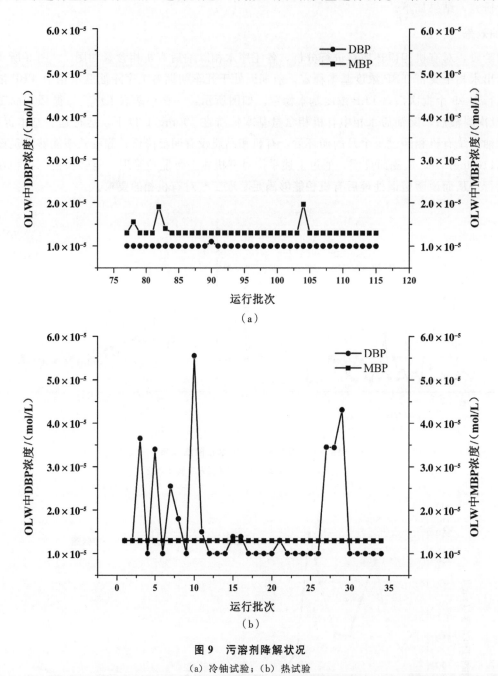

图 9 污溶剂降解状况

（a）冷铀试验；（b）热试验

注：DBP 浓度 1.0×10^{-3} mol/L，MBP 浓度 1.3 mol/L 为探测下限，不为准确值

由图 9 可知，在冷试验期间，TBP 降解后 DBP、MBP 浓度均位于检测下限附近，热试验后 MBP 浓度出现明显上升，这是由于热试验后，系统进入放射性更强的 Pu 元素，α 辐照下 DBP、MBP 的生成浓度随受照剂量率的增大而增大[11]。冷试阶段及热试阶段共运行 60 天，MBP、DBP 保持在同一数量级，这证明有机相精馏循环工艺能有效除去有机相中 TBP 的降解产物，且该阶段有机相中 DBP 最大浓度为 5.55×10^{-5} mol/L，远小于某厂一个运行周期的降解浓度，能够有效保证系统循环有机相满足工艺运行要求，且比较一次性通过工艺具有一定的优势。

根据上述质量分析，证实了有机相循环工艺能够满足工程运行所需要的投产条件，在下一步核化工应用中具有一定的发展潜力。

6 有机相运行总量研究

经过长时间的运行探索，化工厂系统开车后，一循环萃取工序、二循环萃取工序以当前有机相的体量可以满足有机相循环要求。污溶剂精馏工序最优运行状态为精馏前留存两批污溶剂，精馏塔中处理一批污溶剂，精馏后存有两批有机相为宜，此条件下可充分对运行工艺出现的异常工况进行缓冲。精馏前留存两批污溶剂，两批有机相的体积约占有机相贮槽的 1/2，既可应对因前端萃取工艺系统或设备问题导致无法及时输送原材料造成精馏工艺停车的情况，也可为精馏设备故障导致的前端贮槽料液堆积进行缓冲。同理，精馏后料液的准备也可及时应对上述工况。两批料液可为处理异常工况提供两天的缓冲时间，大大保障了系统开工率。

7 结论

通过冷试调试过程中对系统有机相循环的总结、归纳，形成以下结论：

对系统有机相循环进行研究，确定了有机相循环的基本运行模式，形成了一套适用于生产线动态管理的有机相循环模型，并经过长时间的有机相总量统计分析，形成了一套有机相总量的实时监控程序，程序布置于一线操作盘台，可实时监测系统内有机相的分布与损失，指导实施干预操作，调整系统状态，保证有机相在系统内的良性循环。

循环模型及管控程序的实施，固定了工序间有机相转料时间和转料方式，建立了化工厂后期运行所需要的有机相良性循环控制机制。通过模型和程序工具来加强有机相管控的方法，可有效保证有机相循环的系统性、规范性和稳定性，对后续有机相循环工艺在通用工业上的运用具有一定的参考意义。

参考文献：

[1] 余剑锋，顾军，李光亚，等．碳中和远景目标下我国核能高质量发展路径研究［R］．北京：中核集团战略规划部，2021．

[2] 姜巍，高卫东．低碳压力下中国核电产业发展及铀资源保障［J］．长江流域资源与环境，2011，20（8）：938-943．

[3] 郭邦杰，孔祥银，姜衡，等．全球钍资源分布特征与我国供应现状分析［J］．世界核地质科学，2023，40（2）：281-287．

[4] 李铮，刘春霞，陈姆妹，等．钍铀燃料循环水法后处理研究：238U 提取工艺［C］．中国核学会核化学与放射化学分会．第十三届全国核化学与放射化学学术研讨会论文摘要集，2014：52-53．

[5] 姜圣阶，任凤仪．核燃料后处理工学［M］．北京：中国原子能出版社，1995：148-153．

[6] 宋淼，王博，张宝钢，等．PUREX 流程中铀/钚分离用四价铀还原剂的制备［J］．当代化工，2023，52（3）：559-564．

[7] 冯文东，叶盾毅，王瑞英，等．放射性废有机相（TBP/OK）处理技术综述［J］．环境工程，2019，37（5）：92-98．

[8] 周常新，王孝荣，宋凤丽，等．TBP 萃取体系的辐射稳定性［J］．核科技进展，2010，3（8）：121-128．

[9] 李鑫，秦永泉，徐云起，等．后处理中试厂放射性流体输送设备应用总结［J］．核科学与工程，2013，33（2）：194-199．

[10] 郭一令，周五一，苏艳芝，等．低扬程空气提升泵的工作特性［J］．青岛理工大学学报，2013，34（3）：71-74．

[11] 丛海峰，李辉波，苏哲，等．30％TBP-煤油-HNO3 体系的 α 辐解行为 I．溶剂辐解生产 DBP/MBP 的规律［J］．核化学与放射化学，2013，35（4）：222-227．

Study on application optimization of TBP and kerosene cycle process in a chemical plant

WANG Zhen, HUANG Bin-hong, PENG Han, YANG Wei

(The Reprocessing Company of 404 Company Limited. CNNC, Jiayuguan, Gansu 735100, China)

Abstract: Organic phase cycle process is an important part of nuclear chemical process to reduce the generation of radioactive waste, and in the field of general chemical industry, it also has the significance of reducing cost and increasing efficiency, low-carbon environmental protection and sustainable development. Taking a chemical plant as an example, the establishment and maintenance of organic phase cycle in industrial production are systematically studied in this paper, and a model is established to guide the stable operation of organic phase cycle in industry. In addition, this paper also analyzes the source of organic phase loss in industrial operation, proposes early experience and lessons, and puts forward corresponding solutions, which has certain reference significance for the establishment and stable operation of organic phase cycle.

Key words: Nuclear chemical industry; Organic phase cycle; Debugging and running; Steady state establishment; Optimization and improvement

高铀有机相样品中亚硝酸含量的快速分析

熊超杰，付建丽，范德军

（中国原子能科学研究院，北京　102413）

摘　要： 本工作建立了一种紫外-可见分光光度法测量含高浓度铀的有机相（磷酸三丁酯/煤油）中亚硝酸含量快速分析的样品预处理与定量分析方法。通过对铀-硝酸-亚硝酸体系进行光谱特性研究，发现硝酸几乎不对亚硝酸的分析产生干扰，而铀对亚硝酸的分析产生干扰。因此，根据有机相样品中铀含量的不同，建立有机相中亚硝酸的分析流程。含有大量铀（70～90 g/L）的有机相样品经草酸反萃快速去除铀后，直接取上层有机相样品进行光谱测量，利用偏最小二乘法（PLS）对光谱进行解谱分析。本工作对谱图数据处理及建模方法进行优化，建立最佳的偏最小二乘法回归分析模型。将本工作建立的方法应用于铀浓度 70～90 g/L 的有机相样品中亚硝酸的含量分析，当亚硝酸浓度在 $2 \times 10^{-4} \sim 2 \times 10^{-3}$ mol/L 内时，该方法预测结果的相对不确定度≤10%，相对偏差在±5%以内。

关键词： 亚硝酸；铀干扰；紫外可见分光光度法；偏最小二乘建模

乏燃料后处理过程中，硝酸的光解和辐解会产生亚硝酸，在调节钚价态时，加入亚硝酸盐或通入 NO_2 气体也会在水相中产生亚硝酸。亚硝酸能够被 TBP/煤油萃取，当进行还原返萃钚时，有机相中亚硝酸能够与还原剂发生反应，影响钚的还原返萃，导致 1B 槽中铀、钚分离系数下降。因此，准确分析机相中亚硝酸的含量能够帮助优化工艺流程中萃取条件。

亚硝酸不稳定，容易分解，需要建立一种快速的分析方法以便准确测量有机相中亚硝酸的含量。现有亚硝酸根的分析方法主要有电化学分析法、色谱法、分光光度法、分子荧光法等，多应用于水相体系中亚硝酸的分析，在有机相中相关应用较少。荧光法是一种高灵敏度的亚硝酸分析方法，5-氨基荧光素与亚硝酸根发生重氮化反应，反应产物在碱性溶液中生成具有强荧光的偶氮化合物，用荧光光度计测定具有强荧光的偶氮化合物，从而得出亚硝酸根的量，缺点在于化学反应过程需要花费较长的时间[1]。分光光度法是一种广泛应用于乏燃料后处理的在线和离线分析方法[2-3]，目前已有相关文献报道使用紫外-可见分光光度法直接测量有机相中的亚硝酸，但未考虑有机相中存在其他成分的情况[4-5]。李丽等[6]采用分光光度法研究了有机相中铀、硝酸、亚硝酸的定量分析，当铀含量较高时，亚硝酸的分析误差较大（相对偏差＞20%），其主要原因是高浓度的铀的吸收峰严重干扰亚硝酸的特征峰，导致有机相中亚硝酸的定量分析更加困难。

本文旨在建立一种快速、准确分析高铀有机相中亚硝酸含量的分析方法，在去除有机相中的铀后，使用紫外-可见分光光度仪测量吸收光谱。利用偏最小二乘法进行建模分析，对谱图数据处理及建模方法进行优化，建立最佳的偏最小二乘法回归分析模型用于预测有机相中亚硝酸的含量。

1　实验部分

1.1　仪器与试剂

XAES-Ⅰ型 X 射线吸收边密度计：中国原子能科学研究院；AX205 型十万分之一精密分析天平：梅特勒-托利多国际有限公司；QEPro 光谱仪：蔚海光学仪器（上海）有限公司。

八氧化三铀成分分析标准物质（GBW04205），铀含量（84.711%±0.021%），核工业北京化工冶金研究院；磷酸三丁酯（TBP）、煤油、硝酸、亚硝酸钠、氢氧化钠、二水合草酸均为分析纯，国

作者简介：熊超杰（1993—），男，浙江宁波人，助理研究员，现主要从事放射化学分析科研工作。

药集团化学试剂有限公司；实验中使用的硝酸均为亚沸蒸馏后的硝酸，置于冰箱中低温保存；磷酸三丁酯和煤油在使用前经洗涤去除杂质。

实验中若无特别说明，使用的水均为 Mili‐Q 纯水系统生产的 18 MΩ·cm 纯水。

1.2 实验过程

1.2.1 有机相母液的制备与定值

（1）有机相相溶液制备

硝酸溶液：取一定量浓硝酸，按比例用去离子水稀释至 3 mol/L；然后用 30％TBP/煤油溶液（$o：w=1：1$）萃取制备有机相硝酸溶液。

铀溶液：称取一定量的八氧化三铀粉末于烧杯中，用去离子水润湿后，加入浓硝酸，加热溶解，然后蒸至近干，再用 3 mol/L 硝酸溶解并定容至所需体积；然后用 30％TBP/煤油溶液（$o：w=1：1$）萃取，制备有机相铀溶液。

亚硝酸溶液：称取一定量 $NaNO_2$，用 1 mol/L 硝酸溶液溶解并定容至所需体积，浓度为 0.1 mol/L；然后用 30％TBP/煤油溶液（$o：w=1：1$）萃取制备有机相亚硝酸溶液。得到的有机相亚硝酸母液用惰性气体保护，置于冰箱中低温保存。

（2）有机相溶液定值

有机相亚硝酸、硝酸经过量的 0.2 mol/L NaOH 溶液（$o：w=1：5$）反萃，反萃后水相 pH>7，可保证亚硝酸、硝酸被完全反萃（表 1）。取水相溶液用离子色谱法分析反萃后水相中亚硝酸、硝酸的含量，计算有机相溶液中亚硝酸、硝酸的含量。

有机相铀溶液的浓度采用 XAES‐Ⅰ型 X 射线吸收边密度计进行测定。

表 1　反萃后水相 pH 和亚硝酸的反萃率

pH	6.86	8.35	10.17	11.76	12.68
反萃率	95.5％	102％	100％	100％	101％

1.2.2 光谱测量

样品分析装置由氘卤钨灯光源、光谱仪、样品池等部件组成，利用光纤连接光源、样品室和光谱仪，实现样品的吸收光谱测量。在波长为 250～650 nm 以 30％TBP/煤油溶液为参比、光程 2 cm 采集样品的紫外可见吸收光谱图。

1.2.3 建立数学模型[7]

设被测溶液中有 k 种物质，浓度分别为 $c_i(i=1，2，\cdots，k)$，在某一波长 λ_m 处的摩尔吸光系数为 ε_{in}，根据 Lambert‐Beer 定律，在 λ_n 处的 A_n 吸光度为

$$A_n = \sum_{i=1}^{k} \varepsilon_{i,n} l c_i。 \tag{1}$$

式中，l 为比色皿的光程（单位：cm）。

在测量得到的吸收光谱图上选择 j 个具有代表性的波长，根据式（1）可以得到下列方程组，箭头右侧将方程组写作矩阵相乘的形式：

$$\begin{cases} A_1 = \varepsilon_{11}lc_1 + \varepsilon_{12}lc_2 + \cdots + \varepsilon_{1k}lc_k \\ A_2 = \varepsilon_{21}lc_1 + \varepsilon_{22}lc_2 + \cdots + \varepsilon_{2k}lc_k \\ \cdots\cdots \\ A_j = \varepsilon_{j1}lc_1 + \varepsilon_{j2}lc_2 + \cdots + \varepsilon_{jk}lc_k \end{cases} \Rightarrow (A_1 \quad A_2 \quad \cdots \quad A_j) = (c_1 \quad c_2 \quad \cdots \quad c_k) \begin{pmatrix} m_{11} & \cdots & m_{j1} \\ \vdots & \ddots & \vdots \\ m_{1k} & \cdots & m_{jk} \end{pmatrix}。$$

根据式（2）求解各组分浓度与光谱上所选波长的吸光度的关系式：

$$\begin{pmatrix} c_1 & c_2 & \cdots & c_k \end{pmatrix} = \begin{pmatrix} A_1 & A_2 & \cdots & A_j \end{pmatrix} \begin{pmatrix} a_{11} & \cdots & a_{k1} \\ \vdots & \ddots & \vdots \\ a_{1j} & \cdots & a_{kj} \end{pmatrix}. \tag{2}$$

配制 w 个不同浓度的标准样品，获得 w 个不同的浓度矩阵和对应的吸光度矩阵，根据最小二乘原理求解系数矩阵。

应用偏最小二乘（PLS）拟合算法对光谱数据进行处理，建立有机相亚硝酸含量与光谱之间的数学关系，PLS 建模流程如图 1 所示。

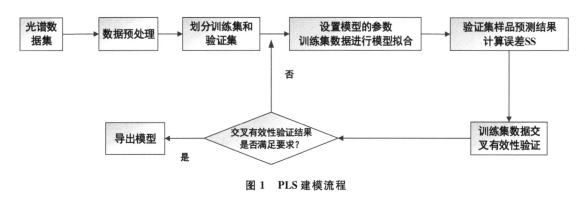

图 1　PLS 建模流程

2　结果与讨论

2.1　亚硝酸的紫外可见吸收光谱

图 2 为有机相亚硝酸的紫外可见吸收光谱，亚硝酸的特征吸收在 340～400 nm，最大吸收峰在 367 nm 处，本工作根据亚硝酸的特征峰的强度建立定量分析方法。

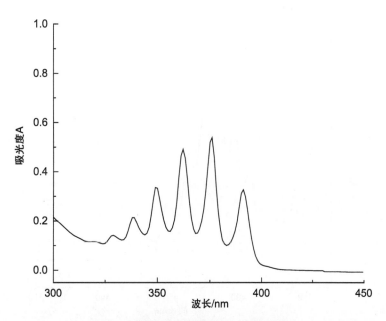

图 2　有机相亚硝酸的紫外可见吸收光谱

2.2　硝酸和铀对亚硝酸的紫外可见吸收光谱的影响研究

在后处理流程中，硝酸是普遍存在于有机相和水相中，因此需要考虑硝酸对亚硝酸测定的干扰。有机相硝酸溶液和有机相铀溶液的紫外可见吸收光谱如图 3 所示，主要吸收峰在 241 nm 和 287 nm

处，在 340 nm 后不存在吸收峰，认为对亚硝酸的定量分析干扰很小，在建模时可以不考虑硝酸对亚硝酸的影响。有机相铀的紫外可见吸收光谱图在 350～400 nm，铀的存在对亚硝酸存在严重的重叠干扰。

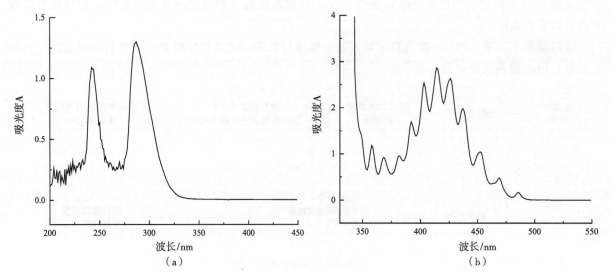

图 3 有机相硝酸溶液和有机相铀溶液的紫外可见吸收光谱

(a) 有机相硝酸溶液；(b) 有机相铀溶液

在 80 g/L 的有机相溶液中加入亚硝酸浓度直至 2×10^{-3} mol/L，测量混合溶液的紫外可见吸收光谱图（图 4），结果表明在高浓度铀的条件下，亚硝酸的峰被铀的峰彻底掩盖掉，尽管向溶液中加入亚硝酸，吸收光谱图几乎没有变化，这一现象对亚硝酸含量的准确分析造成极大影响。因此需要去除有机相的铀以保证亚硝酸的准确测量。

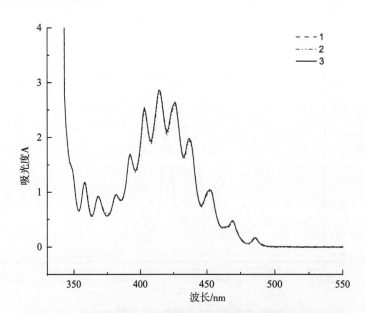

图 4 有机相亚硝酸—铀—硝酸混合样品的紫外可见吸收光谱

(1) c（U）＝80 g/L；(2) c（U）＝80 g/L，c（HNO_2）＝1.0×10^{-3} mol/L；

(3) c（U）＝80 g/L，c（HNO_2）＝2.0×10^{-3} mol/L

2.3 有机相溶液中铀的去除方法研究

采用酸类的萃取剂反萃去除有机相中的铀，经过试验比较，草酸能在去除有机相中大量铀的前提下，保证大部分的亚硝酸仍保留在有机相，反萃前后有机相中各组分的含量变化如表2所示。在反萃过程中，亚硝酸也会进入水相，亚硝酸是一种非常不稳定的活性化合物，在水相中极易分解，使得更多的亚硝酸从有机相进入水相，导致了有机相中亚硝酸的剩余量较低。

表 2　反萃前后有机相中各组分的含量变化

组分	反萃前有机相中的含量范围	反萃后有机相中的含量范围
U	$70\sim90$ g/L	$0.3\sim0.4$ g/L
HNO$_2$	$1\times10^{-4}\sim2\times10^{-3}$ mol/L	剩余 $60\%\sim70\%$
HNO$_3$	$0.2\sim0.3$ mol/L	<0.02 mol/L

含铀有机相经草酸反萃后紫外可见吸收光谱如图5所示，样品经处理后，在 290 nm 处存在强吸收峰，推测是由有机相中微量铀的络合物引起，向右延伸至 450 nm，亚硝酸的特征峰位于该峰的峰尾处。采用滤光片过滤 340 nm 之前的光信号，可更清晰地观察到亚硝酸的特征峰。

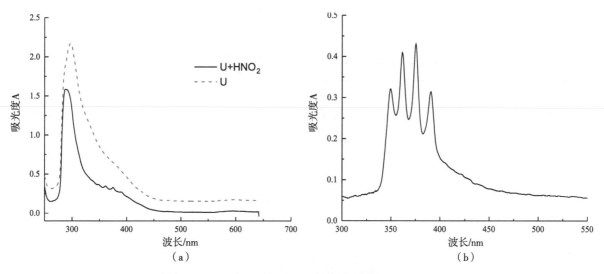

图 5　草酸反萃后有机相亚硝酸—铀—硝酸混合样品的紫外可见吸收光谱

（a）原始谱图；（b）340 nm 前经滤光片滤光的谱图

3　有机相中亚硝酸的数学模型建立及优化

3.1　建模数据集的获取

根据后处理工艺点 1AP 的样品中亚硝酸、铀、硝酸含量范围，有机相母液经过稀释分别制备浓度在 $1\times10^{-4}\sim2\times10^{-3}$ mol/L、$0.2\sim0.3$ mol/L 和 $70\sim90$ g/L 范围内的亚硝酸，硝酸和铀溶液。设计 3 因素 10 水平的正交试验以获取建模数据集。有机相样品经 0.5 mol/L 的草酸溶液反萃后，静置分层，取上层有机相溶液进行光谱测量。

3.2　光谱数据预处理方法的选择

3.2.1　选择波长区间

有机相亚硝酸的特征信号在 350~400 nm，选择该波段数据进行建模分析。

3.2.2 光谱数据预处理

采集样品的光谱时，存在高频噪声、基线漂移等噪声信息代入光谱，会影响吸收信号的强度与样品中各项指标的关系，直接影响回归方程的可靠性与准确性，因此，进行数据处理前必须对所获得的光谱进行预处理，主要通过 Savitzky–Golay 滤波法[9]对光谱进行平滑处理，采用基线拟合[8]或导数法降低或消除基线（或者背景峰）的干扰。

3.3 亚硝酸定量分析数学模型的验证

在各组分建模样品的浓度范围内随机选择亚硝酸和铀的浓度配制 10 个验证样品集，根据所建立的模型预测其中亚硝酸的含量，PLS 模型预测验证集中亚硝酸浓度的结果如表 3 所示。

表 3　PLS 模型预测验证集中亚硝酸浓度的结果

参考值/（mol/L）	预测值/（mol/L）	预测值 RSD（$n=6$）	相对偏差
9.56×10^{-5}	5.39×10^{-5}	12.90%	-44.0%
1.97×10^{-4}	1.88×10^{-4}	9.06%	-4.6%
4.00×10^{-4}	4.18×10^{-4}	3.41%	4.7%
5.98×10^{-4}	5.86×10^{-4}	8.26%	-2.0%
7.95×10^{-4}	7.77×10^{-4}	3.91%	-2.3%
9.98×10^{-4}	1.03×10^{-3}	1.16%	3.2%
1.20×10^{-3}	1.22×10^{-3}	1.93%	2.0%
1.50×10^{-3}	1.55×10^{-3}	2.33%	3.0%
1.80×10^{-3}	1.80×10^{-3}	0.89%	0
2.00×10^{-3}	2.06×10^{-3}	1.39%	3.0%

模型预测方法的检出限（LOD）可以用空白样品的预测结果（y_B）加上 3 倍的标准偏差（SD）来表示：

$$LOD = y_B + 3 \times SD。 \tag{3}$$

根据式（3）计算得到该方法的检出限为 6.80×10^{-5} mol/L，9.56×10^{-5} mol/L 接近方法的检出限，所以预测结果的相对偏差较大，其余值的预测结果相对偏差在 ±5% 以内，RSD≤10%，该模型具有较高的准确度，可以应用于样品定量分析。

4　实际样品分析

将建立的分析方法用于后处理流程 1AP 样品的分析。采用重加回收法对分析结果的准确性进行检验，亚硝酸的重加回收率在 85%～90%，具有较高的准确度（表 4）。

表 4　亚硝酸的重加回收率

样品编号	加入量/（mol/L）	测量平均值/（mol/L）	回收率
1	7.95×10^{-4}	6.87×10^{-4}	86.4%
2	1.02×10^{-3}	9.16×10^{-4}	89.8%
3	1.20×10^{-3}	1.02×10^{-3}	85.0%

5　结论

建立了紫外可见光谱法快速分析高铀有机相中微量亚硝酸的分析方法，通过草酸萃取的方式去除有机相中大量的铀等基体，应用偏最小二乘法建立预测模型实现有机相中亚硝酸的定量分析。模型预测的检出限为 6.80×10^{-5} mol/L，模型预测结果准确性高（与参考值的相对偏差在 5% 以内），测量重复性好（RSD<10%）。该方法取样量小、操作简便快速，实现了有机相中微量亚硝酸的快速、准确分析。相比于之前的工作，本文所建立的方法实现了高铀有机相中微量亚硝酸的快速分析，降低了亚硝酸测量的检出限，提高了测量结果的准确度。

参考文献：

[1] 钱红娟，吴继宗，张丽华，等，亚硝酸根荧光分析方法的研究及应用 [J]. 核化学与放射化学，2007，29（1）：8-14.

[2] VAN HARE D R, O'ROURKE P E, PRATHER W S. Online fiber optic spectrophotometry [R]. USA，1988.

[3] BURCK J. Spectrophotometric determination of uranium and nitric acid by applying partial least-squares regression to uranium (VI) absorption spectra [J]. AnalYtica Chimica Acta. , 1991, 254 (1-2): 159-168.

[4] QING SHENG W, YAPING D. Simultaneous determination of nitrates and nitrites by the derivative spectrophotometric partial least square method [J]. Journal of instrumental analysis, 1995, 14: 1-5.

[5] CABALEIRO N, CALLE I D L, GIL S, et al. Simultaneous ultrasound-assisted emulsification-derivatization as a simple and miniaturized sample preparation method for determination of nitrite in cosmetic samples by microvolume UV-vis spectrophotometry [J]. Talanta, 2010, 83 (2): 386-390.

[6] LI L, ZHANG H, YE G A. Simultaneous spectrophotometric determination of uranium, nitric acid and nitrous acid by least-squares method in PUREX process [J]. Journal of radionanalytical & nuclear chemistry, 2013, 295 (1): 325-330.

[7] SAKUDO A, TSENKOVA R, TEI K, et al. Comparision of the vibration mode of metals in HNO_3 by a partial least-squares regression analysis of near-infrared spectra [J]. Journal of the agricultural chemical society of japan, 2013: 70 (7): 1578-1583.

[8] SAVITZKY A. Smoothing and differentiation of data by simplified least squares procedures [J]. Analytical chemistry, 1964, 36: 1627-1639.

[9] ZHI-MIN Z, et al. Baseline correction using adaptive iteratively reweighted penalized least squares [J]. Analyst, 2010, 135: 1138-1146.

Rapid determination of nitrous acid in organic phase with high level of uranium

XIONG Chao-jie, FU Jian-li, FAN De-jun

(China Institute of Atomic Energy, Beijing 102413, China)

Abstract: A method based on UV-vis spectrophotometry for quick determination of HNO_2 in Organic Phase of U-HNO_3-HNO_2 is established. After research on the spectrophotometry of U, HNO_3 and HNO_2 in organic phase, it is found that HNO_3 has little interference on the determination of HNO_2 while the interference of U could not be neglected. Procedures for the analysis were developed according to the concentration of Uranium in organic phase. Sample with high level Uranium (70~90 g/L) was treated with oxalate solution, then the organic phase solution was taken for UV-vis spectral measurement. Partial least-squares regression is applied to the analysis of the spectrum. The work optimizes the spectral data processing and modeling methods, and establishes the best partial least squares regression analysis model. When the concentration of nitrite acid is in the range of $2 \times 10^{-4} \sim 2 \times 10^{-3}$ mol/L, the relative uncertainty of the prediction results of this method is $\leqslant 10\%$, and the relative deviation is within $\pm 5\%$.

Key words: HNO_2; Interfere of Uranium; Partial least-squares regression; UV-vis spectrophotometry

八氧化三铀粉末的回收改善研究

王美艳[1,2]，于露润[1,2]，刘　帅[1,2]

（1. 中核北方核燃料元件有限公司，内蒙古　包头　014035；2. 内蒙古自治区核燃料元件
企业重点实验室，内蒙古　包头　014035）

摘　要： 在实验室条件下，对废芯块与磨削渣氧化所得的八氧化三铀粉末的物理性能进行研究，之后经过小批量生产确定磨削渣氧化所得八氧化三铀粉末新的添加比例。经过物性的对比分析，确定磨削渣氧化所得八氧化三铀粉末的过筛率偏低，进而进行氧化工序的优化。之后在不同的添加比例下进行压制试验，通过试验数据发现，磨削渣氧化所得八氧化三铀粉末的添加比例可扩大至 20 wt％。

关键词： 八氧化三铀；物性；过筛率；添加比例

在二氧化铀芯块制备的过程中，会添加八氧化三铀粉末进行晶粒改善。现阶段，八氧化三铀粉末的来源，在生产线上分为两种，一种为废芯块氧化；另一种为磨削渣氧化。但是，废芯块氧化的八氧化三铀粉末的添加比例高达 30 wt％，而磨削渣氧化的八氧化三铀粉末添加比例则保持在 3～5 wt％。磨削渣氧化的八氧化三铀粉末添加比例过低，不能满足生产回收需求，且最终会在生产周期结束后产生大量的磨削渣剩余，造成存储压力，且不利于核材料的循环利用，影响核材料回收效率。

国内外的磨削渣使用现状为德国林根厂对磨削渣的处理主要是氧化成八氧化三铀粉末作为芯块制备的添加剂，添加比例不超过 5 wt％。而中核建中与我公司对磨削渣的处理方式主要有两种：第一种方式为氧化成八氧化三铀粉末作为芯块制备的添加剂，添加比例为 3～5 wt％。第二种方式通过湿法返料工艺处理制备成二氧化铀粉末，制备周期长，制备成本高。

在本次研究中，通过进行废芯块与磨削渣两种原材料氧化所得的八氧化三铀粉末物性的比对，进行物性差异的排查，确定差异的改善方法，完成磨削渣氧化工序的优化。进而研究不同添加比例对芯块制备的影响，确定新的添加比例，证明扩大至 20 wt％以上的添加比例，能够制备出满足要求的二氧化铀芯块。证明添加比例改善的可行性，并未将来大批量生产提供技术依据，实现八氧化三铀粉末回收添加比例不受限。

1　研究内容及结果

针对两种原材料氧化的八氧化三铀粉末物性进行比对区别，之后确定差异的改善方法，最终在实验室条件下进行磨削渣氧化的八氧化三铀粉末的不同比例添加试验，验证扩大添加比例的可行性。

1.1　物性差异比对

八氧化三铀粉末的来源分为两种，一种为废芯块；另一种为磨削渣。当二氧化铀被氧化成八氧化三铀时，体积变大，由废芯块或磨削渣转化为八氧化三铀时，必然会引起体积膨胀，使它们破碎成粉末状，由于烘干后的磨削渣接触空气的表面积更大，相比废芯块会破碎为更细的八氧化三铀粉末。废芯块与磨削渣两种原材料氧化所得八氧化三铀粉末过筛率对比结果如表 1、图 1 所示。

作者简介： 王美艳（1985—），女，山西晋中人，工学学士，核燃料元件制造工程师，主要从事核燃料元件制造过程中二氧化铀粉末及陶瓷芯块的生产及研究工作。

表1 废芯块与磨削渣两种原材料氧化所得八氧化三铀粉末过筛率

类别	样品编号	过筛率	类别	样品编号	过筛率
磨削渣氧化 八氧化三铀粉末	G-M-4.45-210531-01	92.76%	废芯块氧化 八氧化三铀粉末	GU_3O_8-4.95-21-015	98.33%
	G-M-4.45-210531-02	93.07%		GU_3O_8-4.95-21-016	98.52%
	G-M-4.45-210531-03	92.79%		GU_3O_8-4.95-21-017	98.61%
	G-M-4.45-210531-04	92.96%		GU_3O_8-4.95-21-018	98.48%
	G-M-4.45-210531-05	92.75%		GU_3O_8-4.95-21-019	98.66%
	G-M-4.45-210531-06	92.99%		GU_3O_8-4.95-21-020	98.58%

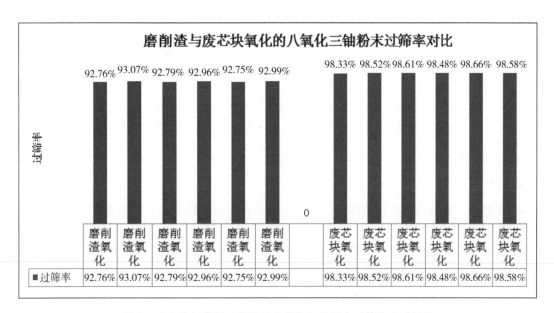

图1 废芯块与磨削渣氧化的八氧化三铀粉末过筛率比对结果

经过试验验证，磨削渣氧化所得的八氧化三铀粉末较废芯块氧化所得的八氧化三铀粉末的过筛率更小。这也是由于原材料本身物性的差异所导致的。磨削渣过高的表面致密度使其在氧化过程中与氧气接触不充分，形成了大颗粒。

1.2 差异改善

氧化工艺是将废芯块及磨削渣在温度400～600 ℃的氧化炉中进行为期3～6 h的氧化，使得废芯块与磨削渣中的二氧化铀在高温中与氧气发生化学反应，最终生成八氧化三铀粉末。

针对废芯块及磨削渣的本体物性差异，从氧化工艺中进行区分，增加1600～1800 ℃的高温烧结、团聚工序，改变磨削渣本体过细、过黏的特性，并增加破碎、筛分工序，减少存有氧化不完全的大颗粒。改善后的磨削渣氧化为八氧化三铀粉末的氧化工艺如图2所示。

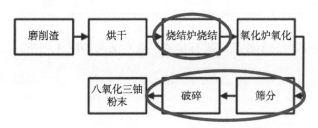

图2 改善后的磨削渣氧化为八氧化三铀粉末的氧化工艺

在实验室条件下再次进行两种原材料氧化所得八氧化三铀粉末的物性比对，并着重对两者的过筛率进行比对。结果如图3所示。

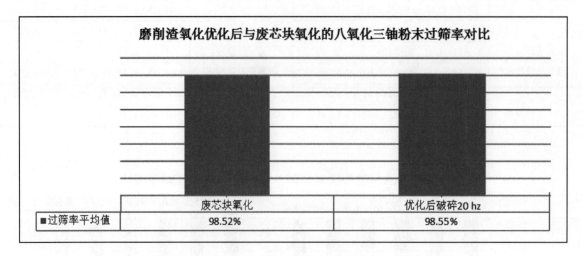

图3　优化后八氧化三铀粉末（渣）与八氧化三铀（块）粉末过筛率对比

由结果可知，两者的过筛率均在98％以上，物性几乎无差异。

1.3　添加比例

使用同富集度二氧化铀粉末、废芯块、磨削渣若干。使用原氧化工艺完成废芯块的氧化，使用改善后的氧化工艺完成磨削渣的氧化。

将氧化铀所得的两种八氧化三铀粉末加入二氧化铀粉末中。添加总比例为20 wt％，其中磨削渣氧化所得的八氧化三铀粉末的添加比例分别为5 wt％、10 wt％、15 wt％与20 wt％，进行芯块制备试验。添加比例的试验参数如表2所示。

表2　添加比例的试验参数

		试验1	试验2	试验3	试验4
UO_2粉末/wt％		80	80	80	80
磨削渣氧化的 U_3O_8粉末/wt％		5	10	15	20
废芯块氧化的 U_3O_8粉末/wt％		15	10	5	0
成型		生坯密度/（g/cm³）5.8～6.2			
烧结	烧结温度/℃	1600～1800			
	烧结时间/h	6			
	气氛	100％氢气			
	气体流量	≥600 Lpm			
磨削	磨削直径/mm	8.18～8.20			

对所制得的二氧化铀芯块的个性指标进行检验。检验结果如图4、图5、表3所示。

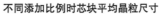

不同添加比例时芯块平均晶粒尺寸

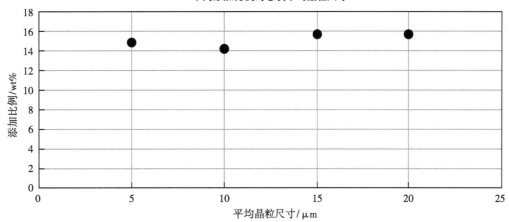

图 4 不同添加比例时芯块平均晶粒尺寸

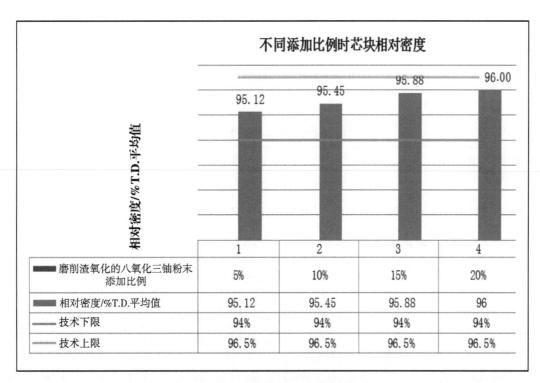

图 5 不同添加比例时芯块相对密度

表 3 芯块外观检测结果

八氧化三铀粉末（渣）添加比例	表面质量	直径/mm			高度/mm		
		最大	最小	平均值	最大	最小	平均值
5%	20 块全部合格	8.194	8.185	8.189	10.211	10.036	10.102
10%	20 块全部合格	8.198	8.182	8.192	10.062	9.696	9.869
15%	20 块全部合格	8.199	8.189	8.193	10.010	9.779	9.880
20%	20 块全部合格	8.199	8.188	8.193	9.900	9.671	9.784

由结果可知，将八氧化三铀粉末（渣）添加比例进行改变，不会对芯块直径、高度等造成影响。随着八氧化三铀粉末（渣）添加比例增大，相应的芯块晶粒尺寸有所变化，经详细分析，原因为实验

室的小型混料机的混料效果较差、单向压制力为 55 kN 左右，与正式生产线混料均匀、双向压制力上下的 30 kN 左右有差别，导致压制成型的芯块晶粒有偏差。

1.4 小批量生产验证

在生产线以 120 kg 的小批量进行磨削渣氧化所得八氧化三铀粉末的添加比例验证。小批量生产验证试验参数如表 4 所示。

表 4 小批量生产验证试验参数

类别		试验 1	试验 2	试验 3
批次大小/kg		约 120.0	约 120.0	约 120.0
磨削渣氧化的 U_3O_8 粉末/wt%		10	15	20
废芯块氧化的 U_3O_8 粉末/wt%		15	10	5
成型	生坯密度/（g/cm³）	5.8～6.2		
烧结	烧结温度/℃	1600～1800		
	烧结时间/h	6		
磨削	磨削直径/mm	8.18～8.20		

在完成制备后，对每个参数的芯块送样 20 块，检测晶粒度、表面质量、直径、高度和相对密度，检测结果如表 5、表 6、表 7 所示。

表 5 验证试验时芯块晶粒尺寸检测结果

八氧化三铀粉末（渣）添加比例验证试验	晶粒尺寸/μm			平均晶粒尺寸/μm
	边缘	中间	中心	
10 wt%	8.04	8.03	8.10	8.06
15 wt%	8.30	8.34	8.42	8.35
20 wt%	8.19	8.25	8.29	8.24

表 6 验证试验时芯块外观检测结果

八氧化三铀粉末（渣）添加比例	表面质量	直径/mm			高度/mm		
		最大	最小	平均值	最大	最小	平均值
10 wt%	20 块全部合格	8.193	8.186	8.189	10.189	9.789	10.035
15 wt%	20 块全部合格	8.191	8.185	8.189	10.192	9.855	10.019
20 wt%	20 块全部合格	8.195	8.189	8.192	10.136	9.959	10.062

表 7 验证试验时芯块相对密度检测结果

八氧化三铀粉末（渣）添加比例	相对密度/%T.D.		
	最大	最小	平均值
10%	95.26	94.78	95.07
15%	96.04	95.51	95.77
20%	95.31	94.94	95.12

根据试验结果，将八氧化三铀粉末（渣）添加比例进行改变，不会对芯块直径、高度等造成影响。随着八氧化三铀粉末（渣）添加比例增大，相应的芯块晶粒尺寸无明显变化，同时其相对密度也呈稳定趋势，且都在技术规定范围内，满足要求。

2 结论

在实验室条件下，确定磨削渣氧化的八氧化三铀粉末回收添加比例改善的关键影响，探索到了新的添加比例范围，可扩大至20wt%，制备出了合格的二氧化铀芯块，并经过了生产线小批量的生产验证，为后续大批量生产提供技术支持，得出以下结论：

（1）针对磨削渣氧化的八氧化三铀粉末粒度的缺陷，进行氧化工艺优化，解决了磨削渣氧化的八氧化三铀粉末过筛率较低的难题，保证了不同原料所得八氧化三铀粉末的物性一致性；

（2）在现有实验室及生产条件下，掌握了磨削渣氧化的八氧化三铀粉末大比例添加工艺，改变了添加比例受限的现状，为后续批量生产提供技术支持的同时，提高核材料利用效率。

国内外的添加比例现状均不超过5wt%，但是此次研究，可将添加比例扩大至20%，且技术自主可控。该工艺可以推广应用于其他核电燃料组件芯块制备中，大幅度提高核材料的回收利用。

致谢

从最初课题确定、方案讨论、试验实施、最终取得成果，历时10个月，感谢中核北方核燃料元件有限公司给予最大的支持，感谢我的团队辛苦的付出。本论文的完成并非终点，前路漫漫，在今后的工作和研究中我必将再接再厉，争取更大进步。

Research on improving the recovery of uranium trioxide powder

WANG Mei-yan[1,2], YU Lu-run[1,2], LIU Shuai[1,2]

(1. China North Nuclear Fuel co., LTD, Baotou, Inner Mongolia 014035, China; 2. Key Laboratory of Nuclear Fuel Element Enterprises in Inner Mongolia Autonomous Region, Baotou, Inner Mongolia 014035, China)

Abstract: Under laboratory conditions, the physical properties of U_3O_8 powder obtained from oxidation of grinding slag and waste pellets were studied, and then the new ratio of U_3O_8 powder obtained from oxidation of grinding slag was determined by small batch production. Through the comparison and analysis of physical properties, it is determined that the screening rate of U_3O_8 powder obtained from oxidation of grinding slag oxidation is low, and then the oxidation process is optimized. Then the pressing experiment was carried out under different addition ratios. The experimental results show that the addition ratio of U_3O_8 powder obtained from grinding slag oxidation can be expanded to 20wt%.

Key words: U_3O_8 powder; Physical properties; Passing rate; Add Scale

基于 CFD 仿真的低放废液蒸发器流体分布
均匀性与传热性能优化研究

闫振星，马海桃，郭未希，马晓敏，王　欢

（中核第七研究设计院，山西　太原　030000）

摘　要：本文针对某低放废液自然循环蒸发处理系统存在的低效问题，利用计算流体动力学（CFD）软件对蒸发器加热室进行了数值模拟。模拟结果表明加热室侧向进料造成换热列管间的速度与温度分布不均匀，进而导致部分管段传热低效。针对该结构缺陷，研究总结了外热式自然循环蒸发器换热管内的流动和传热规律，选取三种几何构型对蒸发器加热室进行优化，并通过数值模拟进行仿真分析，使温度与速度分布均匀性有了显著提高，进而增强了换热效率。

关键词：自然循环蒸发器；加热室；数值模拟

核设施的运行、退役工作中产生大量的低放射性废水[1]。为了保护环境和人类健康，这些低放射性废水必须经过安全、经济和有效的处理。我国核设施产生的低放废液一般采用絮凝沉淀、蒸发和离子交换的处理工艺[2-3]。其中，蒸发浓缩法具有净化系数较高、灵活性较大、工艺成熟等优点，是整个废液处理过程的核心工艺。

1　自然循环蒸发器的原理和应用

我国核工业某低放废液（放射性浓度 $\Sigma\beta \leqslant 4.0 \times 10^4$ Bq/L，总含盐量不超过 2.0 g/L）蒸发系统采用外热式自然循环蒸发器[3]，其主要由加热室和分离室两部分组成，加热室与分离室间由连通管、上循环管和下循环管共同连接。加热室列管内液体经蒸汽加热蒸发沸腾，形成气液混合物，其密度低于分离室底部液体密度，从而形成密度差，该密度差作为自然循环蒸发的推动力，使得液体沿着下循环管进入加热室蒸发，通过上循环管进入分离室进行气液分离，将分离后的液体进行循环蒸发[4-5]。

为进一步提升该自然循环蒸发器的传热效率，本文利用 comsol Multiphysics 6.0 与 ANSYS FLUENT 2021R1 从流体力学角度进行二维流体数值模拟，分析原入口结构对蒸发器加热室内各列管流体流态的均匀性及传热性能的影响。并通过比较不同结构参数下流速与温度的变化趋势，对加热室进行结构优化，以提升其传热效率，其对提高蒸发器整体使用性能具有较大的实际价值。

加热式蒸发器示意如图 1 所示。

2　蒸发器数值模拟分析

2.1　加热室仿真模型的建立

该蒸发器分离室料液经下循环管流入加热室，料液在管程内蒸发形成热溶液后经上循环管进入分离室。为直观表达加热室内料液的情况，截取上下循环管之间的加热室部分进行数值模拟分析。加热室实际尺寸与建模尺寸如图 2 所示。在入口段延长了计算区域以保证流体充分发展，换热管规格为直径 25 mm、壁厚 4 mm，换热管长度为 $L=3396$ mm，鉴于模型较为复杂，考虑到计算时间成本与模型精度，建立二维剖面模型进行分析。

作者简介：闫振星（1996—），女，吉林松原人，硕士研究生，助理工程师，现主要从事核燃料转化设计工作。

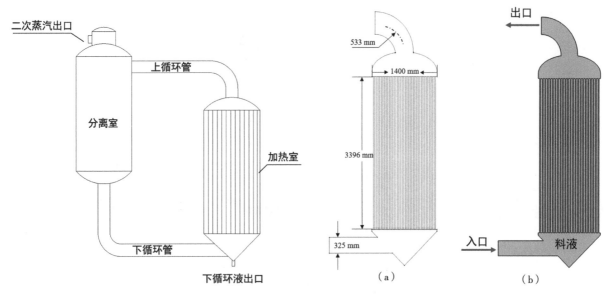

图 1　加热式蒸发器示意

图 2　加热室实际尺寸与建模尺寸

（a）模型尺寸；（b）模型设置

蒸发系统工作参数为：入口速度 $v_0 = 0.318$ m/s，入口温度 $T = 371.15$ K，加热管壳程温度 $T = 386.15$ K。根据实际情况，采用低雷诺数的 k-ε 湍流模型，加热室模型的进口选择速度入口边界条件，出口选择压力边界条件，管内介质为不可压缩流体，模拟得出加热室内的速度场与温度场的分布情况。

考虑到温度和速度在管内壁形成的边界层，划分网格时需要在靠近管壁处细化网格，整体网格划分如图 3 所示。

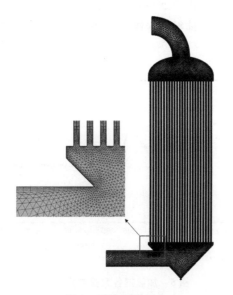

图 3　整体网格划分

2.2　仿真结果模拟分析

图 4 为蒸发器加热室内流体的速度与温度分布。从图中可知，靠近管中心处流体的流速较高，而近壁面处流体流速较低。这是由于流体黏性的作用在管壁处形成速度边界层。而由于加热室入口处的结构影响，造成局部湍流与流动死区，靠近加热室入口处加热管的流速明显低于其他加热管。

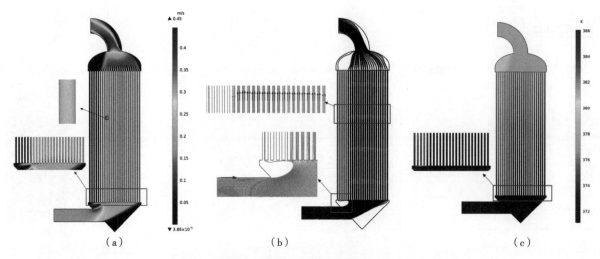

图4 蒸发器加热室内流体的速度与温度分布

(a) 速度分布云图;(b) 速度流线图;(c) 温度分布云图

从温度分布云图可知,由于壳程饱和蒸汽的加热,加热室内各列管内料液温度沿着流动方向明显增加,加热室各列管内流体的速度从下到上呈现递增趋势,这是由于温度的增加驱使加热管内液体密度减小,体积不断膨胀,进而促使压强减小,流动速度逐渐增加。加热管横截面存在温度差异,靠近加热室入口处各列管温度明显高于其余列管,这是由于流速的降低导致传热时间的增加,进而提升了管内温度。

为更好地表征加热室列管的速度和温度变化,我们在距管底部为 40 mm 与 3000 mm 位置创建截线,以各个开孔中心到左侧壁面距离为横坐标,对应点处流体的流速和温度为纵坐标,表征换热管管内流体的流速和温度的变化曲线图。由于加热室结构的缺陷性,导致左侧列管的速度低于其他列管,温度高于其他列管。进而导致管内流体循环量降低,导致部分管段传热低效,使蒸发器整体传热性能衰减(图5)。

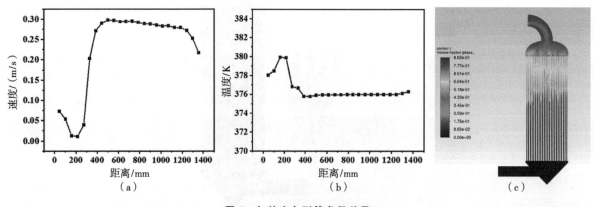

图5 加热室各列管参数差异

(a) 速度分布;(b) 温度分布;(c) 蒸汽相分布云图

2.3 加热室结构优化

从以上分析可知,加热室与下循环管的连通处结构缺陷造成该位置的流体出现涡流与流动死区,影响了加热室内流体速度和温度分布的均匀性。因此,考虑在原有加热室结构上通过增设分布板、改变下循环管连接方向及在下循环管入口位置处增设分布板3种方案进行结构优化,不同改进结构如图6所示。

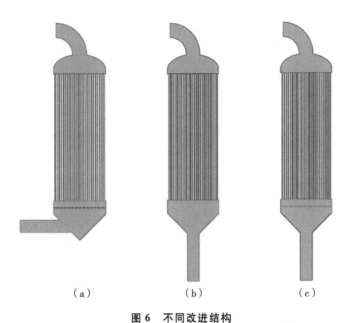

图6 不同改进结构

(a) 增设分布板；(b) 改变入口位置；(c) 改变入口位置＋分布板

在3种不同的结构设计上选取列管同一截线，其速度分布云图如图7所示。加热室入口结构的不同影响了内部料液的流动情况，由图7a可知，在原有结构上增设分布板流体分布均匀性有了一定改善，但加热室内左侧加热管的流体流速仍然偏低，效果不明显。改变加热室下循环管入口方向后，加热室内左侧加热列管流体分布有了更明显的改善，但管内出现明显偏流现象（图7b）。在考虑改变下循环管入口位置同时增设分布板后，加热室内左侧列管流速有显著提升，各加热列管流速均匀性也得到显著提升（图7c）。

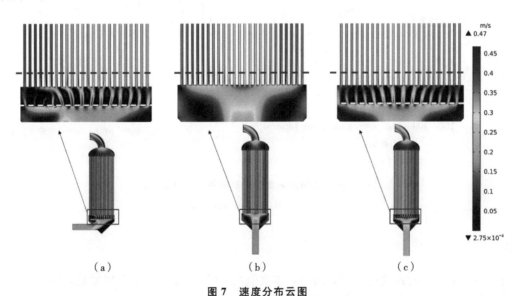

图7 速度分布云图

(a) 增设分布板；(b) 改变入口位置；(c) 改变入口位置＋分布板

3种方案的温度分布云图如图8所示。从图中可知，结构改变后的加热室温度场明显比原温度场温度分布更加均匀，局部温度过高的情况得到明显改善。但前两种方案温度在加热室出口处仍存在温度分布不均匀现象，当在入口位置改变基础上增设分布板，加热室内温度分布均匀性显著提高。

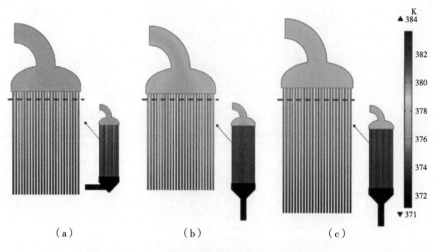

图8　温度分布云图

（a）增设分布板；（b）改变入口位置；（c）改变入口位置＋分布板

而后我们在图7和图8虚线所示位置以各列管中心到左侧壁面距离为横坐标，对应点处流体的流速与温度为纵坐标，做截面分析各改进结构内流速和温度的差异。3种几何结构换热管管内流体的流速和温度变化曲线如图9所示。从图中可知，3种方案中，在对加热室下循环管入口位置与增设分布板两方面进行改变的结构，各加热列管流速与温度波动范围更小，（c曲线）流态更为均匀。

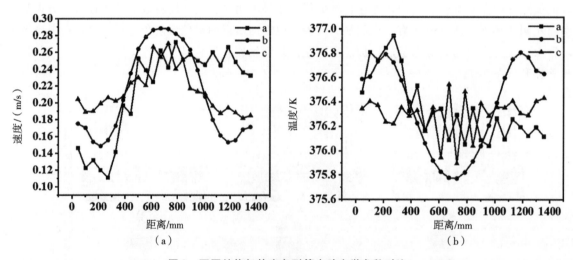

图9　不同结构加热室各列管内动力学参数对比

（a）速度对比；（b）温度对比

3　结论

针对某核工业原蒸发系统传热低效问题，本文使用CFD仿真技术对蒸发器加热室建立二维模型，对其内部流体的速度场、温度场的分布情况进行分析，得出如下结论：

（1）加热室与循环管连接处出现了涡流与速度死区，当设备使用运行时，流体分布的不均匀性导致加热室局部温度过高，该处结构的缺陷影响蒸发器整体使用效率。

（2）针对该结构缺陷，对加热室入口处进行改进。分析不同入口结构对换热管内流速及温度的影响发现，对加热室入口位置进行改变并增设分布板可使料液分布均匀、各列管间温度稳定，进而提高蒸发器换热效率。

参考文献：

[1] 谌德强，陈霞，薛宏鹏，等．低放废液蒸发浓缩过程中结垢性能影响因素分析 [J]．广州化工，2018，46 (9)：51-54.

[2] 任红平．铀浓缩蒸发器改进措施研究 [J]．化工管理，2020，(6)：161-162.

[3] 杨凌波．自循环式薄膜蒸发器流场特性数值模拟 [J]．工业安全与环保，2010，36 (12)：19-21.

[4] 宋玉乾，朱盈喜，李绪平，等．关于低放废液蒸发处理工艺优化改进探讨 [J]．环境与可持续发展，2015，40 (1)：187-189.

[5] 石留帮，李庆生，牛晓娟．自然循环外加热式蒸发器二维数值模拟及其性能分析 [J]．轻工机械，2012 (6)：23-30.

Optimization of fluid distribution uniformity and heat transfer performance in low-level radioactive waste water's evaporator based on CFD

YAN Zhen-xing， MA Hai-tao， GUO Wei-xi，
MA Xiao-min， WANG Huan

(CNNC No. 7 Research and Design Institute Co. , Ltd. , Taiyuan, Shanxi 030000, China)

Abstract： This paper aimed at the low efficiency problem of a low-level liquid waste natural circulation evaporation treatment system. The heating chamber is taken as the research object, and the RNG k-ε turbulence model used to simulate the heating chamber of the evaporator by using the computational fluid dynamics (CFD) . The simulation results show that the lateral inlet causes the uneven distribution of velocity and temperature between the heat transfer tubes, which leads to low heat transfer efficiency in some tube sections. Focusing on the structural defects, fluid flow and heat transfer regularity in the heat exchange tube of the external heat natural circulation evaporator are studied and summarized. Three geometrical models are selected to optimize the structural modification of the heating chamber, and the simulation analysis is carried out by numerical simulation. The uniformity of temperature and velocity distribution is improved significantly.

Key words： Natural-circulation evaporator； Heating chamber； Numerical simulation

放射性废树脂等离子体气化熔融过程中 Cs 分布的热力学研究

曹伦秀，晁　楠*，矫彩山，李耀睿，张　萌

（哈尔滨工程大学核科学与技术学院，黑龙江　哈尔滨　150001）

摘　要： 通过热力学平衡计算方法，揭示了放射性废树脂等离子体气化熔融过程中 Cs 的迁移规律。利用 HSC 计算了 Cs—C—O、Cs—S—O、Cs—N—O 3 种体系中稳定相的组成及其高温下稳定相中 Cs 的释放行为，同时研究了放射性废树脂在 100～1800 ℃下等离子体气化熔融处理过程中的 Cs 的平衡分布。计算结果表明，在 1000 ℃空气气氛下，Cs_2CO_3、Cs_2SO_4、Cs_2O 被确定为每个系统的稳定相。在高温下 Cs_2SO_4 是最稳定的相，而 Cs_2CO_3 会部分分解，$CsNO_3$ 会完全分解。在废树脂等离子体气化熔融过程中，39.62％的 Cs 以 Cs（g）、CsOH（g）和 Cs_2SO_4（g）的形式释放到气相中，剩余 63.08％的 Cs 以硅铝酸盐的形式被固化在玻璃体中。并通过与部分文献结果对比，证明了热力学计算的准确性。本研究为实际放射性废树脂等离子体气化熔融处理项目中减少 Cs 元素的排放和尾气吸收装置的设计提供指导。

关键词： 放射性废树脂；等离子体气化；热力学计算 ；Cs

2021 年底召开的全国能源工作会议将"积极安全有序发展核电"作为重点任务。放射性废物的处理与处置是放射性废物安全管理的瓶颈技术，制约着核电事业的可持续发展。放射性废树脂作为核电生产过程中典型的难处理固相有机废物，如何将其高效降解一直是放射性废物处理领域重点关注的课题。现有的放射性废树脂处理方式主要以水泥固化填埋和焚烧为主[1]。水泥固化法作为传统的废树脂处理技术，工艺简单、操作方便，但固化体增容仍是废树脂水泥固化的主要缺点[2]。焚烧法的优点是减容比大，可使废树脂无机化，但尾气处理较为复杂[3]。等离子体气化熔融技术既能极大地消减放射性废物体积，又不会带来二次污染，被视为处理放射性废树脂最有效的手段之一[4]。

等离子体气化熔融处理放射性废树脂是指由等离子体矩产生的电弧将空气等离子体化，产生的高温缺氧环境使放射性废树脂裂解成一氧化碳和氢气等低分子可燃性气体和无机化合物，在高温下无机化合物转变为液相物质，最后冷却形成致密玻璃体的过程[5-6]。由于等离子体气化熔融时温度较高，容易导致废树脂中挥发性核素 Cs 转移到烟气中，增大后续尾气处理难度，所以等离子体气化熔融处理放射性废树脂过程中 Cs 的挥发行为是需要关注的重点问题[7]。等离子体气化熔融处理过程是一个多相多组分系统的化学反应过程系统，涉及多相（固、液、气）流动、传热、物种输运、均相和非均相化学反应（蒸发、脱挥发、炭气化、气相反应）。整个等离子体反应过程速率快，中间产物复杂，大多情况下无法通过直接测量得知反应过程和中间产物的准确信息，很难通过具体的实验来了解等离子体气化熔融过程中 Cs 的挥发行为。因此，本研究使用热力学模拟计算的方法研究放射性废树脂等离子体气化熔融过程中 Cs 的迁移规律。

许多研究人员对放射性废树脂热解过程中的 Cs 的挥发行为进行了实验研究。Scheithauer 等[8]对掺杂 Cs 的阳离子交换树脂进行热解实验，发现 Cs 挥发的临界温度是 650 ℃。Antonetti 等[9]对掺杂

作者简介： 曹伦秀（1999—），男，湖南岳阳人，硕士研究生，现主要从事放射性废物处理科研工作。

基金项目： 中国辐射防护研究院平台开放基金（CIRP‑CNNCRPTKLJJ003）；黑龙江省自然科学基金（LH2022E037）；国家自然科学基金（12205065）。

Co 和 Cs 的阳离子交换树脂在 350 ℃、385 ℃、400 ℃、450 ℃和 550 ℃ 5 个温度下在氮气气氛下进行了 30 分钟的热解实验，证明当温度在"临界温度"（400 ℃）以上，Cs 不可能 100％残留在树脂的固体残留物中。Yang 等[10]利用等离子体弧熔融炉处理模拟放射性废树脂，研究 Cs 的挥发特性，试验结果发现一部分 Cs 挥发到烟气中，同时废物的组分及核素的初始浓度不同，对核素在固化体及烟气中的分布有一定的影响。综上所述，目前对放射性废树脂等离子体气化熔融处理过程中 Cs 挥发的研究主要集中对废树脂热处理实验研究，揭示高温下存在的 Cs 挥发行为，对放射性废树脂等离子体气化熔融处理过程中 Cs 平衡分布缺乏深入的研究。而掌握高温下 Cs 的稳定相和等离子体气化熔融过程中 Cs 的平衡分布，能揭示 Cs 的迁移规律，有利于更好地阐述废树脂等离子体气化熔融处理过程中 Cs 的挥发行为。

本文利用热化学程序 HSC Chemistry，确定了高温下 Cs 的稳定相组成及其稳定性，废树脂等离子体气化熔融过程中 Cs 的平衡分布，同时预测了废树脂等离子体气化熔融过程中 Cs 向大气中的释放率。这项工作的结果将为改进尾气处理系统和优化操作条件提供理论依据，为减少废树脂等离子体气化熔融处理期间 Cs 的排放提供技术支持。

1 原料和研究方法

1.1 废离子交换树脂

本文研究中所用于模拟计算的废树脂为负载 Cs^+ 的磺酸型苯乙烯阳离子交换树脂[11]。废树脂的各元素的分析量（按干燥基）如表 1 所示。

表 1 废树脂的各元素的分析量　　　　　　　　　　　　　　　　　单位：wt％

C	H	O	N	S	Co	Cs	Sr
45.6	4.3	13.8	7.5	13.8	2.5	3.2	2.7

使用树脂主要组成元素 C、H、O、N、S 和所关心的放射性核素 Cs 进行废树脂等离子体熔融处理过程中 Cs 挥发的模拟计算，对于不与 Cs 发生反应的其他放射性核素，本文的计算过程中不予考虑。

1.2 热力学平衡计算方法

为了更好地了解 Cs 的迁移规律，本研究采用 HSC 计算高温下 Cs 元素的稳定相组成和放射性废树脂等离子体气化熔融处理过程中 Cs 的平衡分布。HSC 拥有超过 20 000 种无机物的热力学性质详细数据库和 22 个计算模块，适用于不同的应用[12-13]。本研究采用 TPP 和 equilibrium compositions 两个模块，分别计算体系内的相稳定性和等离子体气化熔融过程中 Cs 的平衡组成。

为了使热力学计算更贴近等离子体气化熔融过程，本研究将废树脂等离子体气化熔融过程划分为 3 个阶段，分 3 步进行热力学计算，计算模型如图 1 所示，假设压力为 1 atm，模拟温度为 100～1800 ℃，分 3 步进行热力学计算；①第一步为等离子体热解阶段，这一过程主要考察有机物热解为无机物的过程。计算 100～800 ℃时有机物热解过程中 Cs 释放的平衡分布。②第二步为等离子体气化阶段，计算 800～1200 ℃气化过程中 Cs 在气固两相中的平衡分布。③第三步为等离子体熔融阶段，计算在 1200～1800 ℃下随着玻璃体添加剂的加入，Cs 迁移至硅铝酸盐中的平衡分布。

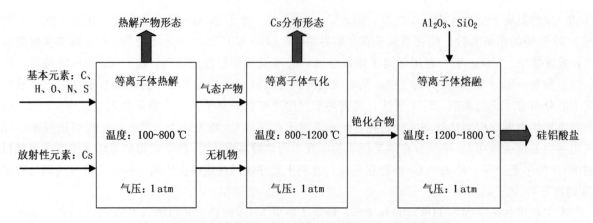

图 1　模拟废树脂等离子体气化熔融处理热力学平衡计算模型

氩气气氛下热力学计算模型的初始输入条件如表 2 所示，假设气氛为氩气，玻璃添加剂由 SiO_2 和 Al_2O_3 组成。

表 2　氩气气氛下热力学计算模型的初始输入条件　　　　　　　　　　单位：kmol

元素	C	H	O	N	S	Cs
组成	3.800	4.300	0.860	0.540	0.430	0.024

2　结果分析与讨论

2.1　Cs—C—O 系

图 2 为 100～1200 ℃下 Cs—C—O 体系中的 Cs 稳定相图。由图 2 可知，在 800 ℃以上的高温下，Cs_2CO_3 和 Cs_2O 是稳定的，而随着 CO_2 气体的增加，Cs_2CO_3 是 Cs—C—O 体系在高温环境中最稳定的化合物形态。Yang 等[14]用负载 Cs、Sr 等放射性核素的放射性废树脂加入碳酸盐后，在 800 ℃进行高温氧化处理实验，最终得到稳定的 Cs_2CO_3，本研究的计算结果与该实验结果保持一致。

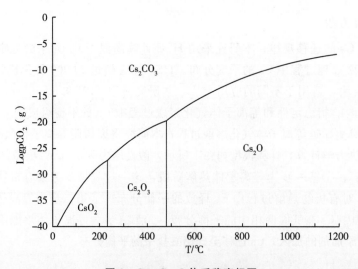

图 2　Cs—C—O 体系稳定相图

图 3 为 1 kmol Cs_2CO_3 和 1 kmol 氩气（惰性气氛）在 100～1200 ℃下的热力学平衡计算结果。由图3可知，在氩气气氛下固态 Cs 主要是以 Cs_2CO_3 和 Cs_2O 的形式存在的，而气态的 Cs 主要以 Cs

和 Cs_2CO_3 的形式存在。在高温环境下，Cs_2CO_3 大部分以固态的形式稳定存在，但随着温度的升高，Cs 由 Cs_2CO_3 逐渐转化为气态的 Cs 氧化物、Cs 单质，与自身挥发形成的气态 Cs_2CO_3 一起进入气相中。因此，Cs_2CO_3 会是废树脂经等离子体热解处理后形成的固态无机化合物，并且在高温下存在 Cs_2CO_3 分解和挥发。

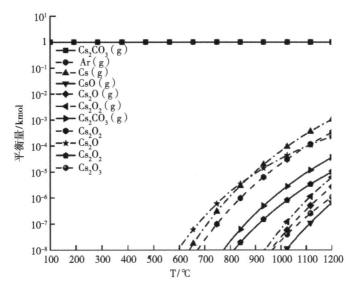

图 3　100～1200 ℃ 下 1 kmol Cs_2CO_3 在 1 kmol 氩气气氛中的平衡分布

2.2　Cs—S—O 系

图 4 为 100～1200 ℃ 下 Cs—S—O 体系中 Cs 的稳定相图。由图 4 可知，在有 SO_2 气体存在的条件下，Cs_2SO_4 是 Cs—S—O 反应系统中最稳定的平衡反应产物。Atsushi Nezu 等[15] 报道的对掺杂铯和钴的阳离子交换树脂进行等离子体处理实验，经最后的 XRD 分析表明，树脂中的 Cs 以 Cs_2SO_4 的形式存在，本研究的计算结果与该实验结果保持一致。

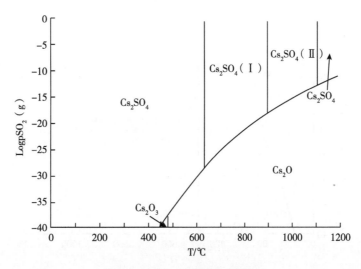

图 4　Cs—S—O 体系稳定相图

图 5 为 1 kmol Cs_2SO_4 和 1 kmol 氩气在 100～1200 ℃ 下的热力学平衡计算结果。由图 5 可知，在氩气气氛中，Cs 在气固两相的主要存在形式都是 Cs_2SO_4。在高温环境下，Cs_2SO_4 表现出较好的热稳定性，以稳定的硫酸物形式存在，但随着温度的升高，部分 Cs_2SO_4 以气态 Cs_2SO_4 的形式进入气相

中。因此可以预测在废树脂等离子体热解过程，大部分 Cs 会形成硫酸物 Cs₂SO₄这种稳定的固体而存在于无机物中。

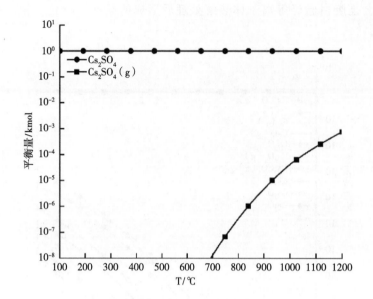

图5 100～1200 ℃下 1 kmol Cs₂SO₄和 1 kmol 氩气气氛中平衡分布

2.3 Cs—N—O 系

图 6 为 100～1200 ℃下 Cs—N—O 系统的稳定相图。由图 6 可知，CsNO₃在 480 ℃下稳定，CsNO₂在 620 ℃以下稳定，而随着温度的升高，CsNO₃和 CsNO₂在系统内不再稳定，Cs₂O 是 Cs—N—O 体系内最稳定的相。郭宇翔等[16]对 CsNO₃进行 TG - DTA 的测试分析实验，实验结果表明 CsNO₃热稳定性差，在一定的温度条件下就会分解，并且利用化学平衡计算软件 CEA 对硝酸铯在不同温度下热分解产物进行了分析，在高温条件下硝酸铯完全分解为氧化铯，本研究的计算结果与该实验结果保持一致。

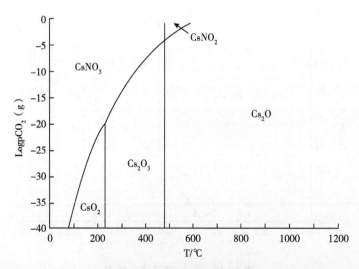

图6 Cs - N - O 体系稳定相图

图 7 为 1 kmol CsNO₃和 1 kmol 氩气在 100～1200 ℃下的热力学平衡计算结果。由图 7 可知，在氩气气氛下，CsNO₃完全分解，并且在 1100 ℃左右，固态 Cs 化合物会完全分解，Cs 以气态的 CsNO₂、Cs₂O₂和 Cs 的形式全部转移到气相中。在高温下，CsNO₃热稳定性差，随着温度的升高，

Cs 会由固态 $CsNO_3$ 的形式完全转化为气态亚硝酸盐、氧化物和单质。因此可以预测在废树脂在经过等离子体热解处理过后的固相产物中没有 $CsNO_3$ 的存在。

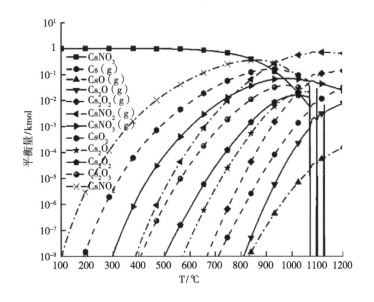

图 7　100～1200 ℃下 1 kmol $CsNO_3$ 和 1 kmol 氩气气氛中平衡分布

2.4　Cs 平衡形态

2.4.1　等离子体热解阶段

等离子体热解阶段即在高温高焓的环境下，化学键被破坏，大分子的有机物变成小分子物质，有机物转变为无机物。在这一阶段，Cs 全部从废树脂中转移到无机物和气相中。图 8 为氩气气氛下 100～800 ℃下 Cs 气固两相中的平衡分布。由图 8 可以看出，在 100～800 ℃温度范围内，Cs 主要以 Cs_2SO_4 的形式存在于固态的硫化物中，在气相中的含量很低（主要以气态的 CsOH 为主），由于 Cs_2SO_4 这种稳定的三元化合物存在，在热解阶段 Cs 的挥发性很低，仅有 1.31% 的 Cs 以气态 CsOH 和 Cs 的形式释放。由计算结果可知，废树脂在 100～800 ℃热解过程中，S 容易与 Cs 结合形成 Cs_2SO_4，

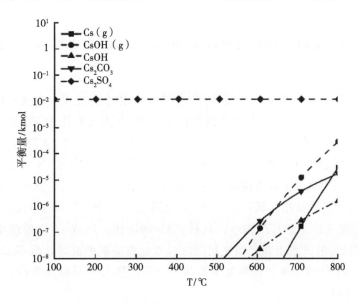

图 8　废树脂等离子体热解过程 Cs 平衡分布

减少 Cs 的挥发，热解后的无机物由 Cs_2SO_4、Cs_2CO_3 和 CsOH 组成。Eun 等[17]在 30～800 ℃对含铯阳离子交换树脂进行热解实验，通过对热解残渣的 XRD 表征分析，残渣中的 Cs 的主要存在形式为 Cs_2SO_4，本研究中热力学计算结果与废树脂热解实验基本一致，热力学平衡计算准确地反映了 Cs 在等离子体热解阶段的平衡分布。

2.4.2 等离子体气化阶段

等离子体气化阶段即含碳残渣（包括含铯化合物）在高温热环境下发生一系列复杂的化学反应，生成CO、H_2 等可燃气体的过程。在这一阶段，由于高温环境和复杂的气体环境，Cs 会通过升华蒸发和分解的过程大量进入气相中。图9为废树脂等离子体气化过程中 800～1200 ℃温度范围内 Cs 在气固两相的平衡分布。由图 9a 可知，在等离子体气化阶段，Cs 在气相中以 Cs、CsOH、Cs_2CO_3 和 Cs_2SO_4 的形式存在，并且随着温度的升高，Cs 的挥发量持续增加。在 800 ℃、1000 ℃和 1200 ℃气相中铯元素占废树脂中总铯的比例分别为 1.31%、7.26%、19.78%。温度的升高促进了 Cs 化合物的气化，使得 Cs 释放率显著增加。而由图 9b 可知，在 800～1200 ℃温度范围内，随着温度的升高，固态的 CsOH 和 Cs_2CO_3 全部进入气相，在 1200 ℃时 Cs 只以 Cs_2SO_4 的形式残留在无机物中。Yang 等[18]研究表明放射性废树脂在高温碳化气化过程，Cs 只能以硫化物 Cs_2SO_4 的形式存在，本研究中热力学计算结果与该研究结果基本一致，热力学平衡计算准确地反映了 Cs 在等离子体气化阶段的平衡分布。

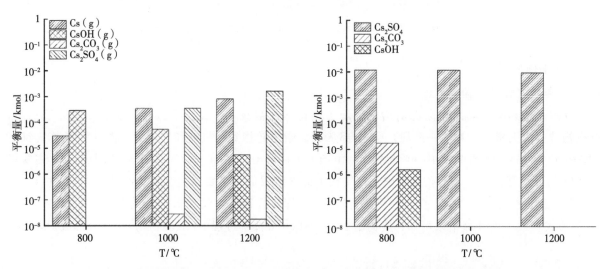

图 9　废树脂等离子体气化过程 Cs 分别在（a）气相与（b）气相中的平衡分布

2.4.3 等离子体熔融阶段

等离子体熔融阶段即高温下残留的无机物被固溶在玻璃体中的过程。在这一过程中，无机物会与玻璃添加剂反应，Cs 由于矿物相反应而转移到气相中。图 10 为无机物中 Cs 在等离子体熔融过程中的平衡分布。由图 10 可知，在 1200～1800 ℃温度范围内残留的 Cs_2SO_4 大部分转变为 $CsAlSiO_4$ 等硅铝酸盐形式，从而大大抑制了 Cs 的挥发。而随着温度的升高，气态的 Cs 和 CsOH 产率开始增加，其中主要气相产物 CsOH 中 Cs 元素占废树脂中总 Cs 的比例为 15.83%，这主要是由于高温下 $CsAlSiO_4$ 和 $CsAlSi_2O_6$ 这些硅铝酸盐相互转化而造成 Cs 转移到气相中。计算结果表明：随着玻璃添加剂的加入，使得 Cs 被固定在硅铝酸盐结构中，有利于 Cs 的固化。Park 等[19]发现用等离子炬处理废树脂，就可能会有超过 40% 的挥发出来，当在熔融过程添加玻璃成形剂时，发现 Cs 被更好地固化在玻璃体中，本研究中热力学计算结果与该熔融实验基本一致，热力学平衡计算准确地反映了 Cs 在等离子体熔融阶段的平衡分布。

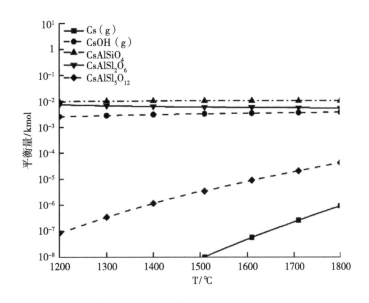

图 10　等离子体熔融过程 Cs 平衡分布

3　结论

利用 HSC 进行的热力学平衡计算可以用来预测废树脂等离子体气化熔融处理过程中 Cs 的稳定相和形态分布。从本研究获得的结果可以得出以下结论：

(1) Cs_2CO_3、Cs_2SO_4 和 Cs_2O 分别为 Cs—C—O、Cs—S—O、Cs—N—O 系统中的稳定相。在高温环境中，Cs_2SO_4 是最稳定的相，只会以 Cs_2SO_4（g）的形式进入气相。而 Cs_2CO_3 会部分分解，以 Cs（g）、Cs_2O（g）和 Cs_2CO_3（g）等形式进入气相。$CsNO_3$ 会完全分解，以 Cs（g）、Cs_2O（g）和 $CsNO_2$（g）的形式进入气相。

(2) 把放射性废树脂等离子体气化熔融过程分为 3 个阶段，随着温度的升高，Cs 释放率明显增加，其中气化和熔融过程为 Cs 的主要挥发阶段。在 800～1200 ℃气化阶段，Cs 的释放率为 19.78%。在 1200～1800 ℃熔融阶段，Cs 的释放率为 15.83%。所以，在气化和熔融阶段强化 Cs 元素的固化是抑制 Cs 挥发的有效途径。

(3) 在废树脂等离子体气化熔融过程中，随着温度的升高，39.62%的 Cs 从对应的金属固态盐类逐渐转化为 Cs（g）、CsOH（g）和 Cs_2SO_4（g），随后进入大气中。剩余 63.08%的 Cs 由对应的金属固态盐类形成稳定的、不易挥发的硅铝酸盐而存在玻璃体中。所以在尾气净化系统的设计上应重点关注对 Cs（g）、CsOH（g）和 Cs_2SO_4（g）的吸收。

参考文献：

[1] 逯馨华，张红见，魏方欣，等. 核电厂放射性废树脂处理技术对比研究 [J]. 核安全，2017，16（3）：55-61.

[2] 高帅，郭喜良，高超，等. 放射性废树脂处理技术 [J]. 辐射防护通讯，2014，34（1）：28-33.

[3] 罗上庚. 废离子交换树脂的优化处理 [J]. 核科学与工程，2003，（2）：165-172.

[4] WANG J, WAN Z. Treatent and disposal of spent radioactive ion-exchange resins produced in the nuclear industry [J]. Progress in nuclear energy, 2015, 78: 47-55.

[5] 陈思邈，程昌明，李平川，等. 等离子体熔融技术在核电站放射性废物处理中的研究应用现状 [J]. 真空科学与技术学报，2022，42（7）：483-490.

[6] DECKERS J. Incineration and plasma processes and technology for treatment and conditioning of radioactive waste [M] //Handbook of Advanced Radioactive Waste Conditioning Technologies. Woodhead Publishing, 2011: 43-66.

[7] JIN K, LEE B, PARK J. Metal-organic frameworks as a versatile platform for radionuclide management [J]. Coordination Chemistry Reviews, 2021, 427: 213473.

[8] SCHEITHAUER D, HESCHEL W, MEYER B. Pyrolysis of undoped and multi-element doped ion exchange resins with regard to storage properties [J]. Journal of analytical and applied pyrolysis, 2017, 124 (1): 276 – 284.

[9] ANTONETTI P, CLAIRE Y, MASSIT H. Pyrolysis of cobalt and caesium doped cationic ion-exchange resin [J]. Journal of analytical and applied pyrolysis, 2000, 55 (1): 81 – 92.

[10] YANG H, AND J, KIM, Characteristics of dioxins and metals emission from radwaste plasma arc melter system [J]. Chemosphere, 2004. 57 (5): 421 – 428.

[11] YANG H C, PARK H O, PARK K T. Development of Carbonization and a Relatively High-Temperature Halogenation Process for the Removal of Radionuclides from Spent Ion Exchange Resins [J]. Processes, 2021, 9 (1): 96 – 102.

[12] WANG Y K. Application of HSC chemistry software in university chemical scientific research [J]. Journal of henan institute of education, 2013, 22 (2): 28 – 30.

[13] GUO L, LI L, GUO Y. Progresses on Thermodynamic Databases [C] //IOP Conference Series: Materials Science and Engineering [J]. IOP Publishing, 2018, 382 (5): 052018.

[14] YANG H C, LEE M W, YOON I H, et al. Scale-up and optimization of a two-stage molten salt oxidation reactor system for the treatment of cation exchange resins [J]. Chemical engineering research and design, 2013, 91 (4): 703 – 712.

[15] NEZU A, MORISHIMA T, WATANABE T. Thermal plasma treatment of waste ion-exchange resins doped with metals [J]. Thin solid films, 2003, 435 (1 – 2): 335 – 339.

[16] 郭宇翔, 李晓霞. 硝酸铯热分解性能研究 [J]. 火工品, 2007, 113 (1): 24 – 27.

[17] EUN H, YANG H, CHO Y. Study on a stable destruction method of radioactive waste ion exchange resins [J]. Journal of radioanalytical and nuclear chemistry, 2009, 281 (3): 585 – 590.

[18] YANG H C, KIM H J. Demonstration study of the high-temperature dry removal of radionuclides in low-level spent resins [R]. Korea atomic energy research institute, 2019.

[19] PARK J K, SONG M J. Feasibility study on vitrification of low-and intermediate-level radioactive waste from pressurized water reactors [J]. Waste management, 1998, 18 (3): 157 – 167.

Thermodynamic calculation of Cs distribution in the plasma gasification melting process of radioactive waste resin

CAO Lun-xiu, CHAO Nan*, JIAO Cai-shan, LI Yao-rui, ZHANG Meng

(School of Nuclear Science and Technology, Harbin Engineering University, Harbin, Heilongjiang 150001, China)

Abstract: The migration law of Cs during plasma gasification and melting of radioactive waste resin was revealed by thermodynamic equilibrium calculation method. The composition of stable phases in Cs—C—O, Cs—S—O and Cs—N—O systems and the release behavior of Cs in the stable phase at high temperature were calculated by HSC. the equilibrium distribution of Cs in the plasma gasification and melting process of radioactive waste resin at $100 \sim 1800$ ℃ was studied. The results show that Cs_2CO_3, Cs_2SO_4 and Cs_2O are identified as the stable phases of each system at 1000 ℃ in air atmosphere. Cs_2SO_4 is the most stable phase at high temperature, while Cs_2CO_3 will be partially decomposed and $CsNO_3$ will be completely decomposed. In the process of waste resin plasma gasification and melting, 39.62 % of Cs was released into the gas phase in the form of Cs (g), CsOH (g) and Cs_2SO_4 (g), and the remaining 63.08 % of Cs was solidified in the vitreous body in the form of aluminosilicate. By comparing with some literature results, the accuracy of thermodynamic equilibrium calculation is proved. This research provides guidance for reducing the emission of Cs elements and the design of exhaust gas absorption device in the actual radioactive waste resin plasma gasification melting treatment project.

Key words: Radioactive waste resin; Plasma gasification; Thermodynamic calculation; Cs

外凝胶工艺制备 UCO 微球

辛蕾蕾[1,2]，沈巍巍[1,2]，马春雨[1,2]

(1. 中核北方核燃料元件有限公司，内蒙古　包头　014035；2. 内蒙古自治区核燃料
元件企业重点实验室，内蒙古　包头　014035)

摘　要：核燃料的安全性和先进性是反应堆的安全性和先进性的重要基础，新型核燃料 UCO 的热导率、密度和铀含量均高于 UO_2，是第四代反应堆的理想核燃料之一。溶胶-凝胶工艺是核燃料微球的重要制备技术，可分为内凝胶、外凝胶和全凝胶工艺。本文采用溶胶-凝胶工艺中的外凝胶工艺开展了制备 UCO 微球的研究工作，通过欠酸溶解、煮胶、配胶、分散、陈化、洗涤、干燥及碳热还原-烧结等工序，成功制备了粒径约为 500 微米的 UCO 微球，并对制得的 UCO 微球进行了测试与表征。

关键词：外凝胶工艺；碳粉；UCO；微球

UO_2-UC_x 复合碳氧化物燃料核芯（简称 "UCO 微球"）由铀的碳化物和氧化物两相复合而成[1]，其热导率、密度和铀含量均高于 UO_2，是第四代反应堆的理想核燃料之一[2]。由于碳化铀可以俘获包覆颗粒内的氧，从而防止辐照时 CO 气体的产生，因此维持了燃料颗粒内较低的 CO 分压并减缓 UO_2 核芯的阿米巴效应[3]；同时，二氧化铀可以使碳化铀的稀土裂变产物作为氧化物滞留在核芯内[4]。相较 UO_2 核芯，UCO 微球除了具有和 UO_2 一样的高熔点、膨胀各向异性、良好的辐照行为和机械性能以外，其他优点如下：

（1）UCO 反应过程中产生的 CO 和裂变气体较少，可以实现更高的燃耗；

（2）UCO 核芯设计的 U-235 含量更高，在反应过程中相同富集度的两种燃料核芯的中子和热流性质差异不大，UCO 表现出略高的峰值能量密度，但不会引起燃料温度的升高。

美国橡树岭国家实验室在 2000 年后重点开展 UCO 和 UC 陶瓷微球的内凝胶结合碳热还原反应制备工艺研究，在 $4\%H_2/Ar$ 混合气氛下经 1680 ℃烧结获得了 UCO 微球。然而，他们的研究主要集中在内凝胶工艺制备 UCO 微球。

清华大学核能与新能源技术研究院较为深入地研究了 UCO 微球的相关制备工作，制备了 UC 占主相、球形度好、强度和密度较高的 UCO 陶瓷微球，并研究了以有机碳源制备 UCO 陶瓷微球。然而，他们的研究也主要集中在内凝胶工艺制备 UCO 微球。

中国科学院近代物理研究所和中国科学院大学也采用内凝胶工艺的方法通过控制碳黑与铀酰离子浓度比、碳黑分散剂的量、烧结温度等条件制备出了具有一定密度、统一大小、表面光滑、高抗压强度的碳化铀小球。

近几十年来，生产燃料核芯的溶胶凝胶（sol-gel）工艺从基础理论研究到应用都得到了快速发展[1]，按照提供胶凝剂的部位分类，sol-gel 工艺包括全凝胶工艺（TGU）、外凝胶工艺（EGU）和内凝胶工艺（IGU）。目前广泛应用的氧化铀核芯制备工艺有内凝胶工艺和外凝胶工艺[5]。

内凝胶工艺制备氧化铀核芯的内凝胶溶胶具有低温稳定性，因为用到的六次甲基四胺（乌洛托品）的稳定性对酸碱度和温度是非常敏感的，配胶过程和溶胶液的保存过程都必须在 0~4 ℃的低温下完成，同时，内凝胶工艺操作存在着均匀分散的限制性及微球中杂质和水分较多。因此，溶胶液的低温稳定和高温胶凝的矛盾性及微球的体积收缩率大等都是该工艺所面临的难题，不利于工程化生产推广。

作者简介：辛蕾蕾（1988—），男，山西吕梁人，工程师，工学硕士，现主要从事核燃料元件制造工作。

外凝胶工艺的特点是工艺简单、溶胶液稳定性好，有利于工程化生产。目前，中核北方核燃料元件有限公司已掌握高温气冷堆示范工程外凝胶工艺制备UO₂核芯工艺，生产线实现了达产达标，UO₂核芯产品质量稳定。因此，本文对现有的外凝胶工艺中引入碳粉后的湿法过程[6]（配胶、分散、陈化、洗涤、干燥）和UCO干燥微球的碳热还原-烧结开展了研究工作，制备了粒径约为500微米的UCO微球，并对制得的UCO微球进行了测试与表征，获得了关键数据。

1 制备过程

外凝胶工艺制备UCO微球流程如图1所示。首先配制胶液：将一定量的试剂硝酸与U₃O₈粉末在75℃下进行欠酸溶解反应，反应完全后经过滤得到ADUN（欠酸硝酸铀酰）溶液[7]。一定量的ADUN溶液在83℃下与尿素水解络合2小时，再加入硝酸铵作为溶液缓冲剂，聚乙烯醇（PVA）、四氢糠醇（4-HF）与碳粉提前按照一定的比例在95℃下熬制成悬浊液再加入煮胶液中，充分搅拌混合均匀后得到含有碳粉的胶液。

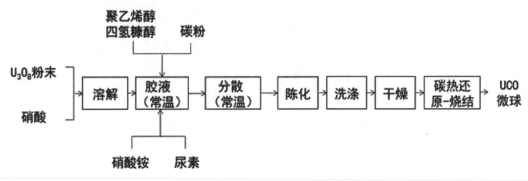

图1 外凝胶工艺制备UCO微球流程

含有碳粉的胶液经管道系统、流量控制系统和喷嘴均匀分散（图2），在分散柱的氨水中发生预胶凝。胶液稳定均匀的分散是获得均匀UCO微球的基础[8]，外凝胶工艺过程中采用将能够产生喷射效果的喷嘴直接安装在激振器上来获得胶液的均匀分散。胶液的均匀分散与系统的喷嘴直径、激振器的震动频率、胶液的性质、输送胶液的初始压力、氨水浓度及胶液的流量都有直接的关系。

图2 胶液分散滴球过程

待含有碳粉的凝胶球（图3）表面具有一定的强度后，通过管道转移至陈化洗涤干燥一体化设备中进行后续处理。凝胶球在陈化洗涤干燥设备中按照设定的升温程序在氨水中继续发生陈化反应，实验表明，控制陈化速度和胶凝速度，延迟胶凝有利于微球的增强[6]。反应一段时间后，用稀氨水、去离子水洗涤凝胶球，去除其中的硝酸铵和4-HF等物质，这些物质在随后的热处理过程中会发生分解并释放出大量气体和热量，从而造成微球开裂、破碎，因此必须通过洗涤去除。待液体中的硝酸根低于一定水平后，将凝胶球进行干燥处理，干燥过程必须严格控制升温速率，并保持一定的湿度，若脱水速度过快，微球内部水分向表面扩散的速度低于凝胶球表层的脱水速度，则会生成表层致密的壳层结构[6]，造成内部水分无法去除，最终影响碳热还原-烧结过程。凝胶球充分干燥后即可得到含有碳粉的干燥微球（简称"UCO干燥微球"）（图4）。

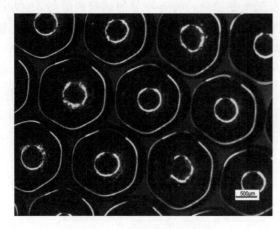

图3 含有碳粉的凝胶球   图4 UCO干燥微球

最后，将UCO干燥微球置于氩气气氛下进行碳热还原-烧结反应[9]，得到UCO微球。碳热还原-烧结具体工艺制度如图5所示。

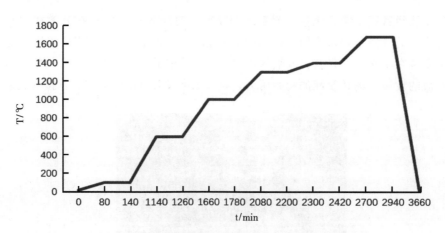

图5 UCO干燥微球氩气气氛碳热还原-烧结工艺制度

2 测试与表征结果

2.1 测试与表征所采用的仪器

UCO微球的碳含量用碳硫测定仪（CS600）检测；UCO微球的铀含量用亚钛还原-钒酸铵滴定法检测；UCO微球的晶相用X射线衍射仪（D8 DAVINCI，德国布鲁克公司）检测；UCO微球的表面形貌及微观结构使用VEGA 3 MU型（捷克TESCAN公司）扫描电子显微镜分析；UCO微球的密度和球形度分别用全自动真密度分析仪［3H-2000 TD1，贝士德仪器科技（北京）有限公司］和金相显微镜（Axio Imager. M2m，ZEISS）照相扫描检测获得。

2.2 碳含量、铀含量、密度和球形度检测结果

UCO 微球的碳含量、铀含量检测结果如表 1 所示。

表 1　UCO 微球碳含量、铀含量检测结果

样品编号	碳含量/（μg/g）	铀含量	密度/（g/cm³）	球形度	粒径/μm
GZ0.25 - 200413	27 061	90.14%	10.01	1.06	504.3
HY0.25 - 200413	23 714	89.74%	10.02	1.06	502.5

2.3 XRD 检测结果

UCO 微球的 XRD 检测结果如图 6 所示。

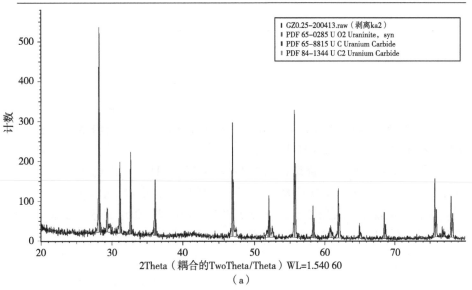

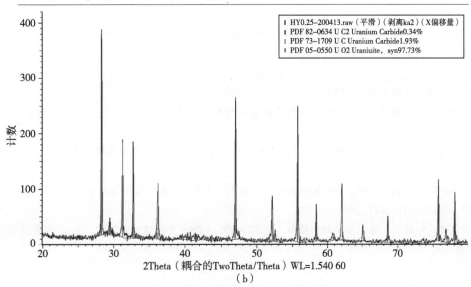

图 6　UCO 微球 XRD 检测结果

（a）平行样品 1；（b）平行样品 2

2.4 扫描电子显微镜分析结果

UCO 微球的表面形貌、自然断面形貌及其放大图如图 7 所示。

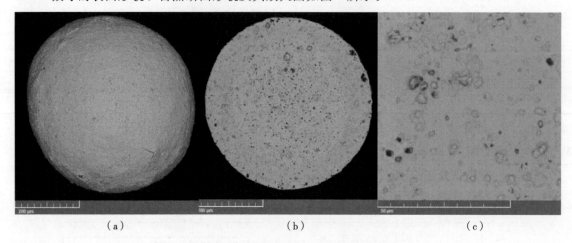

（a）　　　　　　　　　　　（b）　　　　　　　　　　　（c）

图 7　UCO 微球的扫描电子显微镜分析结果

3　结论

（1）采用溶胶-凝胶工艺中的外凝胶工艺制备微球技术，通过欠酸溶解、煮胶、配胶、分散、陈化、洗涤、干燥及碳热还原-烧结等工序，可制备 UCO 微球，同时，与内凝胶工艺相比，外凝胶工艺制备 UCO 微球技术更有利于工程化应用。

（2）UCO 干燥微球经碳热还原-烧结得到的 UCO 微球 XRD 图谱出现明显的 UC_x 相，化学分析结果显示碳含量达到 2.5% 以上，铀含量大于 89.5%，高于 UO_2 核芯的铀含量。

（3）使用碳粉作为碳源的外凝胶工艺制备得到的 UCO 微球，微球的球形度较好，粒径控制较为理想，球形度约为 1.06，几何密度达到了 10.00 g/cm^3。

参考文献：

[1] STINTON D P, LACKEY W J, SPENCE R D. Production of spherical UO_2 - UC_2 for nuclear fuel applications using thermochemical principles [J]. Journal of the American ceramic society, 1982, 65 (7): 321 - 324.

[2] 王德君，何淼，秦芝，等. 碳化铀核燃料缺陷结构的研究现状 [J]. 核技术，2017，40 (7)：87 - 98.

[3] WANGER L M. Amoeba Behavior of UO_2 Coated Particle Fuel [J]. Nuclear technology, 1977, 35 (2): 393 - 402.

[4] 唐春和，杨林，刘超，等. 高温气冷堆燃料元件发展前景 [J]. 原子能科学技术，2007，41 (12)：316 - 321.

[5] 唐春和. 高温气冷堆燃料元件 [M]. 北京：化学工业出版社，2007.

[6] 周湘文，赫少昌，赵兴宇，等. 外胶凝法制备高温气冷堆 UO_2 核芯的湿法工艺 [J]. 核动力工程，2012，33 (4)：4.

[7] 郝少昌，周湘文，赵兴宇，等. 溶胶-凝胶法制备二氧化铀核芯的 U_3O_8 欠酸溶解工艺 [J]. 原子能科学技术，2013，47 (1)：34 - 37.

[8] 郝少昌，马景陶，赵兴宇，等. 外胶凝法制备 UO_2 核芯工艺中胶液沉淀分析与微球直径控制 [J]. 稀有金属材料与工程，2013 (S1)：281 - 289.

[9] 高勇，马景陶，赵兴宇，等. 炭粉对内胶凝工艺制备 ZrC - ZrO_2 复合微球的影响 [J]. 稀有金属材料与工程，2015 (S1)：5.

Preparation of UCO microspheres by external gelation of uranium process

XIN Lei-lei[1,2], SHEN Wei-wei[1,2], MA Chun-yu[1,2]

(1. China North Nuclear Fuel Co., Ltd, Baotou, Inner Mongolia 014035, China; 2. Inner Mongolia Key Laboratory of Nuclear Fuel Element, Baotou, Inner Mongolia 014035, China)

Abstract: The safety and advanced nature of nuclear fuel is an important foundation for the safety and advanced nature of nuclear reactors. Due to the thermal conductivity, density and uranium content of UCO are all higher than that of UO_2, UCO is chosen as one of the ideal nuclear fuel for the fourth generation reactor. Sol-gel process is an important preparation technology for nuclear fuel microspheres, which can be divided into internal gelation of uranium, external gelation of uranium and total gelation of uranium process. In this paper, the preparation of UCO microspheres by the external gelation of uranium process in sol-gel process was studied. The UCO microspheres with a particle size of about 500 μm were successfully prepared by the processes of acid deficient dissolution, boiling, sizing, dispersion, aging, washing, drying and carbothermic reduction-sintering. The UCO microspheres were tested and characterized by means.

Key words: External gelation of uranium process; Carbon powder; UCO; Microspheres

金属钙操作厂房防爆设计总结

秦皓辰，周少强

（中核第七研究设计院有限公司，山西　太原　030012）

摘　要：在某工程设计中，将金属钙操作厂房按照防爆厂房进行设计考虑。本文将该防爆厂房设计当中涉及的一些问题以及采取的措施进行了总结。遵照相关技术规范，结合金属钙的性质特点，通过对各专业的防爆要求进行分析，介绍了工艺、建筑结构、电气、通排风等专业采取的防爆措施。各专业对厂房的防爆措施进行了全面考虑，精心设计，消除危险隐患，确保设计安全。

关键词：防爆厂房；金属钙；防爆设计

2015 年 8 月 12 日晚 11 点 30 分左右，位于天津市滨海新区天津港的瑞海国际物流有限公司危险品仓库发生火灾爆炸事故，造成 165 人遇难、8 人失踪，798 人受伤，同时造成严重的环境污染和巨大的经济损失。海恩法则指出，每一起严重事故的背后，必然有 29 次轻微事故和 300 起未遂先兆及 1000 起事故隐患。从瑞海国际物流有限公司所属危险品仓库储存信息及爆炸现场实际情况来看，金属钠和硝酸铵等易燃易爆品与氰化钠等剧毒品储存在一起、集装箱的存放、仓库与居民楼房的规划及公司管理措施和运行机制等方面，均存在着严重的安全隐患。

安全是民生之本、和谐之基。安全生产始终是各项工作的重中之重。在某工程设计中，我们涉及金属钙的贮存和金属钙的操作厂房的设计，本文将这次防爆厂房设计当中涉及的一些问题以及采取的措施进行了总结。

1　金属钙的性质特点及在工程中的使用情况

1.1　金属钙的物化性质

金属钙是银白色的金属，质软，富延展性，熔点 850 ℃，沸点 1487 ℃。化学性质活泼，在空气中金属钙很快会被氧化，形成一层氧化膜。加热时金属钙会燃烧，发出砖红色的光。金属钙和冷水的作用较慢，在热水中会发生剧烈的化学反应，放出氢气。金属钙具有很强的还原性，是制备许多高纯金属和稀土材料的还原剂。

1.2　金属钙的贮存和使用情况

某工程项目中，将外购金属钙锭切屑制备成规定尺寸的钙屑。外购钙锭贮存于钙储存间，生产时由钙储存间运送至钙暂存间，并通过防爆电动液压装卸车将钙锭运送至铣钙选钙间。通过卧式升降铣床在铣钙小室内将钙锭铣削成一定规格的钙屑，而后在选钙小室内将符合规格的钙屑挑选出来，并装瓶储存于干燥器内。供下一工序使用。

根据金属钙屑使用需求，并考虑铣削过程与挑选钙屑过程的损耗，计算出金属钙锭的使用量。按照《常用化学危险品贮存通则》（GB 15603—1995）规定，金属钙的保管期限为 1 年，则钙储存间的最大贮存量可按一年的使用需求确定。在本工程中根据采购频次，设计贮存量按一个季度考虑，满足规范要求。

作者简介：秦皓辰（1987—），男，山西长治人，高级工程师，硕士研究生，主要从事核化工方面研究工作。

2 假想爆炸事故的原因分析

在本工程中有可能发生的爆炸事件即金属钙遇水产生氢气而发生爆炸，或者金属钙粉末在室温下遇潮湿空气发生自燃。

可能原因有以下3点：

（1）操作金属钙的厂房屋顶漏雨或从门洞进水，与金属钙发生了直接接触，产生大量氢气而发生爆炸。

这种情况通常发生在存放钙锭的容器破损，或操作金属钙的小室密封不严，或储存钙屑的干燥器没有密闭等情况下，内部的金属钙遇水反应产生氢气而发生爆炸。

（2）操作厂房内空气湿度较大，微细的金属钙粉末在室温下遇到潮湿的空气发生自燃。当操作金属钙的小室密封不严，同时厂房内空气潮湿，造成潮湿空气进入小室内并与小室内的金属钙粉末发生接触，这种情况下有可能发生金属钙自燃而出现爆炸危险。

（3）厂房内电线老化、短路放电，或者电器及照明设施未采取防爆处理。这种情况下会产生火花，点燃空气中的少量氢气，可能引起火灾爆炸。

3 关于防爆厂房设计的调研

为了更好地理解和应用防爆相关设计规范，我们对其他甲、乙类生产厂房的防爆设计进行了相关调研。在防爆厂房设计中，一般从平面布置、厂房结构、防爆措施等角度进行相关考虑设计。

3.1 平面布置

甲、乙类生产厂房，特别是甲类生产厂房，在生产工艺允许的条件下，厂房宜采用单层建筑，有利于泄压和人员安全疏散，应尽量把有爆炸危险的设备集中沿厂房周边布置。厂房的控制室、配电室、分析化验室、办公室等应集中在厂房的一端布置，与生产厂房之间应采用钢筋混凝土抗爆墙分开。如必须与厂房有联系时，在钢筋混凝土抗爆墙开洞加设甲级防火门，并设防爆门斗。甲、乙类生产厂房的每个防火分区都应设置两个或两个以上的安全出口。优先考虑建筑屋顶泄压，合理组织自然通风。当生产厂房内可燃气体较空气轻时，生产厂房顶棚应尽量平滑，避免死角，在屋顶设置如风帽、天窗等自然通风设施；当生产厂房内可燃气体较空气重时，应在厂房下部设置如百叶窗等自然通风设施。

3.2 厂房结构

在生产工艺及气候允许的条件下。甲、乙类厂房宜采用敞开或半敞开建筑，充分利用自然通风，使可燃气体、粉尘等很快稀释扩散。甲、乙类生产厂房防爆设计时，应选择结构形式如下：①钢筋混凝土框架结构；②钢框架结构；③钢筋混凝土排架结构。

3.3 防爆措施

①散发较空气重的可燃气体的甲类生产厂房，有粉尘、纤维爆炸危险的乙类生产厂房，应采用不发生火花的地面。当需要采用钢楼板时，要防止楼面发生火花，可以在钢楼板上铺橡胶板或塑料板。在有爆炸危险设备周边局部的操作台可用铜板、铝板、铝合金板、不锈钢板等不发火花的材料。②厂房内不宜设置地沟，必须设置时其盖板应严密，同时防止可燃气体、粉尘、纤维在地沟积聚，在与相邻厂房连通处用防水材料密封。③根据爆炸危险品的理化性，采取各种有效措施，如调节室内温度、湿度，避免太阳直射，增大室内空气换气量等，以消除可能引起爆炸的条件。④甲、乙类生产厂房防爆设计应设置泄压设施，优先采用轻质屋面泄压，避免爆炸后对相邻建筑物造成二次伤害。同时，用抗爆墙把爆炸区域与需要保护的非爆炸区域分开，可以在爆炸事故发生时，抵抗爆炸冲击波，保护其他区域。

根据文献调研情况，结合某工程生产现场实际情况，我们对金属钙操作厂房进行了防爆设计。

4 本工程中所采取的设计措施

按照《建筑设计防火规范》（GB 50016—2014）（2018 版）中生产火灾危险性分类，金属钙厂房符合甲类厂房中"常温下受到水或空气中水蒸气的作用，能产生可燃气体并引起燃烧或爆炸的物质"的火灾危险性特征，故本工程中钙屑制备厂房按照甲类厂房进行设计考虑。根据《建筑设计防火规范》中"高层厂房，甲、乙类厂房的耐火等级不应低于二级，建筑面积不大于 300 m² 的独立甲、乙类单层厂房可采用三级耐火等级的建筑。"的规定，本工程中钙屑制备厂房耐火等级定为一级。

4.1 工艺设计及操作

钙暂存间作为金属钙锭的中间转运房间，原则上其存储量不宜超过一昼夜的使用量。使用时，通过防爆电动液压装卸车将金属钙锭由钙暂存间运送至铣钙选钙间，并通过防爆钢丝绳电动葫芦协助将金属钙锭放置在专用铣床上，在密闭铣钙小室内进行钙锭的铣削。由于钙屑在空气中易被氧化，故铣削前对小室进行 3 次氩气置换，确保铣削过程在氩气保护下进行。铣削完成后将钙屑进行收集并传递至相连的选钙小室，在选钙小室中将符合规格的金属钙屑挑选出来，选钙的过程同样在氩气环境中进行。挑选出的金属钙屑在选钙小室内进行收集并装入干燥的塑料瓶内（塑料瓶提前在电热恒温鼓风干燥箱内进行干燥处理）。在选钙小室充氩的环境下将塑料瓶密封好，使塑料瓶内为充氩状态，取出塑料瓶并放置在干燥器内进行储存。

金属钙的铣削过程及钙屑的整个传递、封装过程均在充氩气的密闭环境下进行。全程避免了与空气、水蒸气接触的机会，即便厂房内漏雨或进水，也不会直接与金属钙发生接触。同时，根据《石油化工可燃气体和有毒气体检测报警设计规范》（GB 50493—2009）规定，在厂房顶部设置 H_2 浓度检测报警装置，现场、控制室均可报警，并联锁开启事故排风。厂房内无生产用水，同时生产用水管道不穿过厂房，保证厂房无水泄露的情况发生。根据《常用化学危险品贮存通则》（GB 15603—1995）要求，厂房内不得采用消防水作为灭火方法，采用干粉灭火器进行灭火。

4.2 建筑结构设计

由于钙屑制备厂房属于有爆炸危险的甲类厂房，在总平面布置和建筑的平面与空间布置时都要为有助于防止爆炸和减少爆炸损失创造有利条件。

4.2.1 平面布置

根据《建筑设计防火规范》中"有爆炸危险的甲、乙类生产部位，宜布置在单层厂房靠外墙的泄压设施或多层厂房顶层靠外墙的泄压设施附近"，钙屑制备间布置于组合厂房中非放射性厂房的端头，即最西侧。单层厂房与其他厂房通过钢筋混凝土抗爆墙隔离，抗爆墙耐火极限不低于 4 小时。在厂房内左上角设置钙暂存间，钙暂存间设置两面泄爆墙，且与铣钙选钙间之间隔断设置为抗爆墙，一旦发生爆炸时，两房间内的金属钙互不影响。整个厂房内不设置办公室和休息室。根据《建筑设计防火规范》中"有爆炸危险区域内的楼梯间、室外楼梯或有爆炸危险的区域与相邻区域连通处，应设置门斗等防护措施"，钙屑制备间与其他厂房通道处设置抗爆门斗，且门斗上两个门错开位置设置，门分别采用抗爆门及甲级防火门。

钙储存间布置于试剂库的最端头，单层厂房，与试剂库其他部位通过钢筋混凝土抗爆墙隔离。

4.2.2 泄压措施

根据《建筑设计防火规范》中"有爆炸危险的厂房或厂房内有爆炸危险的部位应设置泄压设施。""泄压设施宜采用轻质屋面板、轻质墙体和易于泄压的门、窗等，应采用安全玻璃等在爆炸时不产生尖锐碎片的材料""散发较空气轻的可燃气体、可燃蒸气的甲类厂房，宜采用轻质屋面板作为泄压面积。顶棚应尽量平整、无死角，厂房上部空间应通风良好"，设置必要的泄压面积可以在爆炸时降低室内压力，避免建筑物的主体结构遭受严重的破坏。本工程中钙屑制备间设置了相应的泄压设施，厂房的左侧上侧均为厂房外墙且墙体设置为轻质泄压墙。由于金属钙遇水易产生较空气轻的可燃气体 H_2，故本厂房屋面采用轻质泄压屋面，顶棚平整，无死角，质量小于 60 kg/m²。厂房窗户采用泄压窗，门窗向外开，且采用磨砂安全玻璃，爆炸时不会形成尖锐碎片四处飞溅。根据泄压面积的计算，本工程中钙屑制备厂房的最小泄压面积为 226.78 m²，而实际设计泄压面积（包括泄压门、窗、泄压墙体、泄压屋面）为 289.68 m²，满足规范要求。

钙储存间设置泄爆墙及泄压屋面，根据泄压面积的计算，钙储存间要求泄压面积为 106.36 m²，而实际泄压面积为 110.68 m²，满足规范要求。

4.2.3 结构形式

敞开或半敞开式的厂房自然通风良好，能有效地排除形成爆炸的条件，同时发生爆炸时，可很快释放大量的气体和热量，大大减少爆炸损失。所以有爆炸危险的生产部位应尽量设在敞开或半敞开式的建筑物内，但是敞开或半敞开式的建筑无法做到厂房内无水进入，而本工程钙屑制备厂房中金属钙介质不能遇水，故不能将厂房设置为敞开或半敞开式。结构上，钙屑制备厂房采用钢筋混凝土框架结构和非燃烧体的轻质墙填充的围护结构，以避免厂房倒塌造成严重损失。厂房地面采用了不产生静电的绝缘材料做涂层，以防止静电火花的出现。

4.3 电气设计

在有爆炸危险的厂房中，电气设备的火花常常是引起爆炸事故的原因之一，如灯开关、操作按钮等在分合过程中产生的电弧及电气设备表面的热积累都是可能的点燃源。在防爆厂房电气设计中最重要的是要预防电气设备导致点燃的问题。因而根据爆炸危险场所的等级和危险介质的级别和组别，经济合理地选用适当的防爆电气设备或采取措施降低防爆等级具有重要的意义和作用。钙屑制备厂房内用电设备及开关、照明、插座等均选择防爆型，厂房内不放置电气柜及仪表柜，电气及仪表柜均设置在抗爆墙以外的非爆炸危险区域内。

4.3.1 电气设备防爆等级

根据《爆炸危险环境电力装置设计规范》（GB 50058—2014）中"爆炸性气体环境应根据爆炸性气体混合物出现的频繁程度和持续时间分为 0 区、1 区、2 区，分区应符合下列规定：0 区应为连续出现或长期出现爆炸性气体混合物的环境；1 区应为在正常运行时可能出现爆炸性气体混合物的环境；2 区应为在正常运行时不太可能出现爆炸性气体混合物的环境，或即使出现也仅是短时存在的爆炸性气体混合物的环境"，结合本工程中钙屑制备间的实际使用情况，将本厂房爆炸性气体环境划分为 2 区。

根据二级释放源的规定"二级释放源应为在正常运行时，预计不可能释放，当出现释放时，仅是偶尔和短期释放的释放源"，将钙屑制备间中氢气的释放定义为二级释放源。

根据《爆炸危险环境电力装置设计规范》中"在爆炸性环境内，电气设备应根据下列因素进行选择：①爆炸危险区域的分区；②可燃性物质和可燃性粉尘的分级；③可燃性物质的引燃温度；④可燃性粉尘云、可燃性粉尘层的最低引燃温度"的规定定义钙屑制备厂房中电气设备的级别组别。《爆炸危险环境电力装置设计规范》附录 C 中可查得 H_2 的级别组别为爆炸性分级为ⅡC，引燃温度组别为T1。故根据《爆炸危险环境电力装置设计规范》中"防爆电气设备的级别和组别不应低于该爆炸性气体环境内爆炸性气体混合物的级别和组别"，将电气设备的级别组别也定为ⅡCT1。据此来选择电气设备的防爆级别。

厂房内用电设备均采用防爆型，包括电动液压装卸车、专用铣床、电动葫芦、恒温干燥箱等工艺设备及电气元件均采用防爆型，同时密闭小室上的电动开关等小型用电器选用防爆型，防爆等级均按照不小于氢气爆炸等级ⅡCT1进行选择。

4.3.2　电气配电室

本工程中为了避免配电室直接接触可燃性爆炸气体,将配电室布置于钙屑制备厂房外,并通过抗爆墙进行隔离。这样将配电室设在非爆炸环境内,不仅可以减少因电气原因发生爆炸危险的概率,还会减少相应防爆电气设备的工程造价。

4.3.3　防雷接地等方面

钙屑制备厂房按要求考虑了避雷针等防雷接地措施。此外,由于 H_2 比空气轻,钙屑制备厂房的电气线路均在较低处敷设或采用电缆沟敷设,且电气配电线路用电缆或导线采用铜心材质。

4.4　通排风设计

由于金属钙遇水、遇湿易发生反应,且在空气中易被氧化,故控制厂房内相对湿度≤60%,温度为 30 ℃以下。

钙屑制备厂房内设置全面排风,6 次/h,以避免厂房内氢气的聚集,同时设置与氢气浓度联锁的事故排风系统,事故排风次数为 12 次/h,一旦发生氢气积聚现象可以迅速加强通排风,降低氢气浓度;钙暂存间房间较小,通过防爆空调挂机实现温度和湿度的控制。由于该厂房为非放射性厂房,故全面排风和事故排风直接排至室外,且排风风机均选用防爆型。送风管道进入钙屑制备厂房后设置抗爆阀,避免发生爆炸时对其他区域产生影响。

对有可能产生金属钙粉尘的铣钙小室及选钙小室设置局排管道,并通过防爆风机排至室外,局排的接入不仅满足了小室内氩气置换的要求,而且可以避免小室内粉尘的聚集。

5　结论

本工程中钙屑制备厂房的设计,遵照相关技术规范,结合金属钙物料的性质特点。从保障生产安全角度出发,各个专业对厂房的防爆措施进行了全面的考虑,精心设计,消除安全隐患,确保整个设施的运行安全。

参考文献:

[1] 陈锋,周斌,王晖.工业厂房防爆通风系统的标准简述 [J].暖通空调,2016,46 (7):70-74.

[2] 程普章.工业厂房防爆设计 [J].矿冶,2000,9 (2):107-109.

[3] 陈华明.甲、乙类生产厂房建筑的防爆设计 [J].化工设计,2009,19 (1):42-44.

[4] 胡志方,尹延西,江洪林,等.金属钙及高纯钙制备技术 [J].矿冶,2013,22 (2):63-66.

[5] 住房和城乡建设部.建筑设计防火规范(2018 年版):GB 50016—2014 [S].北京:中国计划出版社,2018:5.

[6] 住房和城乡建设部.石油化工可燃气体和有毒气体检测报警设计规范:GB 50493—2009 [S].北京:中国计划出版社,2009:3.

[7] 化学工业部标准化研究所.常用化学危险品贮存通则:GB 15603—1995 [S].北京:中国标准出版社,1996:2.

[8] 住房和城乡建设部.爆炸危险环境电力装置设计规范:GB 50058—2014 [S].北京:中国计划出版社,2014:8.

Summary of explosion-proof design of metal calcium operating plant

QIN Hao-chen, ZHOU Shao-qiang

(CNNC Seventh Research and Design Institute Co. , LTD, Taiyuan, Shanxi 030012, China)

Abstract: In the design of a project, the metal calcium operating plant is considered as the explosion-proof plant. This paper summarizes some problems in the design of explosion-proof workshop and the corresponding measures. According to the specification requirements, combined with the nature of metal calcium, through the analysis of various professional explosion-proof requirements, introduced the technology, building structure, electrical, ventilation and other explosion-proof measures taken. The professional design of the plant explosion-proof measures for a comprehensive consideration to eliminate safety hazards, to ensure the safety of the project.

Key words: Explosion-proof workshop; Metal calcium; Explosion-proof design

可逆流体换向装置（RFD）的研究进展

王廷禹，郭浩然，张天祥，刁妍红

（中核四〇四有限公司第三分公司，甘肃　兰州　732850）

摘　要： 后处理厂的工艺料液为各种浓度的硝酸溶液和含有不同浓度铀、钚、次阿系元素、裂变产物等物质的放射性溶液，针对这些危险液体的输送过程，需要尽可能采用可靠性高、无可动部件与放射性溶液接触、免维修的输送设备。可逆流体换向装置（RFD）无可动部件与工艺液体接触，无需维修人员进入设备室维修，不会加热和稀释工艺液体，且具有流量大、扬程高、气体与放射性液体接触较少、可以处理泥浆类放射性流体的特点，是应用于后处理厂放射性溶液输送的理想装置。本文在阐明 RFD 输送系统的基础上，对其核心部件 RFD 的设计思路、结构优化和数学模型进行了综述，对开发一种可实际应用于后处理厂的免维修危险液体运输系统具有一定的指导意义。

关键词： RFD；输送系统；结构优化

目前，我国乏燃料后处理采用的主要工艺流程为普雷克斯流程，主要工艺介质为各种浓度的硝酸溶液和含有不同浓度铀、钚、次阿系元素、裂变产物等物质的放射性溶液，溶液的腐蚀性强、放射性高、毒性大。因此，在后处理厂的高酸度与放射性溶液输送中，需要尽可能采用可靠性高、无可动部件与放射性溶液接触、免维修的输送设备。

为了减少工作人员的受照剂量，减少因去污、更换产生的二次废物和因维修造成的包容性降低致使放射性物质扩散的不利影响，对于放射性液体输送，后处理厂设计普遍采用的都是免维修输送方式，如空气升液器[1]、蒸汽喷射泵[2-3]和重力流输送等。空气升液器和蒸汽喷射泵与放射性物质接触的无可动部件，安装在设备室内，不需要维修。阀门和压力、时间控制的电子元器件布置在维修区，可以直接维修。因此，空气升液器、蒸汽喷射泵在国内外的相关资料中，已经广泛应用于放射性溶液输送，不过空气升液器、蒸汽喷射泵和系统也存在局限性。空气升液器提升液体为连通器原理，为了实现预定的提升高度，必须有足够的液体浸没度，液体贮槽输送管道都有 U 弯（低于贮槽底部数米），若溶液中出现颗粒时，很容易造成堵塞，后处理厂曾数次遇到堵塞故障，疏通困难。下 U 弯增加了厂房的建设高度，也增加了清洗去污的难度。空气升液器提升液体要求气体均匀地分布在液体里，以便降低气液混合物的密度，由于气体与放射性混合物充分接触，气体受到了严重污染，大大增加了气体净化的负荷。真空辅助空气升液器能够消除输送管道的下 U 弯，其他缺点仍然存在且增加压空的耗量。蒸汽喷射泵以蒸汽为驱动介质，蒸汽冷凝稀释了输送液体，提高了输送液体的温度，温度升高的同时降低了输送效率，这是蒸汽喷射泵固有的缺点。另外，蒸汽喷射泵存在喷嘴损耗问题。法国后处理厂的设计考虑了更换喷嘴的可能性，存在潜在的维修问题。后处理厂的高放废液、中放蒸残液和沉降离心分离的含渣废液向接受厂房输送，采用的就是重力自流输送，在热试车以来，高放废液等自流输送方式曾出现多次堵塞现象，采用了多种措施才将管道疏通，难度很大。

可逆流体换向装置（RFD）无可动部件与工艺液体接触，无需维修人员进入设备室维修，不会加热和稀释工艺液体，且具有流量大、扬程高、气体与放射性液体接触较少、可以处理泥浆类放射性流体等特点[4]，同时加工和安装费用相对较低。因此，RFD 是用于后处理厂放射性溶液输送的理想装置。

作者简介：王廷禹（1975—），男，工程师，现主要从事核化工等方面科研工作。

1 RFD 输送系统

1.1 RFD 输送系统的组成和工作过程

一个传统的 RFD 输送系统主要由一个 RFD、活塞桶、喷射器组（动力单元）和压空供给控制系统等组成（图1）。在放射性废液输送应用时，仅需要将"免维修"的无运动部件置于密闭的设备室内。

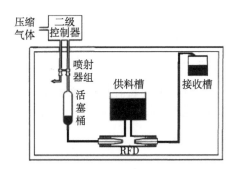

图 1 RFD 输送系统结构

RFD 泵是以压缩气体为动力，通过气液换能实现液体输送。RFD 采用循环操作，一个循环周期分 3 个阶段：

（1）抽吸过程

抽吸过程如图 2a 所示，用真空喷射器抽吸活塞桶中的气体，使得活塞筒内压力降低，供料槽的液体在压差的作用下按正向流动模式经过 RFD 被吸入活塞桶内，当活塞桶完全被液体充满时，停止抽吸过程。

（2）压冲过程

压冲过程如图 2b 所示，当活塞桶充满液体后，压缩空气经过压冲喷射器，直接作用于活塞桶内的液面上形成加压液体，有压液体按反向流动模式，通过 RFD、输送管道被送入位于高处的液体接收槽中。

（3）自由排气过程

自由排气过程如图 2c 所示，在压冲过程结束后，压冲气体进入排气系统，同时靠活塞桶内余压作为驱动力将极少量液体按反向流动模式继续从活塞桶中排出，当活塞桶内的余压降至某一设定值时，终止自由排气过程，然后进入下一个抽吸循环。

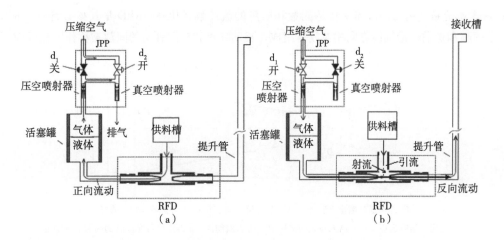

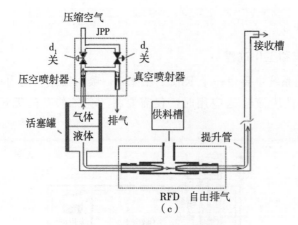

图 2 RFD 泵的工作过程原理

(a) 抽吸过程；(b) 压冲过程；(c) 自由排气过程

1.2 RFD 的组成和工作过程

1.2.1 RFD 的主要性能参数

RFD 泵的平均流量、扬程和效率是评价其性能的主要参数。

(a) RFD 泵的平均流量（L/h）为

$$Q_q = \Delta V / \Delta t。 \tag{1}$$

式中，ΔV 是一段时间 Δt（一个循环周期）内输送到接收槽的液体体积，可由试验测得；t_1（min）为抽吸时间，t_2（min）为压冲时间，t_3（min）为自由排气时间，一个循环时间 Δt 为：$\Delta t = t_1 + t_2 + t_3$。

(b) 泵的扬程取决于扩散管对从驱动喷嘴喷出流体的动压力转换为静压力的性能。动压力可以由驱动喷嘴前（这里液体流速很小）、后之间的伯努力方程获得：

$$P_i + \rho g h = P_t + 1/2\rho v_2。 \tag{2}$$

方程左边，P_i 表示施加在活塞桶顶部的静气压，$\rho g h$ 表示活塞桶内液体的静压头；方程右边，P_t 表示驱动喷嘴出口处的静压，$1/2\rho v_2$ 表示驱动喷嘴流出液体的动压。

(c) 泵的效率最有意义的是容积效率，容积效率表示一个循环周期 Δt 内，压冲过程进入接收槽的液体体积 V_1 与活塞桶压出的液体总体积 V_C 之比。

$$\eta = \frac{V_1}{V_C}。 \tag{3}$$

1.2.2 RFD 的工作过程

RFD 输送系统是利用工作流体来传递能量和质量的流体输送机械，RFD 是其核心部件。RFD 结构简单，由驱动喷嘴和扩散管沿轴线方向相对放置组成，驱动喷嘴和扩散管间的间隙被称作引流间隙（图 3）。

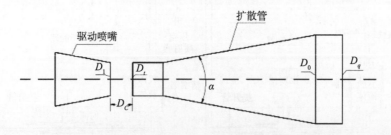

D_1 为驱动喷嘴出口直径；D_t 为扩散管入口直径；D_0 为扩散管出口直径；
D_c 为驱动喷嘴出口和扩散器入口之间的距离，为引流间隙；α 为扩散角度；D_q 为输液管道直径

图 3 RFD 结构示意

RFD 有 3 个接口：驱动喷嘴入口、引流间隙和扩散管出口，它们分别与活塞桶、供料槽和液体输送管道相连接。

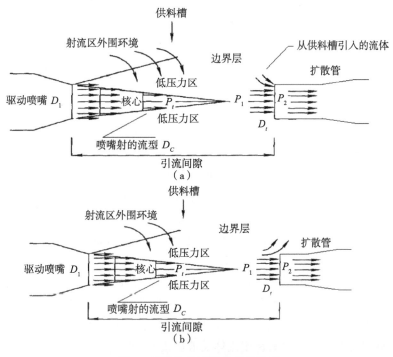

图 4　液流和扩散管的相互作用

(a) $P_2 < P_1$；(b) $P_2 > P_1$

RFD 的工作原理是活塞桶内的液体在静压力的作用下通过驱动喷嘴后，把静压能转化为动能，在腔壁的约束下，在驱动喷嘴的出口形成一种射流，由于文丘里效应，在引流间隙中的射流核心区周围将产生负压区，根据形成的负压的大小可形成如图 4 所示的 a、b 两种流型。当 $P_2 < P_1$ 时，使从供料槽通过供料管进入引流间隙中的部分流体被卷入射流主体，这两股流体（一股是驱动喷嘴的出口形成射流，一股是供料管进入引流间隙中的部分流体被卷入的物料）加速进入扩散管（图 4a），在引流间隙和扩散管中混合，同时进行能量和质量传递；当 $P_2 > P_1$ 时，与上述描述的现象相反（图 4b）。因此，在泵的使用过程中，尽量以形成的射流为主，并使供料槽进入引流间隙中的部分流体被引入射流主体，即图 4a 的流动方式，这样会增加输送能力。当流体进入扩散管后，液体流道截面扩大，液体流动的速度头减小，又使得部分静压力得到恢复，从而将液体输送入接收槽。

2　RFD 的研究进展

2.1　RFD 的设计思路

RFD 最早的研究和应用起源于英国，由于其免维修和可运输含固体溶液的特点，被用于核工业中高放废液和液固混合物的运输[5]。Smith G V 等[6]提出了针对允许输出液管路面积随扩散管入口面积成比例变化及输出液管路面积保持不变的情况的系统，提出了设计思路。结果表明，对于可以改变输出液管路面积的情况，如果给定输入压力，可以确定一个最优的扩散管入口面积。通过实验确定最佳方案工作量较大，成本较高，因此可以通过计算模拟的方法为 RFD 的设计提供指导。遗传算法采用随机方式寻优，设计参数满足约束条件，连续搜索最优解，不存在受步长限制问题，可考虑各因素间的协同优化效果。李江云等[7]改变介质密度和黏度值进行 RFD 装置设计发现，结构参数的变化并不明显，但的确影响了装置运行特性。密度变大时，虽然扬程不变，但输入能量一定的条件下，平均流量递减，而水力效率则呈现先增大后减小的趋势，与管道的输送能力有关，存在一个系统运行高效区。由于输送阻力随黏度的增大而增大，能量以摩擦的形式耗散，所以无论是平均流量还是效率，都呈现递减的趋势。

2.2 RFD 的结构优化

RFD 的扩散器、引流间隙和驱动喷嘴的构造既是影响 RFD 流体力学性能的直接因素，也是 RFD 设计中最为重要的设计参数。扩散器的扩散角 β、扩散器入口和驱动喷嘴出口面积比是扩散器的最为重要的两个结构因素。Smith G V 等[8]研究表明，扩散器的扩散锥角保持在 4～10°为宜。清华大学研究人员考虑到扩散角太小会导致 RFD 的整体长度加长，不利于设备在输送放射性流体的狭窄环境下安装，因此采用的驱动喷嘴的收敛角度和扩散器的扩散角度均为 20°，并在此条件下考察了入流结构、出流结构、出流结构入口和入流结构出口的面积比和引流间隙对引流效果的影响[9-10]，结果表明，相同的入流流量经过驱动喷嘴时，如果出口的面积过大，会导致出口处的射流速度减小，在引流间隙内不能形成足够的负压区来增强流体输送的引流效应。出流结构的选择有两个大的方向：其一是借鉴传统射流泵的接收管（喉管）—扩散管（喷嘴）模式；其二是直接采用扩散管的喷嘴型模式。从总体效果上看，以直接扩散的型式作为出流结构的设计是较为合理的。出流结构入口面积和入流结构出口面积比对 RFD 的微观引流现象具有非常重要的影响，出面积比约为 1.5 时引流效果最好。在反向流动模式下，由喷嘴出口喷出的射流首先在引流间隙内进行发展，因此引流间隙的长度和具体的构造型式是影响 RFD 泵送效率的直接因素。引流间隙的选择必须权衡流体在 RFD 中的流体流动损失及所能达到的引流效果来进行，因此引流间隙长度和出流结构入口直径比为 0.9～1.0 为宜。此后，研究人员验证了该构型的装置可以运输高黏度流体及液固混合物[11]。

2.3 RFD 的数学模型

RFD 泵的研究起源于二十世纪六七十年代的英国，英国在其核工业系统得到了广泛使用，使用历史超过 30 年，数量超过 300 台[4]。美国的橡树岭国家实验室、田纳西大学在 20 世纪 80 年代也发表了 RFD 的研究成果，20 世纪 90 年代，美国从英国引进了 RFD 泵送技术，美国逐步开展 RFD 相关研究，尝试建立了流体运输模型[8,12]。国内的研究中，研究人员开发了多种 RFD 性能预测模型[13]，可以预测扩散器入口和喷嘴出口面积比、引流间隙长度、喷嘴出口直径和扩散器的扩散角对 RFD 流量和压力的影响。武汉大学李江云等人建立了 RDF 的仿真模型[17]，可通过数值计算指导物理实验，对搭建仿真优化操作平台具有一定的借鉴意义，目前的模型研究方向主要为结构设计提供指导，可以降低制备装置的成本，针对 RFD 的工业生产过程的模型研究尚未深入。

3 结论

可逆流体换向装置（RFD）无可动部件与工艺液体接触，不需要维修人员进入设备室维修，不会加热和稀释工艺液体，且具有流量大、扬程高、气体与放射性液体接触较少、可以处理泥浆类放射性流体的特点，是应用于后处理厂放射性溶液输送的理想装置。本文在阐明 RFD 输送系统的基础上，总结了其核心部件 RFD 的设计思路、结构优化和数学模型的相关研究。然而，目前国内对 RFD 的研究尚不够完善，缺乏应用于核工业领域相应装置的参数指导。因此，对应用于后处理厂运输放射性溶液的 RDF 结构参数研究，以及针对 RFD 运输系统的研究，也需要进一步开展。

参考文献：

[1] 逯迎春，刘继连，宋晓鹏．空气升液循环器在高放废液贮槽中的应用［J］．产业与科技论坛，2018，17（11）：85－86．

[2] 许志敏，林丽生．蒸汽喷射泵部分结构参数对其性能影响的研究［J］．机械研究与应用，2017，30（3）：67－70．

[3] 任建波，苗超，胥建美，等．可调节蒸汽喷射泵研究进展［J］．盐科学与化工，2021，50（3）：17－19．

［4］ 徐聪 . 无可动部件的流体输送设备的研究进展 ［J］ . 化工学报，2014，(7)：2544 - 2554.

［5］ TIPPETTS，J R PRIESTMAN. Developments in power fluidics for application in nuclear plant ［J］, Jouronal of dynamic systems，measurement，and control，1981，103 (4)：342 - 351.

［6］ SMITH G V, LEWIS B E. Design of a pulsed - mode fluidic pump using a venturi - like reverse flow diverter ［R］. Oak Ridge National Lab. , 1987.

［7］ 李江云，汪慧，盛旺，等 . 用遗传算法进行 RFD 装置优化设计 ［J］ . 重庆大学学报，2016，39 (3)：13 - 20.

［8］ GARY，V，SMITH. Performance characteristics of plane - wall Venturi - like reverse flow diverters ［J］. Industrial & engineering chemistry process design and development，1984，23 (2)：295 - 299.

［9］ 樊燕芳，徐聪，景山 . 可逆流体换向装置一些基本问题的试验研究 ［J］ . 核科学与工程，2008，28 (3)：280 - 288.

［10］ XU CONG. Effects of geometric configurations on the performance of reverse flow diverters in reverse flow mode ［J］. Chinese journal of chemical engineering，2012，20 (5)：856 - 862.

［11］ CONG XV, LIU B, JING S. Compact pneumatic Pulse - jet pump with Venturi - like reverse flow diverter ［J］. 中国化学工程学报 (英文版)，2011，19 (4)：626 - 635.

［12］ SMITH G V, COUNCE R M. Performance characteristics of axisymmetric Venturi - like reverse flow diverters ［J］. The journal of fluid control，1986，16 (4)：19 - 39.

［13］ XU C, JING S. Dimensionless performance and design guidelines for reverse - flow diverters during reverse - flow mode ［J］. Chemical engineering communications，2012，199 (7)：912 - 924.

［14］ CONG XU, HUI. Prediction of the pumping capacity for reverse - flow diverter pumps ［J］. Chemical engineering research and design，2014，92 (7)：1219 - 1226.

［15］ CONG XU. Performance curve available for non - steady flow through Venturi - like reverse flow diverter ［J］. Flow measurement and instrumentation，2015，45：411 - 414.

［16］ 李江云，关凯，王健，等 . 危险流体输送装置 RFD 的空化性能 ［J］ . 重庆大学学报，2014，37 (2)：81 - 88.

［17］ 李江云，关凯，马天佑，等 . 逆向流体转换 (RFD) 装置全模型数值仿真 ［J］ . 工程热物理学报，2015 (2)：322 - 325.

Research progress of reverse flow diverter pump （RFD）

WANG Ting-yu, GUO Hao-ran, ZHANG Tian-xiang, DIAO Yan-hong

(The 404 Company Limited. , CNNC, Lanzhou, Gansu 732850, China)

Abstract：The process fluids in reprocessing plants are nitric acid solutions of various concentrations and radioactive solutions containing different concentrations of uranium, plutonium, sub-aromatic elements, fission products, etc. For the conveyance process of these hazardous liquids, it is required to use conveyance equipment with high reliability, no moving parts in contact with the radioactive solution, and maintenance-free as possible. The reverse flow diverter pump (RFD pump) has no moving parts in contact with the process fluid, no need to enter the equipment room for maintenance, no heating or dilution of the process fluid, and has the characteristics of high flow rate, high head, less contact between the working gas and the radioactive process fluid, and can handle slurry-type radioactive fluids, which is an ideal device applied to the transfer of radioactive solutions in reprocessing plants. This paper reviews the design ideas, structural optimization and mathematical model of the RFD pump based on the elucidation of RFD conveying system, which is a guideline for the development of a maintenance-free hazardous liquid transportation system applicable in reprocessing plants.

Key words：Reversed flow diverter; Conveying system; Structural optimization

四价钚高效选择性萃取剂的分析比较

邬　璇，王均利，刘俊杰，王　辉*

（中国原子能科学研究院放射化学研究所，北京　102413）

摘　要： 人类对能源的需求日益扩大。核能，因其高效而闻名。为降低乏燃料对环境的危害，闭式燃料循环成为一些主要核电大国的选择。因此，对乏燃料的回收越发引起人们重视。其中，钚是主要 α 放射性毒性来源，尤其是 ^{238}Pu，放射性半衰期短（87.7 年），比活度高（$6.3×10^{11}$ Bq/g）。因此，从高放废物和其他废物中选择性提取钚是非常有必要的。从环保角度出发，萃取剂的设计越发倾向 "CHON" 原则。本文整理归纳了 23 种 Pu（Ⅳ）的选择性萃取剂，其中主要是酰胺类萃取剂，并且按结构特点将它们分成 6 类，分别是：芳香基二酰胺、二甘醇酰胺类、N 为中心的酰胺、C 为中心的酰胺、单酰胺、其他类酰胺；最后列举了两种除 TBP 的典型含磷萃取剂。同时讨论总结了不同因素下（稀释剂、酸度、其他金属存在等），萃取剂对 Pu（Ⅳ）萃取性能的影响。

关键词： 钚；萃取；酰胺

1　概述

随着全球人口不断增长，工业化进程不停推进，人类的生产生活越来越离不开能源。化石燃料在很大程度上能满足人类的需求，但是其不断减少的储备和气候的日益恶化，让人们意识到新能源的探索、开发与利用势在必行。

核能，以其高效而闻名，但反应堆中铀或混合氧化物燃料反应后生成的乏燃料经处理会产生具有高放射性的废物，其被称为高放废物。因此，为降低环境风险，俄、印等主要核电大国选择建立闭式的燃料循环[1]，这主要依赖于乏燃料的回收。其中，钚是过去 60 年中唯一以数千公吨量级生产的人造元素，因为它在军事战略中十分重要，并且是快堆的燃料。每吨铀燃料在反应堆中燃烧时，会在乏燃料中产生约 1～3 kg 钚。此外，在乏燃料处理后产生的高放废物中，每升含有几毫克钚[2]。因此，从乏燃料及高放废物和其他废物中选择性提取钚逐渐成为一个研究热点。

20 世纪 50 年代中期，Purex 流程首先被用于处理生产堆辐照核燃料，从中提取钚、回收铀。后来也被用于处理电站轻水堆辐照核燃料，从中回收、纯化铀和钚。

在 Purex 流程处理之前，先将辐照核燃料溶解于 6～8 M 硝酸溶液中，接着将以煤油稀释的磷酸三丁酯（TBP）溶液与水相硝酸接触，将 UO_2^{2+}、Pu^{4+}、NpO_2^{2+} 从水相中提取出来。Pu（Ⅳ）通过还原剂（如氨基磺酸亚铁）被还原为 Pu（Ⅲ），其在 TBP 中溶解度小，被反萃到水相硝酸中，一次可以达到分离铀、钚的目的。此过程中的有机试剂和水相溶液都可以被回收循环利用，从而减少了化工废液的体积。然而，Purex 流程也存在一定的缺陷[2]：①使用不可焚化的有机磷萃取剂；②使用各种还原剂一定程度上增加了废液的体积；③Zr、Tc、Ru 等其他裂变产物与萃取剂或萃取剂辐解后形成的降解产物共萃取，导致铀钚纯度下降。所以，鉴于钚的战略意义及环境影响，有关钚的新型萃取剂的开发与应用逐渐成为世界范围内的研究课题。

TBP 属于不可焚化的有机磷萃取剂，出于环保考虑，研究者们大多倾向设计合成 "CHON" 型的萃取剂。据报道，在 Pu（Ⅳ）的萃取剂中，酰胺类物质是极具有潜力的，本文按结构特点将萃取剂进行分类阐述。

作者简介： 邬璇，女，新疆博乐人，硕士研究生，主要研究锕系元素分离。

2 芳香基二酰胺

Sivaramakrishna 和 D. R. Raut 等人报道了很多关于 TAPDA 类萃取剂的研究。当 R′＝苯基，同时 R″＝异丁基、正丁基、正辛基、2-乙基己基时，将萃取剂依次命名为 TAPDA-1、TAPDA-2、TAPDA-3、TAPDA-4；当 R′＝戊基，同时 R″＝正辛基时，将萃取剂命名为 TAPDA-5（图 1）。

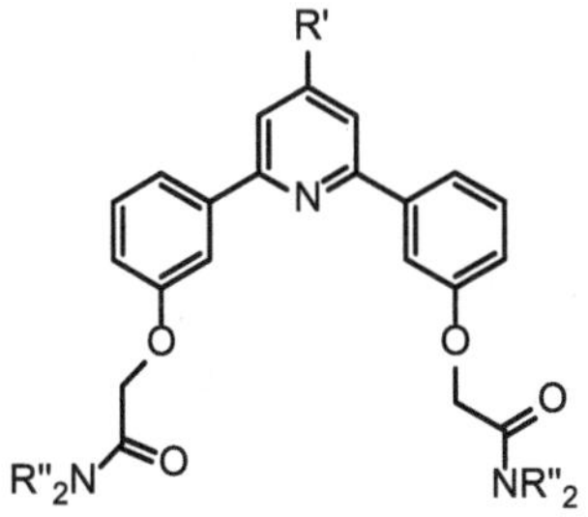

图 1　三芳基吡啶二酰胺（TAPDA）的基本结构

首先，M. Sivaramakrishna 和 D. R. Raut 等人[4] 在 2017 年将 TAPDA-1、TAPDA-2、TAPDA-3、TAPDA-4 分别以浓度 0.1 mol/L 溶解于硝基苯溶液为萃取剂有机相，使其和水相体积成 1∶1 进行实验。萃取实验得出结果：TAPDA-1 和 TAPDA-4 在 5 分钟内达到萃取平衡，TAPDA-2 和 TAPDA-3 大约 30 分钟达到萃取平衡。对 Pu（Ⅳ）的萃取符合溶剂化机理，其萃取效果随着 HNO_3 浓度的增加而增加。相同钚浓度下，4 种萃取剂萃取后，钚的分配比 D（D＝有机相中每单位时间、每单位体积的计数/水相中每单位时间、每单位体积的计数）依次为：62.3±0.2、107.2±0.7、24.9±0.4、9.9±0.1，即萃取剂效率由大到小排序为：TAPDA-2＞TAPDA-1＞TAPDA-3＞TAPDA-4。并且 4 种二酰胺萃取剂都对 Pu（Ⅳ）萃取具有高度选择性，因为萃取剂对金属离子如 Am（Ⅲ）、U（Ⅵ）的提取相对于 Pu（Ⅳ）可忽略不计。同时，实验发现 TAPDA-1、2、3、4 的辐解稳定性相当好，吸收剂量高达 630 kGy。

考虑到硝基苯作为有机相稀释剂的毒性，M. Sivaramakrishna 和 D. R. Raut 等人在 2017 年以离子液体［C_8mim］［NTf_2］为稀释剂，对上述 4 种萃取剂 TAPDA-1、TAPDA-2、TAPDA-3、TAPDA-4 再次展开了萃取实验[8]。

由表 1 可知，4 种萃取剂对 Pu^{4+} 的萃取均具有较高的选择性，其中 Am^{3+}、Eu^{3+} 和 Sr^{2+} 的选择性可以忽略不计（$<1\times10^{-3}$），而 UO_2^{2+} 和 Cs^+ 的萃取率比 Pu^{4+} 低 1～2 个数量级。4 种萃取剂的萃取和反萃动力学均较快。虽然离子液体溶剂体系被报道会使金属离子萃取率大大增加，但本研究却给出了一个相反的例子，与硝基苯做稀释剂的溶剂体系相比，离子液体溶剂体系中的金属离子萃取率较低。

表 1　0.05M 萃取剂（［C_8mim］［NTf_2］溶解）萃取锕系元素和金属离子裂变产物分配比

Metalion	Distribution ratio at 3 mol/L HNO_3 in ［C_8mim］［Tf_2N］			
	$L_Ⅰ$	$L_Ⅱ$	$L_Ⅲ$	$L_Ⅳ$
Pu^{4+}	12.9±0.1	15.2±0.1	17.9±0.0	4.27±0.00
UO_2^{2+}	0.031±0.001	0.035±0.001	0.036±0.000	0.046±0.001
Am^{3+}	<0.001	<0.001	<0.001	<0.001
Eu^{3+}	<0.001	<0.001	<0.001	<0.001
Cs^+	0.014±0.001	0.010±0.001	0.011±0.001	0.011±0.001
Sr^{2+}	<0.001	<0.001	<0.001	<0.001

注：水相：3M HNO_3；平衡时间：2 h；温度：25 ℃。

2019 年，M. Sivaramakrishna 和 D. R. Raut 等人又设计将 TAPDA - 3、TAPDA - 5 包含在聚四氟乙烯（PTFE）平板的空隙中，将其做成支撑液膜（Supported Liquid Membrane，SLM）通过非分散传质在膜上同时实现萃取和反萃，从而避免第三相形成的问题出现[9]。但是 SLM 的稳定性较差，限制了其应用。同年，他们发现加入异癸醇能提高萃取剂的溶解度，又以 5% 异癸醇＋95% 正十二烷[10]为稀释剂分别溶解 TAPDA - 3、TAPDA - 4、TAPDA - 5，萃取实验表明 3 种有机萃取剂对 Pu（Ⅳ）都表现出了很高的选择性（在 3 mol/L HNO₃ 中，U（Ⅵ）的萃取率 ≤ 0.5%，Pu（Ⅳ）的萃取率 > 90%，Am（Ⅲ）、Eu（Ⅲ）、Sr（Ⅱ）和 Cs（Ⅰ）的萃取率 < 0.1%）。这项研究为开发从放射性废物中选择性分离钚的工艺带来了希望。

中国原子能科学研究院的 Xiao - Fan Yang 等人[11]设计合成了 3 种四齿螯合菲咯啉二酰胺，其结构如图 2 所示。这种萃取剂旨在不需要任何还原剂的情况下，有效提取铀和钚并将它们相互分离。将 3 种菲咯啉二酰胺溶解在不同浓度的3-硝基三氟甲苯中，观察到它们具有选择性分离 UO_2^{2+} 和 Pu^{4+} 的潜力。

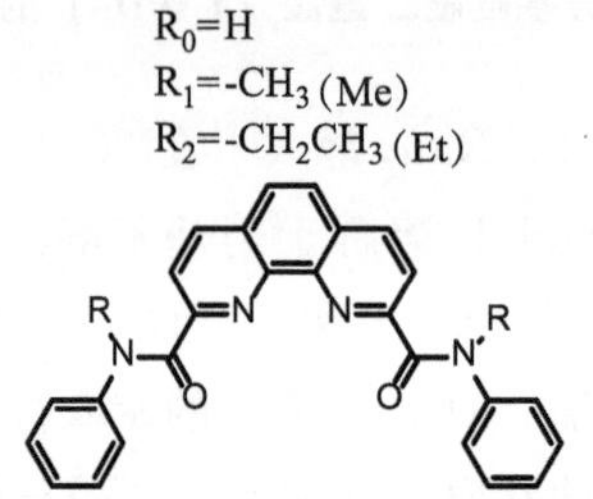

$$R_0 = H$$
$$R_1 = -CH_3 (Me)$$
$$R_2 = -CH_2CH_3 (Et)$$

图 2　四齿螯合菲咯啉二酰胺（R - Ph - DAPhen）

选择在 1 - 辛醇中具有良好溶解性的 Et - Ph - DAPhen 用于 UO_2^{2+} 和 Pu^{4+} 的共萃取和 Pu^{4+} 的选择性剥离。实验结果表明 Et - Ph - DAPhen 萃取 UO_2^{2+} 和 Pu^{4+} 具有快速萃取动力学，约 6 min 达到萃取平衡。接着，通过改变水溶液的酸度实现了较高分离因子的 UO_2^{2+} 和 Pu^{4+} 的分离。以 1 mol/L HNO₃ 为反萃取剂，三步连续反萃取仅能选择性反萃取出少部分（17%）的 UO_2^{2+} 和大部分（95%）的 Pu^{4+}，达到了预期的分离的目的。稀释剂和萃取剂焚烧皆不会产生有毒物质。这项工作有助于简化操作流程，提高工艺安全性，从而弥补传统工艺的不足。

苯并二氧二酰胺（BenzoDODA）[2]的基本结构如图 3 所示。其萃取 Pu（Ⅳ）的动力学较快，10 分钟即可达到萃取平衡。在 3 mol/L HNO₃ 下，BenzoDODA 萃取 Pu（Ⅳ）的分配比为 6.73，与 U、²⁴¹Am、⁸⁹Sr 的分离因子分别为 61.27、1348、320.9。随着酸度的增加，其萃取 Pu（Ⅳ）的分配比增大，说明它能用于从酸性介质中选择性分离 Pu（Ⅳ）。实验结果表明：BenzoDODA 可以有效地从乏燃料、高放废物和其他酸性废物流中分离 Pu（Ⅳ）。

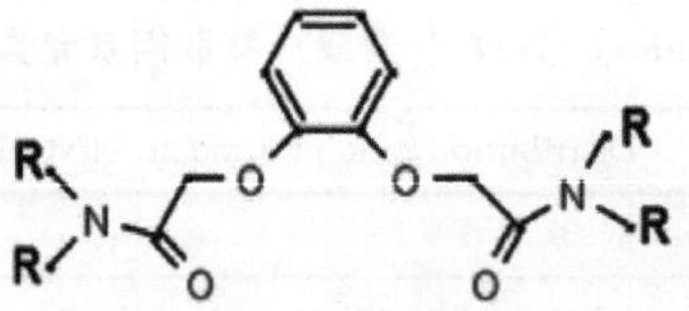

图 3　苯并二氧二酰胺的基本结构（R：2 -乙基己基）

3　二甘醇酰胺类

Dattaprasad R. Prabhu 和 Dhaval R. Raut 等[12]报道了用 [C₄mim] [NTf₂] 和 [C₈mim] [NTf₂] 稀释的 TODGA、T2EHDGA（图 4、图 5）萃取 Pu（Ⅳ）的研究。

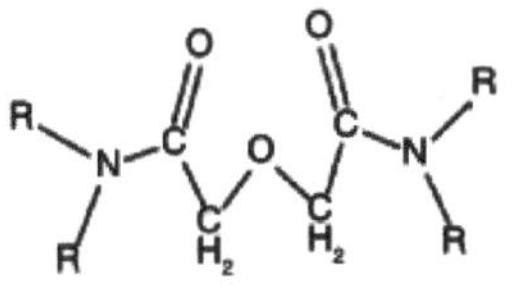

图 4 二甘醇酰胺类萃取剂基本结构 （TODGA：
R 为正辛基；T2EHDGA：R 为 2‑乙基己基）

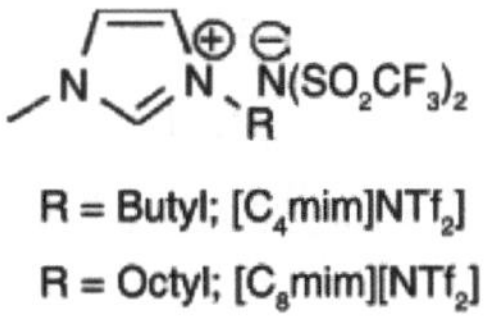

图 5 稀释剂 ［C₄ min］［NTf₂］ 和
［C₈ mim］［NTf₂］ 基本结构

通过实验发现，TODGA 和 T2EHDGA 在 ［C₄ mim］［NTf₂］ 和 ［C₈ mim］［NTf₂］ 中萃取 Pu
（Ⅳ）异常缓慢，大约 30 小时才达到萃取平衡。TODGA 和 T2EHDGA 对 Pu（Ⅳ）的萃取分配比随
硝酸浓度的增加而降低，可能是因为溶液中氢离子的竞争。在 3 mol/L HNO₃ 条件下，TODGA 萃取
Pu（Ⅳ）得到很高的分配比（$D_{Pu(Ⅳ)}$＞200）；T2EHDGA 则较低（$D_{Pu(Ⅳ)}$＞100），可能是其空间位阻
较大而影响萃取。鉴于此种二甘醇酰胺类物质对 Pu（Ⅳ）的选择性和较高萃取率，Akalesh G. Ya-
dav 等人尝试将其使用在色谱柱上，因为这个方法使用的萃取剂和稀释剂显著减少，同时可以利用色
谱柱中的高理论塔板数期待从杂质中有效分离目标金属离子。根据图 4，研究的萃取剂分别名为 TB-
DGA[13]（R 为正丁基）、TPDGA（R 为戊烷基）、THDGA（R 为己基）、TODGA、TDDGA（R 为
壬基）[14]。经过实验发现：它们对 Pu（Ⅳ）都有较出色的选择性，并且 TPDGA 的萃取效果最好。
随着酸度增加，$K_{d-Pu(Ⅳ)}$ 值先下降后平稳，最后保持在 10^4 以上。洗脱效果也非常出色，能够长期重复
使用。研究发现，在 DGA 类萃取剂有机相中加入改性剂 DHOA（N，N‑二己基辛酰胺），能够在一
定程度上提高萃取金属的限值和抑制第三相的形成[15]。

除此之外，很多研究者基于二甘醇酰胺做出了不同的创新尝试。图 6 是 Parveen K. Verma 等[16] 合
成的二甘醇酰胺官能化的聚（丙烯亚胺）二氨基丁烷树枝状大分子，实验结果表明两种大分子对 Pu
（Ⅳ）、Np（Ⅳ）两种金属离子有一定萃取效果，$L_Ⅱ$ 的萃取效果优于 $L_Ⅰ$，可能原因是 $L_Ⅱ$ 的疏水性较强。
在 3 mol/L 硝酸介质中，用极稀（$1×10^{-4}$ mol/L）的萃取剂溶液，$L_Ⅱ$ 对 Pu（Ⅳ）的萃取分配比大于 60。
随着酸度的增加，萃取率可达 90％ 甚至更高。并且 $L_Ⅱ$ 对 Pu（Ⅳ）的萃取率高于 Np（Ⅳ），但辐照稳定
性差。

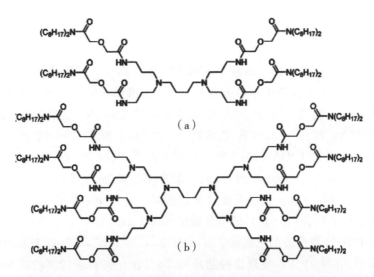

图 6 二甘醇酰胺（DGA）功能化的聚（丙烯亚胺）二氨基丁烷树枝状大分子的结构
(a) $L_Ⅰ$；(b) $L_Ⅱ$

Prithwish Sinharoy 等[17] 在吡啶甲酰胺体系中多引入一个氧原子，合成了吡啶二甘醇酰胺
（PDGA）（图 7），为其与金属离子发生更多的螯合作用，从而提高总体萃取率，并且在保持其选择性

的同时增加了萃取剂的经济性。在硝基苯做稀释剂时，随着酸度增加，Pu（Ⅳ）的分配比也随之增加，最高可超过 110（6 mol/L HNO$_3$）；在离子液体［C$_8$ min］［NTf$_2$］做稀释剂时，随着酸度增加，Pu（Ⅳ）的分配比先快速增加后减小至最低又缓慢上升，最高为 72（0.5 mol/L HNO$_3$）。

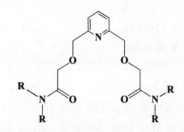

图 7　吡啶二甘醇酰胺结构（R 为异丁基，PDGA）

如图 8 所示，Rajesh B. Gujar 等[18]的研究对象是 3 个具有不同中心的三足二甘醇酰胺。结果表明，在 3 mol/L 硝酸介质、5％ 异癸醇 ＋ 95％ 正十二烷的混合稀释剂系统中，与 Np（Ⅳ）相比，3 种物质对 Pu（Ⅳ）的分配比分别为 50.2、8.7、146，效果均优于对 Np（Ⅳ）（分配比分别为 15.5、3.8、42.8）、U（Ⅵ）（分配比分别为 0.06、0.02、0.02）的萃取。

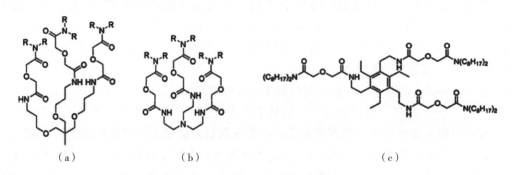

图 8　3 种三足二甘醇酰胺结构
(a) T‒DGA；(b) TREN‒DGA；(c) TAETEB

4　以 N 为中心的酰胺

Yuji Sasaki 等人开发了一种新的二酰胺类萃取剂[19-20]：2，2′‒（亚氨基）双（N，N‒二烷基乙酰胺）（简称"IDDA"）。IDDA 在分子骨架中心引入了一个氮供体原子，由两个羰基氧和一个氮组成的杂化供体原子表现出三齿行为。2，2′‒（甲基亚氨基）双（N，N‒二辛基乙酰胺）（MIDOA）、2，2′‒（甲基亚氨基）双（N，N‒二十二烷基‒乙酰胺）（MIDDA）和 2，2′‒（亚氨基）双（N，N‒二十二烷基‒乙酰胺）（IDDA）都是 IDDA 的衍生物，易溶于正十二烷，并且易用于溶剂萃取。用 MIDOA 作萃取剂，HNO$_3$ 浓度在 0.1～1 mol/L 时，$D_{Pu(Ⅳ)}$ 随着酸度增加而增加，最低为 2，最高可达 80；HNO$_3$ 浓度在 1～6 mol/L 时，$D_{Pu(Ⅳ)}$ 则随着酸度增加而减小；HNO$_3$ 浓度在 6 mol/L 时，$D_{Pu(Ⅳ)}$ 为 20 左右。由此可见，MIDOA 萃取 Pu（Ⅳ）的最佳酸度值为 1 mol/L。

他们还研发了一种以 N 为中心的三酰胺：N，N，N′，N′，N″，N″‒六辛基次氮基三乙酰胺（简称"NTAamide（C8）"）（图 9）[21]，发现这种物质对 Pu（Ⅳ）也有着较高的选择性，且酸度适用范围广。在 3 mol/L HNO$_3$ 条件下，NTAamide（C8）对 Pu（Ⅳ）的萃取分配比为 169，而对 U（Ⅵ）、Am（Ⅲ）仅为 0.15、0.03。

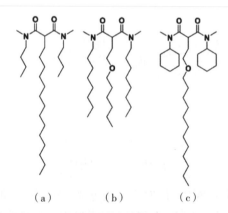

图 9　N，N，N′，N′，N″，N″-六辛基次氮基三乙酰胺［NTAamide（C8）］结构

对 MIDOA 和 NTAamide（C8）及其萃取的量化甲酸结果表明：MIDOA 中的两个酰胺根结构取向相同但是与中心 N 不处在同一平面上，以此减小 4 个辛基取代基之间的空间位阻；NTAamide（C8）的 3 个酰胺键以中心 N 原子为中心，呈螺旋状分布，这也减小了取代基之间的空间位阻。两种萃取剂与 Pu（Ⅳ）配位过程中形成的配合物比例 L：M＝1：1，它们其中的两个酰胺键通过化学键的扭转，将其 O 原子与 Pu 进行配位。

5　C 为中心的酰胺

图 10 是取代丙二酰胺[23]的结构。为了提高萃取剂的亲脂性，同时避免在 6 mol/L HNO₃ 条件下生成第三相，Ajay B. Patil 等人设计合成出了 DMDCDDEMA。使用这种设计的深入研究强调了空间位阻、亲脂性和碱性之间的相互作用，以更好地与锕系元素络合。并且对其进行了 SLM 研究，发现可能用于更大规模地提取放射性废物。但是它对 Pu（Ⅳ）不是单一的、高选择性的。DMDCDDEMA 对 Pu（Ⅳ）的萃取效果一般。

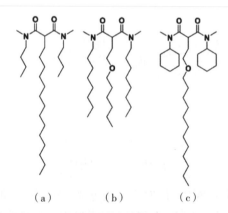

（a）　　　　　（b）　　　　　（c）

图 10　3 种取代丙二酰胺
（a）DMDBTDMA；（b）DMDOHEMA；（c）DMDCDDEMA

6　单酰胺

如图 11 所示，Alok Rout 等[24]使用 N，N-二己基辛酰胺，单酰胺类萃取剂进行研究实验。对 Pu（Ⅳ）的萃取随着硝酸浓度的增加而增加。同时，有趣的是，纯的［N₁₈₈₈］［NTf₂］在硝酸浓度大于 3 mol/L 时也能有效提取 Pu（Ⅳ）。DHOA 的存在增加了所有酸浓度下 Pu（Ⅳ）的萃取，并参与了 Pu（Ⅳ）的萃取，导致在离子液相中形成 Pu（Ⅳ）-DHOA 溶剂化物（4 mol/L HNO₃，$D_{Pu(Ⅳ)}$＝75）。与咪唑类离子液体不同，使用［N₁₈₈₈］［NTf₂］离子液体的优点是合成方法简单，易于制备，耐阳离子交换，便于金属离子在稀硝酸中的剥离。实验结果表明，用 0.35 mol/L HNO₃ 连续接触 5 次钚的反萃率达 90％以上。

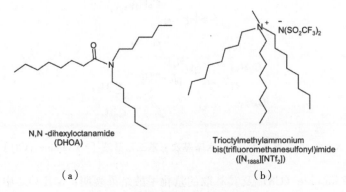

N,N -dihexyloctanamide
(DHOA)

Trioctylmethylammonium
bis(trifluoromethanesulfonyl)imide
([N₁₈₈₈][NTf₂])

（a）

（b）

图 11 单酰胺类萃取剂和离子液体

(a) N，N-二己基辛酰胺，DHOA；(b) [N₁₈₈₈][NTf₂]

7 其他类酰胺

如图 12 所示，Shikha Sharma 等[25]设计了新的构象以选择性萃取 Pu（Ⅳ）。OBDA 首先被设计合成出来，为了进一步抑制三价和六价离子的络合，就要在一定程度上抑制 OBDA 的配位氧上的电子密度，以增加其对 Pu（Ⅳ）的选择性。他们想通过使两个酰胺 O 原子更靠近桥接 O 原子来实现这一目的，所以将一个五元碳环稠合到 OBDA 结构中，并将羧酰胺放置在稠合环上相对于桥接 O 原子的 γ 位置，得到了 OTDA。其萃取动力学很快，8 分钟内可达到萃取平衡。随着酸度增加，萃取 Pu（Ⅳ）的分配比增大，最大为 64.89（6 mol/L HNO₃，30％异癸醇＋70％正十二烷作溶剂）。并且易反萃，化学稳定性好。

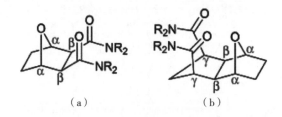

图 12 氧杂桥联双环二甲酰胺和氧杂桥接三环二甲酰胺

(a) OBDA；(b) OTDA

DFB 固定化微聚合物吸附剂（DMP）被发现也能萃取 Pu（Ⅳ），但是其萃取率低于对 Am（Ⅲ）、U（Ⅵ）的萃取率[26]。Pu（Ⅳ）与 Am（Ⅲ）、U（Ⅵ）的分离可以通过控制 pH 实现。

8 含磷萃取剂

8.1 磷酰胺类

Jegan Govindaraj 等[27]对磷酰胺类萃取剂进行研究，图 13 为其结构。结果表明，磷酰胺是中性型萃取剂，可用于从溶解溶液中萃取基本金属离子，如 Pu（Ⅳ），而不是其他不需要的裂变产物。因此，磷酰胺可以实现对 Zr 和 Ru 更好的去污。如果可以设计出能够缓解环境压力的后续方案，磷酰胺可以作为萃取剂用于核燃料循环的各种应用。

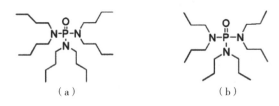

图 13　磷酰胺类萃取剂

（a）HBPA；（b）HPPA

8.2　三烷基氧化膦

三烷基氧化膦（TRPO）基本结构如图 14 所示。Binbing Han 等[28] 的实验结果表明：相对于 UO_2^{2+}、Am^{3+} 和 TcO_4^-，TRPO 展示出对 Pu（Ⅳ）优异的选择性（3 mol/L HNO_3，煤油作溶剂，$D_{Pu(Ⅳ)}=75$），被认为是有前途的萃取剂。然而 TRPO 为混合取代基，不同的生产质量也展现出不同的萃取效果，也就是有着不同的物理化学性质。所以，如果要将 TRPO 投入商用，它的质量将会是影响其萃取效果的重要因素之一。

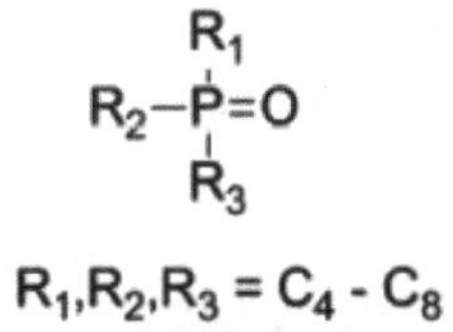

$$
\begin{array}{c}
R_1 \\
R_2-P=O \\
R_3
\end{array}
$$

$$R_1, R_2, R_3 = C_4 - C_8$$

图 14　三烷基氧化膦基本结构

9　小结

从结构来说，对 Pu（Ⅳ）萃取效果出色的酰胺萃取剂大多以 O、N、苯环等吸电子能力强的基体为中心，且连接有适当长度的支链。对于其他因素如稀释剂的选择、温度、酸度、萃取剂浓度等也会在一定程度上改变萃取的结果。所以，高效的萃取剂要想发挥最好的萃取效果，探索合适的萃取环境也是很重要的。

参考文献：

[1] GUPTA N K. Ionic liquids for TRansUranic Extraction（TRUEX）—Recent developments in nuclear waste management：a review [J]. Journal of molecular liquids，2018，269：72 – 91.

[2] RUHELA R，PANJA S，TOMAR B S，et al. Bis -（2 - ethylhexyl）carbamoyl methoxy phenoxy - bis -（2 - ethylhexyl）acetamide [BenzoDODA] —first selective extractant for plutonium（IV）recovery（SEPUR）from acidic media [J]. Tetrahedron letters，2012，53（40）：5434 – 5436.

[3] N. C. O'boyle. A review of plutonium（IV）selective ligands [J]. Elsevier science，1997，48（2）：183 – 200.

[4] SIVARAMAKRISHNA M，RAUT D R，NAYAK S K，et al. Evaluation of several novel diamide based ligands for selective extraction of tetravalent plutonium [J]. Radiochimica acta，2017，105（4）：303 – 310.

[5] BINNEMANS K. Lanthanides and actinides in ionic liquids [J]. Chem Rev，2007，107：2592 – 2614.

[6] WELTON T. Room - temperature ionic liquids. Solvents for synthesis and catalysis [J]. Chem Rev，1999，99：2071 – 2083.

[7] VISSER A E，ROGERS R D. Room - temperature ionic liquids：new solvents for f - element separations and associated solution chemistry [J]. Journal of solid state chemistry，2003，171（1）：109 – 113.

[8] SIVARAMAKRISHNA M，RAUT D R，NAYAK S，et al. Unusual selective extraction of $Pu\ 4^+$ by some novel diamide ligands in a room temperature ionic liquid [J]. Separation and purification technology，2017，181：69 – 75.

［9］ SIVARAMKRISHNA M, RAUT D R, NAYAK S K, et al. Selective pertraction of plutonium（IV）from acidic feeds across PTFE flat sheets containing diamides with a tri－aryl－pyridine（TAP）centre ［J］. Journal of environmental chemical engineering, 2019, 7（2）.

［10］ SIVARAMAKRISHNA M, RAUT D R, NAYAK S K, et al. Extraction of plutonium（IV）from acidic feeds using several diamides with a tri－phenyl pyridine centre ［J］. Journal of radioanalytical and nuclear chemistry, 2019, 320（1）: 245－253.

［11］ YANG X F, LI F F, REN P, et al. Selective separation between UO_2^{2+} and Pu^{4+} by novel tetradentate chelate phenanthroline diamide ligand in 1－octanol ［J］. Separation and purification technology, 2021: 277.

［12］ PRABHU D R, RAUT D R, MURALI M S, et al. Extraction of plutonium（IV）by diglycolamide extractants in room temperature ionic liquids ［J］. Radiochimica acta, 2017, 105（4）: 285－293.

［13］ YADAV A G, GUJAR R B, MOHAPATRA P K, et al. Highly efficient uptake of tetravalent actinide ions from nitric acid feeds using an extraction chromatography material containing tetra－n－butyl diglycolamide and a room temperature ionic liquid ［J］. J Chromatogr A, 2021, 1655: 462501.

［14］ YADAV A G, MOHAPATRA P K, VALSALA T P, et al. Highly efficient Plutonium（IV）uptake from acidic feeds using four extraction chromatography resins containing diglycolamides and ionic liquid ［J］. J Chromatogr A, 2022, 1665: 462816.

［15］ SASAKI Y, SUGO Y, SUZUKI S, et al. A method for the determination of extraction capacity and its application to N, N, N′, N′－tetraalkylderivatives of diglycolamide－monoamide/n－dodecane media ［J］. Analytica chimica acta, 2005, 543（1－2）: 31－37.

［16］ VERMA P K, GUJAR R B, MOHAPATRA P K, et al. Highly efficient diglycolamide－functionalized dendrimers for the sequestration of tetravalent actinides: solvent extraction and theoretical studies ［J］. New journal of chemistry, 2021, 45（21）: 9462－9471.

［17］ SINHAROY P, NAIR D, PANJA S, et al. Pyridine diglycolamide: a novel ligand for plutonium extraction from nitric acid medium ［J］. Separation and purification technology, 2022: 282.

［18］ GUJAR R B, MOHAPATRA P K, VERBOOM W. Extraction of Np^{4+} and Pu^{4+} from nitric acid feeds using three types of tripodal diglycolamide ligands ［J］. Separation and purification technology, 2020: 247.

［19］ SASAKI Y, OZAWA M, KIMURA T, et al. 2, 2′－（Methylimino）bis（N, N－dioctylacetamide）（MIDOA）, a new tridentate extractant for Technetium（VII）, Rhenium（VII）, Palladium（II）, and Plutonium（IV）［J］. Solvent extraction and ion exchange, 2009, 27（3）: 378－394.

［20］ YUJI SASAKI Y S. Technetium（VII）and Rhenium（VII）extraction by a new diamide reagent ［J］. Solvent extraction research and development, 2011, 18: 69－74.

［21］ SASAKI Y, TSUBATA Y, KITATSUJI Y, et al. Extraction behavior of metal ions by TODGA, DOODA, MIDOA, and NTAamide extractants from HNO3ton－Dodecane ［J］. Solvent extraction and ion exchange, 2013, 31（4）: 401－415.

［22］ KARAK A, MAHANTY B, MOHAPATRA P K, et al. Highly efficient and selective extraction of Pu（IV）using two alkyl－substituted amides of nitrilo triacetic acid from nitric acid solutions ［J］. Separation and purification technology, 2021: 279.

［23］ PATIL A B, SHINDE V S, PATHAK P, et al. New extractant N, N′－dimethyl－N, N′－dicyclohexyl－2,（2′－dodecyloxyethyl）－malonamide（DMDCDDEMA）for radiotoxic acidic waste remediation: Synthesis, extraction and supported liquid membrane transport studies ［J］. Separation and purification technology, 2015, 145: 83－91.

［24］ ROUT A, CHATTERJEE K, VENKATESAN K A, et al. Solvent extraction of plutonium（IV）in monoamide－ammonium ionic liquid mixture ［J］. Separation and purification technology, 2016, 159: 43－49.

［25］ SHARMA S, PANJA S, BHATTACHARYYA A, et al. Synthesis and extraction studies with a rationally designed diamide ligand selective to actinide（iv）pertinent to the plutonium uranium redox extraction process ［J］. Dalton trans, 2016, 45（18）: 7737－7747.

［26］ AOKI J, OONUMA C, SUDOWE R, et al. Adsorption Behavior of Pu（IV）, Am（III）, Cm（III）, and U（VI）on Desferrioxamine B－immobilized Micropolymer and Its Applications in the Separation of Pu（IV）［J］. Anal

Sci, 2021, 37 (11): 1641-1644.

[27] GOVINDARAJ J, BALIJA S, AMMATH S, et al. Extraction behavior of Pu (IV), Th (IV), and fission product elements with hexapropyl and hexabutyl phosphoramides [J] . Radiochimica acta, 2021, 109 (6): 419-430.

[28] HAN B, WU Q, ZHU Y, et al. Comparison of mixed trialkyl phosphine oxides (TRPO) extractants from different sources [J] . Chemical engineering journal, 2003, 94 (2): 161-169.

Analysis and comparison of efficient and selective extractants for Pu （Ⅳ）

WU Xuan, WANG Jun-li, LIU Jun-jie, WANG Hui*

(China institute of atomic energy, Department of radiochemistry, Beijing 102413, China)

Abstract: The human demand for energy is expanding day by day. Nuclear energy, known for its high efficiency. In order to reduce the environmental hazards of nuclear spent fuel, the closed fuel cycle has become the choice of some major nuclear powers. As a result, the recycling of nuclear spent fuel is attracting more and more attention. Among them, plutonium is the main source of radioactive toxicity, especially [238]Pu, with short radioactive half-life (87.7 a) and high specific activity (6.3×10^{11} Bq/g) . Therefore, it is very necessary to selectively extract plutonium from high-level radioactive waste and other wastes. From an environmental point of view, the design of extractants is more and more inclined to the "CHON" principle. In this paper, 23 selective extractants for Pu （Ⅳ）, mainly amides, are summarized and classified into six categories according to their structural characteristics: aromatic diamides, diethylene glycol amides, N-centered amides, C-centered amides, monoamides and other amides; finally, in addition to TBP, two typical phosphorus-containing extractants are listed. The influence of extractants on the extraction performance of Pu （Ⅳ） under different factors (diluent, acidity, presence of other metals, etc.) is also discussed and summarized.

Key words: Plutonium; Extraction; Amide

辐射防护
Radiation Protection

目　　录

一种新型气凝胶隔热屏蔽材料研制

李晓玲，徐晓辉，陈　艳，聂凌霄，吴荣俊

（武汉第二船舶设计研究所，湖北　武汉　430642）

摘　要：为了解决常用聚乙烯基中子屏蔽材料不耐高温问题，从隔热机制出发，结合溶胶-凝胶理论，通过改变纳米多孔 SiO_2 气凝胶的制备工艺参数，调节 SiO_2 气凝胶的孔隙结构，对气凝胶结构进行优化，通过工艺设计，分析工艺参数（B_4C 含量）对 SiO_2 气凝胶性质的影响，确定适宜的工艺参数。分析 SiO_2 气凝胶的结构与组成，通过改变工艺条件控制 SiO_2 气凝胶的孔隙结构，进而最终确定制备 SiO_2 气凝胶优化的工艺参数。研制了具有一定强度和纳米多孔结构的新型气凝胶隔热屏蔽材料，从而解决中子屏蔽材料在高温下软化失效问题。

关键词：屏蔽结构；隔热中子屏蔽材料；气凝胶

随着核技术的发展应用，核能已广泛应用于核电、核动力船舶、无损检测、放射治疗等产业。核反应堆、加速器等放射源在运行过程中会产生核辐射，尤其是中子辐射，其穿透力强，对人员及设备会造成巨大的威胁，由此带来的辐射安全与防护问题越来越重要。

常聚合物基复合材料由于具有轻质、加工性能好、性能可调范围宽等特点，已被越来越多地应用于核辐射防护领域，如含氢量较高的石蜡、聚乙烯、聚丙烯等，与碳化硼、铅粉等功能性屏蔽填料制备的复合材料。

聚乙烯基屏蔽材料具有优良的中子屏蔽性能，易机械加工且经济性良好。但耐高温性能差，正常使用温度约为 70 ℃，软化点在 96 ℃左右。当核动力装置发生中破口失水事故时，冷却剂泄漏造成堆舱温度升高可达 190 ℃以上，屏蔽结构因热传递导致聚乙烯基材料变形产生空隙或软化坍塌，如图 1 所示。

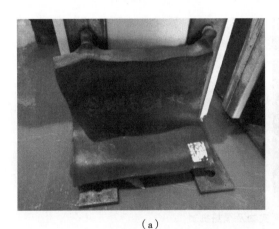

（a）　　　　　　　　　　　　　　　　（b）

图 1　聚乙烯基屏蔽材料高温试验前后对比

（a）试验前；（b）试验后

核反应过程中不可避免地伴随着热量的释放，而热塑性聚烯烃树脂热变形温度及熔点低，高温易变形及熔融，无法在高温环境下使用。因此，开发具有一定隔热性能的新型屏蔽材料迫在眉睫。

本文针对这一问题开展了屏蔽结构设计和耐高温隔热屏蔽材料研制，以保障人员和设备的辐射安全。

作者简介：李晓玲（1984—），女，河南开封人，博士研究生，现主要从事辐射防护与核技术应用。

1 国内外研究现状

国内外在中子屏蔽材料研制方面开展了许多工作，但是在隔热中子屏蔽材料方面很少。例如美国和欧洲发达国家通过研究实验，提出中子纤维方法，成功将硼、锂基化合物与高分子材料聚乙烯、聚酯、聚酰胺融合制成中子辐射纤维材料；日本东丽公司将锂和硼的化合物粉末与聚乙烯树脂共聚后，采用熔融皮芯复合纺丝工艺研制成中子辐射纤维，其含量高达 30％。武船对中子屏蔽材料的设计和工艺进行了研究，通过仿真分析研制出多种型号的含硼聚乙烯基材料。目前，尚未系统地开展核动力装置隔热中子屏蔽材料的设计或研制。

2 技术方案

事故工况下，通过隔热中子屏蔽材料降低热源传导到聚乙烯屏蔽板材的温度。因此，要求该材料需要尽可能低的导热系数和中子屏蔽性能。

气凝胶隔热屏蔽材料的研制由气凝胶基体、加工助剂、碳化硼等功能性屏蔽粒子混合加工而成。该隔热屏蔽材料的耐温性能主要受基体材料影响，成品的气凝胶隔热屏蔽材料具有一层包皮。

2.1 材料选型

纳米多孔 SiO_2 气凝胶是一种分散介质为气体，固体相和孔隙结构均为纳米量级的凝胶材料，是世界上迄今为止人工合成的最轻最透明的固体，为非晶态固体材料。SiO_2 气凝胶具有独特物理化学性质，如高比表面积（＞1000 m^2/g）、低密度（100 kg/m^3）、低折射系数（＜1.1）、低导电系数（＜1.7）、低热导率（＜0.01 W/mK）、低声传播速度（＜100 m/s）及高孔隙率（75％～99％）等，由此带来一系列热、光、电、声、吸附催化方面的优异性能，尤其在阻燃防火、保温隔热等领域有着广阔的应用前景。纳米多孔 SiO_2 气凝胶纳米级孔径可显著降低气体分子热传导和对流传热，纤细的纳米级骨架颗粒可显著降低固态热传导，具有极低的热导率（常温热导率低于空气），同时还具有低密度，因此，纳米多孔 SiO_2 气凝胶是一种较为理想的轻质、高效绝热隔热节能材料（图 2）。

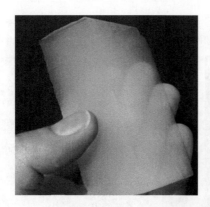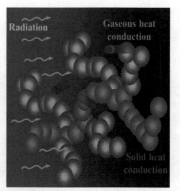

图 2 气凝胶材料实物及隔热机制

选用碳化硼作为功能助剂，其具备优良的中子俘获材料，吸收截面宽、能谱广，吸收大量的中子而不会形成任何放射性同位素。密度低、强度大、高温稳定性、化学性质稳定。

纳米多孔 SiO_2 气凝胶具有低的密度、高的孔隙率，导致其力学性能较差，强度低、脆性大。为充分发挥纳米多孔 SiO_2 气凝胶在隔热方面的优势，可在 SiO_2 气凝胶中引入增强纤维制备 SiO_2 气凝胶复合材料，以提高材料的力学性能。

因此，将纳米多孔 SiO_2 气凝胶、碳化硼、稀土元素、纤维预制体有机结合在一起，能够制备出一种新型的高性能气凝胶隔热屏蔽材料。

2.2 配比设计

材料配比决定研制材料的各项性能指标，如碳化硼含量、催化剂使用量、纤维含量主要影响材料的中子屏蔽性能、隔热性能和力学拉伸强度。

2.2.1 不同碳化硼含量的 SiO_2/B_4C 气凝胶微观结构分析

基于分子动力学的方法，通过调节溶胶—凝胶转变过程中的可控参数，可以设计 SiO_2 气凝胶的微观结构。通过调整溶胶过程中乙醇/水比例，凝胶及老化的时间，设计得到不同颗粒密度、粒径、孔结构及孔径分布等的 SiO_2 气凝胶。进一步通过在 SiO_2 溶胶中掺杂不同量（以与 TEOS 质量比计）的碳化硼粒子，经超临界乙醇干燥制备了不同含量碳化硼的 SiO_2/B_4C 气凝胶复合材料。

图 3 和表 1 分别是 SiO_2/B_4C 气凝胶的照片和尺寸、密度信息。随着碳化硼含量增加，气凝胶的颜色加深，碳化硼的分散性也随之下降，但是未出现明显的团聚沉降。这是因为在溶胶向凝胶转变过程中，机械搅拌阻止碳化硼沉降。此外，二级粒子不断交联形成三维网络结构，溶胶黏度增加，限制碳化硼粒子沉降。从表 1 可以看出，S-0d 至 S-4d 的密度在 $0.24\sim0.28$ g/cm³，且随着碳化硼含量增加而略有增大。

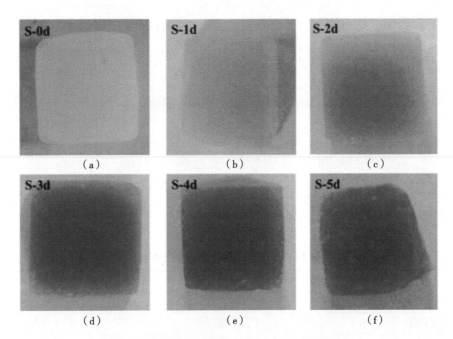

图 3 不同碳化硼含量的 SiO_2/B_4C 气凝胶的照片

材料配比决定研制材料的各项性能指标，如碳化硼含量、催化剂使用量、纤维含量主要影响材料的中子屏蔽性能、隔热性能和力学拉伸强度。

表 1 SiO_2/B_4C 气凝胶的尺寸、密度信息

SiO_2/B_4C 气凝胶	尺寸（长×宽×高）/ cm	体积/cm³	质量/g	密度/（g/cm³）
S-0d	1.26×1.24×0.67	1.05	0.259 1	0.247
S-1d	1.12×0.91×0.57	0.58	0.148 0	0.255
S-2d	1.32×1.29×0.66	1.12	0.296 3	0.264
S-3d	1.68×1.59×0.66	1.76	0.467 6	0.265
S-4d	1.18×1.01×0.66	0.79	0.218 9	0.277
S-5d	0.86×0.67×0.53	0.31	0.063 9	0.206

进一步采用扫描电子显微镜表征碳化硼的分散情况，其结果如图 4 所示。碳化硼粒子的平均直径为 1 μm，S-1d 和 S-2d 中碳化硼在 SiO_2 气凝胶基体中分布均匀，几乎没有团聚现象。当碳化硼的含量增加到 0.3 wt%时，碳化硼因分散不均匀逐渐出现团聚。表明碳化硼含量超过 0.3 wt%时，其在 SiO_2 基体中的分散性下降。

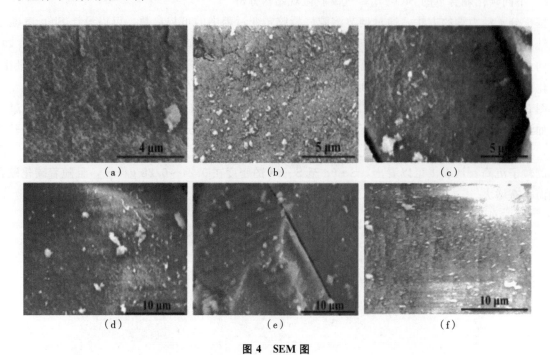

图 4　SEM 图

(a) S-0d；(b) S-1d；(c) S-2d；(d) S-3d；(e) S-4d；(f) S-5d

2.2.2　气凝胶隔热屏蔽材料成分配比

气凝胶隔热屏蔽材料成分配比如表 2 所示。

表 2　气凝胶隔热屏蔽材料成分配比

名称	规格	摩尔比
正硅酸乙酯	含量≥28%	1
碳化硼	1 μm，99.99%	0.0037
乙醇	95%	17
蒸馏水	自制	3
盐酸	0.1%	5×10^{-4}
氨水	25%	1×10^{-3}

2.2.3　工艺过程及条件

气凝胶隔热屏蔽材料的生产主要是在玻璃纤维毡上复合气凝胶溶胶、碳化硼等功能性屏蔽粒子，然后通过干燥老化形成。

首先将正硅酸乙酯、乙醇和蒸馏水按摩尔比 1∶17∶3 进行机械搅拌混合，搅拌过程中加入盐酸（摩尔占比 0.0005），搅拌 2 h 后密封静置，使之充分水解缩聚形成 SiO_2 溶胶。之后在搅拌过程中加入碳化硼（摩尔占比 0.0037）及氨水（摩尔占比 0.001），待即将凝胶时停止搅拌，得到 SiO_2/B_4C 溶胶。将预处理后的玻璃纤维毡添加到塑料模具中，倒入制备好的 SiO_2/B_4C 溶胶，保证胶完全浸透玻璃纤维毡。55 ℃老化 2 d，干燥后得到气凝胶隔热屏蔽材料（图 5）。

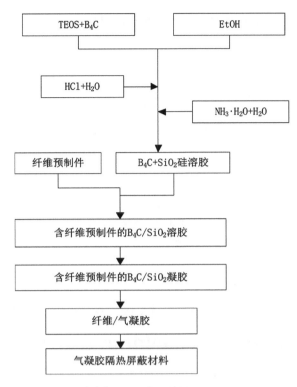

图5　气凝胶隔热屏蔽材料的加工工艺流程

3　样件产品

采用本实验的方法工艺，成功制备出低热导率、超疏水性且具有屏蔽性能的气凝胶复合材料，为工程化应用打下了坚实的基础。图 6 为制备得到的产品实物。

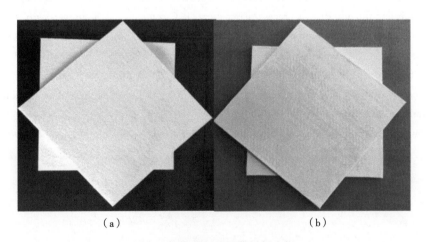

（a）　　　　　　　　　　　（b）

图6　气凝胶隔热屏蔽材料实物

（a）未加保护膜的气凝胶隔热屏蔽材料；（b）增加保护膜的气凝胶隔热屏蔽材料

4　结论

本文从隔热机制出发，结合溶胶-凝胶理论，通过改变纳米多孔 SiO_2 气凝胶的制备工艺参数，调节 SiO_2 气凝胶的孔隙结构，对气凝胶结构进行优化，通过工艺设计，分析工艺参数对 SiO_2 气凝胶性质的影响，确定适宜的工艺参数。以玻璃纤维为基材，气凝胶、碳化硼混合加工制备了具有一定强度和纳米多孔结构的新型气凝胶隔热屏蔽材料，该隔热屏蔽材料具有优秀的隔热性能、高温稳定性，同时也兼有优秀的防辐射性能。

参考文献：

[1] 吕继新，陈建廷．高效能屏蔽材料铅硼聚乙烯 [J]．核动力工程，1994，15 (4)：370 - 374.

[2] 聂凌霄，贾靖轩，吴荣俊，等．典型生物屏蔽结构及屏蔽材料耐高温性能研究 [J]．舰船科学技术，2019，41 (10)：103 - 107.

[3] 郭鹏，董利民，王晨，等．用于中子屏蔽的碳化硼/超高分子量聚乙烯复合材料研究 [J]．材料工程，2010 (Z2)：337 - 340.

[4] 郝绘坤．超高分子量聚乙烯耐高温改性研究 [D]．武汉：武汉工程大学，2014.

[5] 马赟喆，黄丽．玻璃微珠改性超高分子量聚乙烯的耐热性能 [J]．北京化工大学学报，2010，37 (2)：49 - 53.

[6] 李星洪．辐射防护基础 [M]．北京：原子能出版社，1982.

Development of a new type of aerogel thermal insulation shielding material

LI Xiao-ling, XU Xiao-hui, CHEN Yan, NIE Ling-xiao, WU Rong-jun

(Wuhan Second Ship Design and Research Institute, Wuhan, Hubei 430642, China)

Abstract: In order to solve the problem of high temperature resistance of commonly used polyethylene based neutron shielding materials, starting from the heat insulation mechanism and combining the sol gel theory, the structure of aerogel was optimized by changing the preparation process parameters of nano porous SiO_2 aerogel, adjusting the pore structure of SiO_2 aerogel, and analyzing the influence of process parameters (B_4C content) on the properties of SiO_2 aerogel through process design to determine the appropriate process parameters. The structure and composition of SiO_2 aerogel were analyzed. The pore structure of SiO_2 aerogel was controlled by changing the process conditions, and then the optimized process parameters for preparing SiO_2 aerogel gel were finally determined. A new type of aerogel thermal insulation shielding material with certain strength and nano porous structure was developed to solve the softening failure problem of neutron shielding material at high temperature.

Key words: Shielding structure; Insulating neutron shielding material; Aerogel

内陆后处理厂参考生物的筛选研究

王欣妮，贡文静，乔新燕，曹　俏

（中国辐射防护研究院，山西　太原　030006）

摘　要： 内陆乏燃料后处理厂建设对非人类物种电离辐射的影响逐渐为人们所重视，参考生物的筛选是开展非人类物种电离辐射影响评价的起点和重要基础。国际上不同的非人类物种辐射评价框架对参考生物选择标准不同，筛选出的参考生物也不尽相同。目前，国内尚未对参考生物筛选提出统一的标准。本文通过对比和分析国内外对于不同参考生物选择方法的侧重点，以 ICRP 的选择方法为基准，结合 FASSET 的分类方法和美国能源部 GRADE 分级评价方法，确定了厂址参考生物的选择原则：①是当地生态环境中的优势种和建群种；②具有公众认知程度较高、生物体容易获取、便于长期监测的特点；③对辐射较敏感的或对放射性核素具有富集作用的生物；④关注调查区域范围内的国家级重点保护物种。在这一套选择原则的基础上，针对后处理厂所在地区地理、气候特征，依据生物调查要求和野外实际情况等因素选取出 7 条样线，并在这 7 条样线上根据植物样本分布情况布设 57 个样方，采用样线和样方相结合记录动植物分布情况的方法进行现场生态环境调查，随后在现场调查的基础上进行后处理厂放射性核素照射途径、生物物种分布分析，筛选出 13 种适合内陆乏燃料后处理厂的参考生物，为后续评价乏燃料后处理厂对生态系统的辐射影响评价提供基础。

关键词： 非人类物种；参考生物；辐射影响；筛选

　　参考生物的选择及建立是开展非人类物种电离辐射影响评价的重要基础，它的选择合适与否，关系到研究的合理性与结论的准确性。联合国原子辐射效应科学委员会（UN-SCEAR）在 2001 年的第 50 届会议上决定起草非人类生物电离辐射效应的文件，并于 2008 年形成了研究报告《电离辐射对非人类生物的效应》[1]。ICRP 第 91 号出版物还指出[2-3]：建立参考生物方法的目的，是为评价生物个体的照射、辐射剂量和可能的响应提供一个共同基础，以此作为评价其他生物个体（如不同的照射途径、生物累积、几何条件等）和种群的起点。利用这些资料和其他环境数据，人们可以评价其他个体和相关种群的受照后果，以对相关情况作出管理决定。

　　基于保护自然的目标，一些国际组织如欧共体的 FASSET 计划"评价电离辐射对欧洲生态系统环境影响的框架"、美国能源部 GRADE 分级评价方法、ICRP 第 108 号出版物等都对参考生物的选择原则及方法进行了具体分析[4-6]。非人类物种电离辐射影响评价工作在我国起步较晚，科研工作人员主要对若干种动物的简化解剖学剂量模型进行了较深入的研究，而对参考生物的选择方法研究较少。姚青山[7]对西北某核设施周边的非人类物种进行了筛选，并对筛选物种进行了剂量评价。韩宝华等[8]参照国际上参考生物筛选方法，根据我国西南地区某核场址环境特征筛选出了若干种陆生参考生物，并给出了各参考生物的生物学形状指标，为进一步评估其辐射影响奠定了基础。

　　目前，国内尚未对参考生物筛选提出统一的标准，为避免后处理厂在正常运行和事故状态对厂址附近生态环境造成影响，保证该区域的生态环境安全，就必须事先根据厂址的地理位置、气候、地貌等，进行现场生物及生态环境调查，结合国内外参考生物筛选方法及原则，筛选出参考生物并对其进行辐射剂量评估，对生态环境辐射影响进行整体分析和评估。

作者简介： 王欣妮（1996—），女，山西运城人，研究实习员，硕士，现主要从事的工作为放射生态学。

1 现有评估方法中参考生物的选择

1.1 美国能源部 GRADE 分级评价方法参考生物的选择

在美国能源部 GRADE 分级评价方法参考生物选择过程中，认为只要保护好了对辐射最敏感的物种也就在某种程度上保护了相对对辐射不敏感的物种。因此在选择准则中，对辐射敏感程度考虑的权重较大。选择准则主要包括以下几个方面：群落结构和功能的关键物种；受照程度较高的物种；相对较高的辐射敏感程度；较小的活动范围变动；受辐照的主要途径；是评价区域的本土物种而且栖息环境是评价区域的关键部分；公众熟悉的程度及存在可利用的数据[9]。在 GRADE 分级评价方法中，对参考生物没有做具体规定，在其一、二级筛选中，只是先从总体上把所考虑的非人类物种分了四大类，水生动物、滨岸动物、陆地动物、陆地植物。在其三级筛选中，只是根据各种生物的体型大小进行了分类，对具体的非人类物种个体进行辐射剂量评估时分了 8 种类型[10]，如表 1 所示。在每一种体形类型中参考生物的体重、体型、呼吸量、食物量和食谱组成都假定是一样的。

表 1　GRADE 分级评价方法参考生物[9]

体型类型	质量/kg	实体类型	尺度/cm
1	0.000 01	鱼卵、小鱼（幼虫形）、植物根部（分裂组织）、植物种子、植物胚芽（分裂组织）	0.2×0.2×0.2
2	0.001	小鱼（仔稚鱼）、小软体动物、植物幼苗	2.5×1.2×0.62
3	0.01	黑头呆鱼、青蛙、刚毛鼠、杜父鱼、野鼠类	10×2×2
4	1	黑鲈鱼、大型鱼、亚口鱼	45×8.7×4.9
5	10	海狸、鲤鱼、鲫鱼、小狼、狐狸、浣熊	50×26×13
6	100	长耳鹿、白尾鹿	100×42×33
7	500	麋鹿	270×66×48
8	1000	大灰熊	220×100×100

1.2 EPIC 参考生物的选择

EPIC 项目在参考生物的选择上主要是针对水生和陆生生态系统的种群水平[10]。根据广泛的调研，分别在 6 种指标下进行关键种群的筛选，包括种群的营养级、主要的浓集核素、辐射敏感程度、外照射程度、地理分布广泛程度、易于监测和服从科研的程度等。EPIC 项目中参考动植物选择过程中考虑的因素主要有生态系统中的位置、监测准则、关键照射途径的剂量测定、生物辐射敏感度、种群数量恢复能力等 5 个方面。EPIC 项目中选择的水生生态系统参考生物为大型海藻、海洋多毛类、肉食性哺乳动物、淡水水生植物、昆虫幼体（淡水底栖生物）、以底栖生物为食的鸟类、浮游动物、以浮游生物为食的远洋鱼类、鱼卵、浮游植物、底层鱼类。

1.3 FASSET 参考生物的筛选方法

FASSET 是一个用于评价欧洲地区生态系统环境影响的框架项目。该项目将来自放射生态和放射生物的数据整合成查询表，用于评价放射性核素对非人类物种等可能产生的影响。这种评价途径考虑了生态相关性、不同生态系统中各种生物体的代表性、放射生态学浓集能力、辐射敏感程度及不同的照射途径等，FASSET 框架选择了淡水、海洋、微咸水、森林、半天然草原和荒野、农业、湿地等生态系统的 31 种具有代表性的生物物种作为参考生物[11]（表 2）。

表 2　FASSET 陆生生态系统候选参考生物[12]

环境子区	生物	森林	半天然草原和荒野	农业	湿地
土壤	微生物	√	√	×	√
	蚯蚓	√	√	×	√
	植物	√	√	√	√
	真菌	√	√	×	×
	穴居哺乳动物	√	√	×	×
草本层	苔藓植物	√	√	×	√
	草本植物、作物	√	√	√	√
	灌木	×	√	√	×
	食腐无脊椎动物	√	√	×	×
	食草哺乳动物	√	√	√	√
	食肉哺乳动物	√	√	√	×
	鸟卵	√	√	×	×
树冠层	乔木	√	×	√	√
	无脊椎动物	√	×	×	×

1.4　ICRP 参考生物的选择

ICRP 第 91 号出版物列出了以鹿（鹿科）、鼠（鼠科）、鸭（鸭科）、蛙（蛙科）、蜂（蜜蜂总科）、蚯蚓（正蚯蚓科）、松树（松科）和草（禾本科）为代表的 8 种陆生参考生物，并对其所属的种类、简要的生物学特性进行了叙述。筛选参考动植物时需主要考虑以下因素：生物的辐射敏感性；动植物在生态系统中的重要性；由于生物栖息地各异导致其受到高剂量照射的可能性；放射生物学（包括辐射生物效应等）参数；接受进一步研究的可控性；决策者和公众对这些生物的了解程度。在此基础上，ICRP 第 108 号出版物进一步建议选择参考动植物的准则包括[13]：①具有一定数量的可利用放射生物学信息；②对某一特定生态系统具有较强的代表性；③可能受到辐射照射；④生命周期中某些阶段与总剂量或剂量率的评价及产生不同类型的剂量—效应密切相关；⑤其照射剂量可通过较简单的几何学模型估算；⑥个体辐射生物效应较易识别；⑦决策者和公众对这些生物较了解和关注。

1.5　不同参考生物的选择及划分方法对比

不同的非人类物种辐射评价框架对选择准则的考虑情况不同，筛选出的参考生物也不尽相同。比如美国能源部开发的 GRADE 分级评价方法，比较注重生物对核素浓集的灵敏度及辐射效应敏感度，考虑到评价场址别参数，并未选取特定的参考生物物种，而是具体情况具体分析；FASSET 与 EPIC 项目中，选择的参考生物根据欧洲物种地理分布和生态营养状况，尽量使每一营养级代表生物均选取到，同时强调生物个体的保护；ICRP 更注重物种和种群的保护，提出参考动植物的概念如同参考人，建立每种参考生物的数学体模和一套适用于辐射防护的参考量等（表 3）。

表 3　不同国际组织参考生物筛选方法对比

组织机构	生态系统	生物划分	关注点
GRADE	陆地动物、陆地植物、滨岸动物、水生动物	生物尺寸	辐射敏感性
FASSET	淡水、海洋、微咸水、森林、半天然草原和荒野、农业、湿地	不同环境子区代表性生物	涵盖各摄食层次，强调生物个体的保护
ICRP	陆地、淡水、海洋	生物分类学	注重物种和种群的保护

2 内陆后处理厂参考生物的选择

2.1 后处理厂附近生物及生态环境概况

内陆某后处理厂位于我国西北干旱荒漠地区,地处巴丹吉林沙漠和蒙新沙漠的交汇地带,是荒漠—干旱沙漠地带流沙入侵、固定半固定沙丘活化区和沙漠化发展区,属于戈壁分布地带。针对后处理厂所在地区地理、气候特征,依据动植物调查要求和野外实际情况等因素,陆生植物和野生动物均布设7条样线,陆生植物现场调查在7条样线上,根据植物生境类型共布设57个样方;野生动物现场调查采用样线法记录动物分布情况。调查结果显示调查区内的主要保护植物有:胡杨、梭梭、裸果木、白麻、大花白麻、沙拐枣、胀果甘草、甘草、马蔺。主要建群种有:多枝柽柳、红砂、膜果麻黄、骆驼刺等。调查区脊椎动物大致分为4种群落,分别为荒漠动物群、湿地动物群、村庄农田动物群、灌丛动物群。

2.2 后处理厂照射途径分析

后处理厂考虑的重点核素为^{3}H、^{14}C、^{60}Co、^{90}Sr、^{137}Cs、^{235}U等。结合放射性核素的生态学性质及后处理厂的放射性流出物分析[14],可知厂址附近动植物的辐射照射途径主要包括[14]:①外照射;②土壤—植物根系转移;③叶片吸收;④吸入(包括再悬浮物质、气态核素);⑤摄取(包括植物、动物、微生物、土壤、水)。

2.3 后处理厂参考生物的选择

不同污染情景下生物的受照与其栖息地密切相关。在了解后处理厂周围环境中放射性核素分布及照射途径的基础上,将陆生生态系统进行简化分区。将陆生生态系统划分为土壤、草灌层和树冠层,针对不同的子区筛选其中的代表性生物。结合上述各国际组织参考生物的选择方法,确定内陆某后处理厂参考生物的选定原则为:①是相关类群的地带性物种,即在生态学上有代表性;②具有公众认知程度较高、生物体易获取、便于长期监测的特点;③在辐射生物学和毒理学效应研究方面具有一定的资料积累或者对放射性核素具有较强的积富集作用;④关注国家级重点保护动物。综上所述,根据候选参考生物辐射敏感性、生态学功能等指标,结合乏燃料后处理厂源项特征及环境监测数据,参考ICRP陆生参考生物筛选的主观评定过程,开展内陆后处理厂陆生参考生物筛选工作,筛选出13种参考生物,如表4所示。

表4 内陆后处理厂陆生参考生物推荐及选择依据

环境子区	陆生参考生物推荐种类		分类水平(科)	选择依据
土壤	植物	花生	豆科	① 慢性照射条件下,与植物其他部位相比,根系受到土壤中核素的外照射剂量率较大; ② 营养和经济价值较高; ③ 已有一定数量的核素累积监测数据
	穴居哺乳动物	小家鼠	鼠科	① 哺乳动物中啮齿类辐射生物效应研究数据丰富; ② 针对放射性核素在其体内的新陈代谢及内、外照射生物效应等,已开展大量的实验研究; ③ 厂址附近农田分布较多
	两栖类	中国林蛙、花背蟾蜍	蛙科、蟾蜍科	① 厂址附近湿地环境的典型物种; ② 生命周期包括水生卵、蝌蚪、陆生成体,淡水和陆生环境中都可能受到照射; ③ 针对放射性核素在其体内的新陈代谢及内、外照射生物效应等,已开展大量的实验研究
	苔藓类	葫芦藓	葫芦藓科	① 表面积较大,可以更有效截获气载放射性核素; ② 厂址附近分布较多

环境子区	陆生参考生物推荐种类		分类水平（科）	选择依据
草灌层	草本植物	骆驼刺	禾本科	① 生物学信息研究较透彻； ② 已有一定数量的核素累积监测数据
	灌木	多枝柽柳、红砂	柽柳科	① 厂址附近分布较多； ② 是防风固沙和改造盐碱地的优良树种； ③ 已有一定数量的核素累积监测数据
	无脊椎动物	中华息蛮螽	硕螽科	① 厂址附近分布较多； ② 已建立相关剂量学评价模型
	食草哺乳动物	草兔	兔科	① 生态系统的重要成分； ② 已有一定数量的核素累积监测数据
	爬行动物	变色沙蜥、密点麻蜥	鬣蜥科、蜥蜴科	① 与地面接触，可能受到土壤外照射，且对某些放射性核素的生物学半衰期较长； ② 厂址附近荒漠中的代表性爬行动物之一； ③ 已建立相应的辐射剂量学评价模型
	脊椎动物卵	赤麻鸭卵		① 来自土壤表面的潜在外照射，且与进入肉相比，一些核素进入蛋内容物的转移率更高； ② 卵辐射敏感性强
	鸟类	赤麻鸭	鸭科	① 湿地生态系统的典型鸟类； ② 已建立相应的辐射剂量学评价模型
树冠层	乔木	胡杨	杨柳科	① 厂址周围分布广，是厂址附近的主要建群种； ② 具有重要的生态价值； ③ 树冠可截留大量的气载沉积核素
		梭梭	藜科	已有一定数量的核素累积监测数据

3 结语

本文通过对比不同国际组织参考生物的选择方法和原则，分析不同参考生物选择方法的侧重点，以 ICRP 的选择方法为基准，结合 FASSET[12] 和美国能源部 GRADE 分级评价方法，提出厂址参考生物的选择原则。在对厂址进行生态环境调查的基础上，进行内陆后处理厂放射性核素照射途径、生物物种分布分析，筛选出 13 种陆生参考生物，为后续评价后处理厂对生态系统的辐射影响评价提供基础。

本文虽然依据建立的选择原则确定了参考生物，但选择原则还只能进行定性的描述，不能进行定量分析，也还没有相应的定量标准，因此，在最终确定参考生物时，带有一定的主观性。同时，由于非人类物种的放射生物学数据有限，在选定参考生物后，还需要进一步实验分析生物对辐射剂量的敏感性及辐射效应的可识别性，以进一步确定所选参考生物的合理性。在后续工作中，将进一步完善筛选指标，并引入专家评分系统等对指标进行量化。同时，采用模糊数学原理和层次分析法等以进一步合理地筛选参考生物。

参考文献：

［1］ United Nations Scientific Committee on the Effects of Atomic Radiation. Effects of ionizing radiation ［M］. ［S. l.：s. n.］, 2008.

［2］ VALENTIN J. A framework for assessing the impact of ionising radiation on non-human species：ICRP publication 91 ［R］. ［S. l.：s. n.］, 2003.

[3] 周永增. 非人类物种的辐射生物效应及其评价 [J]. 辐射防护通讯，2004，24 (4)：1 - 9.

[4] WILLIAMS C. Framework for assessment of environmental impact (FASSET) of ionising radiation in European ecosystems [J]. Journal of radiological protection, 2004, 24: 1 - 177.

[5] HOLM L E. FASSET and implications for work within the ICRP [J]. Journal of radiological protection, 2004, 24 (4A): 2.

[6] STANDARD D. A graded approach for evaluating radiation doses to aquatic and terrestrial biota [R]. Washington DC: [s. n.], 2002.

[7] 姚青山. 非人类物种辐射剂量评估方法研究 [D]. 北京：中国原子能科学研究院，2006.

[8] 韩宝华，李建国，马炳辉. 我国某核场址非人类物种辐射影响评价中陆生参考生物的选择 [J]. 辐射防护通讯，2009，29 (2)：17 - 21.

[9] United States Department of Energy (USDOE). User's guide, version 1 RESRAD-BIOTA: a tool for implementing a graded approach to biota dose evaluation [R]. Washington D. C: Office of Scientific and Technical Information of United States Department of Energy (USDOC), 2004.

[10] BROWN J, BERESFORD N, WRIGHT S, et al. Environmental protection from ionising contaminants in the Arctic. The EC Copernicus II project "EPIC" [C]. The 5th international conference on environmental radioactivity in the Arctic and Antarctic, Norway: [s. n.].

[11] LARSSON C M. The EASSET Framework for assessment of environmental impact of ionising radiation in European ecosystems-an overview [J]. Journal of radiological protection, 2004, 24 (4A): A1 - A12.

[12] STRAND P, BERESFORD N, AVILA R, et al. Identification of candidate referenceorganisms from a radiation exposurepathways perspective: FASSET deliverable 1 [R]. [S. l.]: European commission, 2001.

[13] ICRP. Environmental protection: the concept and use of reference animals and plants [J]. Annals of the ICRP, 2008, 38 (4): 1 - 242.

[14] 马敬，麻锦琳，李锐柔. 核燃料后处理厂选址阶段的环境影响评价与分析 [J]. 核科学与工程，2015，35 (2)：333 - 338.

Screening of reference organisms for inland inland reprocessing plants

WANG Xin-ni，GONG Wen-jing，QIAO Xin-yan，CAO Qiao

(China Institute of Radiation Protection, Taiyuan, Shanxi 030006, China)

Abstract： People pay more and more attention to the impact of inland reprocessing plant construction on ionizing radiation of non-human species. The environmental impact assessment report puts forward clear requirements for biological radiation impact assessment. As the basis of evaluation, reference organisms have not been clearly selected and determined so far. By comparing and analyzing the research and results of reference organisms at home and abroad, this paper has determined the selection criteria and methods of reference organisms, and applied them to inland reprocessing plants. Combined with the on-site investigation of the biological and ecological environment near the site, the inland The reprocessing plant makes recommendations with reference to biological screening ① they are dominant and established species in the local ecological environment；② they have the characteristics of high public awareness, easy access to organisms, and are easy to monitor in the long term；③organisms that are more sensitive to radiation or that are enriched for radionuclides；and ④ attention is paid to national key conservation species within the scope of the survey area.

Key words： Non-human species; Reference organism; Radiation effects; Screening

耐高温低导热中子屏蔽复合材料

周金向[1]，陈兆彬[1]，秦　冲[1]，栾冬雪[1]，杨小牛[1]，余　明[2]

（1. 中国科学院长春应用化学研究所，吉林　长春　130022；2. 武汉第二船舶设计研究所，湖北　武汉　430205）

摘　要： 小型移动式核反应堆的二次屏蔽材料，要求具有轻质、耐高温、隔热、可在湿热环境下长期工作等特点。本工作以多官能度环氧树脂为基体树脂，酸酐类化合物为固化剂，通过基体树脂分子结构中刚性/柔性基团的优化匹配、不同种类酸酐固化剂的复配、功能性助剂（吸收剂、分散剂、消泡剂、增韧剂等）的筛选，辅以特定的成型固化工艺，研制了一种综合性能优异的中子屏蔽复合材料。该材料密度低（＜1.50 g/cm^3）、耐高温（热变形温度＞220 ℃）、隔热［导热系数＜0.25 W/（m·k）］，同时具有良好的机械加工性能，在核反应堆的中子屏蔽中应用前景广泛。

关键词： 环氧树脂；酸酐；低导热；耐高温；中子屏蔽

中子辐射不仅存在于核反应堆中，还包括其他工业领域，如航空、放射治疗等[1]。不带电的中子很容易穿透人体组织并引起电离，严重威胁人体健康。因此，核能的利用必须以安全为前提。传统的中子屏蔽材料有混凝土、水、聚乙烯、含硼不锈钢等。聚乙烯是目前使用广泛的中子屏蔽材料，含氢量高，不会被活化，但不耐高温，使用时需要考虑环境温度的影响[2]。硼钢具有优异的中子屏蔽效果；但硼元素在钢中的溶解度低，且二者易形成低熔点共晶，使硼钢容易发生热裂纹[3]。

高分子材料（聚乙烯、聚丙烯、环氧树脂[4]、三元乙丙橡胶[5]、聚酰亚胺[6]等）密度低，且具有较高的氢含量，是良好的快中子慢化剂。将高分子材料与具有较大中子俘获截面的物质（如硼及其化合物）复合，将快中子的慢化性能与慢中子的吸收性能相结合，是目前中子屏蔽材料的研究热点，有望在核辐射防护领域中部分替代金属和混凝土等。上述聚合物中，环氧树脂具有良好的化学稳定性和结构稳定性，是使用最为广泛的一种中子屏蔽材料用基体树脂[7]。

本文以三官能度环氧树脂为基体，以甲基纳迪克酸酐、邻苯二甲酸酐和均苯四甲酸酐为混合固化剂，通过引入屏蔽剂、增韧剂、分散剂、消泡剂、防沉剂等，采用浇注和程序固化工艺，制备了一种轻质、隔热、耐高温的中子屏蔽复合材料。

1　实验

1.1　原材料

实验中使用的原材料如表 1 所示。

表 1　实验用原材料和试剂

序号	材料名称/型号（代号）	供应商
1	三缩水甘油基对氨基苯酚/MF3102L	湖北珍正峰新材料有限公司
2	甲基纳迪克酸酐/MNA	濮阳惠成电子材料股份有限公司
3	邻苯二甲酸酐/PA	山东隆汇化工有限公司
4	均苯四甲酸酐/PMDA	上海麦克林生化科技有限公司
5	1-氰乙基-2-乙基-4-甲基咪唑/2E4MZ-CN	上海迈瑞尔生化科技有限公司
6	碳化硼/W7	牡丹江市宏达碳化硼有限公司

作者简介： 周金向（1975—），男，硕士生，副研究员，现主要从事中子屏蔽复合材料等科研工作。

序号	材料名称/型号（代号）	供应商
7	分散剂/MT4036	佛山鸿昶新材料有限公司
8	消泡剂/HX8050	广州市华夏助剂化工有限公司
9	气相二氧化硅/HB151	湖北汇富纳米材料股份有限公司
10	纳米核壳橡胶环氧树脂/ICAM8601	东莞初创应用材料有限公司
11	丙酮	北京化工厂

1.2 仪器设备

实验中主要用的仪器和设备如表 2 所示。

表 2 实验用仪器和设备

仪器设备	供应商	型号
烘箱	上海一恒科学仪器有限公司	DZF-6020
万能试验机	英斯特朗（上海）试验设备贸易有限公司	Instron 5969
差示扫描量热仪	美国 TA 仪器公司	Q2000
冲击试验机	长春市智能仪器设备有限公司	JJ-20
热变形维卡温度测量仪	长春市智能仪器设备有限公司	WKW-300
激光闪射仪	耐驰科学仪器商贸（上海）有限公司	LFA 467
密度计	北京赛多利斯仪器系统有限公司	SQP
双组分浇注机	深圳市先航自动化科技有限公司	SHO-GJ-B
反应釜	北京晨翔瑞达科技有限公司	FYF-500/300

1.3 样品制备

按比例将 MNA、PA 投入反应釜中，升温到 95 ℃加热至 PA 完全溶解，备用。将 PMDA 溶解于一定量的丙酮中成为溶液，将该溶液逐渐加入上述的备用酸酐中，边搅拌边抽真空除去所有丙酮后，加入分散剂、消泡剂，高速搅拌 10 min。然后加入 W7 粉体并高速搅拌 30 min，继续加入 HB151 并高速搅拌 30 min，最后加入 2E4MZ-CN 并搅拌均匀，抽真空脱泡，得到组分 B。按比例将 MF3102L、ICAM8601、HX8050 投入反应釜中，升温到 80 ℃并高速搅拌 30 min，抽真空脱泡，得到组分 A。

将组分 A 和组分 B 分别转移至双组分浇注机的 A、B 料罐中，设置浇注机参数，将物料浇注到指定形状的模具中，将模具放入烘箱中按一定的固化工艺进行固化，固化完毕后样品随炉冷却至常温，然后取出样品。

1.4 性能测试

热变形温度：GB/T 1634.2—2019；

冲击强度：GB/T 1843—2008；

密度：GB/T 1033.1—2008；

导热系数：GB/T 22588—2008。

2 结果与讨论

2.1 固化工艺的确定

DSC（差式扫描量热法）是通过测量反应热量来推测化学变化的方法，是分析热固性聚合物化学反应动力学的普遍方法。从 DSC 谱图上可以得到体系在不同升温速率下固化放热峰的起始温度 T_o、峰顶温度 T_p、峰终温度 T_e。不同升温速率的 DSC 曲线如图 1 所示。

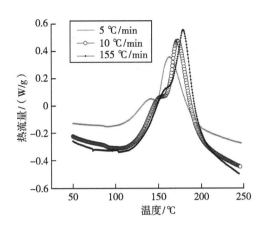

图1 中子屏蔽浇注料在不同升温速率下的 DSC 曲线

从图 1 可以看出，随着升温速率的增加，固化体系的 DSC 曲线峰值逐步向高温方向移动。这主要是因为升温速率越快，体系在某一固定温度下停留时间越少，该温度下树脂固化程度也随之变小[8]，固化体系需在后续温度下继续固化，该效应在整个升温过程的积累导致曲线整体向高温方向移动。

从图 1 可以看出，固化体系的 DSC 曲线呈现双峰，对图 1 中固化体系的 DSC 曲线进行分析，得到固化体系在不同升温速率下的 T_0、T_p、T_e，如表 3 所示。

表 3 不同升温速率下固化体系的特征固化温度

β/（℃/min）	T_0/℃	T_{p1}/℃	T_{p2}/℃	T_e/℃
5	108	138.64	165.31	196
10	112	155.92	174.40	202
15	120	158.71	180.21	212

大量研究表明，环氧树脂的固化反应温度与固化升温速率呈线性关系[8]。恒温固化时，升温速率为 0。因此，可以通过外延法来初步确定固化温度。利用表 4 的数据确定温度与升温速率的关系，如图 2 所示。

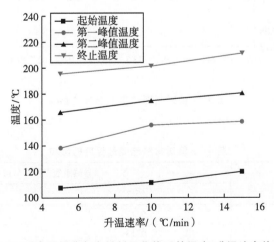

图 2 耐高温屏蔽复合材料固化体系的温度-升温速率关系

对图 2 中的曲线进行线性拟合，并将直线外推至 $\beta = 0$，即可从截距的数值得到体系固化的工艺参数。对于本研究体系，起始固化温度为 101 ℃，第一固化温度为 131 ℃，第二固化温度为 158 ℃，后处理温度为 187 ℃。实际操作中，浇注料应在尽可能低的温度下凝胶，凝胶后逐步升温进行固化反应[9]，后处理温度可稍高，以保证体系完全固化。综上所述，该体系的固化工艺为 80 ℃/3 h＋100 ℃/1 h＋130 ℃/1 h＋150 ℃/2 h＋200 ℃/4 h。

2.2 酸酐基/环氧基当量比对材料性能的影响

由反应机制可知，一般一个环氧基团与一个酸酐基团发生反应，实际体系反应复杂，除了酸酐与环氧基团发生酯化反应外，环氧树脂也会发生醚化反应[10]。因此，考察了体系中环氧树脂稍微过量情况下，酸酐基/环氧基摩尔比（r）对材料热变形温度和导热系数的影响，如图 3 及表 4 所示。

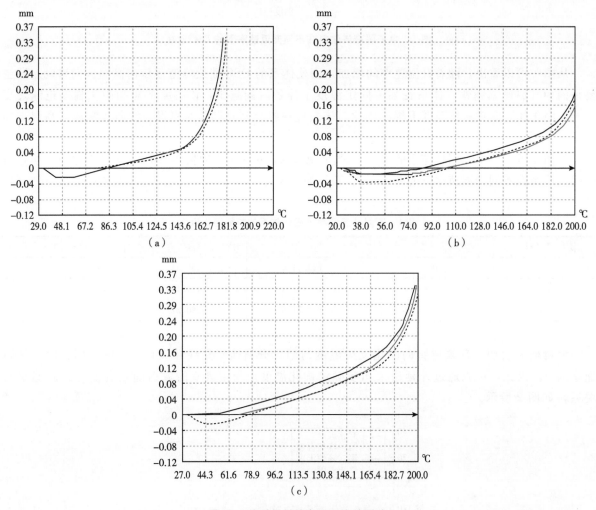

图 3 r 值对材料热变形温度的影响

(a) $r = 0.75$；(b) $r = 0.85$；(c) $r = 1.0$

表 4 r 值对材料热变形温度的影响

编号	导热系数/[W/(m·k)]	
	25 ℃	200 ℃
1	0.174	0.220
2	0.184	0.246
3	0.179	0.239

由图 3 可见，当 $r=0.85$ 时，材料热变形温度最高，此时酸酐与环氧树脂形成的交联网络最完善；当 $r=0.75$ 时，材料热变形温度最低，此时体系酸酐量过少，环氧树脂过量较多，过量环氧树脂发生醚化反应生成醚键，耐热性较差；当 $r=1.0$ 时，由于体系中后期固化时环氧树脂发生醚化反应，导致酸酐过量，过量的酸酐滞留在固化体系中影响固化网络的完整性，交联密度下降[11]，材料热变形温度也随之降低。从表 4 可以看出，当 r 值在 $0.75 \sim 1.0$ 范围内变化时，材料导热系数基本保持不变。

2.3 固化剂中酸酐基当量比对材料性能的影响

耐热酸酐固化剂主要包括脂环族酸酐、芳香族酸酐。脂环族酸酐大部分为液体，使用方便；芳香族酸酐耐热性、电气性能都很好，但是均为固体，熔点较高，给操作带来许多不便。为了提升环氧树脂复合材料的耐热性，同时又具有较好的工艺性，将甲基纳迪克酸酐、邻苯二甲酸酐、均苯四甲酸酐复配作为固化剂。当混合酸酐中的酸酐基当量占比如表 5 所示时，对应材料的冲击强度和热变形温度分别见图 4、图 5。可见，当固化剂中只有 MNA 时，材料的冲击强度最高，热变形温度最低；当固化剂中加入芳香族酸酐时，材料耐热性变好，热变形温度逐渐提高，但是相应的冲击强度降低。芳香族酸酐含有刚性苯环结构，固化物网络中引入耐热基团，耐热性更好，分子柔韧性变差，表现为材料脆性增大。此外，随着 PMDA 提供的酸酐增大，材料的热变形温度基本没有变化，冲击强度却有降低的趋势。实验表明，甲基纳迪克酸酐中酸酐基当量占比为 80％时比较合适。

表 5 混合酸酐中各酸酐所含酸酐基占比情况

	n（MNA）：n（PA）：n（PMDA）			
编号	Ⅰ	Ⅱ	Ⅲ	Ⅳ
酸酐基占比	100％：0：0	80％：12％：8％	80％：8％：12％	80％：5％：15％

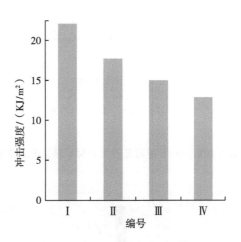

图 4 混合酸酐中所含酸酐基占比对材料冲击强度的影响

2.4 中子屏蔽性能

图 6 为中子屏蔽性能平板面源计算模型。模型采用 SDEF 通用源卡，放射源为单向面源，抽样方式为均匀抽样。屏蔽材料为尺寸 30 cm×30 cm×1 cm 的方形平板，垂直于源发射方向，入射面距放射源 15 cm，入射面距离探测器 15 cm。采用 F6 计数卡，即计算探测器栅元的平均沉积能量。热中子慢化和快中子吸收计算结果如表 6 所示。

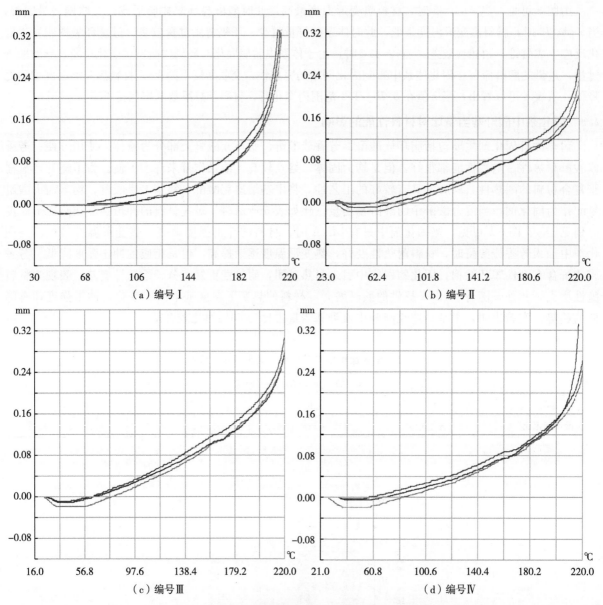

图5　混合酸酐中所含酸酐基占比对材料热变形温度的影响

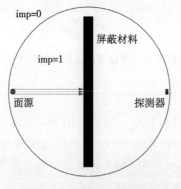

图6　平板面源计算模型

表6　热中子屏蔽率和快中子屏蔽系数

源项	材料厚度	热中子屏蔽率
热中子	10 mm	97.38%
	20 mm	99.93%
	材料厚度	快中子屏蔽系数
快中子 252 – Cf	10 mm	1.27%
	20 mm	1.60%
	40 mm	2.42%

3　结语

（1）耐高温低导热中子屏蔽材料配方以甲基纳迪克酸酐、邻苯二甲酸酐、均苯四甲酸酐为混合酸酐，混合酸酐中 MNA、PA、PMDA 所含酸酐基当量比为 80%：12%：8%，总的酸酐基/总的环氧基当量比为 0.85；

（2）耐高温低导热中子屏蔽材料制备成双组分物料，由浇注机浇注混合，固化工艺为 80 ℃/3 h＋100 ℃/1 h＋130 ℃/1 h＋150 ℃/2 h＋200 ℃/4 h；

（3）屏蔽板材热变形温度＞220 ℃，导热系数＜0.25 W/（m·k），密度在 1.3 g/cm³ 左右，热中子屏蔽率＞95%，快中屏蔽系数＞1.2。

参考文献：

[1]　MM Abu – Khader. Recent advances in nuclear power：a review [J]．Progress in nuclear energy，2009，51（2）：225 – 235.

[2]　COURTNEY H，SEAN W，CRAIG B，et al. Polyethylene/boron nitride composites for space radiation shielding [J]．Journal of applied polymer science，2008，109：2529 – 2538.

[3]　DIVYA M，ALBERT S K，THOMAS V P. Characterization of eutectic borides formed during solidification of borated stainless steel 304B4 [J]．Welding in the world，2019，63：1681 – 1693.

[4]　HU C，ZHAI Y T，SONG L L，et al. Structure – thermal activity relationship in a novel polymer/MOF – based neutron – shielding material [J]．Polymer composites，2020，41：1418 – 1427.

[5]　GÜNGÖR A，AKBAY I K，ZDEMIR T D. EPDM rubber with hexagonal boron nitride：a thermal neutron shielding composite [J]．Radiation physics and chemistry，2019，165：108391.

[6]　LI X M. High temperature resistant polyimide/boron carbide composites for neutron radiation shielding [J]．Composites part b：engineering，2019，159：355 – 361.

[7]　姜懿峰，栾伟玲，张晓霓，等．环氧树脂基耐高温中子屏蔽复合材料的研究 [J]．核技术，2015，38（12）：8 – 13.

[8]　曾秀妮，段跃新．840S 环氧树脂体系固化反应特性 [J]．复合材料学报，2007，24（3）：100 – 103.

[9]　邱长江，李国福．环氧树脂浇注的固化收缩和浇口冷却法 [J]．高压电器，1994，2：52 – 54.

[10]　GUERRERO P，CABA K D L，VALEA A，et al. Influence of cure schedule and stoichiometry on the dynamic mechanical behaviour of tetrafunctional epoxy resins cured with anhydrides [J]．Polymer，1996，37（11）：2195 – 2200.

[11]　孙兰兰，王钧，蔡浩鹏．酸酐用量对固化环氧树脂热性能的影响 [J]．国外建材科技，2007，28（5）：34 – 36.

Study on high temperature resistant neutron shielding composites with a low thermal conductivity

ZHOU Jin-xiang[1], CHEN Zhao-bin[1], QIN Chong[1],
LUAN Dong-xue[1], YANG Xiao-niu[1], YU Ming[2]

(1. Changchun Institute of Applied Chemistry, Chinese Academy of Sciences, Changchun, Jilin 130022, China;
2. Wuhan Second Ship Design and Research Institute, Wuhan, Hubei 430205, China)

Abstract: For small mobile nuclear reactor, the second shielding materials are required to have the features of light weight, high temperature resistance, heat insulation, and ability to long-term working in a hot and humid environment in some cases. Based on the epoxy resins with multiple functional groups and anhydride type curing agents, and coupled with the studies on the matching between resin and during agents, the selections of functional agents, and the curing process, neutron shielding composites with excellent properties are developed in this work. The composites have low density ($<$ 1.50 g/cm^3), high temperature resistance ($>$220 ℃), low thermal conductivity ($<$0.25 W/ (m · k)), and good machinability, showing great potentials in real applications.

Key words: Epoxy resin; Anhydrides; Low thermal conductivity; High temperature resistance; Neutron shielding

某院新建工业 X 射线装置环境影响分析与评价

王赛男[1]，王文斌[2]，邓晨阳[3]

(1. 中核矿业科技集团有限公司，北京市　101149；2. 核工业北京化工冶金研究院，北京市　101149；
3. 中核战略规划研究总院，北京市　100048)

摘　要：某院由于工作需要，需增加使用 1 台工业用 X 射线计算机断层扫描（CT）装置，该装置属于 Ⅱ 类射线装置。由于电离辐射对人体具有损伤作用，在合理利用 X 射线进行工业探伤的同时，必须考虑其对环境的影响。通过资料收集、环境现状调查分析，依据国家有关法律法规对项目进行了环境影响评价。讨论了工业 CT 的环境影响评价过程，分析了工业 CT 项目对周围环境的影响。评价结果表明，该院新建项目的辐射防护和安全设施、个人防护措施等符合国家标准要求，对放射性职业工作人员和周围公众人员的年有效剂量均低于相应的剂量约束值。

关键词：X 射线；工业 CT；环境影响；分析；评价

工业 CT 无损探伤检测是利用 X 射线穿透物质和在物质中有衰减的特性，根据 X 射线在穿过部件时其衰减量的变化程度，以二维断层图像或三维立体图像的形式，展示被检测物体内部结构、组成、材质及缺损状况。因整个过程不会有切割、应力、压力或其他可能损坏及影响零件完整性的因素，所以工业 CT 这一非破坏性特点，使其成为复杂几何和难以测量特征的零件与组件的先进分析、质量检测和逆向工程的一个极好的选择[1]。本文以某院 Diondod2 全能型自屏蔽式工业 CT 射线装置的环境影响评价工作为例，介绍屏蔽计算、工业 CT 正常工作时周围关注点辐射水平及辐射防护措施。

1　工程概况

1.1　项目位置

工业 CT 实验室位于厂房东北侧，50 m 评价范围内为建设单位厂区内建筑物及外部绿地和道路，未见居民楼、学校、医院等环境敏感目标[2]。

1.2　工业 CT 实验室及自屏蔽体设计参数

工业 CT 实验室内部南北长 6 m，东西宽 6 m，层高 4 m。本项目拟新增 1 台工业 CT，型号为 Diondod2，为成套自屏蔽设备。自屏蔽体尺寸为长 3260 mm，宽 2275 mm，高 2944 mm，防护门尺寸为宽 1000 mm，高 1800 mm，采用铅钢壳屏蔽。定义防护门所在面为装置正面，屏蔽体正面（包括防护门）、左侧和右侧内均含 16 mm 铅板，屏蔽体背面内含 14 mm 铅板，顶部和底部内均含 12 mm 铅板。工业 CT 外形结构和结构示意如图 1 和图 2 所示。

工业 CT 装置最大管电压为 225 kV，最大管电流为 3 mA，射线管最大功率为 350 W，管电压 225 kV 时，电流最大可调至 1.56 mA；定向出束，主射线为方向水平朝右照射。

2　辐射屏蔽计算

2.1　辐照工作流程及工作量

工业 CT 射线检测装置检测时，被检测工件放置在检测台上，辐射工作人员在旁边操作位进行操作，对待测工件进行无损检测。无损检测工作流程如下：打开防护门，将检测工件装载在载物

作者简介：王赛男（1996—），女，硕士，助理工程师，现主要从事环境影响评价工作。

台上，然后关闭防护门，打开X射线出束开关。检测完成后，关闭射线，打开防护门，取出检测工件。

预计全年工作46周。本项目工业CT的检测工件量最多为10件/周，单个工件平均照射时间为2 h（待测工件常见尺寸为直径160 mm、高度700 mm的圆柱体，最大尺寸为直径160 mm、高度1300 mm的圆柱体），计算可得设备周出束时间为20 h，全年工作46周，保守估计年出束时间为920 h。

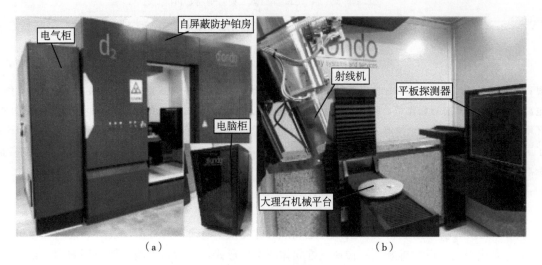

图1 工业CT外形结构

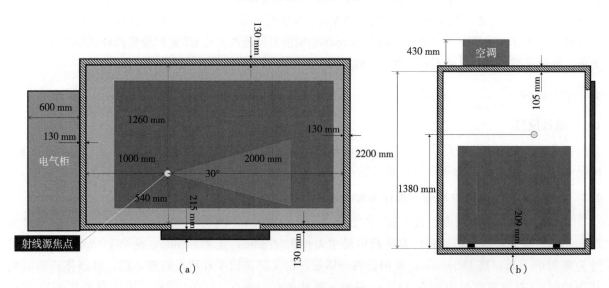

图2 工业CT结构示意

（a）俯视；（b）左视

2.2 主要辐射源项

本项目中涉及的放射性污染源为X射线，由工业CT的工作原理可知，X射线随机器的开、关而产生和消失。本项目使用的工业CT只有在开机并处于出束状态时（曝光状态）才会发出X射线。因此，在开机曝光期间，透射、泄漏及散射的X射线成为污染环境的主要污染因子。

本项目工业CT出束方向为定向，出束方向水平向东，因此对于设备自屏蔽铅房东侧立面要考虑有用线束的影响，其他立面和顶部要考虑泄漏辐射和散射辐射的叠加影响（设备底部为地面，无地下室，无空间可利用，因此对设备自屏蔽铅房底部外表面不进行预测）。工业CT北侧保护目标位置处均考虑有用线束的影响，其他方位保护目标位置处均考虑泄漏辐射和散射辐射的叠加影响。

2.3 辐射屏蔽计算公式

本次评价参照《工业 X 射线探伤室辐射屏蔽规范》（GBZ/T 250—2014），对有用线束、泄漏辐射和散射辐射所致工作场所周围辐射剂量率进行估算[3]，计算公式如下：

（1）有用线束剂量率估算公式

有用线束所致剂量率可由式（1）和式（2）计算得到。

$$H = \frac{I \times H_0 \times B}{R^2}, \tag{1}$$

$$B = 10^{-X/TVL}. \tag{2}$$

式中，H 为有用线束所致关注点的剂量率，$\mu Sv/h$；I 为射线管在最高管电压下的常用最大电流，本文为 1.56 mA；H_0 为距辐射源点（靶点）1 m 处 X 射线管输出量，$\mu Sv \cdot m^2 / (mA \cdot h)$，保守取 250 kV（0.5 mm 铜过滤条件下）管电压最大输出量为 $16.5 \times 6 \times 10^4 \ \mu Sv \cdot m^2 / (mA \cdot h)$；$B$ 为屏蔽透射因子；R 为靶点至关注点的距离，单位为 m；X 为屏蔽材料厚度，单位为 mm；TVL 为 X 射线束在铅中的什值层厚度，单位为 mm。

（2）漏射线剂量率估算公式

漏射线所致剂量率可由式（2）和式（3）估算得到。

$$H_L = \frac{H_{L(1)} \times B}{R^2}. \tag{3}$$

式中，H_L 为漏射线所致关注点的剂量率，$\mu Sv/h$；$H_{L(1)}$ 为距靶点 1 m 处 X 射线管组装体的泄漏辐射剂量率，$\mu Sv/h$。本文为 $5.0 \times 10^3 \ \mu Sv/h$，泄漏辐射的射线能量按有用线束能量进行计算；$B$ 为屏蔽透射因子；R 为靶点至关注点的距离，m。

（3）散射线剂量率估算公式

散射线所致剂量率可由式（2）和式（4）估算得到。

$$H_s = \frac{I \times H_0 \times B}{R_s^2} \times \frac{F \times \alpha}{R^2}. \tag{4}$$

式中，H_s 为散射线所致关注点的剂量率，$\mu Sv/h$；H_0 为距辐射源点（靶点）1 m 处 X 射线管输出量；I 为射线管在最高管电压下的常用最大电流；B 为屏蔽透射因子；F 为 R_0 处的辐射野面积，单位为 m^2，根据设备厂家提供的材料，本项目射线管以 30°的扇角出束，本项目保守估算，按最大工况时 X 射线机靶点距离样品的距离 R_0 最大为 0.9 m，则射线在样品上的理论投影即辐射野面积为 $\pi (R_0 \cdot \tan 15)^2$，计算即得 F 为 0.183 m^2；α 为散射因子，入射辐射被单位面积（1 m^2）散射体散射到距其 1 m 处的散射辐射剂量率与该面积上的入射辐射剂量率的比，本项目中 α 为 0.047 5；R_s 为靶点至探伤工件的距离，单位为 m，靶点至探伤工件的距离保守取 0.9 m；R_0 为散射体至关注点的距离，单位为 m。

（4）公众及工作人员年受照剂量估算

辐射工作人员和周围公众年受照剂量通过式（5）来估算：

$$H_e = H \times t \times U \times T \times 10^{-3}. \tag{5}$$

式中，H_e 为年（周）受照剂量，单位为 mSv/a（$\mu Sv/$周）；H 为关注点处周围剂量当量率，单位为 $\mu Sv/h$；U 为使用因子，本项目取 1；T 为居留因子；t 为年受照时间，取 920 h/a。

2.4 辐射屏蔽计算结果

根据本项目工作场所布局和周围环境，共选取了 14 个关注点。表 1 汇总了各关注点的周围剂量当量率，并计算了各关注点的人员年剂量当量率。

由表 1 的结果可知，设备铅房外关注点处的周围剂量当量率最大为 9.46 E－03 $\mu Sv/h$，估算结果满足《工业探伤放射防护标准》（GBZ 117—2022）的要求，即屏蔽体外 30 cm 处周围剂量当量率参考控制水平应不大于 2.5 $\mu Sv/h$[4]。综上可知，本项目设备铅房屏蔽防护满足该设备运行时所需要的辐射防护要求。本项目工业 CT 运行过程中，其所致工作人员的周剂量当量最高为 $1.89\,\mathrm{E}-01\,\mu\mathrm{Sv}/$
周，年剂量当量最高为 $8.70\,\mathrm{E}-03\,\mathrm{mSv/a}$；公众的周剂量当量最高为 $8.13\,\mathrm{E}-03\,\mu\mathrm{Sv}/$ 周，年剂量当量最高为 $3.74\,\mathrm{E}-04\,\mathrm{mSv/a}$，以上估算结果满足《工业探伤放射防护标准》（GBZ 117—2022）中"关注点的周围剂量当量参考控制水平，对放射工作场所，其值应不大于 $100\,\mu\mathrm{Sv}/$ 周，对公众场所，其值应不大于 $5\,\mu\mathrm{Sv}/$ 周"的要求，也满足《电离辐射防护与辐射源安全基本标准》（GB 18871—2002）规定的"职业照射剂量限值 20 mSv/a、公众照射剂量限值 1 mSv/a"与本次评价提出的职业人员 2 mSv/a 和公众 0.1 mSv/a 的剂量约束值要求[5]。

表 1 各关注点的辐射剂量率估算结果

位置	屏蔽厚度	射线束	透射因子 B	周围剂量当量率/（μSv/h）		居留因子	年剂量当量	保护目标
				计算值	叠加值			
设备铅房东侧 30 cm 处	16 mmPb	有用线束	3.62E-08	9.46E-03	9.46E-03	1	8.70E-03	职业人员
设备铅房北侧 30 cm 处	14 mmPb	漏射线	3.08E-07	5.39E-04	5.40E-04	1	4.96E-04	职业人员
		散射线	1.00E-10	5.79E-07				
设备铅房南侧（防护门）30 cm 处	16 mmPb	漏射线	3.62E-08	1.92E-04	1.92E-04	1	1.77E-04	职业人员
		散射线	3.73E-12	6.55E-08				
设备铅房西侧 30 cm 处	16 mmPb	漏射线	3.62E-08	4.39E-05	4.39E-05	1	4.04E-05	职业人员
		散射线	3.73E-12	7.18E-09				
设备铅房上方 30 cm 处	12 mmPb	漏射线	2.62E-06	8.81E-03	8.84E-03	1/8	1.02E-03	职业人员
		散射线	2.68E-09	2.98E-05				
操作位	16 mmPb	漏射线	3.62E-08	5.85E-05	5.85E-05	1	5.13E-05	职业人员
		散射线	3.73E-12	1.90E-08				
1-6 内部绿地	16 mmPb	有用线束	3.62E-08	6.50E-03	6.50E-03	1/16	3.74E-04	公众
1-7 内部道路	16 mmPb	有用线束	3.62E-08	2.89E-04	2.89E-04	1/4	6.65E-05	公众
4-6 过道	16 mmPb	漏射线	3.62E-08	1.32E-05	1.32E-05	1/4	3.04E-06	公众
		散射线	3.73E-12	4.50E-09				
4-7 蠕变实验室	16 mmPb	漏射线	3.62E-08	2.00E-06	2.00E-06	1	1.84E-06	公众
		散射线	3.73E-12	6.83E-10				
4-3 准备间	16 mmPb	漏射线	3.62E-08	1.33E-05	1.34E-05	1	1.23E-05	公众
		散射线	3.73E-12	2.94E-09				
4-4 存储间	16 mmPb	漏射线	3.62E-08	1.33E-05	1.34E-05	1	1.23E-05	公众
		散射线	3.73E-12	2.94E-09				
4-1 仓库	14 mmPb	漏射线	3.08E-07	2.13E-04	2.13E-04	1	1.96E-04	公众
		散射线	1.00E-10	2.29E-07				
4-2 热处理区	14 mmPb	漏射线	3.08E-07	1.96E-04	1.97E-04	1	1.81E-04	公众
		散射线	1.00E-10	2.11E-07				

3 辐射安全措施

3.1 分区管理

按照《电离辐射防护与辐射源安全基本标准》（GB 18871—2002）对射线装置场所进行分区管理[5]。

① 控制区：工业 CT 自屏蔽铅房内部区域。管理要求：设置门-机联锁装置，设备铅房外设置明显的电离辐射警示标志和中文警示说明、工作状态指示灯，防护门未关闭时设备无法出束。

② 监督区：人员操作位和工业 CT 实验室内其他区域。管理要求：工业 CT 实验室入口处张贴电离辐射警示标志和中文警示说明，防止无关人员随意进出。

3.2 辐射安全和防护措施分析

此项目的辐射安全和防护措施如下[2]。

① 工业 CT 射线装置顶部设有工作状态指示灯和射线警示灯，装置在开机出束时，警示灯开启，警告无关人员勿靠近铅房或在铅房附近做不必要的逗留。

② 工业 CT 射线装置电气柜设有 2 个钥匙开关，1 个钥匙开关为系统的主电源开关，另 1 个钥匙开关控制射线管待机/使用状态，射线出束通过电脑软件控制。

③ 工业 CT 射线装置操作台安装急停按钮，并明确标识，确保出现紧急事故时，能立即停止照射；本项目工业 CT 急停按钮共有 4 个，分别设置在铅房正面、铅房内部、电气柜和操作台处。

④ 工业 CT 铅房出口处设置 1 个紧急开门按钮。

⑤ 门机联锁：工业 CT 铅房正面有 1 扇防护门，防护门与 X 射线发生器设置门机联锁。门机联锁装置具体如下：设置了串联的两处安全开关（安全开关 1 和安全开关 2），用于检测防护门开启和关闭的状态。每处安全开关均由插头（位于铅房防护门上）和插座（位于防护门关闭位置上）组成。每处安全开关有两个常开触点。当防护门完全关闭时，安全开关中的常开触点闭合，安全监控信号能够通过安全开关触点传输至安全继电器。当两个安全开关的触点均闭合时，安全监控信号才能传输至两个安全继电器，从而能够启动控制射线开启的高压装置。当有任意一个安全开关的触点未闭合时，两个安全继电器将不能同时收到安全监控信号，则控制射线开启的高压装置不能开启。

⑥ 工业 CT 所在的工业 CT 实验室为独立、专用房间，工业 CT 铅房外和工业 CT 实验室入口设置"当心电离辐射"的电离辐射警告标志及警示说明。

⑦ 工业 CT 铅房内安装有视频监控 2 台。操作人员通过视频监控查看设备、工件和人员情况。控制台可实时显示射线源的工作状态和连锁开关状态。

⑧ 工业 CT 设备顶部配有自由送风的工业空调，可连续 24 h 工作，独立对铅房室内进行温度调整，并进行铅房室内的通排风。空调设计的排风气流量是 315 m³/h，换风次数每小时将高达 26 次；工业 CT 设备在工业 CT 实验室顶部。

拟设置机械通风装置，机械通风装置设置风量大于 600 m³/h，每小时有效通风换气次数至少为 4.1 次，排风管道出口拟设置在实验室东侧墙外顶部，避开人员活动密集区域。

⑨ 本项目新配备 1 台便携式 X-γ 剂量率仪、2 台个人剂量报警仪和 3 台个人剂量计。工作人员进行设备操作时，均应佩戴个人剂量计并携带个人剂量报警仪。

工作人员定期对设备运行状况进行检查并详细记录，为防护检修提供依据；督促使用人员进行维护保养，并做好维护记录，以保证设备完好。

4 潜在辐射事故及防范措施和对策

4.1 潜在辐射事故

工业 CT 机在工作时产生 X 射线，关闭后就不再产生射线。因此发生的事故主要可能为以下几种。

在门-机联锁装置发生故障或失效的情况下，防护门未完全关闭或在工业 CT 系统运行时防护门被误打开，致使 X 射线泄露到屏蔽体外面，给周围公众及工作人员造成额外的照射；

人员滞留在铅房时，操作人员误开机操作，致使滞留人员受到超剂量照射；

工业 CT 装置屏蔽结构劳损，导致防护屏蔽能力下降，工业 CT 出束对周围的辐射工作人员和公众人员造成超剂量照射。

4.2 辐射事故应急处置措施

发生辐射事故时应采取以下措施[6]。

① 操作过程中，设备发生任何故障都要停机，及时通知有关人员进行维修，并做好故障记录，不允许设备带故障运行。

② 立即向部门领导汇报，并控制现场区域，防止无关人员进入。

③ 立即启动本单位的辐射事故应急预案，向当地生态环境部门和公安部门报告。造成或可能造成人员超剂量照射的，还应同时向当地卫生行政部门报告。

④ 若怀疑人员可能受到较大剂量照射，应及时送往医院进行医学处理。

⑤ 积极配合生态环境主管部门、卫生部门和公安部门调查事故原因，并做好后续工作。

⑥ 分析、确定发生事故的具体时间及发生事故的原因，并在 2 h 内填写《辐射事故初始报告表》，总结原因，吸取教训，采取补救措施。

5 结论

经分析，该院新建使用Ⅱ类射线装置（工业 CT）项目，在充分落实提出的各项辐射防护措施后，该院具备从事相应辐射工作的技术能力和安全防护措施，射线装置运行对周围环境产生的辐射影响符合环境保护的要求，故从辐射环保角度论证，此项目的建设和运行是可行的。

参考文献：

[1] 李德平．辐射防护手册［M］．北京：原子能出版社，1987.

[2] 建设项目环境影响评价技术导则总纲（HJ2.1—2016）［EB/OL］．（2016 - 12 - 08）［2023 - 06 - 16］．https：//www.mee.gov.cn/ywgz/fgbz/bz/bzwb/other/pjjsdz/201612/t20161214 _ 369043.shtml.

[3] 工业 X 射线探伤室辐射屏蔽规范（GBZ/T250—2014）［EB/OL］．（2014 - 05 - 14）［2023 - 06 - 16］．http：//www.nhc.gov.cn/wjw/pcrb/201406/a4a0506bd6fa4cc393fe71785dbe223e.shtml.

[4] 工业探伤放射防护标准（GBZ117—2022）［EB/OL］．（2022 - 10 - 13）［2023 - 06 - 16］．http：//www.nhc.gov.cn/wjw/pcrb/202211/67ef5bdf8e4c420993585521034db4e0.shtml.

[5] 电离辐射防护与辐射源安全基本标准（GB18871—2002）［EB/OL］．（2002 - 10 - 08）［2023 - 06 - 16］．http://www.nhc.gov.cn/wjw/pcrb/201410/5fffe01da4634747918d15662d3d22ae.shtml.

Environmental impact analysis and evaluation of a newly built industrial X-ray device in a research institute

WANG Sai-nan[1], WANG Wen-bin[2], DENG Chen-yang[3]

(1. China Nuclear Mining Science And Technology Corporation, CNNC, Beijing 101149, China;

2. Beijing Research Institute Of Chemical Engineering And Metallurgy, CNNC, Beijing 101149, China;

3. China Institute Of Nuclear Industry Strategy, Beijing 100048, China)

Abstract: An industrial X-ray computed tomography (CT) device which belongs to the Class II X-ray device, is scheduled to be installed in in a research institute. Due to the damaging effect of ionizing radiation on human body, the influence of industrial X-ray on environment must be considered. Through data collection, environmental investigation and analysis, environmental impact assessment was carried out according to relevant national laws and regulations. The environmental impact assessment process of industrial CT is discussed, and the impact of industrial CT project on the environment is analyzed. The evaluation results showed that the radiation protection and safety facilities and personal protection measures of the project met the requirements of the national standards, and the annual effective dose of the workers and the public were lower than the corresponding dose constraint value.

Key words: X-ray; Industrial computed tomography; Environmental impact; Analysis; Evaluation

转化及浓缩堆后铀过程中辐射防护问题研究

陈太毅，马　强，张天一，车　军

（中核第七研究设计院有限公司，山西　太原　030012）

摘　要： 堆后铀含有天然铀中不存在的同位素铀 232，会释放强 γ 射线，故在堆后铀生产实践活动中需重点关注辐射防护问题。本文利用 MCNP 软件，分析计算正常生产运行条件下操作堆后铀的流化床、氟化渣罐、六氟化铀容器和级联大厅的外照射剂量率，并与操作天然铀的相关设备系统的实测剂量率进行对比，给出辐射防护建议。由计算结果可知，生产低浓铀时，转化工序中氟化渣罐、流化床与供取料厂房六氟化铀容器外照射水平高，需要采取屏蔽措施，级联大厅的外照射水平低，无须采取特殊措施。

关键词： 堆后铀；氟化渣罐；供取料；级联；剂量水平

2022 年我国核电装机容量达到 5699 万千瓦，在运行核电机组共 55 台（不含台湾地区）[1]。以每台每年产生 20 吨乏燃料计算，每年产生的乏燃料约 1100 吨，其中大部分是可回收利用的铀和钚。我国坚持核燃料闭式循环路线，从乏燃料中回收可利用的铀和钚。与天然铀不同，堆后铀含有 ^{232}U，其子体会释放强 γ 射线，导致堆后铀辐射水平的增加，如 30 B 容器满载堆后铀时，其 γ 辐射剂量率可达 $100 \sim 200 \ \mu Gy/h$ [2]。因此，在堆后铀转化和浓缩过程中需要注意辐射防护。

后处理厂生产出来的堆后铀以 UO_3 粉末形式存在，相较于天然铀转化厂，增加了将 UO_3 转化为 UO_2 的步骤。为了去除堆后铀中 Np、Pu 等杂质，在堆后铀生产过程中，需要采用化学方法进行净化，本文基于现有天然铀转化设施及工序对堆后铀生产过程中的辐射防护问题进行论述。

对于铀转化，目前的工艺路线[3]为：①UO_3 经氢气还原为 UO_2，反应在还原流化床内进行；②UO_2 氢氟化为 UF_4，反应在两级串联逆流流化床内进行；③UF_4 氟化为 UF_6，反应在立式氟化反应器中进行；④冷凝液化在冷凝器中进行，收集到一定量后进行液化均质并分装至 3 m^3 容器。

因此，在铀转化厂中，主要考虑流化床、氟化渣罐、3 m^3 容器的辐射防护问题；在堆后铀浓缩厂中，主要考虑六氟化铀容器与级联大厅的外照射剂量率。

1　计算模型

1.1　流化床

铀转化厂存在多个工序的流化床，假定流化床内物料与反应气体充分混合，均匀分布在反应腔内，各流化床计算建模无本质差异。本文将围绕氢氟化工艺段二级流化床开展建模计算，床体材质为蒙乃尔合金，其计算模型如图 1 所示。

1.2　氟化渣罐

氟化渣罐中承装的是未反应的 UF_4 粉末和铀衰变子体的氟化物粉末，渣罐主体材质为碳钢，其几何尺寸如图 2 所示。假定氟化渣匀速进入罐中，期间氟化物上表面始终处于水平面，物料均匀分布。

作者简介：陈太毅（1998—），男，助理工程师，硕士，主要从事核安全分析工作。

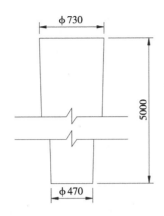

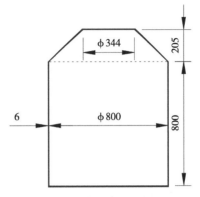

图 1　流化床计算模型（单位：mm）　　　　图 2　氟化渣罐尺寸参数（单位：mm）

1.3　六氟化铀容器

除包容部分的壳体外，3 m³ 容器还包含阀门、接头、吊耳、裙座及堵头等部件，但这些附加结构对剂量率的计算几乎无影响，将其忽略，只保留容器的壳体，中间为直圆柱段，两端为椭圆封头，壳体材质为 16 MnDR 钢，简化后的 3 m³ 容器计算模型如图 3 所示。740 L 容器与 3 m³ 容器类似，圆柱体内高 1522 mm，内径 738 mm，壁厚 12 mm。

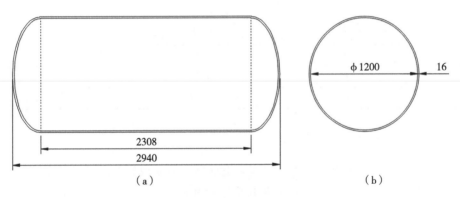

（a）　　　　　　　　　　　　　　　（b）

图 3　3 m³ 容器尺寸参数（单位：mm）

（a）主视；（b）侧视

2　物料组成

堆后铀中辐射剂量率主要来源于 ^{232}U 及其子体，因此在研究铀产品辐射剂量率时只考虑 ^{232}U 丰度的变化对辐射剂量率的影响，忽略 ^{236}U。堆后铀转化过程中铀的丰度参考 ASTM C787[4] 的限值，浓缩过程中 ^{232}U 的丰度参考 ASTM C787 和 C996[5] 中的限值，分别取 5×10^{-9}、5×10^{-8}，相应的限值及其质量丰度如表 1 所示。通过递次衰变规律计算某时刻的核素及其子体活度，并计算得到衰变能谱和发射率，利用 MCNP 软件建立模型计算辐射剂量率。

表 1　物料及其质量丰度

物料	^{232}U	^{234}U	^{235}U	^{236}U	^{238}U
天然铀	—	0.005%	0.711%	—	99.284%
5%铀	—	0.053%	5.000%	—	94.946%

物料	^{232}U	^{234}U	^{235}U	^{236}U	^{238}U
堆后铀	5×10^{-9}	0.048%	~1.000%	0.840%	98.100%
5%铀+5 ng	5×10^{-9}	0.053%	5.000%	—	94.946%
5%铀+50 ng	5×10^{-8}	0.053%	5.000%	—	94.946%

3 模拟计算结果

3.1 流化床

以 125 cm 为间距选取流化床探测点,可得流化床表面辐射剂量率最大值出现在距直径 73 cm 的圆台底面 125 cm 处的位置,因此计算该位置表面及 1 m 处在不同储存时间下的辐射剂量率,得到的结果如表 2 所示。

如表 2 中数据可知,辐射剂量率随着原料储存时间的增加而增加,总体剂量水平有限,最高约为 69.88 μSv/h,需要具体计算数据控制人员的操作时间。根据合理可行尽量低原则,可在保温层外增加一层薄铅板,以降低工作人员的受照剂量。

表 2 流化床辐射剂量率随物料储存时间的变化

物料	时间/月	表面辐射剂量率/(μSv/h)	1 m 处辐射剂量率/(μSv/h)
堆后铀	1	9.26	3.25
	3	23.33	8.23
	6	40.21	14.19
	12	69.88	24.60

3.2 氟化渣罐

在生产运行中,氟化渣罐约在一个月后装满,此时氟化渣罐内容物质量约为 1.35 t。进行氟化反应之前的物料存放时间会对源项产生影响,尤其是堆后铀,在 10 年后辐射剂量率达到最大值。参考天然铀的存放时间,堆后铀存放时间取 1 年以内。

保守考虑,本文计算天然铀氟化渣罐表面辐射剂量率时物料存放时间取 1 年,假定衰变子体全部进入氟化渣罐中,利用 MCNP 软件计算氟化渣罐圆柱部分侧壁表面辐射剂量率,计算结果如图 4 所示,其中,高度为相对容器圆柱底部的垂直高度,时间单位为月。物料为堆后铀时,取堆后铀存放时间分别为 1 个月、3 个月、6 个月和 1 年,其他条件同天然铀,得到的计算结果如图 4 所示。

由图 4 中曲线可知,物料为天然铀时,氟化渣罐侧面表面辐射剂量率最大约为 2.03 mSv/h,比实际测量值 1.41 mSv 大 44% 左右。物料为堆后铀时,氟化渣罐侧面表面辐射剂量率最大为 3.78~23.37 mSv/h,均在氟化渣罐中上部位置。在氟化渣罐表面增加 10 cm 厚铅屏蔽层,堆后铀氟化渣罐表面辐射剂量率分别最大约为 2.47 μSv/h、25.5 μSv/h、44.3 μSv/h 和 74.9 μSv/h。因此,为了减少辐射剂量率,堆后铀存放时间不宜超过 6 个月,同时氟化渣罐需要增加屏蔽层。除此之外,也可以对氟化渣罐进行远程操作,以减少工作人员接触氟化渣罐的时间。

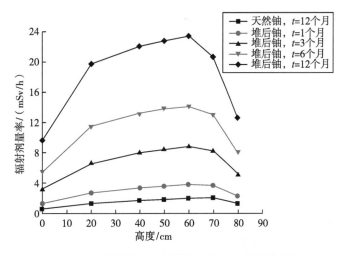

图4 氟化渣罐表面辐射剂量率随高度的变化曲线

3.3 供取料容器

表3数据展示了天然铀浓缩过程中3 m³容器和740 L容器实测数据与模拟计算数据的对比情况。受物料在容器内不均匀分布等因素影响，实际表面辐射剂量率与模拟计算值的偏差在30%以内。其中，底面为图3中侧视图的圆面。

表3 3 m³容器和740 L容器表面辐射剂量率对比

容器	时间/d	丰度	表面	模拟结果 a/(μSv/h)	实测结果 b/(μSv/h)	(a−b)/b
3 m³	430	0.25%	侧面	9.20	12.14	−0.24
	509	0.25%	侧面	9.10	13.02	−0.30
			底面	8.78	12.50	−0.30
	638	0.25%	底面	8.76	11.26	−0.22
740 L	75	4.45%	侧面	9.16	10.85	−0.16
			底面	9.15	9.34	−0.02
	1115	4.45%	侧面	10.28	11.00	−0.07
			底面	9.87	10.82	−0.09
	42	4.95%	侧面	7.68	9.24	−0.17
			底面	7.22	7.92	−0.09
	52	4.95%	侧面	8.53	9.15	−0.07
			底面	8.00	7.74	0.03

在生产过程中，物料存放时间一般不超过1年。容器满载堆后铀，在1年内3 m³容器表面辐射剂量率随时间的变化数据如表4所示，表面辐射剂量率随着时间的增加而增加，最大辐射剂量率约为77.62 μSv/h。表面辐射剂量率按50 μSv/h控制，因此，3 m³容器可通过控制存放时间（不超过6个月）控制表面辐射剂量率。

表 4 3 m³ 容器表面辐射剂量率

物料	时间/个月	侧面辐射剂量率/（μSv/h）	底面辐射剂量率/（μSv/h）
堆后铀	0	0.06	0.07
	1	11.05	10.35
	3	27.00	26.42
	6	45.38	44.09
	12	77.62	76.44

740 L 容器满载堆后铀浓缩产品时，表面辐射剂量率随时间的变化数据见表 5。显然，^{232}U 丰度为 5×10^{-8} 时 740 L 容器表面辐射剂量率偏高，为使辐射剂量率从 750.50 μSv/h 降至 50 μSv/h 以下，需要 5 cm 铅屏蔽，或让工作人员进行远程操作。

表 5 740 L 容器表面辐射剂量率

物料	时间/个月	侧面辐射剂量率/（μSv/h）	底面辐射剂量率/（μSv/h）
5% 铀 + 50 ng	6	410.72	386.92
	12	750.50	710.47

3.4 级联大厅

在级联大厅中，假定六氟化铀腐蚀损耗速率为 20 mg UF_6/（台·d）[6]，已运行时间为 20 年，则主机表面辐射剂量率如表 6 所示。与浓缩天然铀相比，浓缩堆后铀时辐射剂量率明显升高，最高约为浓缩天然铀时辐射剂量率的 120 倍。然而，^{232}U 丰度不超过 5×10^{-8} 时，辐射剂量率低，可不增加屏蔽。

表 6 主机表面辐射剂量率

物料	5 cm 处辐射剂量率/（μSv/h）	30 cm 处辐射剂量率/（μSv/h）
5% 铀	0.20	0.06
5% 铀 + 5 ng	2.58	0.60
5% 铀 + 50 ng	23.90	5.48

4 结论

本文使用 MCNP 软件计算了以堆后铀为原料时铀转化厂和铀浓缩厂部分设备的辐射剂量率，可知在存放时间为 1 年以内、原料铀中 ^{232}U 的丰度限值取 5×10^{-9} 的情况下，流化床表面辐射剂量率可达 69.88 μSv/h，可视具体情况增加薄铅板，或通过控制物料存放时间减少辐射剂量率；氟化渣罐最大表面辐射剂量率为 3.78~23.37 mSv/h，需要增加 10 cm 厚的铅板屏蔽，同时氟化反应前物料的存放时间不超过 6 个月；3 m³ 容器辐射剂量率最大约为 77.62 μSv/h，可通过控制物料存放时间减少辐射剂量率。

堆后铀浓缩过程中，级联大厅辐射剂量率低，不用采取特殊措施；产品铀中 ^{232}U 丰度为 5×10^{-8} 时，740 L 容器辐射剂量率偏高，为了减少生产成本，可以增加合适的外包装以降低辐射水平，提高自动化水平，减少人员近距离操作，有效保障人员安全。

致谢

在模拟计算与论文书写过程中，得到了陈思宇等同事的诸多帮助，在此表示衷心的感谢。

参考文献：

［1］ 核电评估部. 全国核电运行情况（2022 年 1—12 月）［EB/OL］.（2023 – 02 – 02）［2023 – 05 – 21］. http：// china-nea. cn/site/content/42324. html.

［2］ International Atomic Energy Agency. Management of reprocessed uranium ［R］. Vienna：IAEA，2007.

［3］ 李德平，潘自强. 辐射防护手册（第三分册）：辐射安全 ［M］. 北京：原子能出版社，1990.

［4］ American Society for Testing and Materials. ASTM C787 – 15. Standard specification for uranium hexafluoride for enrichment ［S］. West Conshohocken：ASTM，2015.

［5］ American Society for Testing and Materials. ASTM C996 – 15. Standard specification for uranium hexafluoride enriched to less than 5％ ^{235} U ［S］. West Conshohocken：ASTM，2015.

［6］ 杨小松，李红彦，孙继全. 级联轻杂质含量计算和分析 ［J］. 科技视界，2016（1）：96.

Study on the radiation protection during reprocessed uranium conversion and enrichment process

CHEN Tai-yi，MA Qiang，ZHANG Tian-yi，CHE Jun

(CNNC No. 7 Research & Design Institute Co., Ltd., Taiyuan, Shanxi 030012, China)

Abstract： With the isotope uranium 232, which is not present in the natural uranium, the reprocessed uranium will release strong γ radiation. Therefore, it should be paid attention to the radiation protection of reprocessed uranium in production practice. The essay calculates and analyzes the external exposure dose rates of fluid-bed, fluorinated slag tanks, uranium hexafluoride containers and cascade hall operating reprocessed uranium under normal production and operation conditions using MCNP software, and compares them with the dose rates of related equipment systems operating natural uranium measured on the spot to provide proposals of radiation protection. When low-enriched uranium is produced, it can be seen from the calculation results that the external exposure levels of the fluoride slag tank and the fluid-bed from the conversion process, and the uranium hexafluoride container at the feed and withdrawal factory are high, so shielding measures need to be taken; the external exposure level of the cascade hall is low, and no special measures need to be taken to ensure personnel safety.

Key words： Reprocessed uranium；Fluorinated slag tank；Material supply and withdrawal；Cascade；Dose level

工业 X 射线装置辐射防护与环境影响分析

王赛男[1]，邓晨阳[2]

(1. 中核矿业科技集团有限公司，北京市　101149；2. 中核战略规划研究总院，北京市　100048)

摘　要：工业 X 射线装置越来越广泛地应用于工业。由于工业 X 射线装置对环境具有一定辐射作用，必须考虑其辐射防护与环境影响。本文对工业 X 射线装置的辐射防护措施进行了概述，分析评价了工业 X 射线装置的辐射环境影响程度和范围，并根据其中的辐射问题提出了对应策略。

关键词：X 射线；辐射防护；环境影响

截至 2022 年底，全国从事生产、销售、使用放射性同位素和射线装置的单位共 104 603 家，其中，生产、销售、使用放射性同位素的单位有 9656 家，仅生产、销售、使用射线装置的单位有 94 947家。在用放射源 164 028 枚，各类射线装置 266 921 台[1]。X 射线装置越来越广泛地应用于工业和医用，如 X 射线诊断或治疗和工业无损探伤。然而，如果在上述用途中不采取适当的预防措施，则确实存在对环境和健康的潜在危害。因此，必须采取有效的措施来控制和管制任何涉及使用辐射照射的活动。

1　辐射防护安全基本原则

辐射防护的目的是限制辐射照射，使个人和社会受到有害影响的风险与电离辐射所带来的利益相比尽可能小。辐射防护的原则载于国际原子能机构（IAEA）下属的国际放射防护委员会（ICRP）的关于限制剂量的建议中，大多数国际标准和国家法规条例标准均参考了 ICRP 的建议。我国《放射性同位素与射线装置安全和防护条例》《放射性同位素与射线装置安全和防护管理办法》《电离辐射防护与辐射源安全基本标准》也对基本辐射安全措施作了相关规定。国际组织提供的建议和指导体现了以下 4个重要原则：①实践的正当化——任何涉及辐射照射的行动都必须具备充分理由，即该行动对受照射的个人或社会利大于弊；②防护的最优化——个人剂量及受辐射照射的人数，应在合理可行和顾及经济与社会因素的情况下减至最少；③个人剂量当量不得超过 ICRP/IAEA 建议的限值；④辐射源/组件的设计必须符合 ISO 2919 的要求[2]。

现在人们普遍认为，只要辐射照射水平超过本底辐射水平，就会危害工作人员和公众的身体健康。然而，考虑到辐射的益处，完全禁止辐射装置的使用是不可能的。因此，最好的办法是在风险和收益之间取得平衡。为此，ICRP、IΛEΛ 和 WHO（世界卫生组织）等国际组织，均对辐射防护标准提出了建议。

2　辐射对人体的危害

电离辐射对细胞造成的任何损害都会妨碍身体的正常功能。人体经常受到自然辐射（如来自空间、土壤和建筑物的辐射），也称为本底辐射。所有电离辐射，无论是电磁还是粒子及中子，都对人体有害。不同类型的电离辐射造成的生物效应各不相同。

作者简介：王赛男（1996—），女，硕士，助理工程师，现主要从事环境影响评价工作。

辐射对体细胞的影响称为"躯体效应"。这些表现为：①急性辐射的影响，即短时间内高水平照射，如红斑、皮肤灼伤、恶心、呕吐、疲劳、出血甚至死亡；②慢性辐射的影响，即长时间低水平照射，如白血病、甲状腺癌、放射性白内障等。

辐射对遗传细胞的影响称为"遗传效应"。辐射的遗传效应将导致遗传机制的损害，表现为不育、出生缺陷、先天畸形、死产早产等。然而，根据目前广岛放射线影响研究所（RERF）对日本原爆受照人群的研究，以及联合国原子辐射效应科学委员会（UNSCEAR）对切尔诺贝利核事故污染区居民的研究，遗传学异常的发生率虽然高于未受照对照组，但是并没有达到统计学显著水平[3]。

躯体效应可以是立即的，也可以是延迟的。表1总结了个体受到不同辐射剂量的急性辐射时的躯体效应[4]。

表 1　个体受到不同辐射剂量的急性辐射时的躯体效应

吸收剂量	躯体效应
$0 \sim 0.25$ Sv	无明显损伤，无临床影响
$0.5 \sim 1$ Sv	淋巴细胞和中性粒细胞减少，伴有恢复延迟。延迟效应可能会缩短寿命。无临床症状
$1 \sim 2$ Sv	轻度 ARS（急性辐射综合征）：恶心、疲劳、头晕。照射 2 小时后，24 小时内，10％～50％的病例发生呕吐。无残疾
$2 \sim 4$ Sv	中度 ARS：恶心、疲劳、头晕、食欲缺乏。70％～90％的病例在 2 小时内呕吐。随后有 2～3 周的潜伏期，期间患者似乎在恢复。但随后出现脱毛、食欲缺乏，全身虚弱，伴有发热、口腔和咽喉发炎、腹泻、鼻出血。如果不进行适当的治疗，2 个月内死亡率为 0～50％
$4 \sim 6$ Sv	重度 ARS：100％的病例在 1 小时内出现恶心、无力、食欲缺乏、呕吐。10％的病例在 3～8 小时内发生轻度腹泻。50％的病例在 4～24 小时内出现头痛。80％～100％的病例在 1～2 小时内出现发热。第 2～3 天淋巴细胞下降至大约 500。潜伏期 1～2 周，随后出现严重临床症状，如发热、感染（肺炎）。2 个月内死亡率为 50％～80％
大于 8 Sv	致死 ARS：10 分钟内出现重度恶心、疲乏和呕吐，随后出现发热、腹泻和出血，无潜伏期。存活率很低，90％～100％的暴露个体在 2 周内死亡。全身剂量大于 15 Sv 时，中枢神经系统受损，表现为肌肉痉挛、不自主运动，然后是昏迷，在 2 天内因脑水肿和心力衰竭死亡

工业 X 射线装置无放射源，只有在开机启动时才会对操作人员及周围公众造成一定程度的 X 射线外照射，仅构成外部辐射危害，因此 X 射线装置需要考虑的辐射防护环节较少。为了控制此类辐射危害，有必要使用安全操作装置，并将工作区域、空气和水中的污染水平限制在限值以下。

3　辐射危害控制

在对辐射危害进行评估后，有必要制定严格的控制措施，以便在可接受的限度内将危害降至最低。控制工业 X 射线装置外部辐射危害的 3 个基本因素是距离、时间、屏蔽[4]。

X 射线装置辐射水平遵循牛顿平方反比定律，即某点的辐射强度与距离的平方成反比。因此，减少放射性物质外部照射的最有效和最经济的方法是使 X 射线装置和操作者之间保持尽可能大的距离。使用露天工业 X 射线装置尤其如此。通常的做法是：在射线照射期间，根据射线的性质和强度、总照射时间及现场周围的环境性质，对特定区域设置警戒线。通过控制面板和长电缆保持与射线装置的最大距离。

人员受到辐射的总剂量与照射时间成正比。因此，更短的照射时间相当于更少的辐射。为了最大限度地减少实际照射时间，建议优先进行虚拟试验操作。所有的照射操作都应提前计划好，并在尽可能短的时间内执行。

X 射线可以永远传播，直到能击中物体（屏蔽材料）。当最大距离和最长时间不能确保辐射水平低至可接受的水平时，必须提供足够的屏蔽，以使辐射充分衰减。当 X 射线通过介质时，其强度将呈指数衰减。强度的降低取决于介质的性质和厚度及辐射的能量。通常使用铅（Pb）等高原子序数材料作为 X 射线的局部屏蔽材料。混凝土和砖用作建筑屏蔽材料。

4 X 射线装置的辐射屏蔽评价

任何小剂量均可能导致某种生物效应的发生。因此，在 X 射线的使用过程中，必须遵循"合理最低剂量"原则。

4.1 评价范围与环境保护目标

按照《辐射环境保护管理导则——核技术利用建设项目 环境影响评价文件的内容和格式》（HJ 10.1—2016）的规定，将工业 X 射线装置的屏蔽体外边界为边界，向外围扩展 50 m 的区域作为评价范围[5]。在此范围内，外部需要关注学校、居民区等类型的环境敏感点，内部需要关注相关工作场所的辐射工作人员和其他受影响的公众人员。

4.2 环境影响评价标准

对于 X 射线装置的辐射防护评价标准，主要参照《电离辐射防护与辐射源安全基本标准》（GB 18871—2002）、《工业探伤放射防护标准》（GBZ 117—2022）、《工业 X 射线探伤室辐射屏蔽规范》（GBZ/T 250—2014）等标准。这些标准规定了 X 射线装置对于公众和职业照射的基本剂量限值和剂量约束值，也规定了装置的辐射屏蔽要求及放射防护要求。

4.3 屏蔽室设计

对于固定式 X 射线装置，需要特殊设计具有足够屏蔽能力的封闭空间，以保护附近的人员免受辐射。应审查设备及屏蔽室周围环境图纸，包括每个封闭区域的尺寸及所有侧面的屏蔽厚度、密度和材料类型，包括顶部和底部的照射区域。对于屏蔽计算，应考虑有用线束、散射、漏射等辐射的屏蔽。在进行辐射屏蔽计算时，X 射线装置的设备参数和运行工况参数是进行设计的关键，包括正常工况和极限工况时的参数。X 射线装置的设备参数主要包括射线辐射角、管电压、管电流、主射线方向等；运行工况参数主要包括照射时间和工作天数等。由于不同 X 射线装置的设备参数和运行工况存在差异，在进行辐射屏蔽设计时，需要对上述参数予以明确[6]。

5 工业 X 射线装置的安全防护措施

5.1 固定式 X 射线装置的辐射防护措施

对于固定式 X 射线装置的辐射防护措施，应考虑以下几点[7]。

① 在进行施工之前，屏蔽室的设计应获得相关监管部门的批准。

② 照射场所的设置应充分注意周围的辐射安全，周围环境需要贴有明显的电离辐射警告标志和中文警示说明。应按照《电离辐射防护与辐射源安全基本标准》对射线装置工作场所进行分区管理。

③ X 射线启动时，射线室的入口门应上锁。需要安装合适的门机联锁装置，以保证防护门关闭后 X 射线才能出束。当人员误操作，在工作状态打开防护门时，设备应自动停止 X 射线出束。同时，门-机联锁装置的设置应方便射线室内部的人员在紧急情况下离开。

④ 应在入口处设置符合要求的指示灯和声音提示装置，信号灯需要有明显的指示和说明。应在适当位置安装固定式辐射监测系统，以对特殊区域进行全天候的辐射水平监测。

⑤ 操作室应独立设置并避开有用线束照射的方向。所有设备操作最好在控制室进行。通过摄像监控装置观察操作室状态及防护门开闭情况。

⑥ 通风器和排气口的设置、每小时有效通风换气次数应满足要求。

⑦ 在可能的情况下，应将辐射主束指向占用面积最小的区域。光束不得指向门、窗和控制面板。主束是否指向迷路、迷路的设置等会对辐射屏蔽的计算产生影响。

⑧ 除常规个人剂量计外，还应配备个人剂量报警仪和便携式 X-γ 剂量率仪。当剂量率达到设定的报警阈值并报警时，工作人员应立即采取应急措施。

⑨ 如果在同一房间内使用了一台以上的 X 射线装置，则应确保一次仅运行其中一台 X 射线装置，且每台装置均应与防护门联锁。

5.2 现场移动式 X 射线装置的辐射防护措施

进行现场移动式 X 射线作业时，需要使用 X-γ 剂量率仪，根据现场情况进行控制区、监督区和非限制区的划分及管理。现场射线照射期间的辐射安全主要通过距离控制和严格执行辐射监测程序来实现。一般情况下，应使用绳索和辐射警告符号、红灯等隔离 X 射线装置周围的特定区域，以使超出警戒线的辐射水平保持在允许限值以下。在照射过程中，严禁未经授权的人员进入封锁区域。建议在夜间或节假日进行现场射线照射，且射线机器只能由经认证的放射技师操作。现场工作负责人应接受辐射安全方面的全面培训，并向所有相关工作人员说明辐射安全规则[8]。

6 结论

随着核技术的不断发展和应用，辐射装置和辐射工作人员的数量将大量增加。因此，辐射防护和人员安全是一个重要问题。我国已经出台相关的法律法规、辐射安全标准及技术文件，在环境影响评价过程中应严格按照相关要求对辐射装置进行评价，包括调研现场工作环境，了解现场辐射安全管理，进行现场监测及辐射屏蔽计算，提出辐射安全与防护措施要求，以确保项目的实践正当性和选址布局合理性，避免射线装置危害工作人员和公众的身体健康。

参考文献：

[1] 国家核安全局 2022 年报 [EB/OL]．[2023 - 06 - 16]．https：//nnsa.mee.gov.cn/ztzl/haqbg/haqnb_1/.

[2] 潘自强．电离辐射环境监测与评价 [M]．北京：中国原子能出版社，2008.

[3] 邓晓钦，帅震清．电离辐射、环境与人体健康 [M]．北京：中国原子能出版社，2015.

[4] BANERJEE A K. Radiation protection & personnel safety in industrial radiography [J]．Indian national seminar & exhibition on non-destructive evaluation NDE，2015，22（6）.

[5] 辐射环境保护管理导则——核技术利用建设项目环境影响评价文件的内容和格式（HJ10.1 - 2016）[EB/OL]．（2016 - 03 - 29）[2023 - 06 - 16]．https：//www.mee.gov.cn/ywgz/fgbz/bz/bzwb/hxxhj/xgbz/201604/t20160405_334685.htm.

[6] 电离辐射防护与辐射源安全基本标准 [EB/OL]．（2002 - 10 - 08）[2023 - 06 - 16]．http：//www.nhc.gov.cn/wjw/pcrb/201410/5fffe01da4634747918d15662d3d22ae.shtml.

[7] 工业 X 射线探伤室辐射屏蔽规范 [EB/OL]．（2014 - 05 - 14）[2023 - 06 - 16]．http：//www.nhc.gov.cn/wjw/pcrb/201406/a4a0506bd6fa4cc393fe71785dbe223e.shtm.

[8] 工业探伤放射防护标准 [EB/OL]．（2022 - 10 - 13）[2023 - 06 - 16]．http：//www.nhc.gov.cn/wjw/pcrb/202211/67ef5bdf8e4c420993585521034db4e0.shtml.

Radiation protection and environmental impact analysis of industrial X-ray installations

WANG Sai-nan[1], DENG Chen-yang[2]

(1. China Nuclear Mining Science And Technology Corporation, CNNC, Beijing 101149, China;

2. China Institute Of Nuclear Industry Strategy, Beijing 100048, China)

Abstract: Industrial X-ray installations are being used more and more widely in industry. Since industrial X-ray installations have certain radiation effects on the environment, radiation protection and environmental impacts must be considered. This paper summarizes the radiation protection measures of industrial X-ray installations, analyzes and evaluates the radiation environmental impact degree and range of industrial X-ray installations, and puts forward the corresponding strategies according to the radiation problems.

Key words: X-ray; Radiation protection; Environmental impact

基于贝叶斯方法和反向扩散模型的放射性泄漏源重建技术

徐宇涵，方　晟，董信文，庄舒涵

（清华大学核能与新能源技术研究院，北京　100084）

摘　要： 核事故情况下，泄漏源位置和释放源项（统称为泄漏源参数）是后果评价中最重要的输入和不确定性来源。近年来，世界各地监测站台屡次探测到未知来源的放射性泄漏，由于泄漏源位置未知，无法基于核电厂工况计算释放源项，因此基于环境监测数据的放射性泄漏源重建技术成为研究的热点。为能在核事故初期快速地估计泄漏源参数，本文结合贝叶斯方法和反向扩散模型开发了一种放射性泄漏源重建技术，并利用 1994 年欧洲示踪实验 ETEX 和 2017 年欧洲 Ru-106 泄漏事件的环境监测数据进行了验证。研究结果表明，该技术准确地估计出 ETEX 实验的释放位置和释放总量，与欧洲 Ru-106 泄漏源的重建结果和已发表的结果也比较吻合，因此基于贝叶斯方法和反向扩散模型的放射性泄漏重建技术可以很好地满足核事故后果评价需求。

关键词： 核事故后果评价；泄漏源重建；贝叶斯方法；反向扩散模型

　　近年来，预防未知来源的放射性泄漏事件逐渐成为核应急响应的新挑战。人们通过放射性核素监测站台探测到的异常活度浓度来判断泄漏事件的发生，引发这些事件实际的泄漏位置在被报道之前是未知的，而由于政治、外交等因素，造成泄漏的国家或者地区不愿意报道此类事件，但泄漏对环境和人类造成的威胁是不容忽视的，因此需要及时对此类事件进行应急响应。核应急响应基于大气扩散模型进行辐射后果评估，但由于泄漏源位置未知，无法基于核电厂运行工况计算释放源项[1]，导致大气扩散模型缺少源项输入，因此基于环境监测数据的放射性泄漏源重建技术成为唯一可依赖的方式。放射性泄漏源重建技术旨在利用有限的环境监测数据和大气扩散模型估算泄漏位置与释放率，而环境监测数据往往是从距离泄漏源较远的监测站点采样得到的，在时空上具有稀疏性，这使得泄漏源重建问题极具挑战性。

　　现有的泄漏源重建技术基于确定性方法或者概率性方法[2]，确定性方法通过最小化衡量模拟——监测的代价函数来估计源参数，可以得到参数的单点估计，这种方法简单易实现，但是对于监测数据较少的情况会出现参数过拟合的现象，而且缺少对源参数估计的不确定性量化。相比之下，概率性方法基于贝叶斯理论，可以通过概率分布融合输入数据的不确定性，并得到源参数估计的不确定性范围，且在少量监测数据下也有较好的表现，但贝叶斯计算在采样时需要进行大量正向扩散模拟，其计算成本较高。因此，本文提出了一种基于贝叶斯方法和反向扩散模型的放射性泄漏源重建技术，并利用示踪实验数据和真实泄漏事件数据进行了验证。

1　原理和方法

1.1　反向扩散模型

　　大气扩散模型是放射性泄漏源重建计算中必不可少的要素，其可用于建立源（S）与受体（R）之间的对应关系，又称为源受体灵敏度（SRS），R 由监测站点位置和采样时间两部分信息组成。本文采用拉格朗日粒子扩散模型 FLEXPART 进行大气扩散模拟，FLEXPART 包括正向模式和反向模式[3]，其建立 SRS 的区别如图 1 所示。

作者简介： 徐宇涵（2001—），男，博士生，现主要从事放射性泄漏源重建和源项反演等科研工作。

基金项目： 国家自然科学基金（12275152 和 11875037）、中国核工业集团领创项目。

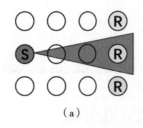 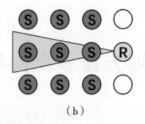

（a）　　　　　　　　　　　　（b）

图1　大气扩散模拟正向和反向模式比较

（a）正向模式；（b）反向模式

在正向模式下，运行一次模拟可以得到源与所有受体之间的关系，而在反向模式下则可以得到一个受体与所有可能源位置之间的关系。假设有 N 个可能的源位置和 K 个监测数据，在真实的放射性泄漏事件中，可能的源位置范围是非常广的，而监测数据在时空上又是稀疏的，所以 $N \gg K$。在泄漏源重建中，为了构建重建所需要的数据集，正向模式下需要运行 N 次，反向模式下只需要运行 K 次，因此本文选择 FLEXPART 的反向模式来加速泄漏源重建的计算。

1.2　泄漏源重建算法

放射性泄漏源重建本质上是多个参数的优化问题，假设泄漏源位置为 $r=(\mathrm{lon}, \mathrm{lat})$，释放率向量为 $q \in \mathbf{R}^T$，T 表示时间步个数，由 K 个监测数据组成监测向量 $\mu \in \mathbf{R}^K$，可由线性观测等式描述：

$$\mu = H(r)q + \varepsilon。 \tag{1}$$

其中，$H(r) \in \mathbf{R}^{K \times T}$ 表示大气扩散模型算子，其元素表示泄漏源和监测样品在不同释放时刻下的 SRS，H 与 r 成复杂的非线性关系。$\varepsilon \in \mathbf{R}^K$ 表示误差向量，其包含模拟误差、监测误差和数值误差等。

泄漏源重建即要在源参数空间内找到最优的 $s=(r,q)$，使其在 s 下模拟的结果与 μ 最吻合。从贝叶斯推断的角度出发考虑此问题，即希望通过 μ 估计出 s 的后验概率分布 $P(s \mid \mu)$：

$$P(s \mid \mu) \propto P(s)P(\mu \mid s)。 \tag{2}$$

其中，先验概率分布 $P(s)$ 表示在未获取到监测数据之前对源参数的掌握程度，我们假设为均匀分布，即由源参数的上下限进行约束。为了简化计算，我们假设释放为均匀释放，则释放率参数 q 可由释放起始时间 t_{start}，释放结束时间 t_{stop} 和释放量 Q 表示。似然函数 $P(\mu \mid s)$ 表征模拟—监测差异，即 ε 的概率分布，常见的是假设 ε 满足高斯分布：

$$P(\mu \mid s) = P(\varepsilon) \propto \frac{1}{\sqrt{2\pi \mid \mathbf{R} \mid}} \exp\left[-\frac{1}{2}\varepsilon^T \mathbf{R}^{-1}\varepsilon\right]。 \tag{3}$$

其中，$\mathbf{R}$ 表示误差协方差矩阵，包含模拟误差和监测误差。相比于高斯分布，拉普拉斯分布在尾部下降得相对更慢，这使得它对于极端值有更高的概率，因此在处理一些异常值较多的数据时拉普拉斯分布可能更加合适。而受限于仪器精度和采样方法，真实泄漏事件中得到的一些监测数据往往会存在异常值（模拟—监测差异非常大），因此拉普拉斯分布更适合于放射性泄漏源重建计算。另外，放射性泄漏事件的监测数据量级跨度往往比较大，在重建计算中不能忽视小值监测对似然函数的影响。基于以上这些因素的考虑，本文采用对数拉普拉斯似然函数：

$$\ln P(\mu \mid s) \propto -\frac{1}{r}\sum_{k=1}^{K} \mid \ln(\mu_k + \delta) - \ln((H(r)q)_k + \delta) \mid - K\ln(r)。 \tag{4}$$

其中，μ_k 表示单个监测值，对监测数据取对数可以降低高值监测对似然函数的主导作用，δ 是为了避免对数计算失败而设置的极小量，式（4）假设误差协方差矩阵 $\mathbf{R}=rI$，r 为对角线上元素。

后验分布通过马尔科夫链蒙特卡洛算法采样得到，其步骤如下所示。

第一步：从先验中生成 $s^0=(\mathrm{lon}^0, \mathrm{lat}^0, t_{\mathrm{start}}^0, t_{\mathrm{stop}}^0, Q^0)$；

第二步：对参数添加扰动值，扰动值产生于高斯分布，得到 $s'=(\mathrm{lon}', \mathrm{lat}', t'_{\mathrm{start}}, t'_{\mathrm{stop}}, Q')$；

第三步：计算扰动前后似然函数 $P(s^0 \mid \mu)$ 和 $P(s' \mid \mu)$，以及 $\delta P = P(s' \mid \mu)/P(s^0 \mid \mu)$；

第四步：随机生成数 $\epsilon \in (0,1)$，判断 δP 是否大于 ϵ，是就接受该样本，否则拒绝该样本；

第五步：判断是否达到收敛条件，若达到则输出所有被接受的样本，否则继续回到第二步。

2 验证案例

本文使用大气示踪实验和真实放射性泄漏事件两种案例进行全方面的验证。大气示踪实验采用的是 1994 年法国开展的第一次 ETEX 实验（ETEX-1）[4]，大约 340 kg 的全氟碳化合物于 1994 年 10 月 23 日 16：00 至 1994 年 10 月 24 日 3：50 从释放点（-2.0083°E，48.058°N）均匀释放。真实放射性泄漏事件采用的是 2017 年 10 月欧洲大气上空监测到的 Ru-106 的泄漏数据[5]，大多数研究认为泄漏源是俄罗斯境内的 Mayak 核设施（60.80°E，55.70°N），法国国家辐射防护和核安全研究所的一项研究表明，大约有 250 TBq 的 Ru-106 于 2017 年 9 月 23—27 日泄漏到大气中[6]。

3 实验设置

本文采用 FLEXPART 大气扩散模型的反向模式来构建重建数据集，输入的气象场为美国国家环境预报中心网站提供的全球气候再分析数据集 CFSR，该气象数据的时间分辨率为 6 小时，空间分辨率为 0.5°。

其中，ETEX-1 实验采用 5 个站点的 106 个监测数据，监测数据的采样时长为 3 小时，需要运行 106 次反向大气扩散模型，而 Ru-106 泄漏事件采用 12 个站点的 14 个监测数据，采样时长在 7～24 小时，需要运行 14 次反向大气扩散模型。在贝叶斯计算中，源参数上下限设置如表 1 所示。

表 1 验证案例源参数上下限设置

参数	ETEX-1		Ru-106 泄漏事件	
	最小值	最大值	最小值	最大值
经度（°E）	-20	20	20	80
纬度（°N）	20	60	40	80
释放量	1 kg	1e+5 kg	1e+10 Bq	1e+20 Bq
释放起始时间（UTC）	1994-10-22 00：00	1994-10-26 00：00	2017-09-21 00：00	2017-10-01 00：00
释放结束时间（UTC）	1994-10-22 00：00	1994-10-26 00：00	2017-09-21 00：00	2017-10-01 00：00

4 实验结果

ETEX-1 实验和 Ru-106 泄漏事件的源参数重建结果如表 2 所示，包含了多参数的后验样本联合估计和单参数后验样本中位数结果。

表 2 验证案例重建结果

参数	ETEX-1 实验			Ru-106 泄漏事件		
	真实参数	多参数后验样本联合估计	单参数后验样本中位数	已发表文献估算参数	多参数后验样本联合估计	单参数后验样本中位数
经度（°E）	-2.0083	-1.35	-1.23	60.80	60.361	56.076
纬度（°N）	48.058	48.46	48.45	55.70	55.714	56.934
释放量	340 kg	346.09 kg	508.30 kg	～250 TBq	761 TBq	823 TBq
释放起始时间（UTC）	1994-10-23 16：00	1994-10-24 00：38	1994-10-24 01：13	2017-09-23	2017-09-22 15：19	2017-09-23 11：52
释放结束时间（UTC）	1994-10-24 03：50	1994-10-24 18：54	1994-10-24 17：09	2017-09-27	2017-09-25 10：09	2017-09-28 11：38

4.1 ETEX-1实验重建结果

ETEX-1实验源参数的后验分布和统计结果如图2和表2所示，结果表明源位置重建结果与真实值非常接近，且源位置的后验样本分布范围非常小。对于释放时间而言，估计的释放起始时间和结束时间都晚于真实值，但总体释放时长要大于真实结果，这是由于监测数据的采样存在滞后性和误差。对于释放量而言，估计结果和真实结果量级一致，但略有高估，其中多参数后验样本联合估计结果的相对误差仅在1.79%左右。

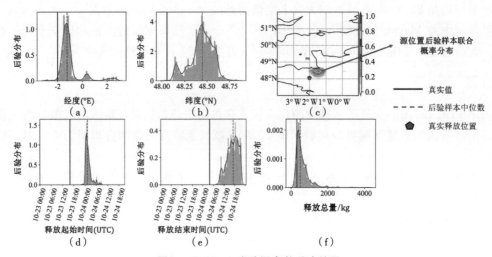

图2 ETEX-1实验源参数重建结果

（a）经度后验分布；（b）纬度后验分布；（c）源位置后验样本联合概率分布；（d）释放起始时间后验分布；
（e）释放结束时间后验分布；（f）释放总量后验分布

4.2 Ru-106泄漏事件重建结果

Ru-106泄漏源参数的后验分布和统计结果分别如图3和表2所示，结果表明多参数后验样本联合估计结果与Mayak核设施位置非常接近，且释放时间也和文献发表的结果基本一致，但释放总量有明显高估。对于单参数后验样本中位数结果而言，其经度估计结果偏差较大，且源位置后验样本联合概率分布比较分散，这是监测数据的稀疏性导致的。

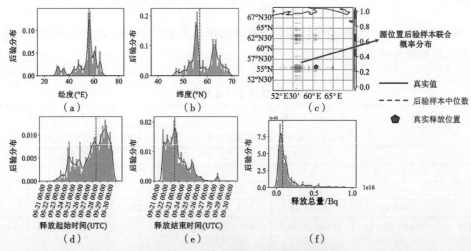

图3 Ru-106泄漏事件源参数重建结果

（a）经度后验分布；（b）纬度后验分布；（c）源位置后验样本联合概率分布；（d）释放起始时间后验分布；
（e）释放结束时间后验分布；（f）释放总量后验分布

4.3 重建结果比较与讨论

如图 2、图 3 和表 2 所示，相比于 ETEX-1 实验、Ru-106 泄漏事件源参数的后验分布更加分散，不确定性明显增大，这是由 3 个原因造成的：一是真实泄漏事件的监测数据少，对源参数的约束不够；二是真实泄漏事件的监测数据采样时间更长，浓度的不确定性显著增加；三是真实泄漏事件的释放是不均匀的，有悖于均匀释放的假设。

进一步地，图 4 比较了表 2 中参数估计结果下的模拟值和真实监测值大小，结果表明基于估计结果的模拟值与真实监测值非常吻合，而且基于多参数后验样本联合估计的模拟值会比基于单参数后验样本中位数的模拟值更为准确，后者在两个案例中都对某些监测结果有明显的高估，因此将多参数后验样本联合估计结果作为重建结果更为准确，单参数后验样本可以用于分析源参数的不确定性范围。

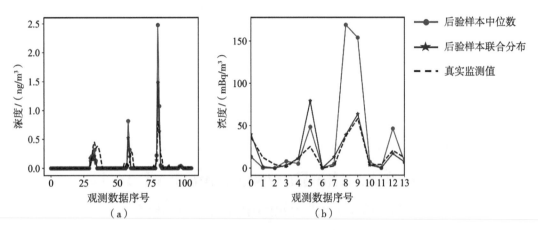

图 4　重建结果的模拟值和真实监测值对比
(a) ETEX-1 实验；(b) Ru-106 泄漏事件

5　总结与展望

本文提出了一种基于贝叶斯方法和反向扩散模型的放射性泄漏源重建技术，实现了对泄漏源位置和释放率的快速估计，可以满足核事故后果评价的需求。采用 ETEX-1 实验和 Ru-106 泄漏事件这两个典型案例对方法进行验证，结果表明，提出的方法可以精确重建出泄漏源的位置，但是释放时间和释放量往往无法准确估计，一般会存在释放量高估或释放时间范围拓宽的问题，这是由监测数据采样的滞后性及监测误差导致的。除此之外，两个案例的结果也表现出明显的差异性，Ru-106 泄漏事件的重建结果表现出更大的不确定性，这是由 Ru-106 泄漏事件监测数据较少、采样时间更长和释放不均匀等多方面的原因共同导致的。

本次研究的目的是将验证贝叶斯方法和反向扩散模型应用于真实事件对泄漏源参数快速估计的适用性，而算法的稳定性测试是下一步研究的重点。本文没有讨论式（4）中协方差参数 r 对重建结果的影响，但实际上对于 r 的建模即是对模拟误差和监测误差的建模，其必然影响重建的准确性。对于不同的案例，r 应该随之发生变化，在同一案例的不同监测数据中，r 也应随之变化，在以后的工作中将进一步探索 r 的自适应选取方法。另外，在真实放射性泄漏事件中，释放往往是非均匀的，因此释放率参数不能仅由释放起始时间、释放结束时间和释放量来表示，其应该由不同时间步内的释放率准确表达，但这样会大大增加参数空间的维度，造成贝叶斯计算无法收敛，因此这也是未来需要解决的问题。

参考文献:

[1]　徐志新，奚树人，曲静原. 核事故源项反演技术及其研究现状 [J]. 科技导报，2007 (5)：16 - 20.

[2]　MEKHAIMR S A, WAHAB M M A. Sources of uncertainty in atmospheric dispersion modeling in support of Comprehensive Nuclear - Test - Ban Treaty monitoring and verification system [J]. Atmospheric pollution research, 2019, 10 (5)：1383 - 1395.

[3]　PISSO I, SOLLUM E, GRYTHE H, et al. The Lagrangian particle dispersion model FLEXPART version 10. 4 [J]. Geoscientific model development, 2019, 12 (12)：4955 - 4997.

[4]　ADDIS R, FRASER G, GIRARDI F, et al. ETEX: a European tracer experiment: observations, dispersion modelling and emergency response [J]. Atmospheric environment, 1998, 32 (24)：4089 - 4094.

[5]　MASSON O, STEINHAUSER G, ZOK D, et al. Airborne concentrations and chemical considerations of radioactive ruthenium from an undeclared major nuclear release in 2017 [J]. Proceedings of the national academy of sciences, 2019, 116 (34)：16750 - 16759.

[6]　SAUNIER O, DIDIER D, MATHIEU A, et al. Atmospheric modeling and source reconstruction of radioactive ruthenium from an undeclared major release in 2017 [J]. Proceedings of the national academy of sciences, 2019, 116 (50)：24991 - 25000.

Radioactive leakage source reconstruction technique based on the Bayesian method and backward dispersion model

XU Yu-han, FANG Sheng, DONG Xin-wen, ZHUANG Shu-han

(Institute of Nuclear and New Energy Technology, Tsinghua University, Beijing 100084, China)

Abstract: In the case of a nuclear accident, the leakage source location and the release source term (collectively called leakage source parameters) are the most important inputs and origin of uncertainty in consequence assessment. In recent years, monitoring stations around the world have repeatedly detected radioactive leakages of unknown origins. Due to the unknown source location, it's impossible to calculate the release source term based on the working condition of the nuclear power plant. As a result, the leakage source reconstruction technology based on environmental monitoring data has become a research hotspot. In order to rapidly estimate the leakage source parameters in the early stage of a nuclear accident, a radioactive leakage source reconstruction technique combining the Bayesian method and backward dispersion model was developed in this paper. The technique was verified by using the environmental monitoring data of the European Tracer Experiment ETEX in 1994 and the European Ru - 106 leakage event in 2017. The results demonstrate that this technique accurately estimated the release source location and release amount of ETEX and the source reconstruction results of the European Ru - 106 leakage are also consistent with the published results. Therefore, the radioactive leakage source reconstruction technology based on the Bayesian method and backward dispersion model can well satisfy the need for consequence assessment of nuclear accidents.

Key words: Consequence assessment of nuclear accidents; Leakage source reconstruction; Bayesian method; Backward dispersion model

碳化硼含量和尺寸对环氧树脂基中子
屏蔽材料的性能影响研究

余　明[1]，张多飞[1]，李晓玲[1]，聂凌霄[1]，刘振迁[2]

（1. 武汉第二船舶设计研究所，湖北　武汉　430205；2. 渤海造船厂集团有限公司，辽宁　葫芦岛　125004）

摘　要： 为了研究碳化硼的含量和尺寸对环氧树脂基中子屏蔽材料的性能影响，制备了一种室温固化的碳化硼/环氧树脂屏蔽材料。通过高速搅拌混合，分别制备了 8%、15%、20%、25% 和 30% 的碳化硼/环氧树脂复合材料，以及 4种不同规格 8% 碳化硼/环氧树脂复合材料。对所有制备的复合材料进行导热性能、热性能和力学性能测试，结果表明：随着碳化硼含量的增加，复合材料的导热系数逐渐上升，热稳定性逐渐提高，力学性能逐渐降低；随着碳化硼平均粒径的降低，导热系数略微降低，热稳定性基本无影响，力学性能有增大趋势。

关键词： 碳化硼含量；碳化硼尺寸；导热性能；热性能；力学性能

中子与其他带电粒子不同，不带有电荷，直接与物质的原子核作用发生弹性散射、非弹性散射或引起其他核反应[1-2]。这种特殊性使得中子具有很强的穿透能力和辐射生物效应，可以很轻松就穿透人体和建筑物，相同剂量的众多辐射类型中，中子的危害更大[3-4]。因此，必须设置中子屏蔽材料来保护核设施周围的环境和人员安全。中子屏蔽主要包括快中子慢化、热中子吸收和次级 γ 射线屏蔽。中子屏蔽的过程决定了传统的单一材料无法满足屏蔽效果，需要协同运用多功能复合效应进行屏蔽。聚合物基屏蔽材料因质轻、碳氢等轻元素含量高、易成型和性能可调范围广等优点，被广泛应用于中子屏蔽防护领域，其中环氧树脂是一类典型的热固性树脂，固化后能形成三维交联网络结构，具有优良的拉伸性能、热稳定性能和尺寸稳定性。此外，环氧树脂还具有良好的耐腐蚀、耐中子和耐 γ 射线辐照等优点，可延长屏蔽材料的服役时间；富含氢元素，具有散射慢化中子的能力。因此，环氧树脂是辐射防护材料理想的聚合物基材，将其与屏蔽功能填料复合得到的辐射防护材料可广泛应用于核电站、核仪器和核装备的辐射防护[5]。本文制备了一种室温固化的碳化硼/环氧树脂屏蔽材料，比较了不同碳化硼的含量和尺寸对环氧树脂基中子屏蔽材料的性能影响。

1　实验

1.1　主要原料

主要原料为不同规格碳化硼粉末（W1.5、W7、180♯ 和 325♯）、环氧树脂 YA10、YA60 固化剂、BM20 稀释剂、M4036 分散剂、XP50 消泡剂和 HB-151 触变剂。图 1 为 4 种不同规格碳化硼颗粒的尺寸分布，经过计算平均粒径从大到小依次为：$D_{180♯}$（116.19 μm）> $D_{325♯}$（35.58 μm）> D_{W7}（11.61 μm）> $D_{W1.5}$（2.41 μm）。

1.2　仪器与设备

仪器与设备分别为英斯特朗拉力机-5969 型、耐驰激光闪射仪 LFA-467、TA 公司的 Q50（TGA）、TA 公司的 Q2000（DSC）。

作者简介：余明（1990—），男，工程师，主要从事辐射屏蔽材料设计与制造。

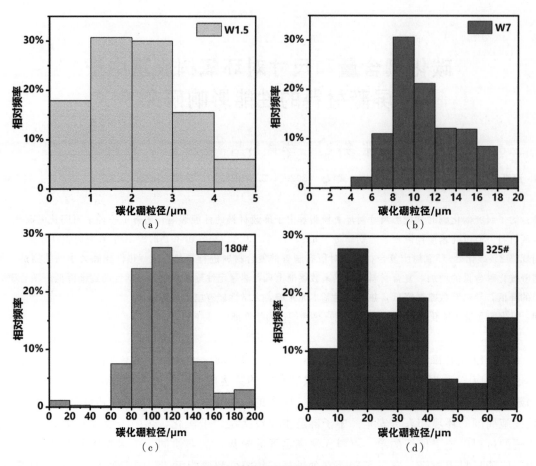

图 1 不同规格碳化硼颗粒的尺寸分布

（a）W1.5 碳化硼颗粒的尺寸分布；（b）W7 碳化硼颗粒的尺寸分布；（c）180＃碳化硼颗粒的尺寸分布；
（d）325＃碳化硼颗粒的尺寸分布

1.3 碳化硼/环氧树脂的制备

表 1 为碳化硼/环氧树脂复合材料配方。将不同含量、不同粒径的碳化硼与环氧树脂按照表 1 的配方进行充分混合均匀后，将混合液浇注到模具中，让其固化制备出性能检测所需要的各类样品。

表 1 碳化硼/环氧树脂复合材料配方

样品编号	碳化硼	YA10	BM20	M4036	XP50	HB－151	YA60
1	0	53.36％	8.00％	0	0.5％	0.2％	37.94％
2	8％W1.5	49.02％	7.35％	0.08％	0.5％	0.2％	34.85％
3	15％W1.5	45.22％	6.78％	0.15％	0.5％	0.2％	32.15％
4	20％W1.5	42.5％	6.38％	0.20％	0.5％	0.2％	30.22％
5	25％W1.5	39.79％	5.97％	0.25％	0.5％	0.2％	28.29％
6	30％W1.5	37.08％	5.56％	0.30％	0.5％	0.2％	26.36％
7	8％W7	49.02％	7.35％	0.08％	0.5％	0.2％	34.85％
8	8％180＃	49.02％	7.35％	0.08％	0.5％	0.2％	34.85％
9	8％325＃	49.02％	7.35％	0.08％	0.5％	0.2％	34.85％
10	30％W7	37.08％	5.56％	0.30％	0.5％	0.2％	26.36％
11	30％180＃	37.08％	5.56％	0.30％	0.5％	0.2％	26.36％
12	30％325＃	37.08％	5.56％	0.30％	0.5％	0.2％	26.36％

2 结果与讨论

2.1 导热性能分析

热传导扩散过程是一个复杂的热扩散和传递过程。在复杂的固体内部能够进行热传导的主要载体通常有 3 种：声子、电子、光子。在复杂的晶体中，热量的扩散和传递主要通过按照一定的规律有序排列的自由电子晶粒的热振动过程来传递和实现的。在金属中，自由电子对材料的热传导具有重要作用，而声子的振动所产生的作用非常微弱，可忽略不计；在非晶体中，热量的扩散和传递主要通过无序排列的分子、原子的往复运动过程来传递和实现[6]。相比于金属和无机材料，聚合物内部并无自由的电子，因此热传导的介质主要为声子。高分子材料的导热系数普遍较低：一是由于大多数的聚合物材料内部并没有比较完整的导热网络，从而使热量不容易传导；二是因为聚合物不容易结晶为完整的晶格，分子之间键的剧烈振动又对声子导热率有散射的作用[7]。

聚合物复合材料的导热性能取决于导热填料在聚合物基体内的含量。在高分子复合材料中，当有少量填料填充时，由于导热填料在复合材料内部难以形成导热网链，从而使复合材料的导热系数提升并不明显。当有适量的填料填充时，在基体内可以形成比较完整的导热网络，此时复合材料的导热系数提升较明显。因此，复合材料内部导热通路越多，其导热性能越好。如图 2 所示，当碳化硼含量在 0～10% 时，导热系数提升不明显，10% 的 W1.5 仅提升 5.56%，10%～25% 提升显著，25%～30% 提升减缓。

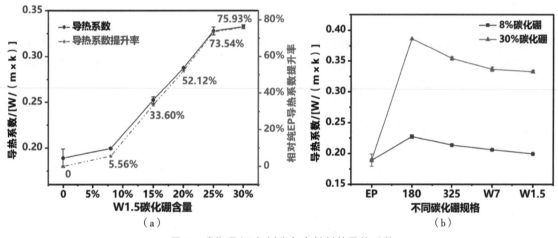

（a）   （b）

图 2 碳化硼/环氧树脂复合材料的导热系数

（a）不同含量 W1.5 B₄C/EP 复合材料的导热系数；（b）8% B₄C/EP 和 30% B₄C/EP 的导热系数对比

韦衍乐等[8]用 α‐Al₂O₃ 粉体作为填料制备了环氧树脂复合物。当粒径小于 800 nm 进入亚微米范围时，随着粉体粒径的减小，复合物的导热系数下降明显，这表明采用纳米粉体并不利于提高复合物的导热性能。其原因可能是：纳米粉体的比表面积较大，巨大的复合界面会存在一些气隙或缺陷，导致复合界面热阻增大，反而不利于提高复合物的导热系数。也有观点认为，在有机-无机复合界面上存在声子散射，粉体粒径越小，复合界面越大，散射越严重，导致导热系数下降[9]。如图 2 所示，碳化硼粉料都处于微米量级，随着平均粒径的降低，导热系数略有降低。

2.2 热稳定性分析

使用 TGA 分析了纯环氧树脂和含硼环氧树脂复合材料的热稳定性，图 3 记录了 30 ℃～600 ℃ 环氧复合材料的 TGA 曲线。研究结果表明，碳化硼填料可以限制聚合物链的热运动和聚合物碎片在环氧树脂界面处的流动性。根据图 3 可以看出每条曲线有 3 个阶段。第一阶段是挥发物（水）损失，重量损失在 100 ℃～200 ℃，失水包括二级官能团的脱水、从复合材料表面蒸发水及材料内物理吸附的水分。第二阶段是基体环氧树脂的分解，包括聚合物环氧链中芳香官能团的分解和脂环族胺的降解。第三阶段是碳的燃烧。关于整个无机填料-环氧树脂 TGA 曲线的描述，其他论文也报告了类似的趋势[10-12]。

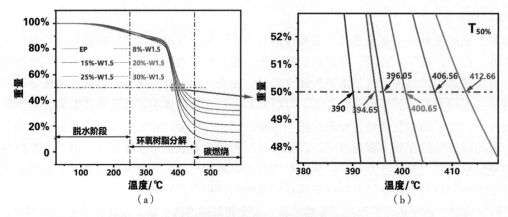

图 3 不同含量碳化硼-环氧树脂复合材料的 TGA 测试

如图 3 所示，碳化硼含量的增加减缓了环氧树脂的热降解速度，其中纯 EP、8％W1.5 - EP、15％W1.5 - EP、20％W1.5 - EP、25％W1.5 - EP 和 30％W1.5 - EP 的半寿温度分别为：390 ℃、394.65 ℃、396.05 ℃、400.65 ℃、406.56 ℃和 412.66 ℃，相对于纯 EP，W1.5 - EP 的半寿温度分别上升 1.09％、1.55％、2.73％、4.25％和 5.81％。对于此时的碳化硼-环氧树脂材料，影响其热稳定性的主要因素是树脂基体自身的热稳定性，如树脂基体的化学结构（链结构、端基等）、相对分子质量和交联固化等，次要因素是碳化硼的限制能力。所有对比材料的树脂基体来源统一，其热稳定性主要体现在碳化硼的影响因素，显然碳化硼的含量是主要影响因素，碳化硼含量越多，限制聚合物链的热运动和聚合物碎片在环氧树脂界面处的流动性更强，热稳定性也更好（图 3）。如图 4 所示，碳化硼粒径的较小变化对复合材料的热稳定影响不大，Jomon Joy 等[13]也证明了 h - BN 纳米粉末的加入对环氧树脂的热稳定性没有太大影响。

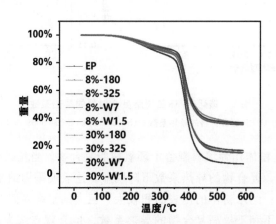

图 4 碳化硼粒径变化对复合材料的 TGA 曲线影响

DSC 结果显示：复合材料的 Tg 似乎没有随碳化硼填料含量的变化而变化。由于碳化硼和环氧树脂是纯粹的物理搅拌混合，界面结合能力较弱，填料含量的变化对 Tg 基本无影响。有研究表明：弱界面复合材料的玻璃化转变温度（Tg）不随填料含量的变化而变化，而强界面复合材料则随填料含量增加而 Tg 增加，Sungtack Kang 等[14]、Wen Zhou 等[15]的工作也有类似结论。DSC 结果表明：相同含量的碳化硼填料，W7 和 W1.5（小粒径）对环氧树脂 Tg 基本无影响，180 和 325（大粒径）反而有略微影响。Dittanet Peerapan 等[16]认为二氧化硅纳米颗粒的加入对环氧树脂的 Tg 或屈服应力没有显著影响，即无论二氧化硅纳米颗粒大小如何，屈服应力和 Tg 都保持不变（图 5）。

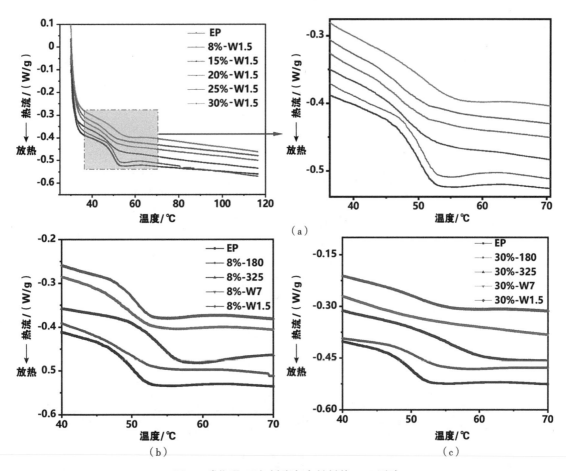

图 5 碳化硼-环氧树脂复合材料的 DSC 测试

（a）不同含量的 W1.5 碳化硼-环氧树脂复合材料的 DSC 结果；（b）8％含量不同规格碳化硼-环氧树脂复合材料的 DSC 结果；

（c）30％含量不同规格碳化硼-环氧树脂复合材料的 DSC 结果

2.3 力学性能分析

对于无机粒子填充聚合物来说，粒径较大或未经过表面处理的颗粒状填充体系，随着填充量增大，体系的拉伸强度、冲击强度等力学性能都是下降的。对填充剂表面进行处理，可以减缓力学性能下降的幅度。当填充剂足够细，且进行了适当的表面处理时，会有一定增强的效果。通常认为，随着填充粒子变细、比表面积增大，填充剂与基体之间的相互作用（如吸附作用）也随之增大，从而使力学性能得到提高。然而，大量的文献[17-21]证明，只有低填充量的填料才能对力学性能提升，一般低填充量不超过5％，甚至更低。个别文献[21]中显示添加6％的碳化硼会降低两种颗粒尺寸的强度。然而，添加12％的碳化硼会增加强度。发现了两种相反的影响：一方面是添加陶瓷颗粒的有益影响；另一方面是颗粒形状的有害影响。颗粒的多边形形状具有巨大的锋利边缘，使它们在材料中起到裂纹促进剂的作用，增加应力，从而降低强度。

相关的力学性能测试表明：加入8％～30％的碳化硼，环氧树脂的拉伸强度会下降，随着碳化硼含量增加拉伸强度有略微递减趋势，对于相同含量碳化硼，拉伸强度随着粒径减小有略微增大趋势。加入8％～30％的碳化硼，环氧树脂的压缩强度会增大，随着碳化硼含量增加压缩强度有递增趋势，对于相同含量碳化硼，压缩强度有随着粒径减小略微增大趋势。加入碳化硼会减小环氧树脂的弯曲强度，弯曲强度随着碳化硼含量增加而降低，对于相同含量碳化硼，粒径小弯曲强度更大。加入碳化硼会减小环氧树脂的冲击强度，冲击强度随着碳化硼含量增加而降低，对于相同含量碳化硼，粒径小冲击强度更大（图6）。

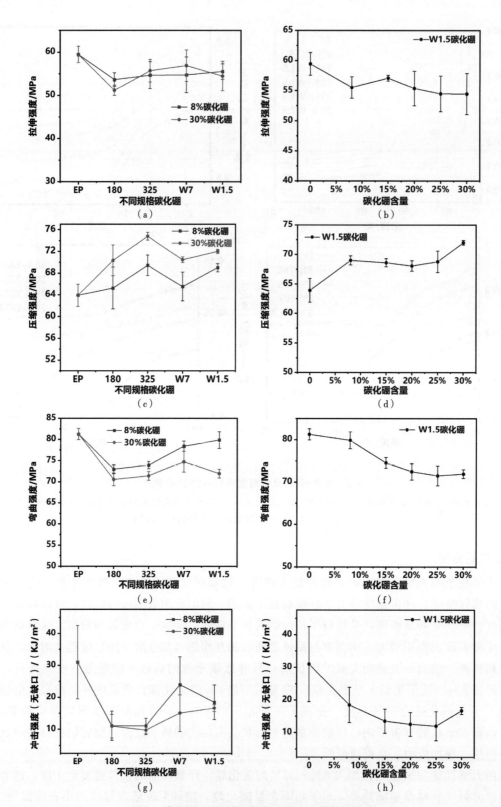

图 6 碳化硼-环氧树脂复合材料的力学性能测试

（a）8％和30％含量不同规格碳化硼-环氧树脂复合材料的拉伸强度；（b）不同含量 W1.5 规格碳化硼-环氧树脂复合
材料的拉伸强度；（c）8％和30％含量不同规格碳化硼-环氧树脂复合材料的压缩强度；（d）不同含量 W1.5 规格碳化硼-环氧树脂
复合材料的压缩强度；（e）8％和30％含量不同规格碳化硼-环氧树脂复合材料的弯曲强度；（f）不同含量 W1.5 规格碳化硼-
环氧树脂复合材料的弯曲强度；（g）8％和30％含量不同规格碳化硼-环氧树脂复合材料的冲击强度；
（h）不同含量 W1.5 规格碳化硼-环氧树脂复合材料的冲击强度

力学性能结果表明，添加的碳化硼过多，且未经表面处理，对力学性能是有害的；相同碳化硼含量下的复合材料，粒径越小，力学性能越好。后续应重点研究低含量添加及表面处理技术对复合材料力学性能的影响。

3 结论

① 随着碳化硼含量的增加，整体呈现先平缓后剧升最后又平缓的趋势，当碳化硼含量在 0～10％ 时，复合材料的导热系数提升不明显，10％时仅提升 5.56％；在 10％～25％时提升显著，在 25％～30％时提升减缓。随着碳化硼平均粒径的降低，导热系数略有降低。

② 碳化硼含量的增加减缓了环氧树脂的热降解速度，碳化硼粒径的较小变化对复合材料的热稳定性基本无影响。复合材料的 Tg 没有随碳化硼填料含量的变化而变化，这是由于添加的碳化硼纯粹物理搅拌混合，没有很强的界面结合能力，填料含量的变化对 Tg 基本无影响。后续应重点研究采用界面增强手段来提升热稳定性。

③ 低添加碳化硼可以提升力学性能，添加过多对力学性能是有害的；碳化硼粒径越小，复合材料的力学性能越好，但是小粒径又会存在团聚问题，需要表面改性来解决。后续应重点研究低含量添加及表面处理技术对复合材料力学性能的影响。

参考文献：

[1] RENNIE A R, ENGBERG A, ERIKSSON O, et al. Understanding neutron absorption and scattering in a polymer composite material [J]. Nuclear instruments and methods in physics research section a：accelerators, spectrometers, detectors and associated equipment, 2020 (984)：164613.

[2] 潘自强. 辐射安全手册 [M]. 北京：科学出版社，2011.

[3] 刘蕾，崔建国，蔡建明. 中子辐射损伤效应、机制及防护措施研究进展 [J]. 中华放射医学与防护杂志，2017，37 (8)：6.

[4] WATSON G E, POCOCK D A, PAPWORTH D, et al. In vivo chromosomal instability and transmissible aberrations in the progeny of haemopoietic stem cells induced by high－and low－LET radiations [J]. International journal of radiation biology, 2001, 77 (4)：409 - 417.

[5] 张雅晖，张有为，杜中贺，等. 环氧树脂基辐射防护材料研究进展 [J]. 科技导报，2022，40 (5)：115 - 121.

[6] 徐睿杰，雷彩红，杨志广，等. 填充型聚合物基导热复合材料 [J]. 宇航材料工艺，2011，41 (6)：14 - 17.

[7] 张金成，冯一峻，肖文军，等. 填充型聚合物基导热复合材料的研究进展 [J]. 杭州师范大学学报（自然科学版），2019，18 (5)：476 - 482.

[8] 韦衍乐，饶保林，曾柏顺，等. 粉体形貌和粒径对环氧树脂复合物导热性能的影响 [J]. 绝缘材料，2013，46 (2)：3.

[9] NG H Y, LU X, LAU S K. Thermal conductivity of boron nitride－filled thermoplastics：effect of filler characteristics and composite processing conditions [J]. Polymer composites, 2005, 26 (6)：778 - 790.

[10] SAMSUDIN S S, ABDUL MAJID M S, MOHD JAMIR M R, et al. Physical, thermal transport, and compressive properties of epoxy composite filled with graphitic－and ceramic－based thermally conductive nanofillers [J]. Polymers, 2022, 14 (5)：1014.

[11] HEMATH M, SELVAN V A. Effect of Al－SiC nanoparticles and cellulose fiber dispersion on the thermomechanical and corrosion characteristics of polymer nanocomposites [J]. Polym composites, 2020, 41：1878 - 1899.

[12] WEI K K, LENG T P, KEAT Y C, et al. Comparison study：the effect of unmodified and modified graphene nano－platelets (GNP) on the mechanical, thermal, and electrical performance of different types of GNP－filled materials [J]. Polymers for advanced technologies, 2021, 32：3588 - 3608.

[13] JOY J , GEORGE E , THOMAS S , et al. Effect of filler loading on polymer chain confinement and thermome-
chanical properties of epoxy/boron nitride (h – BN) nanocomposites [J] . New journal of chemistry, 2020, 44:
4494 – 4503.

[14] KANG S , HONG S I , CHOE C R , et al. Preparation and characterization of epoxy composites filled with func-
tionalized nanosilica particles obtained via sol – gel process [J] . Polymer, 2001, 42 (3): 879 – 887.

[15] ZHOU W , ZUO J , ZHANG X , et al. Thermal, electrical, and mechanical properties of hexagonal boron nitride –
reinforced epoxy composites [J] . Journal of composite materials, 2013, 48 (20): 2517 – 2526.

[16] DITTANET P , PEARSON R A . Effect of silica nanoparticle size on toughening mechanisms of filled epoxy [J] .
Polymer, 2012, 53 (9): 1890 – 1905.

[17] MURALIDHARA B , BABU S , SURESHA B . The effect of boron carbide on the mechanical properties of bidi-
rectional carbon fiber/epoxy composites [J] . Materials today: proceedings, 2019, 27 (4): 2340 – 2345.

[18] KOSTROMINA N , ZAWOO H , OSIPCHIK V , et al. The influence of the geometric shape of carbon nanoparti-
cles on the strength properties of nanocomposite materials obtained by filling an epoxy matrix [J] . Journal of mac-
romolecular science, 2020, 59 (10): 648 – 658.

[19] GU J , ZHANG Q , JING D , et al. Thermal conductivity epoxy resin composites filled with boron nitride [J] .
Polymers for advanced technologies, 2012, 23 (6): 1025 – 1028.

[20] K GÜLTEKIN, UUZ G , TOPCU Y , et al. Structural, thermal, and mechanical properties of silanized boron car-
bide doped epoxy nanocomposites [J] . Journal of applied polymer Science, 2021, 138 (42) .

[21] ABENOJAR J , MARTÍNEZ, M. A, VELASCO F , et al. Effect of boron carbide filler on the curing and mechani-
cal properties of an epoxy resin [J] . Journal of adhesion, 2009, 85 (4 – 5): 216 – 238.

Effect of Boron carbide content and size on the performance of epoxy based neutron shielding materials

YU Ming[1] , ZHANG Duo-fei[1] , LI Xiao-ling[1] ,
NIE Ling-xiao[1] , LIU Zhen-qian[2]

(1. Wuhan Second Ship Design and Research Institute, Wuhan, Hubei 430205, China;

2. Bohai Shipyard Group Co. , Ltd. , Huludao, Liaoning 125004, China)

Abstract: To study the effect of Boron carbide content and size on the performance of epoxy resin based neutron shielding materi-
als, a room temperature cured Boron carbide/epoxy resin shielding material was prepared. 8%, 15%, 20%, 25% and 30% Bo-
ron carbide/epoxy resin composites and 4 kinds of 8% Boron carbide/epoxy resin composites with different specifications were
prepared by high-speed mixing. The thermal conductivity, thermal properties and mechanical properties of all the prepared com-
posites were tested. The results showed that with the increase of Boron carbide content from 8% to 30%, the thermal conductivi-
ty of the composites gradually increased, the thermal stability gradually improved, and the mechanical properties gradually de-
creased; With the decrease of the average particle size of Boron carbide, the thermal conductivity decreases slightly, the thermal
stability is basically unaffected, and the mechanical properties tend to increase.

Key words: Boron carbide content; Boron carbide size; Thermal conductivity; Thermal performance; Mechanical performance

核电站控制区人员出入管理优化

王　威，朱国华，安　然

（武汉第二船舶设计研究所，湖北　武汉　430000）

摘　要：核电站在运行期间，某些区域会产生放射性或具有放射性风险，对这种区域需要采取专门的辐射防护措施，该区域简称"控制区"。为了防止放射性污染扩散，优化辐射防护管理和职业照射控制，使工作人员的受照剂量达到尽可能低的水平，对控制区人员出入的管理尤为重要。从秦山核电开始，历经 30 多年的发展，核电技术已变革至第 4 代，但控制区人员出入的管理一直延续以前的模式，无明显创新。根据核电长期运行情况，这种管理模式存在许多不合理的地方，有污染扩散风险。本文根据相关法规和标准的要求，结合核电站运行实际情况，对控制区人员出入进行管理优化。

关键词：控制区；人员出入；管理优化

　　目前，我国核电站控制区进出主要采用传统模式，流程如图 1、图 2 所示。在发表间用 RP 证换取更衣柜钥匙和个人剂量计后，在冷更衣间脱掉普通工作服和鞋子，在控制区入口转闸门处刷工作证，激活个人剂量计后进入热更衣间，最后在热更衣间穿上辐射防护 7 件套（包括劳保鞋、袜子、连体服、T 恤、手套、头套、安全帽等）后进入控制区。出控制区时，先经过 C1 门，经检测衣物无放射性污染后进入热更衣间，在热更衣间脱下辐射防护 7 件套后，在 C2 门处经检测体表无放射性污染后上传个人剂量计本次工作剂量，然后到达冷更衣间，穿上普通工作服和鞋子后，在发表间换回 RP 证。整个流程比较烦琐，工作人员进出控制区非常不便。

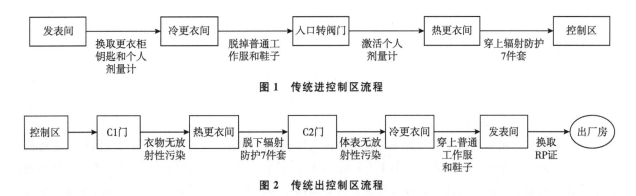

图 1　传统进控制区流程

图 2　传统出控制区流程

1　发表间优化管理

　　传统模式中在进入控制区之前需要在发表间用 RP 证换取更衣柜钥匙和个人剂量计，在高峰期经常出现排队的情况，且因为是人工操作，会出现发错或忘记归还钥匙、仪表等问题。同时，发表间工作简单，却需要有人 24 小时值守，对人力也是一种浪费。

　　针对此情况，目前已经有部分电站取消发表间，升级为自动配发系统[1]。此系统是将个人剂量计一一对应地放在仪表柜内，经授权的工作人员可以通过刷工作证领取，归还时刷个人剂量计上的二维码后，将个人剂量计放回柜子即可，辐射防护值班人员在值班室可远程查看个人剂量计的借用情况。同时，更衣柜也升级为通过刷工作证使用，实现了控制区出入口无人值守。

作者简介：王威（1987—），男，本科，工程师，现主要从事辐射监测系统设计等工作。

该升级有几点好处：①在提高配发效率的同时，减少人为失误；②值班人员可以随时查看个人剂量的借用情况，加强了个人剂量的借用管理；③取消了发表间的值班岗位，节省了人力成本。升级后也出现一个问题，传统模式发表间工作人员可通过 RP 证的照片核实进入者身份，可避免无授权人员进入控制区出现辐照风险失控的问题。建议将上述刷卡步骤改为生理特征身份鉴别，如人脸、指纹等，进一步完善人员身份识别。

2 人员进出优化管理

传统模式中进入控制区的人员无论从事何工作，都要求脱去普通工作服和鞋子，穿戴好辐射防护7件套，出控制区再换回自身衣服。此操作大大增加了人员进出控制区的时间，一整套流程预计需要15分钟左右。另外，辐射防护7件套中除头套是一次性使用，其他需要在控制区内清洗后重复使用，清洗所产生的废水会被当作放射性废液处理，增加了废水的产生量。

目前，国外核电站采用了一种新的控制区进出模式——EVEREST 模式[2]，EVEREST 模式是在对核电站控制区进行污染分区管理的基础上，实现穿着普通工作服进入控制区的一种方式。该模式对控制区进行了辐射分区和污染分区，在污染程度低的区域，只需穿着普通工作服。现场在不同污染区域之间设置了过渡区域，供工作人员穿脱防护用品和放射性污染监测使用，当要到污染程度高的区域时工作人员可以在此穿戴相应的防护用品。此模式优点有：①节省了人员进出控制区的时间，只要授权允许即可进入控制区；②防止辐射防护用品不必要的浪费，工作人员按需求穿戴，减少了放射性废物的产生。但此模式缺点比较明显，即对核电管理要求较高，要保持控制区处于较低的污染水平。同时，工作人员也要有良好的工作习惯，否则在通过污染区边界时容易导致污染扩散。

国内当前已有电站参考该模式，但由于该模式对管理水平要求较高，只能部分借鉴。对在低风险区域活动的人员，采取穿白大褂、戴鞋套的方式替代穿辐射防护7件套，这在一定程度上优化了人员进出控制区的流程。

3 监测设备优化

工作人员在控制区完成工作后，会先经过 C1 门，确定辐射防护7件套无放射性污染后可到达热更衣间。脱下辐射防护7件套，经过 C2 门，确认体表无放射性污染后可到达冷更衣间。目前在大部分电站，只有个人剂量计的数据连入了局域网，C1 门、C2 门普遍处于离线状态，当设备发生污染报警时，辐射防护人员听到设备报警音后，使用便携式仪表，对污染人员的污染部位和污染程度进行确认，手动记录相关情况。此模式缺点如下[3]：①C1 门、C2 门设备数据只保存在就地设备中，且就地设备储存空间有限，储存空间满后会自动覆盖历史数据，工作人员无法对设备的运行状态和运行数据进行集中管理；②辐射防护人员只有设备报警时才会关注设备数据，大量的未报警污染监测数据没有得到有效的保存、利用和分析；③目前对污染报警的响应和后续数据处理均由人工完成，效率较低。建议将 C1 门、C2 门的数据进行集中存储，为后续数据的分析、溯源提供支撑。

另外，由于各电站采用的 C1 门和 C2 门厂家不同，探测器类型及监测方法存在差异，在国标允许范围内，厂家均有自己的阈值设置方法，这样并不便于人员表面放射性污染的统一管理，建议使用一致的阈值设置模型方法、采购同一厂家或同类型监测设备等来解决此类问题。

4 结论

本文根据电站控制区日常运行经验和管理改进需求，结合当前的一些问题，从发表间管理、人员进出管理、监测设备等方面提出了优化建议，对提升放射性污染控制、剂量最优化管理等有一定借鉴意义。

参考文献：

[1] 钟鸣，谭玲龙，刘永杰，等．宁德核电站控制区智能配发系统［J］．辐射防护通讯，2019，39（2）：10－13．

[2] 李雪峰，任学明．核电站控制区进出模式－EVEREST［J］．辐射防护通讯，2014，34（2）：1－6．

[3] 杨策明，张砾支，李林珊．核电厂集成式污染监测和剂量管理系统开发与应用［J］．辐射防护通讯，2021，41（2）：11－18．

Optimization of personnel access management in control areas of nuclear power plants

WANG Wei，ZHU Guo-hua，AN Ran

(Wuhan Second Ship Design and Research Institute，Wuhan，Hubei 430000，China)

Abstract： During the operation of a nuclear power plant，certain areas may generate radioactivity or have radioactive risks，and special radiation protection measures need to be taken for such areas. This area is referred to as a "controlled area" for short. In order to prevent the spread of radioactive pollution，optimize radiation protection management and occupational exposure control，and ensure that the exposure dose of staff reaches a reasonable and feasible level as low as possible，the management of personnel access in the control area is particularly important. Starting from Qinshan Nuclear Power，after more than 30 years of development，nuclear power technology has been transformed to the fourth generation，but the management of personnel access in the control area has continued the previous model without significant innovation. According to the long-term operation of nuclear power，there are many unreasonable aspects of this management model，which poses a risk of pollution diffusion. According to the requirements of relevant regulations and standards，combined with the actual operation situation of nuclear power plants，this article optimizes the management of personnel access in the control area.

Key words： Control area；Personnel access；Optimizes the management

一种中程无人机载核辐射监测系统设计

梁英超，徐　杨

（武汉第二船舶设计研究所，湖北　武汉　430205）

摘　要： 中程无人机载核辐射监测系统具备快速进入任务区域进行放射性污染巡测或悬停监测的能力，包括实时监测、能谱监测和核素识别等功能。监测数据可传输给地面站并实时显示无人机位置和监测数据，同时绘制污染分布图。地面站可通过 Wi-Fi/4G 接口将监测数据、无人机状态参数和视频画面发布给云端或网络内服务器，远程 PC 端可实时查看相关信息。垂直固定翼无人机可快速机动飞行，并具备垂直起降和悬停监测能力，适用于大面积区域的核辐射监测需求。

关键词： 中程；无人机；核辐射；监测

1　系统概述

无人机载核辐射监测系统主要用于在定期巡检或核事故、辐射事故等情况下，通过无人机快速进入任务区域进行放射性污染巡测或悬停监测，包括 γ 剂量率实时监测、能谱实时监测、核素识别等，同时把监测数据传输给地面站，在地面站软件上实时显示无人机的位置和监测数据，并针对大面积污染绘制污染分布图。地面站还可通过自身 Wi-Fi/4G 接口将辐射监测数据、无人机状态参数、视频画面等对外发布给云端或网络内服务器，连接到服务器的远程 PC 端可以实时查看相关信息。

2　系统组成

无人机载核辐射监测系统主要由垂直固定翼无人机、机载核辐射监测设备、地面控制站（含软件）组成。系统组成及运行模式如图 1 所示。

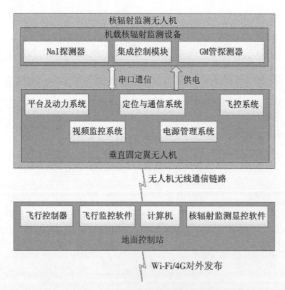

图 1　无人机载核辐射监测系统组成原理

作者简介：梁英超（1988—），男，硕士，高级工程师，现主要从事核辐射监测与防护系统的科研工作。

3 技术方案

核辐射监测无人机在开展核辐射监测任务时，相关核辐射监测数据、无人机状态数据、视频监控数据等通过无人机通信链路传输给地面控制站。地面控制站接收到相关数据后，将数据同步传输到飞行监控软件和核辐射监测显控软件，分别用于飞行监控和任务（核辐射巡检）监控。地面控制站还具备 Wi-Fi/4G 通信功能，可将实时监测数据对外发布至云端服务器或者连接同一网络的服务器，以供远程 PC 端实现远程监控能力，相关工作原理如图 2 所示。

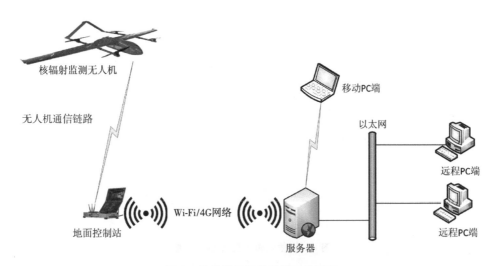

图 2　航空辐射测量系统工作原理

3.1　中程无人机

中程无人机选择市场上成熟的无人机进行载荷改装。

无人机示意如图 3 所示。

图 3　垂直固定翼无人机实物示意

垂直固定翼无人机能使用固定翼方式快速机动飞行，也能使用多旋翼实现垂直起降和悬停监测，其飞行速度快，续航时间久，覆盖范围远，可用于大面积区域的核辐射快速侦察、抵近监测及数据传输等需求。

垂直固定翼无人机包含平台及动力系统、飞控系统、定位与通信系统、视频监控系统、电源管理系统等。

平台及动力系统是无人机飞行的主体，主要提供飞行能力和装载的功能，由机体结构、多旋翼动力装置、固定翼动力装置等组成。动力装置主要将机载电池组电能转化成轴承转动的动能，驱动螺旋桨进行转动，为飞行器提供动力，同时对电机的转动速度等进行控制。

飞控系统是无人机完成起飞、空中飞行、执行任务、返场着陆等整个飞行过程的核心系统，对无人机实现控制与管理。飞控系统负责完成飞行任务解析处理、任务数据加载、无人机空中工作状态监视和操纵控制等功能。

定位与通信系统主要用于无人机的精确定位与实时通信功能。无人机通信链路主要完成无人机至地面控制站的数据传输（如传输无人机的姿态、位置、高度、辐射监测数据和实时图像等）和地面控制站至无人机的遥控指令（含飞行路径、姿态、辐射监测参数等）的接收。

视频监控系统是无人机搭载的通用任务载荷，具有全向视频监控等功能。

电源管理系统主要由电池组、供电板配电板和机上电缆等组成，为飞行平台及机载核辐射监测设备供给电源。

3.2 机载核辐射监测设备

机载核辐射监测设备主要由一套 NaI 探测器、一套 GM 管探测器和一个集成控制模块组成，如图 4 所示。

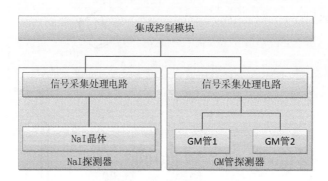

图 4 机载核辐射监测模块组成

如图 4 所示，NaI 探测器主要由 NaI 晶体、信号采集处理电路组成，GM 管探测器则由一套双 GM 管、信号采集处理电路组成。NaI 探测器和 GM 管探测器一起可实现 0.01～10 Gy/h 跨 9 个量级的剂量率测量，同时采集能谱，实现核素识别功能。集成控制模块与 NaI 探测器和 GM 管探测器进行通信，采集、分析、处理核辐射测量数据，并通过串口将监测数据发布给无人机通信链路，继而将数据传输到地面控制站。同时，集成控制模块也通过无人机的通信系统接收来自地面控制站的控制和参数配置命令，对 NaI 探测器和 GM 管探测器进行控制。

3.3 地面控制站

地面控制站由飞行控制器、飞行监控软件、计算机、核辐射监测显控软件等组成。飞行控制器和飞行监控软件用于实现对无人机的飞行控制，包含路径规划、姿态控制等，并实时监控、显示无人机的飞行位置、飞行姿态、飞行轨迹等信息。飞行控制器和计算机集成在一台主机上，如图 5 所示，飞行监控软件和核辐射监测显控软件均运行于计算机上，以上下双屏区分显示，核辐射监测显控软件用于对无人机飞行位置、飞行轨迹、辐射监测数据等进行实时显示和分析。

图 5 地面控制站示意

飞行控制器采用先进的跳频技术，能有效地确保通信范围达到要求的距离，同时提高抗干扰能力并防止干扰其他遥控器。飞行控制器与空中无人机进行通信，实时回传遥控器与飞机动力电量、定位等数据。内置高性能锂电池，支持扩展更多功能，支持调参升级，用于调参与升级固件功能。飞行监控软件运行在地面控制站计算机上，可用于规划无人机飞行路径，实时显示无人机的位置、轨迹、姿态、电量、通信、视频监控等信息。

核辐射监测显控软件主界面效果如图6、图7所示。

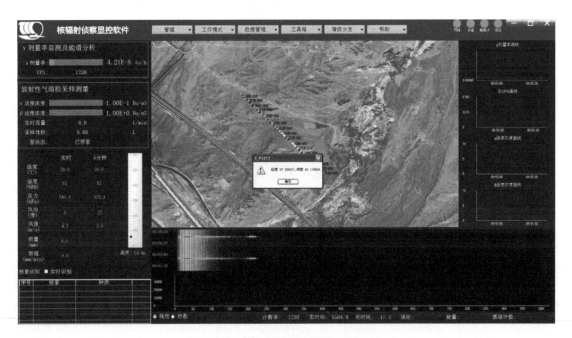

图 6　核辐射监测显控软件主界面示意

图 7　核辐射监测显控软件绘制污染分布示意

参考文献：

［1］ 马晓宇，孟德. 无人机核辐射航测技术在日本广域辐射监测中的应用研究［J］. 核电子学与探测技术，2013，34（3）：409 - 413.

［2］ 李惠彬，李君利. 航空放射性测量技术对核事故泄漏核素的探测能力评估［J］. 核电子学与探测技术，2013，34（5）：490 - 493.

［3］ 岳会国，韩善彪. 辐射应急监测技术［M］. 北京：人民交通出版社，2014：79 - 90.

［4］ 韩善彪，吕雪艳. 航空辐射监测发展现状和建议［J］. 核电子学与探测技术，2019，39（1）：111 - 117.

Design of a medium range unmanned aerial nuclear radiation monitoring system

LIANG Ying-chao，XU Yang

(Wuhan Secondary Institute of Ships，Wuhan，Hubei 430205，China)

Abstract：The medium range unmanned aerial vehicle (UAV) nuclear radiation monitoring system has the ability to quickly enter the mission area for radioactive contamination patrol or hover monitoring，including real-time monitoring，energy spectrum monitoring，and nuclide identification functions. Monitoring data can be transmitted to ground stations and real-time display of drone positions and monitoring data，while drawing pollution distribution maps. Ground stations can publish monitoring data，drone status parameters，and video images to cloud or network servers through WIFI/4G interfaces，and remote PCs can view relevant information in real-time. Vertical fixed wing unmanned aerial vehicles can quickly maneuver and fly，and have vertical takeoff and landing and hover monitoring capabilities，suitable for nuclear radiation monitoring needs in large areas.

Key words：Medium range；Unmanned aerial vehicle；Nuclear radiation；Monitoring

基于串口通信的辐射监测仪远程配置软件设计

何　翔，欧阳小龙，徐　杨，马　畅，王　杰

（武汉第二船舶设计研究所，湖北　武汉　430064）

摘　要：随着现代城市工业化进入快速发展的阶段，环境辐射问题受到广泛关注，辐射监测重要性大大提高。其中，辐射监测仪作为辐射监测[1]过程的核心设备之一，能够对环境中的放射性物质进行检测和监测，已大规模投入使用。然而，在实际应用中，为了满足在不同环境下的实际需求，经常需要对辐射监测仪进行远程配置。考虑到目前辐射监测仪配置普遍存在的问题，如配置烦琐、易出错等，本文提出了一种基于串口通信的辐射监测仪远程配置软件[2]设计方案，以提高配置效率并降低配置成本。

软件采用面向对象的设计方法和 Duilib 框架，有实现简单、易操作的用户界面，方便用户进行操作和配置。用户能够通过软件界面自行设置辐射监测仪的测量范围、报警阈值、采样频率等参数，并实时获取辐射监测仪的测量数据[3]。

系统主要包括串口通信模块、远程参数配置模块和参数解析处理模块。其中，串口通信模块主要用于建上位机与辐射监测仪之间的数据通信，通过串口传输实现数据的收发，实现了计算机与辐射监测仪之间的数据传输和交互。参数设置模块用于设置辐射监测仪的各种参数，如采样时间、报警阈值等，以满足不同环境下的实际需求。数据显示模块则用于实时显示辐射监测仪的监测数据[4]，并支持历史数据查询和统计分析。

为了验证该方案的可行性和实用性，进行了一系列的实验验证，结果表明该软件具有易操作、稳定性和高效性，可以满足实际应用需求，在辐射监测领域[5]具有一定的应用价值和推广意义。

关键词：辐射防护；串口通信；软件系统设计

1　系统简介

基于串口通信的辐射监测仪远程配置软件系统设计流程如图 1 所示，其简要展示了辐射监测仪远程配置软件的主要流程和模块之间的交互。

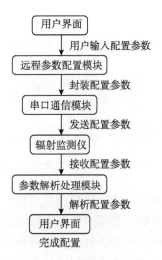

图 1　软件系统设计流程

作者简介：何翔（1996—），女，硕士生，助理工程师，现主要从事软件开发等工作。

在整个系统设计中，用户首先通过用户界面输入配置参数。然后，远程参数配置模块负责将输入的配置参数进行封装和处理。

接着，串口通信模块负责将封装好的配置参数通过串口发送给辐射监测仪。辐射监测仪接收到配置参数后，由参数解析处理模块进行解析和处理。根据接收到的参数，辐射监测仪进行相应的配置操作。最后，将结果反馈给用户界面，用户界面显示配置结果，以便用户了解配置是否成功完成。

2 模块设计

2.1 串口通信模块

在基于串口通信的辐射监测仪远程配置软件设计中，串口通信模块起着至关重要的作用。该模块负责实现计算机与辐射监测仪之间的数据传输和通信协议的建立。在设计串口通信协议时，需要考虑以下几个方面。

① 数据格式：确定数据在串口通信中的传输格式。

② 帧结构：定义数据帧的结构，包括起始位、数据位、校验位和停止位等。

③ 控制命令：确定通信协议中的控制命令，包括读取配置信息、写入配置信息、启动测量等。这些命令用于控制辐射监测仪的行为，并实现对其进行远程配置的功能。

④ 错误处理：设计适当的错误处理机制，以应对数据传输中可能出现的错误情况，如传输错误、超时等。

⑤ 通信速率：确定串口通信的波特率，即数据传输的速率。

需要根据已确定的串口通信协议，在软件中实现相应的数据封装和解析功能。数据封装将配置信息和控制命令按照协议进行打包，然后通过串口发送给辐射监测仪。辐射监测仪接收到数据后，进行解析和处理，执行相应的配置或操作，并将结果通过串口返回给计算机。

通过合理设计和串口通信模块，可以实现计算机与辐射监测仪之间的可靠远程配置。这种基于串口通信的远程配置方案为用户提供了便利，同时也提高了配置效率和降低了配置成本。

2.2 远程参数配置模块

在基于串口通信的辐射监测仪远程配置软件设计中，远程参数配置是系统的一个关键功能。它允许用户通过计算机远程配置辐射监测仪的各种参数，包括采样频率、报警阈值、数据存储方式等。通过远程参数配置，用户可以根据实际需求灵活地调整辐射监测仪的工作模式，以适应不同的环境和应用场景。

设计远程参数配置功能包括了以下几个关键点，如图 2 所示。

图 2　远程参数配置功能模块设计

参数列表：明确定义需要配置的参数列表，包括参数名称、参数类型、参数取值范围等信息。

配置界面：设计直观友好的配置界面，使用户能够方便地选择和修改参数值。

参数验证：在用户进行参数配置时，对输入的参数进行验证和限制。

参数传输：设计合适的数据传输方式，将用户配置的参数传输给辐射监测仪。可以将参数按照事先定义的数据格式进行打包，并通过串口通信模块发送给辐射监测仪。辐射监测仪接收到参数后，进行相应的解析和处理，更新对应的配置信息。

参数保存和加载：提供参数保存和加载的功能，允许用户将配置的参数保存为文件，以便日后加载和使用，包括备份和恢复配置信息。

采用 Duilib 框架，通过 XML 配置组态软件定制页面，使用远程参数配置功能相较于传统配置具备以下优点。

① 灵活的页面设计：使用 XML 配置页面可以实现灵活的页面设计，如定义布局、控件和样式等，可以根据实际需求轻松定制页面。

② 可视化配置：XML 配置页面可以直观地展示页面的结构和元素，使用户能够清晰地理解和调整页面布局。

③ 参数化配置：在 XML 配置文件中增加地址等参数，可以实现与下位机的通信。用户可以直接在配置页面中指定辐射监测仪的地址和其他通信参数，简化了配置过程，避免了手动编程的复杂性。

④ 快速部署：通过配置 XML 文件，可以快速创建和修改页面，减少了开发周期和部署时间，提高了软件开发和调试的效率。

⑤ 维护和管理的便利性：通过将页面配置信息集中在 XML 文件中，使得对页面的维护和管理更加便捷。如果需要对页面进行修改或者版本控制，只需修改或者替换对应的 XML 文件，而不需要对整个软件进行重新编译和部署。

这种设计方法能够提供灵活的页面设计、可视化配置和参数化配置，使得用户能够快速定制和配置辐射监测仪的远程配置软件，并实现与下位机的通信。通过远程参数配置功能，可以大大提高辐射监测仪的灵活性和适应性。用户可以根据实际需求灵活配置辐射监测仪，实现个性化的辐射监测方案。同时，远程配置也减少了人工操作的需求，降低了配置成本，并提高了配置效率。

2.3 参数解析处理模块

参数解析处理模块用于实时显示辐射监测仪的监测数据，并支持历史数据查询和统计。用户可以及时获取辐射监测仪的数据，并根据需要采取相应的措施或进行进一步分析。

3 系统实现

环境需求

系统的实现需要综合考虑硬件与软件两个方面，以确保用户界面与辐射监测仪之间的参数配置和通信的正常进行。通过合理的软件设计和系统流程，可以实现远程配置的功能，并提供用户友好的操作界面和配置反馈。

（1）硬件准备

辐射监测仪：确保辐射监测仪具备串口通信功能，并且与计算机通过串口连接。

计算机：具备串口通信功能，安装好操作系统和相应的串口驱动程序。

（2）软件设计

基于串口通信的辐射监测仪远程配置软件包含用户界面、远程参数配置模块、串口通信模块、参数解析处理模块和界面显示模块（图 3）。

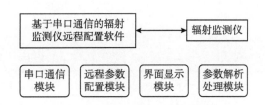

图 3　辐射监控仪远程配置系统设计

4 结论

文章旨在设计一种基于串口通信的辐射监测仪远程配置软件，以提高配置效率和降低配置成本。通过本文的研究，基于串口通信的辐射监测仪远程配置软件具有良好的可行性和实用性。它可以提高配置效率，减少人力资源投入，并能够适应各种环境和应用场景。然而，目前的软件还存在一些局限性，如对于大规模辐射监测仪网络的支持程度还有待提高。因此，未来的研究可以进一步优化软件的功能和性能，并扩展其适用范围。

综上所述，基于串口通信的辐射监测仪远程配置软件设计是一个具有重要研究价值和实际应用前景的课题。通过进一步的研究和开发，将有望推动辐射监测仪配置技术的发展，为环境监测和辐射防护领域的工作提供更高效、更便捷的解决方案。

参考文献：

[1] 郭世宁，李明，吴建明. 基于移动互联网的辐射防护监测仪软件设计与实现 [J]. 辐射防护，2016，36（4）：233 – 237.

[2] 张瑞丰，邢启岭，王希强. 辐射防护监测仪软件开发中的数据分析方法研究 [J]. 核电子学与探测技术，2017，37（5）：529 – 533.

[3] 杨秀玲，王军，王峰. 基于物联网的辐射防护监测仪软件设计与实现 [J]. 辐射防护，2020，40（6）：421 – 425.

[4] SINHA J K. Radiation monitoring and dose estimation software for radiation protection [J]. Radiation protection dosimetry，2016，168（1 – 2）：156 – 159.

[5] AL-HAJ T N, AL-LAWATI H A, AL-MUSHARFI S H. Development of radiation monitoring software for environmental radiation monitoring network [J]. Journal of environmental radioactivity，2018，182：11 – 15.

Design of remote configuration software for radiation monitor based on serial communication

HE Xiang, OUYANG Xiao-long, XU Yang, MA Chang, WANG Jie

(Wuhan Second Ship Design and Research Institute, Wuhan, Hubei 430064, China)

Abstract: With the rapid development of modern urban industrialization has come an increased awareness of environmental radiation issues, resulting in a heightened importance of radiation monitoring. Radiation monitoring instruments, as one of the core devices used in the radiation monitoring process, are capable of detecting and monitoring radioactive substances in the environment and are therefore widely employed. However, remote configuration of these instruments is often required in order to meet the actual needs in different environments. Considering the existing issues in radiation monitoring instrument configuration, such as complex configuration and error-proneness, this paper proposes a design scheme for remote configuration software of radiation monitoring instruments based on serial communication, in order to improve the efficiency of radiation monitoring instrument configuration.

The software adopts an object-oriented design method and the Duilib framework to provide a simple and easy-to-use user interface, which facilitates user operation and configuration. Through the software interface, users are able to set parameters such as the measurement range, alarm threshold, and sampling frequency of the radiation monitoring instrument, and obtain real-time measurement data.

The system mainly consists of a serial communication module, a parameter setting module, and a data display module. The serial communication module is primarily used to establish data communication between the host computer and the radiation monitoring instrument, realizing data transmission and interaction between the computer and the radiation monitoring instrument through serial port transmission. The parameter setting module is used to set various parameters of the radiation monitoring instrument, such as sampling time and alarm threshold, to meet actual needs in different environments. The data display module is used to display the monitoring data of the radiation monitoring instrument in real time, and supports historical data query and statistical analysis.

To verify the feasibility and practicality of the scheme, a series of experiments were conducted. The results showed that the software is easy to operate, stable, and efficient, and can meet actual application needs. The software has certain application value and promotion significance in the field of radiation monitoring.

Key words: Radiation protection; Serial communication; Software system design

核设施热工参数测量机制研究

马天骥，石松杰，罗　凡

（武汉第二船舶设计研究所，湖北　武汉　430064）

摘　要： 在核动力装置运行过程中，堆芯功率、主泵工况、放射性气体取样流量、放射性气溶胶取样流量、放射性水体取样流量等热工参数的测量对核辐射监测设备的状态判断、辐射水平评估及综合报警判定输出起到至关重要的作用[1-2]。根据实际工程经验，目前核设施热工参数的通道数量通常多达数十路，通道类型也非常复杂，包括：4～20 mA模拟量、0～5 V开关量、CAN总线数字量、RS485数字量等。因此，对热工参数进行集中测量和分析是一项非常重要的工作。本文介绍了一种嵌入式系统设计的核设施热工参数测量方案。该方案可以较好地满足核设施热工参数的测量需求，具有较高的应用价值。

关键词： 核设施；热工参数

核动力装置热工参数测量系统是一种测量、监控和分析核设施热力学运行参数的装置。热工参数包括温度、压力、流量、功率等参数。这些参数的变化可以反映出核设施的工作状态，因此对于保障核设施的安全和稳定运行至关重要。

热工参数测量系统通常由硬件和软件两部分组成。硬件部分包括传感器、放大器、模拟转数字转换器（ADC）等。传感器负责将物理量转换为电信号。放大器将信号放大，并进行滤波处理。ADC将模拟信号转换为数字信号，供软件部分进行处理和分析。

软件部分主要负责数据采集、处理和分析，以及报警和监测等功能。一般采用嵌入式系统设计，包括主控 CPU、操作系统、实时数据库、数据存储、数据通信等[3]。

热工参数测量系统可以实现对核设施热工参数的实时监测和分析，对于分析和预测运行安全问题具有重要作用。同时，监测到的数据可以用于制定运行控制策略和维护计划，从而提高核设施的可靠性和安全性。

1　总体设计

热工参数测量系统示意如图 1 所示。

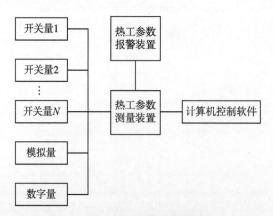

图 1　热工参数测量系统示意

作者简介： 马天骥（1985—），男，湖北武汉人，高级工程师，博士，主要从事核电子学与核仪器应用研究。

针对不同的测量对象，对相关的信号来源进行分类，建立各信号测量子系统，如开关量测量子系统、模拟量测量子系统、数字量测量子系统等。

为保证测量系统的可靠性，设计了热工参数测量装置一台，热工参数报警装置一台，同时研发了计算机控制软件一套。

2 部件设计

2.1 热工参数测量装置

热工参数测量装置提供了如下基本功能（图2）。

2.1.1 热工参数信号耦合

① 给流量计等提供适合于其运行的电压；

② 接收来自各传感器的热工参数信号。

2.1.2 数据处理

① 提供原始数据，将传感器开关量或电流信号转化成泵状态或流量数字信号，经过计算转换为所需单位（L/min 等）的测量值；

② 判断是否达到报警阈值，输出报警状态信号；

③ 存储历史测量数据（存储最近 1 h 内每 1 min 的平均值、存储最近 10 h 内每 10 min 的平均值、存储最近 60 h 内每 1 h 的平均值、存储最近 60 d 内每 1 d 的平均值）。

2.1.3 按键控制及信息查询

① 功能切换，界面选择；

② 通道参数设置（包括通道基本参数、通道测量信息等）。

2.1.4 传输接口

① 1 路隔离 RS485 接口，用于向上位机传输通道信息；

② 8 路继电器无源触点开关量输入；

③ 2 路 4～20 mA 模拟量输入。

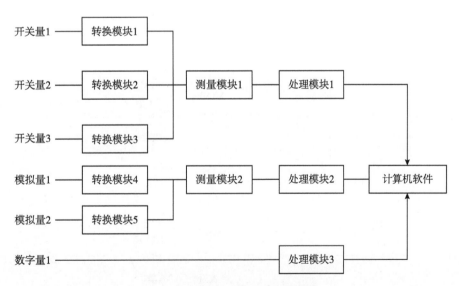

图 2 热工参数测量装置原理示意

2.2 热工参数报警装置

热工参数报警装置接收来自热工参数测量装置的各类热工参数测量值和报警状态，对各类报警信息综合处理后进行报警判断，将综合报警结果通过 RS485 总线发送到计算机，同时对外输出开关量报警信号（图 3）。

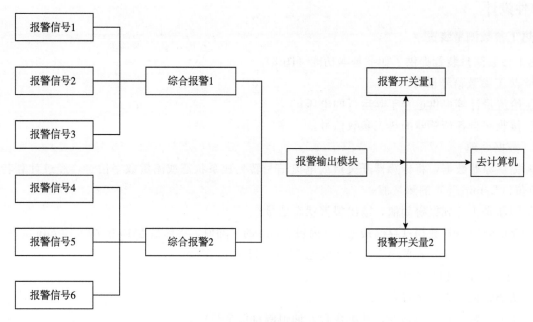

图 3　热工参数报警装置原理示意

2.3 计算机软件

计算机软件主要实现信号采集、控制信号发送、状态拓扑结构显示及运行工况综合显示（图 4）。

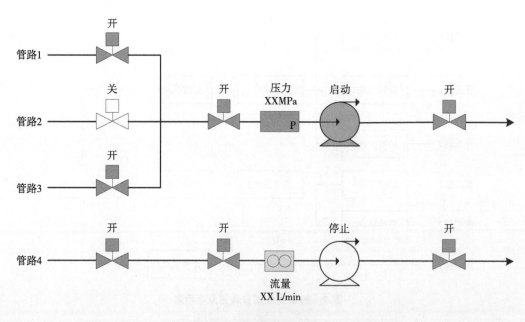

图 4　软件界面示意

3 总结

为满足核设施取样回路控制需求，研制了一套新型热工参数测量系统。经过性能测试和试验验证，证明该系统安全性和可靠性较高，具有一定的实用价值。

参考文献：

[1] 马廷伟. 热工水力反应性反馈敏感性分析 [R]. 哈尔滨：哈尔滨工程大学，2009.

[2] 张羽，孙宝芝，童铁峰. 运行条件对蒸汽发生器热工参数影响的仿真研究 [J]. 原子能科学技术，2015，12 (49)：2157 - 2163.

[3] 韩璞，乔弘，王东风，等. 火电厂热工参数软测量技术的发展和现状 [J]. 仪器仪表学报，2007，6 (28)：1139 - 1146.

Research on thermal parameters measurement mechanism for nuclear facilities

MA Tian-ji，SHI Song-jie，LUO Fan

(Wuhan Second Ship Design and Research Institute，Wuhan，Hubei 430064，China)

Abstract： In the operation of nuclear power equipment，the measurement of thermal parameters such as core power，main pump conditions，sampling flow rates of radioactive gases，aerosols and water is crucial for state judgment of radiation monitoring equipment，radiation level assessment，and overall alarm determination output. According to practical engineering experience，the number of channels for measuring thermal parameters in nuclear facilities is often up to dozens，and the types of channels are also very complex，including $4 \sim 20$ mA analog，$0 \sim 5$ V switch，CAN bus digital，RS485 digital，etc. Therefore，centralized measurement and analysis of thermal parameters is a very important task. This paper introduces an embedded system designed for the measurement of thermal parameters in nuclear facilities. This solution can better meet the measurement needs of thermal parameters in nuclear facilities and has high application value.

Key words： Nuclear facilities；Thermal parameters

一种基于无线自组网通信的核化监测系统设计

王　杰，程芳权，胡玉杰，秦子凯

（武汉第二船舶设计研究所，湖北　武汉　430205）

摘　要： 核化灾难发生后，为满足对受灾区域核化监视需求，设计了一种基于无线自组网通信的核化监测系统。该系统由监测节点、通信节点、远程数据中心组成。监测节点能够准确地对环境中的核辐射剂量、工业气体浓度及军用毒剂浓度的测量数据信息、设备状态信息、地理位置信息等进行实时采集；通信节点之间通过无线自组网技术自动建立通信链路，为系统提供覆盖范围广、安全的数据传输网络，确保监测数据能够及时、可靠地传输至远程数据中心。现场测试和运行结果证明了基于无线自组网通信的核化监测系统设计的合理性和有效性。

关键词： 核化监测系统；无线自组网；核辐射剂量；工业气体浓度；军用毒剂浓度

核化监测系统用于正常和核化事故情况下，对环境周围的放射性水平、危险气体及有害化学物质浓度进行实时测量，即时反映放射性污染与化学污染情况，是正常情况下的环境监督监测及事故情况下应急监测的技术手段，为环境评估、事故分析、应急行动决策、人员安全防护等提供重要数据支撑，具有十分重要的技术和数据价值。目前，大部分核化监测系统基于有线通信、无线基站通信等方式进行数据传输，难以对不易架设通信设施的偏远地区进行监测，也无法在自然灾害、核事故、战争发生时可靠运行。针对此问题，本文设计了一种基于无线自组网通信的核化监测系统，该系统采用通信节点之间的无线自组网通信技术迅速构建数据传输网络，对环境中的核辐射剂量、工业气体浓度及军用毒剂浓度等的数据信息进行准确的采集，确保在恶劣环境下监测系统能迅速部署，监测数据能及时、可靠地传输至远程数据中心。

1　总体设计

图 1 为基于无线自组网通信的核化监测系统架构。如图所示，核化监测系统由核监测节点、化学监测节点、通信节点、通信中继节点、数据中心组成。核监测节点实现对环境中的 γ 剂量率进行监测。化学监测节点用于监测环境中的工业气体（氨气、氯气、一氧化碳、硫化氢、二氧化硫）和军用毒剂（沙林、芥子气）。通信节点之间、通信中继节点之间、通信节点与通信中继节点之间通过无线自组网迅速构建可靠的通信网络，既能够将各监测节点的监测数据及时上传至数据中心，同时又能够转发数据中心的远程控制命令，实现数据中心对监测节点的远程控制。核监测节点、化学监测节点通过 RS485 接口与通信节点相连，借助通信节点与数据中心进行数据交互。数据中心实时采集、显示、存储核辐射和化学气体测量数据；对超阈值的测量数据进行实时报警；对接入的各监测节点进行统一管理和远程控制；提供丰富的历史数据查询、分析、统计、报表功能，为环境评估、事故分析、应急行动决策、人员安全防护等提供重要数据支撑。

作者简介：王杰（1975—），男，硕士，高级工程师，现主要从事核辐射监测与防护、核应急系统的科研工作。

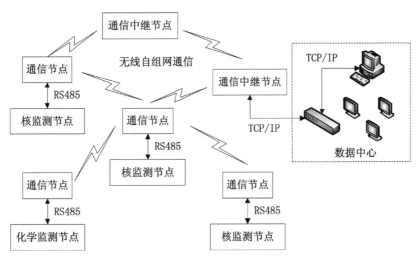

图 1　基于无线自组网通信的核化监测系统架构

2　监测节点设计

2.1　核监测节点设计

核监测节点基于 GM 计数管测量 γ 剂量率，GM 计数管具有输出信号幅度大、结构简单、性价比高、适应恶劣环境等优点[1]，广泛应用于核设施环境监测、核事故监测等场所中，可实现对特定区域的 γ 剂量率的监测。设备采用低功耗放大电路，结合低功耗处理器，大大降低了设备的功耗；为了覆盖宽量程测量，采用双 GM 计数管设计，并可自动进行切换。

图 2 为核监测节点组成原理。如图所示，节点主要由 GM 计数管、前置放大电路、处理及控制单元、高压模块等组成。高量程 GM 管用于高量程范围内剂量率的测量，低量程 GM 管用于低量程范围内剂量率的测量，两者的测量量程相互补充且具有重叠的测量区域，整体实现宽量程的测量。GM 管在高压模块驱动下工作，γ 射线入射后在 GM 管的灵敏体积中沉积能量并产生电子-离子对，在电场的作用下电荷被放大后输出微弱的脉冲信号，脉冲信号与射线辐射量成正比。前置放大电路将探测器输出的电信号进行初步放大及滤波，信号进入处理及控制单元进行脉冲计数和数据处理。

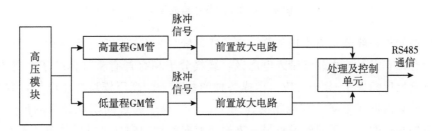

图 2　核监测节点组成原理

图 3 为核监测节点处理及控制单元的组成原理。如图所示，该单元由电源管理模块、微处理器、数据处理模块、电压监测模块、RS485 通信模块、按键模块、声光报警模块组成。监测节点由内置电池供电。电源管理模块实现对电源的监测和管理。数据处理模块对前置放大电路输出的脉冲信号进行处理，通过计算将脉冲频率转换成剂量率。同时，数据处理模块监测剂量率在超过报警阈值时给出报警指令。电压监测模块监测电池的电压，在电池电压过低时给出电压报警。RS485 通信模块实现监测节点与通信节点的数据传输功能。按键模块实现设备的开关机功能。

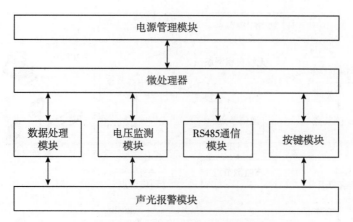

图 3　核监测节点处理及控制单元组成原理

2.2　化学监测节点设计

化学监测节点采用飞行时间离子迁移谱技术，以离子漂移时间的差别来进行离子的分离定型。离子迁移谱在环境气压条件下进行工作，特别适合于一些挥发性有机化合物的痕量探测，如毒品、爆炸物、化学战剂和大气污染物等[2]。由于不同离子的迁移时间不同，因此能够识别和检测多种类型的化学毒剂或者工业有毒有害气体。

图 4 为化学监测节点组成原理。如图所示，节点主要由化学监测模块、处理及控制单元组成。化学监测模块完成对有毒有害气体的检测，检测结果通过 RS232 接口通信传输至处理及控制单元。处理及控制单元从化学监测模块获取到测量数据后通过 RS485 接口传输至通信节点，再由通信节点的无线自组网通信发送至数据中心。

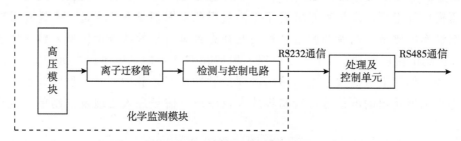

图 4　化学监测节点组成原理

化学监测模块的核心部分是离子迁移管，离子迁移管分为电离区和迁移区两部分，中间以离子栅门分隔开。被测有毒有害气体由载气带入电离区，载气分子和有毒有害气体分子在离子源的作用下，发生一系列的电离反应和离子-分子反应，形成各种产物离子。高压模块产生电场，并施加到迁移管的电极上，使迁移管内形成电场，在电场的作用下，产物离子通过周期性开启的离子栅门进入迁移区。一方面从电场获得能量作定向飘逸；另一方面与逆向流动的中性迁移气体分子不断碰撞而损失能量。由于这些产物离子的质量、所带电荷、碰撞截面和空间构型各不相同，使得不同的离子到达离子接收板的时间不同而得以分离。通过检测离子电流信号，并以此反演出离子迁移谱谱峰位置，识别出不同的有害物质。

化学监测模块的检测与控制电路对离子迁移管的输出信号进行处理，给出测量结果，同时该电路还具备对化学监测模块的控制功能。

化学监测节点的处理及控制单元的功能与组成和核监测节点的处理及控制单元类似，可复用核监测节点的处理及控制单元的设计。

3 通信网络设计

3.1 通信节点设计

通信节点通过 RS485 接口与监测节点连接，从监测节点获取测量数据，向监测节点转发控制命令；同时，通信节点的无线通信模块具备 Mesh 自组网功能，通信节点上电后，各通信节点之间能够自动迅速构建无线通信网络，为监测节点和数据中心之间提供可靠的数据通信链路。

图 5 为通信节点组成原理。如图所示，节点主要由微处理器、数据处理模块、电压监测模块、RS485 通信模块、无线通信模块、多模定位模块、电源管理模块、按键模块、声光报警模块组成。

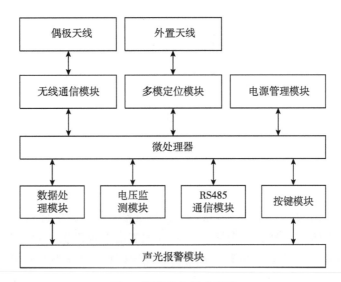

图 5　通信节点组成原理

通信节点由内置电池供电。电源管理模块实现对电源的监测和管理。数据处理模块主要负责监测数据采集与转发、远程控制命令转发与处理、协议处理等工作。RS485 通信模块负责串口通信链路的建立、释放与管理，为通信节点和监测节点提供数据传输通道。无线通信模块具有无线 Mesh 自组网功能，与偶极天线共同实现无线自组网通信链路的建立、释放与管理，为通信节点、通信中继节点之间提供数据传输通道。多模定位模块和外置天线实现通信节点的定位功能，通过北斗或者 GPS 定位监测节点的地理位置信息。电压监测模块监测电池的电压，在电池电压过低时给出电压报警。按键模块实现设备的开关机功能。

通信节点从监测节点获取监测数据的同时，还需处理数据中心的远程控制命令。通信节点采用异步命令处理机制，既能确保远程控制命令得到及时响应，又避免了对无线网络通信线程的阻塞，影响监测数据的上传。图 6 对通信节点的远程控制异步命令处理机制进行了描述。

如图 6 所示，无线网络通信线程通过解析网络数据，获取命令请求。为了不阻塞无线网络通信线程，无线网络通信线程不负责直接访问监测节点，而是将命令请求添加至命令请求缓存队列队尾，存入命令请求缓存队列的命令由串口通信线程取出处理。无线网络通信线程从命令缓存队列头部取出命令响应结果，通过无线网络发送至其他通信节点。另外，串口通信线程不断从命令请求缓存队列头部取出待处理的远程控制命令，访问监测节点，获取命令响应，然后将命令响应添加至命令响应缓存队列队尾，存入命令响应缓存队列的命令响应由无线网络通信线程取出处理。通过异步命令处理机制，耗时的监测节点设备访问操作由串口通信线程处理，无线网络通信线程则专门负责网络数据的接收、解析、封装与转发，保证了远程控制命令及时响应的同时，又不影响监测数据的实时传输。

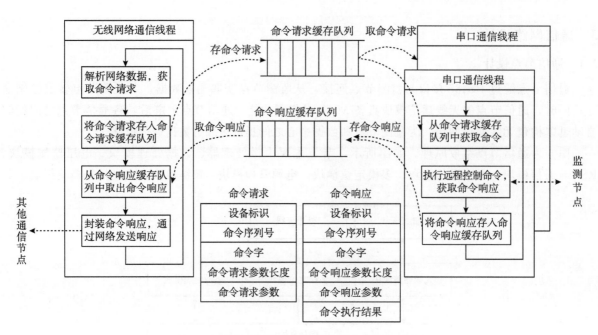

图 6　通信节点远程控制异步命令处理机制示意

3.2　通信中继节点设计

通信中继节点作为通信网络中的中继节点，主要负责报文数据的中继和转发工作。

图 7 为通信中继节点组成原理。如图所示，节点主要由微处理器、数据处理模块、电压监测模块、RJ45 通信模块、无线通信模块、电源管理模块、按键模块、声光报警模块组成。

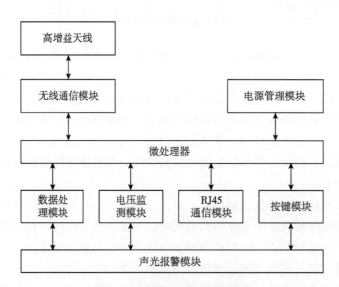

图 7　通信中继节点组成原理

通信中继节点可由内置电池供电或者外置电源供电。电源管理模块实现对电源的监测和管理；数据处理模块主要负责数据报文的转发、协议处理等工作；RJ45 通信模块负责 TCPIP 通信链路的建立、释放与管理，为通信节点和数据中心提供数据传输通道；无线通信模块具有无线 Mesh 自组网功能，与高增益天线共同实现无线自组网通信链路的建立、释放与管理，为通信节点、通信中继节点之间提供数据传输通道；电压监测模块监测电池的电压，在电池电压过低时给出电压报警；按键模块实现设备的开关机功能。

4 测试

基于无线自组网通信的核化监测系统已经在某部队投入使用，系统运行情况稳定。

经过现场测试：核监测节点能够对环境中的 γ 辐射剂量率进行准确检测，剂量率监测范围为 $1 \times 10^{-7} \sim 10$ Gy/h，剂量率相对固有误差在 $\geqslant 10$ μGy/h 时不超过 $\pm 10\%$，在 <10 μGy/h 时不超过 $\pm 20\%$，能量响应范围及误差为 50 keV～3 MeV，不超过 $\pm 30\%$；化学监测节点能够迅速检测氨气、氯气、一氧化碳、硫化氢和二氧化硫；气体测量灵敏度 $\leqslant 1$ ppm，迅速检测军用毒剂沙林、芥子气，沙林测量灵敏度 $\leqslant 0.6$ mg/m³，芥子气测量灵敏度 $\leqslant 3$ mg/m³。在 100 个监测节点的场景下（核监测节点 50 个、化学监测节点 50 个），通过无线自组网通信网络进行测量数据传输，监测节点数据上传至数据中心时间 $\leqslant 2$ s，数据中心远程控制命令响应时间 $\leqslant 4$ s。

5 结论

本课题设计了一种基于无线自组网通信的核化监测系统，该系统能够通过通信节点之间的无线自组网通信技术迅速构建数据传输网络，对环境中的核辐射数据、工业有害气体及军用毒剂等进行准确的监测。现场测试和运行结果证明了基于无线自组网通信的核化监测系统设计的合理性和有效性，为核化监测提供了一种可靠、普适性的解决方案。

参考文献：

[1] 王国荣，李岩，马永和，等 . G－M 计数管用作辐射剂量测量应解决的问题 [J] . 核电子学与探测技术，2011，31 (9)：1014－1017.

[2] 李虎，牛文琪，王鸿梅，等 . 光电离-离子迁移谱实验参数与性能研究 [J] . 量子电子学报，2012，29 (1)：8－14.

Design of a nuclear and chemical monitoring system based on wireless ad hoc network communication

WANG Jie, CHENG Fang-quan, HU Yu-jie, QIN Zi-kai

(Wuhan Second Ship Design and Research Institute, Wuhan, Hubei 430205, China)

Abstract： In order to meet the needs of nuclear and chemical monitoring in the affected areas after the occurrence of nuclear and chemical disasters, a nuclear and chemical monitoring system based on wireless ad hoc network communication was designed. The system consists of a monitoring node, a communication node, and a remote data center. The monitoring node can accurately collect real-time measurement data information such as nuclear radiation dose, industrial gas concentration, military poison concentration, equipment status information, and geographic location information in the environment; Communication links between communication nodes are automatically established through wireless ad hoc network technology to provide a wide coverage, secure data transmission network for the system, ensuring that monitoring data can be transmitted to remote data centers in a timely and reliable manner. The on-site test and operation results prove the rationality and effectiveness of the design of the nuclear and chemical monitoring system based on wireless ad hoc network communication.

Key words： Nuclear and chemical monitoring system; Wireless ad hoc network; Nuclear radiation dose; Industrial gas concentration; Military poison concentration

涉核场所核辐射在线智能监测系统

程芳权，闫洋洋，王　杰，胡玉杰

（武汉第二船舶设计研究所，湖北　武汉　430205）

摘　要： 本文探讨了面向室内涉核场所的核辐射在线智能监测系统解决方案，具体包括涵盖区域环境辐射监测、移动式辐射监测、通道式辐射监测、人员剂量安全监测的核辐射安全监测技术，基于有线网络和无线自组网络多网融合的通信定位网络技术，以及基于多源异构数据融合分析的智能化监测平台技术。

关键词： 核辐射；辐射监测；辐射安全

　　涉核场所作为核应用的重要场所，一旦发生核事故或放射性物质泄漏，将对环境和人员健康造成极大威胁。本文主要探讨涉核场所核辐射在线智能监测系统解决方案。

1　系统概述

　　涉核场所核辐射安全监测系统主要由涉核场所核与辐射安全监测设备、多网融合的通信与定位网络系统、信息融合与智能分析平台 3 个部分组成，如图 1 所示。

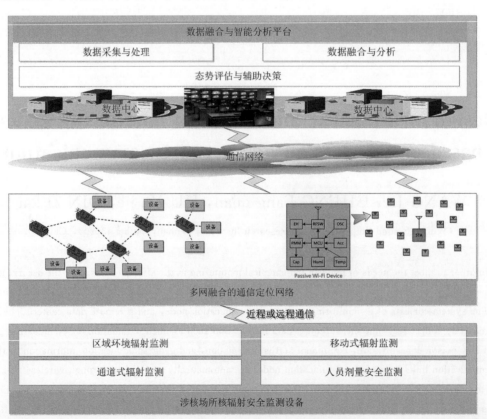

图 1　涉核场所核辐射安全监测系统架构

作者简介： 程芳权（1985—），男，博士，高级工程师，现主要从事核技术应用、核辐射监测与防护等科研工作。

涉核场所核辐射安全监测设备主要用于对涉核场所各现场按需执行实时在线监测，并通过多网融合的通信与定位网络系统和信息融合与智能分析平台进行互联互通。信息融合与智能分析平台实时获取现场监测数据，进行智能处理、融合、分析并提供基于预案的智能响应。

2 核辐射在线监测技术

涉核场所核辐射在线监测技术主要包括区域环境辐射监测、移动式辐射监测、通道式辐射监测、人员剂量安全监测等（图2）。

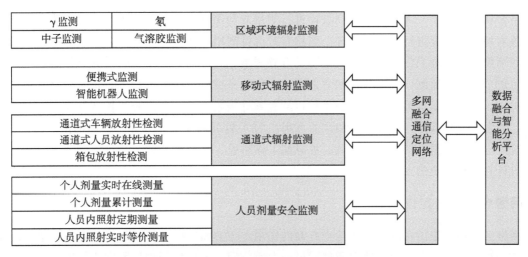

图2 涉核场所核辐射在线监测技术组成

注：图中删除具体的氚、氡、气溶胶等，统一用γ、中子、气溶胶等来代替。

基于监测数据，可对核设施工况进行计算评估。可构建核设施的正常工况数据库和潜在事故工况数据库，以及典型事故模型，也可根据长期大量的历史数据对工况数据库和事故模型进行学习训练。基于核设施的实时监测数据，分析、计算并识别核设施工况是否存在异常，及时发现核设施的异常情况，并可根据辐射场数据信息的变化规律预测核设施工况趋势，避免核事故发生。

2.1 区域环境辐射监测

区域环境辐射监测主要用于对涉核场所关注区域的放射性污染或辐射水平进行定点、实时、在线、长期连续监测，确保涉核场所人员的辐射安全并及时发现核设施潜在的安全隐患。通过实时监测区域中的γ放射性水平、中子放射性水平、放射性气溶胶等气态放射物质浓度水平的变化，来判断核设施的运行状态。实时显示各区域放射性水平结果，并根据监测结果发出声、光报警，提醒工作人员紧急处置，以免造成事故扩散。区域环境辐射监测设备一般包括γ监测仪、中子监测仪、放射性气溶胶监测仪等。

2.2 移动式辐射监测

移动式辐射监测用于对区域环境辐射监测进行补充，可定期或不定期对涉核场所进行无死角的人工巡测或智能巡测。人工巡测即人工携带便携式监测设备进行监测，如便携式γ监测仪、中子监测仪、气溶胶监测仪、便面污染仪监测仪，以及便携式核素监测仪等。智能巡测即采用以机器人等智能移动平台为载体，搭载相关的核辐射监测设备进行智能化巡测。智能移动平台支持巡测路径的智能规划、自动避障、远程智能控制等。移动式辐射监测与固定式辐射监测之间进行监测数据互为校验，以确保监测数据的一致性、正确性和完整性。

2.3 通道式辐射监测

针对涉核场所车辆（设备）和人员的关键通道、出入口进行表面污染和 γ/中子等放射性监测，一般包括人员全身 γ 污染、人员全身 β 污染、车辆（设备）γ 污染、衣物放射性污染检测分拣、小物品污染监测等，可实现控制区进出管理和个人剂量限制控制，是涉核场所的最后一道辐射监测屏障。

2.4 人员剂量安全监测

人员剂量安全监测的主要目的是对主要受照射的器官或组织所接受的平均当量剂量或有效剂量做出估算，进而管理和限制工作人员个人被辐照的剂量，并按有关国家标准规范执行管理。人员剂量安全监测主要利用辐射工作人员佩带的剂量计进行测量或利用全身式计数器等仪器对其体内及排泄物中放射性核素种类和活度进行测量和管理。当然有时也可利用场所监测数据、依据工作时间、参考人代谢资料和剂量学参数等来估算工作人员接受的有效剂量。人员剂量安全监测可分为外照射个人剂量监测和内照射个人剂量监测，主要包括如下方面：人员随身携带对吸收剂量进行实时监测，如 γ 个人剂量剂、γ/中子个人剂量剂等；人员随身携带以测量累计吸收剂量，如热释光探测器等；通过人体全身计数器，测量个人摄入体内的放射性物质所发射出的 X 射线和 γ 射线，评估人体的内照射。

同时，也可以根据人员所在的区域、各区域工作时长、各区域的放射性气溶胶等区域测量数据因素，实时计算评估人员的内照射。

3 多网融合通信与定位系统

多网融合通信与定位系统有以下几个方面的作用。一方面，用于涉核场所核辐射安全监测设备和信息融合与智能分析平台之间的数据通信；另一方面，用于涉核场所物体数字化标识和物联，通过数字化标识将涉核场所的设备和人员进行数字化标识与管理。同时，提供对涉核场所物体的精准定位。对于涉核场所室外场景，可采用北斗等卫星定位。对于涉核场所室内场景，则可采用 UWB 等技术进行室内精准定位。定位系统可为智能设备（如机器人等）提供定位导航功能。

多网融合通信与定位系统架构如下所示。

（1）数据通信网络

数据通信包括有线或无线方式，有线通信如光纤、网线及其他通信网络等。无线通信相比有线通信，更适用于移动式设备的互联互通，缺点是通信带宽、通信距离受限。借助于有线网络通信高稳定性和高带宽等优势，基于有线网络构建通信主干，采用有线和无线相结合的方式，构建涉核场所中有线、无线双通道，且扩展灵活、自由部署的通信网络系统。

无线通信网络分为以 Wi-Fi 为代表的单点无线接入点网络，以及具有自组网功能的无线网络。无线自组网络即无线多跳网络，网络中任何一个无线接入点之间都可以互连，从而实现长距离、大区域的无线网络覆盖。业务设备则可选择最近或网络接入最好的接入点进行随遇接入，从而与整个系统互连互通。目前，无线自组网有 Mesh、Zigbee、蓝牙等方式，可根据涉核场所数据通信的数据量、传输频率、功耗等具体要求，选择合适的方式。

（2）数字化标识和物联

数字化标识和物联主要包括无源 Wi-Fi/Lo-Ra/蓝牙、RFID 等数字化物联技术。RFID 系统中，RFID 芯片模块能够被 RFID 读出器在一定距离范围内有效识别，从而实现通过绑定 RFID 模块进行有效的物联识别。无源 Wi-Fi 系统的基本组成包括基站、无源 Wi-Fi 标签和主干路由。基站用于提供载波源，具有单频点、小功率等特点；载波信号被无源 Wi-Fi 标签捕捉后，无源 Wi-Fi 标签通过 Backscatter 后向散射通信机制，将载波信号进一步调制封装后传递给主干路由，使得主干路由能够接收无源 Wi-Fi 标签散射的数据包，从而达到通过绑定无源 Wi-Fi 标签进行有效的物联识别和感知。无源 LoRa 和无源蓝牙采用类似散射原理实现不同场景下使用不同频段和协议来完成具体的物联标识、识别与感知需求。其中，无源散射通信机制基于电磁波散射原理，通过数字射频逻辑开关切换天线的匹配状态来反射或吸收电磁信号，从而产生符合 LoRo/802.11b/802.5.4 传输协议的无线网络数据包，因此能够被主干路由或网关设备接收和解码。相比 RFID，无源 Wi-Fi/Lo-Ra/蓝牙系统通信距离更远，数据类型更丰富，数据率更高，感知能力更强。

（3）室内定位系统

室内定位技术有基于红外线的定位技术、基于超声波的定位技术、基于蓝牙的定位技术、基于 Wi-Fi 的定位技术、基于 Zigbee 的定位技术、基于光追踪的定位技术、基于惯性导航的定位技术、基于 RFID 的定位技术、基于超宽带 UWB 的定位技术等。为了实现涉核场所的人员和智能设备的定位精准性、可靠性和信息互联需求，一般采用基于超宽带 UWB 的定位技术。UWB 定位的主要技术特点有低功耗、对信道衰落（如多径、非视距等信道）不敏感、抗干扰能力强、不会对同一环境下的其他设备产生干扰、穿透性较强（能在穿透一堵砖墙的环境进行定位），具有很高的定位准确度和定位精度。

4 信息融合与智能分析平台

信息融合与智能分析平台对涉核场所核辐射安全监测数据进行实时采集、处理、融合、分析、存储和展示。基于分布式架构、数据融合与处理、大数据分析、放射性源项计算、放射性污染扩散计算、三维 GIS 等技术，提供面向涉核场所核辐射安全监测的数据采集、态势分析、趋势预测、事故预警、后果评价、辅助决策、三维展示等功能。

信息融合与智能分析平台一般包括如下内容：①对涉核场所全要素进行网络互联，并对数据进行实时在线集中采集、处理和存储。②对涉核场所核辐射监测数据进行融合分析，根据涉核场所业务场景，构建以业务场景为核心的融合数据库，以及融合数据分析模型。③提供涉核场所核辐射监测业务数字化、信息化管理，包括数据分析、数据报表、数据存储备份等，提供具有核辐射安全监测业务特点的科学工作流程管理解决方案。④根据涉核场所实时监测数据和计算模型，实时构建准确的三维辐射数据场。同时，根据生物剂量吸收模型（体模）、实时三维定位等数据，构建涉核场所人员的实时剂量吸收数据（包括外照射和内照射），并对超阈值作出风险预警和采取措施。⑤对监测数据、状态、报警等融合信息进行智能分析、智能挖掘。根据事件响应预案，对于触发事件进行实时、科学、合理的智能联动响应，提升工作人员响应的即时性、可靠性、安全性。⑥提供涉核场所应急预案、应急演练、决策响应、指挥调度等智能化应用支撑。

5 总结

本文面向涉核场所，探讨了其核辐射在线智能监测系统解决方案，包括核辐射安全监测技术、多网融合的通信与定位网络系统技术，以及信息融合与智能分析平台。

参考文献：

[1] 杜平，张玉敏，朱春来．核辐射探测设备和技术的发展趋势［J］．中国科技信息，2012（13）：46-47.

[2] 生态环境部．辐射环境监测技术规范（HJ 61—2021）．［2020-12-30］．https：//www.mee.gov.cn/ywgz/fg-bz/bz/bzwb/hxxhj/xgjcffbz/202104/t20210413_828314.shtml.

[3] 生态环境部．辐射事故应急监测技术规范（HJ 1155-2020）．［2021-02-24］．https：//www.mee.gov.cn/ywgz/fgbz/bz/bzwb/hxxhj/xgbz/202101/t20210104_815990.shtml.

An intelligent radiation monitoring system
for nuclear facilities

CHENG Fang-quan, YAN Yang-yang, WANG Jie, HU Yu-jie

(Wuhan Second Ship Design and Research Institute, Wuhan, Hebei 430205, China)

Abstract: This paper introduces the solution of an online intelligent nuclear radiation monitoring system for indoor scenes from three aspects: the nuclear and radiation monitoring system which consist of the fixed radiation monitoring, the mobile radiation monitoring, the channel radiation monitoring and the individual dose monitoring. the wireless-wired hybrid communication and location network technology, as well as the intelligent information platform technology based on multi-source heterogeneous data fusion and analysis.

Key words: Nuclear radiation; Radiation monitoring; Radiation safety

基于硅 PIN 二极管的个人剂量计设计

毕明德，徐　杨，朱杰凡

（武汉第二船舶设计研究院，湖北　武汉　430205）

摘　要：由于硅传感器具有响应速度快、本征能量分辨率好、可在小有效体积内提供高信号输出等优点，因此可以在不借助闪烁体的情况下用于探测伽马射线。本文提出了硅 PIN 二极管和低功耗单片机的个人剂量计设计方案，其主要包括单片机、前放、偏置电路、整形和峰值采样电路及 LCD 段码屏等部件。采用低功耗的升压电路实现硅 PIN 二极管的偏压需求，通过多级运算放大器完成硅 PIN 输出信号的放大整形，并采用峰值采样电路对脉冲的峰值进行提取。单片机选用 stm32L4 系列的控制器（采用 Cortex - M4 内核，最高主频 80 MHz，超低功耗模式低至 8 nA，动态功耗低至 28 μA/MHz），以实现超低功耗的运行。此外，还对关键的放大器、电容、电阻的选型进行了设计分析。最后，通过试验展示了该个人剂量计对放射性粒子产生的峰值信号的采样性能。

关键词：硅 PIN；个人剂量计

在核电站等具有放射性的环境中，实现对人员放射性剂量的准确监测具有重要的意义。本文设计了一款基于硅 PIN 的个人剂量计，该剂量计前端由硅 PIN 二极管与前置放大电路构成。前端硅 PIN 将 γ 射线产生的能量转换成电信号，并通过整形与峰值采样电路进行峰值取样计算，最后通过 stm32 单片机对采样后的峰值脉冲进行计数，并换算成剂量率。

1　个人剂量计设计总体方案

个人剂量计设计总体方案如图 1 所示，其中前端由硅 PIN 探测器、电荷灵敏前放、整形和峰值检测电路构成。前端硅 PIN 将 γ 射线产生的能量转换成电信号，并通过前置放大电路进行放大整形，最后峰值采样电路进行峰值采样。后端由低功耗 stm32 单片机完成脉冲峰值提取和计数率的计算，并换算成剂量率，并将测量结果显示在 LCD 液晶屏上。

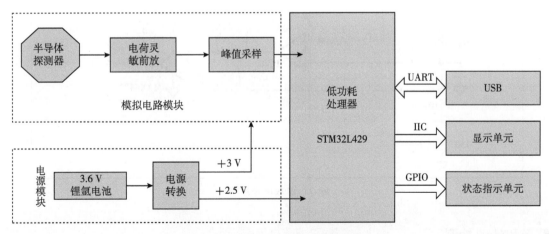

图 1　个人剂量计设计总体方案

作者简介：毕明德（1981—），男，博士，高级工程师，现主要从事核电子学设计科研工作。

2 硅 PIN 及前放设计

硅 PIN 二极管是系统中最重要的探测组件。探测器灵敏度（针对给定辐射检测到的光子数）取决于耗尽区的大小，而耗尽区的大小又取决于二极管的面积和加在其上的反向偏置量。因此，为了最大限度地提高灵敏度，应该选择大面积具有高反向偏压的探测器。但是，这两种情况都会增加噪声。大面积检测器往往具有较高的电容，这会增加电路的噪声增益。同样，较高的偏置电压意味着较高的漏电流。漏电流也会产生噪声。本系统源选择安森美的 PIN 光电二极管（QSE773）作为探测元件，它具有高灵敏度、低成本、低噪声等优点。

电荷灵敏前放电路如图 2 所示。QSE773 在反向偏压下具有 25pF 的等效电容，因此具有良好的灵敏度和噪声特性。第一级运算放大器的重要考虑因素包括输入电压噪声、输入电流噪声和输入电容。输入电流噪声直接位于信号路径中，因此运算放大器应将其最小化，所以优选 JFET 或 CMOS 输入运算放大器。另外，运算放大器的输入电容与 PIN 二极管的电容相比应较小，以减小放大器引入的影响。为了最小化电路噪声，最大限度地减少运算放大器的输入电压噪声。该电路选用运算放大器 MAX4477 来作为第一级前放。其输入电流噪声基本可忽略不计，且具有极低的输入电压噪声（在 $10\sim200$ kHz 的临界频率下为 $3.5\sim4.5$ nV/RtHz@200 kHz），此外其输入电容相当低（为 10pF），能有效地满足设计需求。

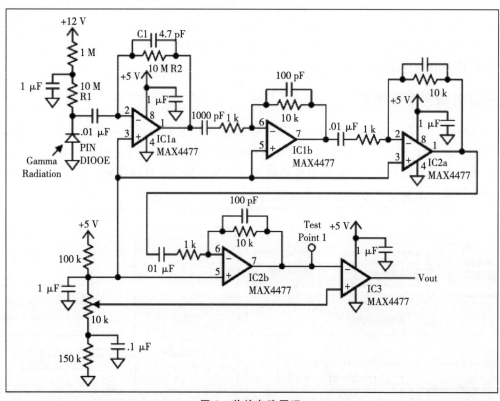

图 2 前放电路原理

3 整形和峰值检测

整形用于将波形展宽，延长其脉冲的持续时间[1]。整形电路非常有必要，因为由闪烁探测器检测到的脉冲持续时间只有 400 ns 左右，要在 400 ns 内完成对其峰值的采样与测量，需要使用高速的 ADC 和放大器，这就为提高整体的硬件成本。为了降低成本，减小后续电路设计上的压力，方便采用更为廉价的器件，这里采用了脉冲整形电路。如图 3 所示，脉冲整形电路在本系统中为一个积分电路，由图中 U1 与 C1 构成。通过整形电路之后，脉冲的宽度被拉长了，但峰值未变，因而不会影响后续的能量测量过程。

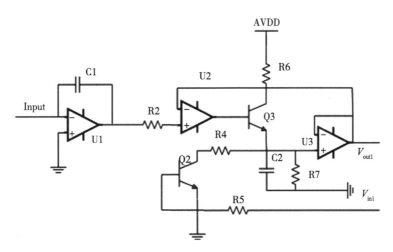

图 3 整形与峰值检测电路

整形后的输出输入到一峰值检测电路。峰值检波[2-3]电路由图 3 中的 U2、Q3、C3 与 U3 组成。其中，为了提高电路的上升沿响应性能，这里 U2 采用了 TLV3501 比较器，相比于采用更高压摆率的方案，采用比较器能进一步地提高电路的响应性能。这里用 Q3 代替常规的二极管，这样处理的目的是提高电路的充电电流，因而能进一步地提高电路的响应时间。U3 在这里为一常用的运算放大器，主要作跟随器使用，以使峰值保持电路不受后级电路的影响。Q2 为复位电路，当为 1 时，C2 上的电荷被放掉；当为 0 时，C2 上的电压为输入波形的最大值。复位电路的引入可以使得该电路能够识别不同的峰值；当没有复位电路时，C2 上的电荷不会放掉，因此电路只能检测到比当前 C2 上所保持的电压值更大的信号。

4　STM32 主控

STM32 作为整个电路的控制中心，完成对输入脉冲峰值的采集与存储，同时负责将这些存储的信息通过一些固定的接口，如 USB 或串口传输出给其他主机，以用于后续分析。为了进一步降低电路的整体功耗，在实际的电路中，本文采用了 STM32L476 系列单片机。该单片机基于 Cortex - M4 内核设计，集实时性能、低功耗运算和 STM32 平台的先进架构及外设于一身，是低成本应用场景下的不二之选。在本文的系统中，采用了 48 脚封装，它含有 1 个 12 位 ADC，并具有 SPI 与 USB 通信接口，因而是本文系统设计要求下的最佳选择。

5　软件流程图

为了方便后续功能性的升级，本系统中的软件基于 FreeRTOS[4]，其基本软件流程如图 4 所示。在电路上电时，首先进行硬件自检。硬件自检主要包含两个方面的自检，即检测峰值电路是否工作正常及存储模块功能是否正常。存储模块是否正常通过在某一固定的地址读写数据完成。而峰值电路的检测由两步完成。这里的峰值输入端有一个 ADC 的输入管脚接到脉冲整形的输入端，当电路进行自检的时候，这一个 ADC 的输入管脚转变成数字输出管脚，因此，其将造成峰值检测电路的峰值输出在 3.3 V 左右；当 Q2 被激发时，峰值检测电路的输出应为 0。通过上述两步的过程，即能完成峰值检测电路的功能性检测。硬件电路自检通过之后才能进行后续的检测与测量工作，当硬件自检不通过时，LCD 显示屏上将显示硬件故障，并指出故障位置，程序将在此停住。

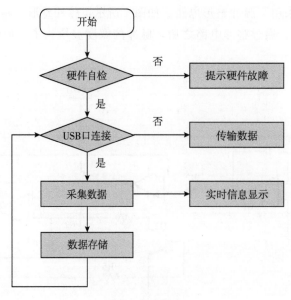

图4　软件流程

6　软件流程图

为了验证系统的可行性,作者进行了大量的实验。首先,检测硅 PIN 探测器的输出是否能检测到真实的射线脉冲。为此,本文将一放射性射源靠近探测器,通过 MO54 高速示波器检测硅 PIN 探测器的输出。MO54 示波器具有 500 MHz 的带宽及 6.25 Gs/s 的采样率,足够采集 400 ns 的射线脉冲。图5给出了示波器抓取到的射线脉冲,可以证明,本文设计的探测器能够正常地检测到放射性信号。

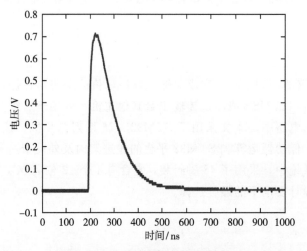

图5　利用示波器截取的放射性信号

其次,本文测试了整形和峰值检测的性能。实验中采用普源 DG4162 100 MHz 函数发生器产生输入信号,输出信号采用 KEITHLEY DMM6500 6 位半高精度多功能测试仪,以保证测试的精度。实验中输入信号的频率从 1 kHz 到 10 MHz,输入信号的幅度从 100 mV 到 3000 mV 变化,图6展示的是实际的检测性能。从图6(a)可以看到,峰值检测电路的输入输出线性度非常好;图6(b)刻画了峰值检测电路在不同输入时的误差,从图中可以看到最大误差仅有 1.5%,充分验证了本文系统设计的可靠性。测试者同时也测试过在不同距离下检测一个放射源,实验中发现,在靠近放射源 1 m

距离内，从各个方向均能检测到放射性粒子产生的信号，且当距离越近，信号的峰值越高，这说明达到了设计目的。

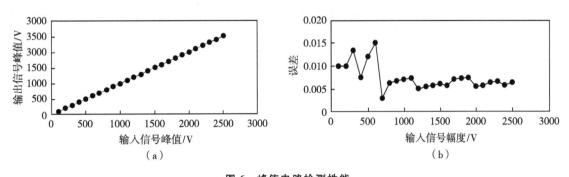

图 6　峰值电路检测性能

（a）输入输出线性度；（b）峰值电路检测误差

7　结论

本文设计了一款基于 SiPM 的辐射剂量仪。它由探测器前端、整形与峰值检测电路、STM32 主控中心、电源模块构成。测试结果表明，该测试仪能准确地检测到放射性粒子产生的峰值信号。实验结果验证了设计目标得以实现。

参考文献：

[1]　沈磊，陈绍和，葛夏平，等．新型激光装置前端系统激光时间脉冲整形技术［J］．光学学报，2004，24（1）：84 - 87．

[2]　李凌，虞礼贞．电压幅值可达毫伏数量级的小信号峰值检测电路的设计［J］．南昌大学学报（理科版），2003，27（4）：382 - 386．

[3]　任丽军，童子权，那晓群．一种重复信号峰值检测的方法［J］．电测与仪表，2001，38（7）：24 - 26．

[4]　张龙彪，张果，王剑平，等．嵌入式操作系统 FreeRTOS 的原理与移植实现［J］．信息技术，2012（11）：31 - 34．

Design of personal dosimeter based on silicon PIN diode

BI Ming-de, XU Yang, ZHU Jie-fan

(Wuhan Second Ship Design and Research Institute, Wuhan, Hubei 430205, China)

Abstract: Silicon sensors can be used to detect gamma rays without scintillators because of their fast response, good intrinsic energy resolution, and high signal output in a small effective volume. This paper proposes a personal dosimeter design scheme with silicon PIN diodes and a low-power microcontroller, which mainly includes microcontroller, preamplifiers, bias circuits, shaping and peak sampling circuits, and LCD screen. A low-power boost circuit is used to meet the bias voltage requirements of the silicon PIN diode, the silicon PIN output signal is amplified and shaped through a multi-stage operational amplifier, and use the peak sampling circuit to extract the peak value of the pulse. The microcontroller uses the stm32L4 series controller (using the Cortex-M4 core, the highest main frequency is 80 MHz, the ultra-low power consumption mode is as low as: 8 nA, the dynamic power consumption is as low as: 28 μA/MHz) for ultra-low power operation. In addition, the design and analysis of the selection of key amplifiers, capacitors and resistors are also carried out. Finally, the sampling performance of the personal dosimeter for the peak signal generated by radioactive particles is demonstrated through experiments.

Key words: Silicon PIN; Personal dosimeter

环境辐射监测系统组网研究

胡玉杰，程芳权，王　杰，任　才，万新峰，李清华

（武汉第二船舶设计研究院，湖北　武汉　430205）

摘　要： 核设施周围的环境辐射不可见且危害性高，需要连续获取监测数据。在应急情况下，需要根据具体情况具体分析，采取相应措施为应急指挥提供支持。因此，对其及时性和准确性要求非常高。如果监测数据被篡改或泄漏，轻则造成错误的判断，实施的措施不足以保护现场人员和设备安全；重则会带来严重后果，对公众造成不同程度的伤害，所以数据的安全性也非常重要。针对这些需求，提出了一种环境辐射监测系统组网方法，旨在对环境辐射进行全方位的监测，为核应急预案的实施提供支持和指导。此组网方式使环境辐射监测系统监测点位全面，系统可靠性高，数据安全稳定。

关键词： 监测站点；组网；常规无线；应急

随着人类对自然的开发越来越深入，对环境造成的影响也越来越严重。核能作为清洁能源，得到了很大的发展。由于核能危害的不可见、难防护，其开发与利用受到公众的广泛关注。核设施运行中一旦泄漏放射性物质，会同时对陆海空产生影响。因此，非常有必要对核设施周围环境辐射进行监测。目前，常规的监测手段往往由于监测站点布点不全面、监测设备不稳定、网络不稳定、服务器不稳定而导致整个监测系统失效。

本文设计了一种对环境辐射监测系统的组网方式，力在对核设施周围环境辐射进行全面、及时、可靠、稳定、安全的监测，为核设施的安全运行提供保证，为应急预案的实施提供指导。在核设施周围设置常规固定环境辐射监测站点，正常情况下，使用光纤进行通信。如果光纤故障，则使用无线网络运营商网络作为备用。在紧急情况下，光纤和常规无线网络都无法使用时，则使用卫星通信作为最终的组网方式。设置环境监测车，对周围大气海水土壤进行随机取样。在应急状态下，根据固定站点的利用情况及核事故发展势态，选择性布置移动站点，移动站点通过卫星通信的应急无线方式与应急指挥中心通信。应急状态下，环境监测车搭载一套监测设备，实施机动性监测，随时取样。同时，环境监测车搭载便携式通信设备，可以和应急指挥中心进行文本、图片、音频、视频传输。

1　监测系统组成

1.1　设备层

监测系统设备层为探测、采样等设备，主要采集环境中辐射水平及气象数据。一般核运行或事故情况下，放射性物质的泄漏会对社会公众造成伤害。需要对周围环境进行全方位的监测。包括但不限于 γ 剂量率、气溶胶、碘、氚、氡监测，碳、氚、碘取样，气象数据监测等[1-2]。

本监测系统考虑陆海空立体空间全方位监测，全面布置无人机抵近侦测。各侦测设备采用智能集群控制，动态组网，随时填补侦测真空地带，随时上传侦测数据。

1.2　网络层

监测系统中层为监测数据传输网络层。终端数据采集处理装置采用常规串口设备，采用通用标准 modbus 协议，对接快速方便[3]。采集数据后，以有线光纤网络为主，网络运营商无线网络为辅，卫星通信作为应急通信的方式将数据上传至位于数据中心的数据采集工作站。

作者简介：胡玉杰（1985—），男，学士，高级工程师，现主要从事辐射防护等工作。

1.3 服务层

监测系统上层为服务器、用户接口、图表工作站等。主要设备有数据采集工作站、值班机、服务器等[4]。

设置两台数据采集工作站，互为备用。两台数据采集工作站使用心跳线连接，以便在一台数据采集工作站发生故障时，另一台立即接替数据采集工作。

设置两台数据服务器，互为备用。以便在一台数据服务器发生故障时，另一台数据服务器继续工作。

设置若干可以执行不同功能的值班机，满足不同的监测及图表等使用需求。

2 功能分析

2.1 数据采集功能

各种下层设备安装于监测子站。设备通过通用串口与数据采集设备连接，通用串口可以增加系统的兼容性，便于扩展替换。

监测子站一般情况下运行于户外，容易受外部工程作业影响。设置摄像机设备，可以监视户外设备运行情况。录像数据通过有线或常规无线方式传输到应急指挥部流媒体服务器。

在应急状态下，监测子站可能被意外损毁，不能再执行监测职能。为弥补此缺陷，设置移动式应急监测子站。环境监测车搭载移动式应急监测子站，移动式应急监测子站是便携式快捷布设设备，可以迅速布设在需要的位置，以实现监测职能。

2.2 网络冗余功能

有线网络传输数据可靠、迅速，但是受场地施工状态及地质灾害影响较大，常规无线网络作为备用，可以弥补因施工及地质灾害受到的影响。在网络不畅的情况下，数据采集装置可以自行保存数据，待网络通畅后再上传数据。

移动式应急监测子站采用卫星无线通信，在有线光纤和常规无线基站都被损毁的情况下依旧能保持通信畅通。

2.3 服务冗余功能

使用数据采集工作站先收集数据，然后再将数据推送至数据服务器。数据采集工作站软件可以灵活配置以增加网络的可扩展性和兼容性。

设置两台数据采集工作站，互为备用，用于采集各种监测数据。

设置两台数据服务器，互为备用，用于存储、处理、分析数据。

设置两台流媒体服务器，互为备用，用于接收及保存珍贵的影像类资料。

2.4 实时通信功能

环境监测系统设置有环境监测车，可以搭载周边环境巡查人员、便携式探测设备、采样设备随时到重点关注地点执行探测工作。周边环境巡查人员携带多媒体设备，可以实时进行语音、视频连线，把文本、图片、语音、视频传给应急指挥部人员，以方便其掌握实时情况，从而有针对性地进行决策。环境监测车采用常规无线和卫星通信两种方式，正常情况下使用常规无线，应急情况下如果常规网络运营商基站被损毁，其依旧能保持通信顺畅。周边环境巡查人员和应急指挥部人员都配置卫星通信设备，保证其在各种情况下保持通信。

为了实现这些功能，组成的网络拓扑图如图1所示。

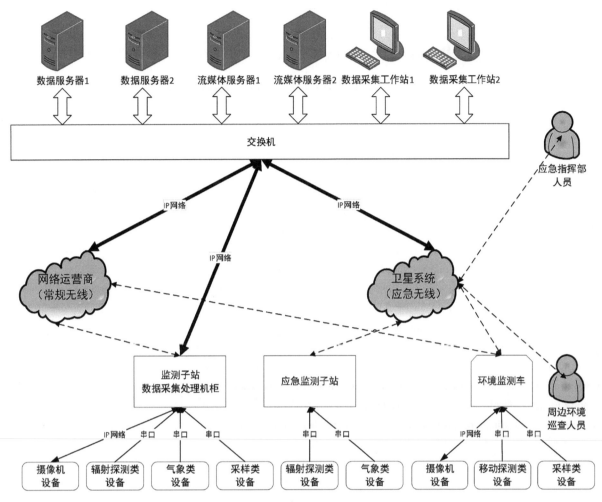

图1 系统网络拓扑图

3 结论

本监测系统在核设施周围多个方位布设常规监测子站,可接入多种用于不同目的的监测设备、采样设备,以保证监测的全面性。

设置有线、无线、卫星通信,保证了监测系统网络的可靠性。

数据中心采用数据采集工作站一用一备,数据服务器一用一备,流媒体服务器一用一备,保证了数据传输、保存、调用的安全性。

所以,即使在最不利的情况下也可以保证环境辐射监测系统的在线运行,是一个全面的可靠的安全的组网。

参考文献:

[1] 夏益华,陈凌.对辐射环境监测中某些关注问题的讨论 [J].辐射防护,2002,22 (4):240.

[2] 杨维耿.几种 γ 辐射探测器用于环境连续测量时的比较 [J].核电子学与探测技术,2003,23 (1):87.

[3] 石成英,林辉,赵志杰.基于串口通讯的远距离辐射监测系统的体系构成 [J].核电子学与探测技术,2005,25 (1):37.

[4] 陈宝维,李爱武,郑建国,等.辐射防护自动监测系统软件的设计及实现 [J].核电子学与探测技术,2006,26 (6):969.

Research on the networking of environmental radiation monitoring system

HU Yu-jie, CHENG Fang-quan, WANG Jie, REN Cai,
WAN Xin-feng, LI Qing-hua

(Wuhan Second Ship Design and Research Institute, Wuhan, Hubei 430205, China)

Abstract: The environment around nuclear facilities is invisible and highly harmful, and continuous acquisition of monitoring data is required. In an emergency situation, it is necessary to analyze the specific situation and take corresponding measures to support the emergency command. Therefore, the requirements for its timeliness and accuracy are very high. If the monitoring data is tampered with or leaked, it can lead to false judgment and the measures implemented are not enough to protect the safety of personnel and equipment in the field. Heavy ones will have serious consequences, causing varying degrees of panic and harm to the public, so the security of data is also very important. In response to these needs, a networking method of environmental radiation monitoring system is proposed, which aims to comprehensively monitor environmental radiation and provide support and guidance for the implementation of nuclear emergency plans. In this networking mode, the monitoring points of the environmental radiation monitoring system are comprehensive, the system reliability is high, and the data is safe and stable.

Key words: Monitoring sites; Networking; Conventional wireless; Emergency

高放废液分离策略下高放玻璃固体废物
辐射特性的蒙特卡罗方法研究

刘　帅[1]，韦　萌[1]，任丽丽[2]

（1. 中核龙安有限公司，北京　100026；2. 中核环保工程有限公司，北京　101121）

摘　要： 乏燃料后处理（PUREX 流程）＋高放废液分离（如具有自主知识产权的 TRPO 流程）会产生不同于传统后处理厂的废液流。其中，TRPO 萃残液是 TRPO 流程对高放废液进行 α 去污后残留的废液，集中了高放废液中绝大部分短寿命的高释热核素（以 Cs－137/Ba－137m 和 Sr－90/Y－90 为主），长寿命的 α 核素的残留量极少。由 TRPO 萃残液制成的固体废物 βγ 活度水平和释热率都很高，属于高放废物；经过 100 年左右（甚至更久）的暂存，待废物包的热功率和活度浓度降低至中放（甚至低放）废物的水平，便可以进行中等深度（或近地表）处置，从而大幅减少了后处理厂产生的需要深地质处置的高放固体废物的总量。玻璃固化技术，尤其是成熟的硼硅玻璃体系，已有超过半个世纪的工程应用历史，仍是固化 TRPO 萃残液最现实可行的方案。目前，由 TRPO 萃残液制成的玻璃固化体和废物包的特性尚无人进行定量研究。本文使用 MCNP 蒙特卡罗模拟程序对玻璃固化休进行了建模研究，针对多个废液源项（TRPO 萃残液、TRPO 萃残液＋渣水、高放废液＋渣水）制成的玻璃固体废物，计算了不同废物包外表面剂量率和空间中不同位置的剂量率水平。为各类废物包在吊装和转运操作过程中辐射防护方案的制定，以及转运容器的屏蔽设计提供了依据。具体工作包含以下 3 个方面：①基于蒙特卡罗方法对废物包外不同位置的表面剂量率进行了研究。研究结果表明，废物包底部的表面剂量率最大，腰部次之，顶部的表面剂量率最小，这说明顶部留有空腔对减少剂量率水平具有一定的贡献。②对多种废液源项在玻璃体中沉积的能量和表面剂量率进行了研究。研究结果表明，混合渣水固化方式对减少能量沉积的影响有限（＜5％），但对表面剂量率有一定的影响，尤其对底部表面剂量率的影响最大（＞13％）。③对废物包容器的屏蔽设计进行了研究。研究结果表明，在针对腰部的屏蔽方法中，增加屏蔽层厚度的效果最为显著，表面剂量率下降约 50％。对于底部屏蔽，增加屏蔽层厚度的效果一般，表面剂量率下降约 9％，这说明采用底部镂空的转运容器在辐射防护设计和经济性上更具有优势。

关键词： 高放废液；玻璃固化；蒙特卡罗方法；外照射；辐射防护；屏蔽

　　乏燃料中除了新燃料原生核素外，还包含在反应堆运行过程中产生的裂变产物、锕系产物和活化产物。传统后处理厂使用水法 Purex 工艺将乏燃料中可回收的铀、钚与裂变产物、锕系产物分离，使得绝大部分放射性与衰变热包含于高放废液中。对于后处理厂高放废液的处置技术，半个世纪以来，较为成熟的工程应用仍为硼硅玻璃体系的玻璃固化技术。

　　1980 年以来，随着核电技术的不断迭代与发展，核燃料中铀的初始富集度与燃耗不断提高，后处理高放废液中的裂变产物与锕系产物的活度也愈来愈高，随之提升的放射性与释热对高放废液玻璃体的处置与辐射防护带来了新的挑战。

　　TRPO 流程是由我国科研人员开发，拥有自主知识产权的高放废液分离技术[1-2]。该分离技术将高放废液中短寿命强 βγ 放射性、高释热的裂变产物（Cs－137/Ba－137m 和 Sr－90/Y－90 等）与长寿命核素（次锕系元素，以及 Tc 等）进行分离。上述强放/高释热裂变产物玻璃固化后，经过不少于 100 年的暂存（对应 Sr－90 与 Cs－137 约 3.3 个半衰期），衰变热和 βγ 活度水平降至中等深度处置库或近地表处置库（二者的建设与运行成本都远低于深地质处置库）的接收水平再进行最终处置。这种长期暂存＋中等深度或近地表处置的方式其实是一种用（暂存）时间换（深地

作者简介：刘帅（1997—），男，本科，助理工程师，现主要从事辐射防护与屏蔽计算等工作。

质处置）空间的策略[3]，操作灵活，技术手段多样，能大幅降低后处理厂产生的放射性固体废物的处置成本[4-5]。

目前，由 TRPO 萃残液（主要含有 Sr - 90 和 Cs - 137 等中短寿命裂变产物）制成的玻璃固化体和废物包的辐射特性尚无定量研究。因此，有必要通过开展此类玻璃固化体表面/周围剂量率的模拟计算来预测未来设施运行过程中操作人员与场所的辐照水平，从而为制定此类废物包的辐射防护方案提供基础数据。

本文使用 MCNP 蒙特卡罗模拟程序，从辐射防护的角度对不同分离工艺下的废液流源项产生的玻璃固化废物包进行模拟研究与分析，并为各类废物包在吊装和转运操作过程中辐射防护方案的制定，以及转运容器的屏蔽设计提供依据。

1 蒙特卡罗模拟计算

1.1 计算模型构建

蒙特卡罗方法（MC）作为一种传统统计实验方法，仍是目前辐射剂量评价与屏蔽计算中的重要方法。相比于经验公式法与点核积分法，MC 对于计算三维复杂几何机构更为准确。MCNP 蒙特卡罗模拟程序是由美国洛斯阿拉莫斯国家实验室开发的模拟中子、光子、电子输运的 MC 软件，因其灵活性与功能强大被广泛应用于设计阶段，并可代替部分实验验证，是一款高效、经济、简易的 MC 模拟程序[6]。

本文参考法国 La Hague 后处理厂玻璃固化设施（R7/T7）的产品容器并以此为设计基础，建立 MC 输入模型。玻璃固化体容器示意如图 1 所示。具体参数如下：容器外径为 420 mm、高 1360 mm、壁厚 5 mm；容器材质采用 304 L 不锈钢；容器装载玻璃体高度 1100 mm。为方便计算，将玻璃体等效为各项同性的辐射源。

模拟计算中为了记录容器周围空气 γ 吸收剂量率，在容器表面与空间处分别设置 10 个测量点进行记录。测量点 1 位于容器底部中心表面处；测量点 2 位于容器侧壁底部高 0 mm 表面处；测量点 3 位于容器侧壁高 550 mm 表面处；测量点 4 位于容器上方空腔测表面处；测量点 5 位于容器顶部中心外表面处；测量点 6～10 分别对应测量点 1～5 据表面 30 cm 处（图 2）。

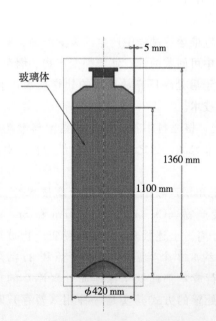
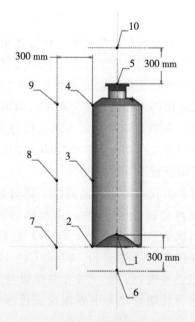

图 1　玻璃固化体及产品容器示意　　　　图 2　玻璃固体废物取样点示意

1.2 计算过程

1.2.1 源项计算

ORIGEN-S 是美国橡树岭国家实验室开发的 SCALE（核数据分析系统）中的一款扩展程序，该程序可以根据燃料组件的不同燃耗、富集度、同位素组成来进行同位素衰变计算。

玻璃固化体中的废液流源项（核素质量、活度）由 SCALE6.1 ORIGEN-S 燃耗计算软件对新燃料进行燃耗计算得出。本研究中，新燃料设定为 UO_2 芯块的压水堆燃料；燃耗深度为 33 GWd/tHM；^{235}U 的富集度假定为 4.95%；比功率假定为 40.2 MW/kg；冷却时间为 8 年。计算结果与具体源项数值如表 1 所示。

表 1　33 GWd/tHM 燃耗、4.95%^{235}U 富集度源项

核素	质量/g	活度/TBq	核素	质量/g	活度/TBq
Cs-137	1020	3290.00	Pu-240	1860	15.60
Ba-137M	0.000156	3110.00	Pu-239	6130	14.10
Pu-241	800	3060.00	Tc-99	825	0.52
Sr-90	495	2580.00	Sn-121M	0.191	0.38
Y-90	0.129	2580.00	Am-243	50.7	0.37
Pm-147	26.9	923.00	Am-242M	0.622	0.24
Cs-134	6.59	315.00	Cm-243	0.123	0.24
Eu-154	10.4	104.00	Eu-152	0.0326	0.21
Pu-238	117	74.30	Zr-93	757	0.07
Ru-106	0.595	73.00	U-234	298	0.07
Am-241	405	51.40	Pu-242	286	0.04
Ce-144	0.365	43.00	Cs-135	439	0.02
Cm-244	8.11	24.30	Sn-126	16.2	0.02
Eu-155	1.33	24.20	U-236	5520	0.01
Sm-151	18.6	18.10	Np-237	467	0.01

根据清华大学提供的 TRPO 工艺实验室规模热试验数据：高放废液中超过 99.9% 的 Sr、Cs、Ba、Ag、Cd、Rb、Sn、Te、Cr 和 Ni 进入 TRPO 萃残液；95% 的 Fe、36% 的 Ru 和 50.7% 的 Rh 进入 TRPO 萃残液；只有不到 0.001% 的稀土元素会进入 TRPO 萃残液，具体成分如表 2 所示。结合表 1 源项数据，可以分别计算出高放废液、TRPO 萃残液中核素的质量与活度组成。

表 2　乏燃料中的主要元素在 PUREX 流程、TRPO 流程中的分配情况

元素	乏燃料的中裂变产物和锕系元素进入高放废液的质量占比	高放废液中的裂变产物和锕系元素进入 TRPO 萃残液的质量占比	乏燃料中的裂变产物和锕系元素进入 TRPO 萃残液的质量占比
Sr	100%	100%	100%
Cs	100%	100%	100%
Ba	100%	100%	100%
Ru	63%*	36%	22.7%
Rh	93.4%*	50.7%	47.4%
Pd	86.8%*	0	0

元素	乏燃料的中裂变产物和锕系元素进入高放废液的质量占比	高放废液中的裂变产物和锕系元素进入TRPO萃残液的质量占比	乏燃料中的裂变产物和锕系元素进入TRPO萃残液的质量占比
Ag	100%	100%	100%
Cd	100%	100%	100%
Rb	100%	100%	100%
Sn	100%	100%	100%
Te	100%	100%	100%
Mo*	65.4%*	0	0
Tc	91.6%*	0	0
Zr**	100%	0	0
稀土金属	100%	0	0
U	0.2%	0	0
Pu	0.5%	0	0
锕系元素	100%	0	0

注：＊表示渣水中的不溶性裂变产物颗粒，包括 37.0% 的 Ru、6.6% 的 Rh、13.2% 的 Pd、8.4% 的 Tc 和 34.6% 的 Mo[7]；

＊＊表示 Zr 为裂变产物，而不是锆合金包壳的碎屑。

1.2.2 MC 模拟计算

使用 MC 软件的 ＊F6 计数卡对玻璃固化体容器表面和空间的 γ 能量沉积进行计数，该计数卡给出测量点的粒子归一化能量沉积值，结合表 1 燃耗计算值、表 2 裂变产物与锕系元素分配比例，对玻璃固化体容器表面及空间剂量率、不同废液流固化方式的玻璃体容器表面剂量率、不同容器壁厚的表面剂量率进行 MC 模拟计算。

2 模拟结果及分析

2.1 单一核素剂量率对整体剂量率值的贡献

表 3 和表 4 显示了在传统后处理厂生产的玻璃固化体（源项为高放废液浓缩液＋首端渣水）中不同核素对玻璃固化罐底面中心测量点剂量率的贡献占比，可以看出由 ^{137}Cs $-^{137m}$Ba $-^{137}$Ba 衰变产生的 γ 辐射对整体剂量率水平的贡献最大，占比达到 88.9%，总 Cs（包括 ^{134}Cs 和 ^{137}Cs）的贡献达到了 91.7%。Eu-154/155、Cs-134、Pr-144、Rh-106 的贡献较小。各核素对总体剂量率的贡献不会因测量点变化产生显著差异。

表 3 不同核素对容器底面中心（点 1）、腰部（点 3）和顶部（点 5）表面剂量率的贡献

（高放废液＋渣水固化，容器壁厚 5 mm） 单位：mSv/h

核素	点 1		点 3		点 5	
	剂量率	占比	剂量率	占比	剂量率	占比
^{137}Cs $-^{137m}$Ba $-^{137}$Ba	690.43	88.9%	245.5	88.5%	173.9	89.3%
Eu-154	27.82	3.6%	10.26	3.7%	6.63	3.4%
Cs-134	21.84	2.8%	8.23	3.0%	5.51	2.8%
Pr-144	20.40	2.6%	8.2	3.0%	4.79	2.5%
Rh-106	14.95	1.92%	5.06	1.8%	3.76	1.9%
Ce-144	0.49	0.06%	<0.1	<0.01%	0.13	<0.01%

核素	点1		点3		点5	
	剂量率	占比	剂量率	占比	剂量率	占比
Eu-155	0.17	0.02%	<0.1	<0.01%	<0.1	<0.01%
Am-241	0.11	0.01%	<0.01	<0.01%	<0.1	<0.01%
总计	776.21	100%	277.25	100%	194.72	100%

表4　不同核素对容器底面中心（点1）、腰部（点3）和顶部（点5）表面剂量率的贡献
（TRPO萃残液＋渣水固化，容器壁厚5 mm） 单位：mSv/h

核素	点1		点3		点5	
	剂量率	占比	剂量率	占比	剂量率	占比
$^{137}Cs-^{137m}Ba-^{137}Ba$	250.72	72.9%	89.79	71.2%	62.19	72.5%
Cs-134	90.12	26.2%	35.22	27.9%	22.83	26.6%
Rh-106	3.02	0.9%	1.03	0.8%	0.76	0.89%
总计	343.86	100%	126.04	100%	85.78	100%

由表3和表4发现，相比于高放废液直接玻璃固化产生的固体废物，TRPO萃残液固化体中核素Cs-134的剂量率贡献值有着明显提升，这是由于TRPO萃残液制成的玻璃固化体不含中短寿命的高Z稀土（如Eu-154、Pr-144、Ce-144）和Am-241，仅含有50.7%的Rh，而Cs-134发生γ衰变的光子能量与上述核素的原子序数位于电子对效应反应区，该作用截面与原子序数平方成正比。因此在TRPO萃残液玻璃体中，Cs-134的衰减程度相比于高放废液玻璃体更低，对容器表面剂量率贡献更大。

2.2　容器表面剂量率与空间剂量率

对设置的不同容器表面测量点（测量点1～5）和与之分别对应据表面30 cm处的测量点（测量点6～10）进行计数，结果如图3所示。

由图3可以看出，直接与玻璃体接触的容器底部（1号测量点）剂量率水平最高；容器侧面（3号测量点）次之；容器顶部由于玻璃体未装满，γ光子在空腔内能得到有效衰减，故剂量率水平较低。同时可以发现，增加空间距离对剂量率水平较高的容器顶部、底部和侧面中心处影响更为显著。

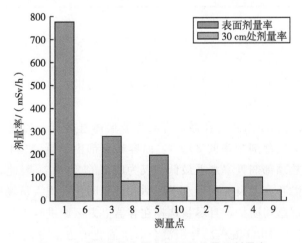

图3　玻璃固化体容器空间不同位置处剂量率

2.3 TRPO工艺流程与混合渣水固化方法对容器表面剂量率的影响

结合图3所得结果，针对玻璃固化体容器剂量率水平较高的3个测量点（1/3/5）进行模拟计算，比较不同废液流源项（高放废液＋渣水、TRPO萃残液＋渣水、仅TRPO萃残液）的玻璃固化体容器表面剂量率，研究TRPO工艺流程和混合渣水固化方法对容器表面剂量率的影响。模拟计算结果如表5所示。

由表5可以看出，采用TRPO工艺流程对降低玻璃固化体容器表面剂量率效果显著，三个测量点的TRPO萃残液玻璃固化体容器表面剂量率仅为高放废液玻璃固化体容器表面剂量率的45％左右；另外，采取混合渣水与萃残液的做法也能降低容器的表面剂量率水平，但影响程度有限（约13％）。

表5　不同废液流源项下的容器表面剂量率　　　　　　　　　单位：mSv/h

	测量点1	测量点3	测量点5
高放废液＋渣水	776.30	227.35	194.82
TRPO萃残液＋渣水	345.84	126.69	86.28
仅TRPO萃残液	394.72	138.08	99.19

2.4 容器壁厚对容器表面剂量率的影响

结合图3与表5的结果，在TRPO萃残液＋渣水混合固化的条件下，改变装有玻璃固化体不锈钢容器的壁厚（5 mm/15 mm），并对玻璃固化体容器剂量率水平较高的3个测量点（1/3/5）进行模拟计算，结果如表6所示。

由表6可以看出，增加壁厚对测量点1和测量点3的表面剂量率衰减水平影响不大，分别为12％与3％，顶部由于存在空腔所以增加容器壁厚对表面剂量率的影响更加有限；但该方法对容器腰部（测量点3）的表面剂量率影响较为显著（减少了47％）。

表6　TRPO萃残液＋渣水条件下不同壁厚的容器表面剂量率　　　　　　　　　单位：mSv/h

壁厚	测量点1	测量点3	测量点5
5 mm	345.84	126.69	86.28
15 mm	312.74	67.64	83.61

3 结论

本文计算了3种不同废液流的源项，基于蒙特卡罗方法建模并对高放废液玻璃固化体容器表面与空间剂量率进行模拟计算，结果表明：

① 对于装有高放废液玻璃固化体的容器，容器与玻璃体直接接触的底面剂量率水平最高，柱体侧面的剂量率水平较低（为底部剂量率的35％），而容器顶部由于废液固化玻璃体设计未装满容器，致使容器上部存有空腔，故顶部剂量率水平最低（仅为底部的25％）。因此，后处理厂在进行高放废液玻璃固化体转运容器、贮存容器表面剂量水平评估和玻璃固化设施人员场所辐射防护时，应着重考虑容器底部与侧面中心的屏蔽与防护，且尽量选择在容器上方区域进行人工操作（若有必要）。

② 高放废液分离工艺（TRPO流程）与用混合渣水固化的方法分离产生的新废液流及高放废液流生产的玻璃固化体的容器表面剂量率水平具有显著差异；使用高放废液分离工艺（TRPO流程）可以有效降低高放废液玻璃固化体容器表面剂量率水平（55％）；使用混合渣水固化方式对减少能量沉

积的影响有限（<5％），但对表面剂量率有一定的影响，尤其对底部表面剂量率的影响最大（>13％）。

③ 增加玻璃固化体容器壁厚的方法能有效降低容器的表面剂量率水平，容器中心侧面的表面剂量率减少了50％；但对于底部剂量的屏蔽，增加屏蔽层厚度的效果一般（9％）。结合结论①，为有效减少底部剂量可同时采用容器底部镂空设计与增加容器厚度两种手段。

此次研究为高放废液玻璃固化体容器、高放废液分离工艺下的 TRPO 萃残液玻璃固化容器的表面剂量率水平评价提供必要的研究数据与设计数据，并为各类废物包在吊装和转运操作过程中辐射防护方案的制定，以及转运容器的屏蔽设计提供依据，使得后处理厂在运行玻璃固化设施时能够更好地保障人员辐射安全。

参考文献：

[1] CHEN J，HE X，WANG J．Nuclear fuel cycle - oriented actinides separation in China [J]．Radiochimica acta，2014，102（1 - 2）：41 - 51．

[2] LIANG F，LIU X．Analysis on the characteristics of geologic disposal waste arising from various partitioning and conditioning options [J]．Annals of nuclear energy，2015，85：371 - 379．

[3] WEI M，QIAO D，CHEN J，et al. Study on the benefit of HLLW partitioning on the high - level waste glasses from the viewpoint of waste management [J]．Progress in nuclear energy，2023，160：104672．

[4] LIU X G，XU J M，LIANG J F，et al. Progress in research of spent fuel reprocessing and high - level liquid waste partitioning integrated process [J]．Science & technology review，2006，24（7）：77 - 81．

[5] OIGAWA H，YOKOO T，NISHIHARA K，et al. Parametric survey for benefit of partitioning and transmutation technology in terms of high - level radioactive waste disposal [J]．Journal of nuclear science and technology，2007，44（3）：398 - 404．

[6] 曾宇峰，滕柯延，杨洪生，等．蒙特卡罗方法在紧凑式水泥固化装置屏蔽设计中的应用 [J]．核安全，2022，21（5）：14 - 20．

[7] MELESHYN A，NOSECK U．Radionuclide inventory of vitrified waste after spent nuclear fuel reprocessing at La Hague [C]//International Conference on Radioactive Waste Management and Environmental Remediation. American Society of Mechanical Engineers，2013，56017：V001T02A029．

Monte Carlo method for radiative characterization of high-discharge glass solid waste under high-discharge waste stream separation strategy

LIU Shuai[1], WEI Meng[1], REN Li-li[2]

(1. CNNC Long'an Co. Ltd. , Beijing 100026, China; 2. CNNC Environmental
protection engineering Co. Ltd, Beijing 101121, China)

Abstract: Spent fuel reprocessing (PUREX process) + high-level liquid waste partitioning (e. g. , TRPO process developed in China) generates waste streams different from those of conventional reprocessing plants. The TRPO raffinate is the residual waste stream after the alpha decontamination of the HLLW in the TRPO process, which contains most of the short- and medium-lived high heat release radionuclides (mainly Cs – 137/Ba – 137m and Sr – 90/Y – 90) in HLLW, and the residual amount of long – lived alpha radionuclides is very small. The βγ activity level and heat release rate of the solid waste made from the TRPO raffinate are high, which is a high-level radwaste; however, after about 100 years (or even longer) of temporary storage, when the thermal power and activity concentration of the waste package are reduced to the level of intermedium-level (or even low-level) waste, it can be disposed of at intermediate depth (or near surface), thus significantly reducing the total amount of high-level waste generated by the reprocessing plant that requires deep geological disposal. Vitrification technology, especially the mature borosilicate glass system, has been used in engineering for more than half a century and remains the most realistic and feasible way to vitrify TRPO raffinate. Currently, the properties of vitrification and waste packages made from TRPO raffinate have not been quantitatively studied. This paper used the MC-NP Monte Carlo simulation program to model vitrification and calculate the surface dose rate on different waste packages and at different locations in space for vitrification made from multiple waste liquid source items (TRPO raffinate, TRPO raffinate + slag water, and High-level liquid waste + slag water) . It provides a basis for the development of radiation protection schemes for various waste packages during lifting and transfer operations, as well as the shielding design of transfer containers. The main contents and conclusions are follows: ①The surface dose rate at different locations outside the waste package was investigated based on Monte Carlo method. The simulation results showed that the surface dose rate at the bottom of the waste package was the largest followed by the waist, and the smallest surface dose rate at the top, which indicates that leaving a cavity at the top has a contribution to reducing the dose rate level. ②The energy and surface dose rates of multiple waste liquid source items deposited in the vitreous humor were investigated. The results of the study showed that the mixed slag water curing method has a limited impact on reducing energy deposition ($<5\%$), but has a certain impact on the surface dose rate, especially on the bottom surface dose rate has the greatest impact ($>13\%$) . ③The shielding design of the waste package container was studied. The results of the study show that for the waist shielding method, the most significant effect of increasing the thickness of the shielding layer, the surface dose rate decreased by about 50%, for the bottom shielding, the effect of increasing the thickness of the shielding layer was indistinctive, the surface dose rate decreased by about 9%, which indicates that the use of the bottom hollow transfer container in radiation protection design and economic more advantageous.

Key words: High-level liquid waste; Vitrification; Monte Carlo method; External irradiation; Radiation protection; Shielding

基于非支配排序遗传算法的 γ 放射源运输容器多目标智能优化研究

周　宇，万洪涛，吴俊良，罗　润*

（南华大学，资源环境与安全工程学院，湖南　衡阳　421001）

摘　要： 为弥补传统放射源屏蔽设计方法的不足，满足 γ 放射源运输容器所需的精确辐射屏蔽设计的需求，开发了蒙特卡罗程序与 MATLAB 耦合程序，并基于非支配排序遗传算法（NSGA－Ⅱ）建立了 γ 放射源运输容器几何尺寸与材料成分等关键设计参数的自动优化设计方法。以屏蔽剂量和材料成本最小化为目标，构建了 γ 放射源运输容器三维模型，基于开发的程序自动获得了屏蔽容器中钨和铅的材料成分配比和几何尺寸的 Pareto 最优解集。结果表明，本文提出的方法可精确获得满足多目标约束的全局最优放射源屏蔽设计方案，从而得到更经济且更安全的 γ 放射源运输容器。

关键词： 辐射屏蔽；非支配快速排序遗传算法；多目标智能优化；放射源运输容器

辐射屏蔽设计从本质上而言是一个带有约束条件的寻优过程[1]，属于核设施工程设计里的重要组成部分，其设计方案将会直接影响总体设计目标的实现[2]。在设计过程中，一方面与射线类型及其能谱分布密切相关；另一方面，还需考虑体积、成本、重量等设计限定条件。但传统的辐射屏蔽设计通常以设计者的个人经验为基础，优化设计效率相对较低，设计结果的全局最优性受人的因素等不确定因素影响较大，在寻得最优解上具有一定的局限性。为了更为科学、全面地寻得全局最优解，带精英策略的非支配快速排序遗传算法（NSGA－Ⅱ）、特征统计算法（CSA）、基因算法（GA）、多网格遗传算法（MGGA）等多种优化算法，被广泛地应用在辐射屏蔽设计中，以实现自动优化的目标[3-9]。为了实现辐射屏蔽设计的安全合理，即需要在保证通量符合国家规定的条件下，寻找符合体积小、价格低等要求的屏蔽方案，需要考虑"辐射剂量-工程造价"多目标约束来对材料组分和屏蔽层厚度进行优化设计。其中，非支配排序遗传算法引入了非支配排序、拥挤度和拥挤度比较算子及精英策略等，相较于传统的遗传算法而言，该算法能够从收敛前沿筛选出多种优化方案，且无须设置权重，其种群在收敛过程中由离散分布逐渐收敛、延展为前沿曲线或曲面，使种群更具有多样性，更便于实现复杂工程设计过程中的多目标优化问题。

随着我国辐照加工行业的迅速发展，市场对工业钴源的需求量大幅增长[10]。在国内，以前研究的 ^{60}Co 运输容器的装载量很小，且取得设计许可证的容器也很少，大容量钴源运输容器在国内几乎没有，所以只能通过增加运输次数来满足国内运输需要。大容量钴源运输容器由于内容物放射性活度水平很高、衰变热很大，仅有加拿大、英国、俄罗斯等少数国家具有设计能力，但其具体设计方案未公开。因此，针对大容量钴源的运输容器在国内的优化设计亟待研究[11]。综上所述，本文将基于 NSGA－Ⅱ对 FCTC10 型工业辐照 ^{60}Co 运输容器[12]的材料组分、屏蔽层厚度等关键参数进行自动优化，以便快速获得满足多目标约束的优化辐射屏蔽方案。

1　γ 放射源运输容器三维模型

1.1　FCTC10 型工业辐照用 γ 放射源运输容器简介及三维模型构建

FCTC10 型容器包含屏蔽容器、吊篮、防护罩和运输托架。屏蔽容器由容器主体、铅塞、隔热

作者简介： 罗润（1988—），男，湖南涟源人，讲师，博士，现从事先进核能系统仿真和安全分析工作。

筒、隔热盖及减震环构成，如图1所示。容器主体采用钢-钨-钢-铅-钢结构，容器具体尺寸数据如文献[12]所示；采用蒙特卡罗粒子输运程序建立的三维模型如图2所示；材料组成如表1所示。

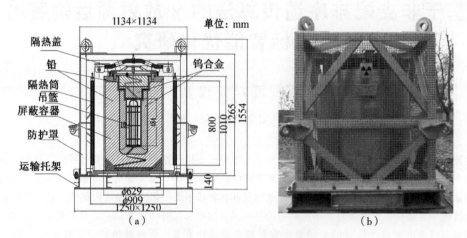

图1　FCTC10 型 γ 放射源运输容器和结构[12]

（a）FCTC10 型 γ 放射源运输容器结构；（b）FCTC10 型 γ 放射源运输容器实物

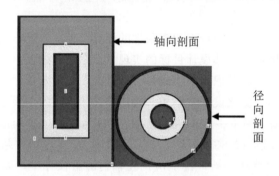

图2　基于蒙特卡罗粒子输运程序的放射源容器三维模型

表1　各类材料的组成

材料	元素	原子密度/（b⁻¹·cm⁻¹）	材料密度/（g/cm³）
0Cr18Ni9	Cr	$1.651\,49\times10^{3}$	7.92
	Fe	$5.958\,63\times10^{-2}$	
	Ni	7.3114×10^{2}	
	Mn	3.8517×10^{-3}	
铅	Pb	$3.304\,30\times10^{-2}$	11.34
硅酸铝纤维毯	Al	$6.645\,84\times10^{-4}$	0.128
	Si	$6.676\,03\times10^{-4}$	
	O	$2.332\,20\times10^{-3}$	
	C	$2.200\,07\times10^{-4}$	
	H	$4.401\,80\times10^{-4}$	
钨合金	W	$6.019\,18\times10^{2}$	12.125
	Ni	9.4491×10^{-3}	
	Fe	9.4491×10^{3}	

1.2 多目标优化数学模型

辐射屏蔽多目标优化的难点在于优化的目标之间存在一定的冲突，即实现一个目标的优化时，有一定概率引起其他目标的劣化。例如，想实现价格下降的目标时，势必会导致屏蔽效果下降；相反，想实现屏蔽效果上升时，就必然会导致价格上升。所以，想要实现总目标最优化是不可能的，如何保证各个目标之间在满足约束条件的情况下，达到全局相对优化是该问题的关键点。而辐射屏蔽设计是一个十分经典的多目标优化问题，该问题会涉及屏蔽效果、价格、重量等多个优化目标。因此，本文在结合 FCTC10 型工业辐照^{60}Co 运输容器的实际设计情况，并在满足辐射通量的最低限度情况下[13]，实现屏蔽效果好、造价低、重量轻的优化目标。本文给出的辐射屏蔽多目标优化数学模型如下：

$$F(x) = \min[R(x), P(x)]。 \tag{1}$$

$$\begin{cases} R(x) = \max(R_i(x), i = 1, 2, \cdots, I) \leqslant R_0 \\ P(x) = \sum_{j=1}^{J} P_j(x) \leqslant P_0, i = 1, 2, \cdots, J。 \\ x = (x_1, x_2, x_3, \cdots x_n) \end{cases}$$

式中，$R_i(x)$ 表示 FCTC10 型工业辐照^{60}Co 运输容器外第 i 个指定点的辐射通量；R_0 表示该容器在国标要求下需满足的辐射通量；$P(x)$ 表示该容器的总工程造价；x 为 n 维的设计参数向量，具体设计参数包括辐射屏蔽系统的屏蔽材料成分配比、种类、几何结构、尺寸等。

2 带精英策略的非支配排序遗传算法

2.1 多目标进化优化方法

多目标进化优化方法运用遗传算法来处理多目标优化问题，采用自然界中种群的方式进行组织搜索，可以同时搜索解空间的多个域，运行一次能找到多目标优化问题的多个最优解集，是进行多目标优化求解的有效方法，适用于求解空间维度多、范围广的问题[16]。而非支配排序遗传算法（NSGA）则是多目标进化优化方法中基于 Pareto 支配的一种算法，主要根据解之间的支配关系及解的密度来挑选种群中的解[16]。本文采用的是 NSGA-Ⅱ，相较于 NSGA 计算复杂度低，运算速度快；提出了拥挤距离和拥挤选择算子的概念，保持了种群的多样性；引入精英策略，可迅速提高种群水平[14-15]。

2.2 快速非支配排序算法

快速非支配排序方法通过保存每个解之间的优劣关系比较结果，并利用索引查找机制把计算复杂度从 $O(mN^3)$ 降低到 $O(mN^2)$，其中 m 为目标数量，N 为种群大小。在 NSGA-Ⅱ中引入的改进排序方法分为以下两个部分。

第一部分：给种群中的每个解设置两个变量，即 n_p 和 S_p，并进行初始化。其中 p 的取值范围为从 1 到 N，n_p 用于记录支配解 p 的解个数，S_p 用于记录被解 p 支配的解集。这一步需要对种群中的每个解进行双重遍历，计算每个解的 n_p 和 S_p，因此时间复杂度为 $O(mN^2)$。

第二部分：根据第一部分排序的结果进行分层，并初始化分层序号为 1。首先，将所有 n_p 为 0 的个体从种群中移除，并将当前分层序号赋予这些个体，它们属于该分层。然后，减少这些个体 S_p 中对应的个体的 n_p 值，并递增分层序号，重复此操作，直到为种群中的所有个体赋予分层序号。这部分操作的时间复杂度为 $O(N^2)$，而此种排序方法的时间复杂度则为 $O(mN^2) + O(N^2)$，即 $O(mN^2)$[17]。

2.3 拥挤度的计算和拥挤选择算子

拥挤距离被用来衡量同一排序分层内个体的聚集度，作为评判标准来保持种群的多样性。它通过计算个体在每个目标上与相邻个体的距离差的绝对值之和来表示。拥挤距离的计算能够量化同一排序分层内个体之间的分散程度。这样的评估指标有助于避免个体过度集中在某一区域，从而维持种群的

多样性水平。个体 i 在第 k 个目标 f_k 上的拥挤距离为 $|f_k^{i+1} - f_k^{i-1}|$，$k = 1, 2, \cdots, m$。m 为目标的个数，f_k^{i+1}，f_k^{i-1} 是个体 i 在第 k 个目标上相邻两个个体的目标值。个体 i 的拥挤距离为 d_i。

$$d_i = \sum_{k=1}^{m} (|f_k^{i+1} - f_k^{i-1}|)。 \tag{2}$$

为了保持种群个体的分布和多样性，在采用（$\mu + \lambda$）精英选择策略时，我们需要根据个体的非支配排序分层序号和拥挤距离来进行选择，以选择出最优秀的 N 个个体。假设个体 i 的非支配排序分层序号为 i_{rank}，拥挤距离为 d_i。对于任意两个个体 i 和 j，按照以下规则进行选择：

① 如果 $i_{rank} < j_{rank}$，则选择个体 i 作为优选个体。

② 如果 $i_{rank} > j_{rank}$，则选择个体 j 作为优选个体。

③ 如果 $i_{rank} = j_{rank}$，则根据个体的拥挤距离进行选择，拥挤距离越大意味着个体周围其他个体数量越少，密度越稀疏，因此我们认为拥挤距离大的个体更优；反之则选择拥挤距离小的个体。通过这样的选择策略，我们可以在保持个体多样性的同时，选择出最优秀的个体来构建下一代种群[18]。

2.4 精英选择策略

采用（$\mu + \lambda$）精英选择策略，将同一代的父代种群 P_t 与子代种群 Q_t 进行合并，从而形成临时种群 R_t，并对 R_t 排序分层，利用拥挤选择算子从 R_t 中选取 N 个最为优秀的个体作为下一代父代种群。

3 辐射屏蔽多目标优化程序及计算

3.1 辐射屏蔽多目标优化程序

辐射屏蔽多目标优化程序主要是基于 NSGA-Ⅱ 来实现辐射屏蔽容器关键参数的优化，实现辐射屏蔽多目标自动优化。程序的优化过程主要包括：快速非支配排序、拥挤度计算、精英选择策略、遗传和交叉变异操作。该程序流程如图 3 所示。

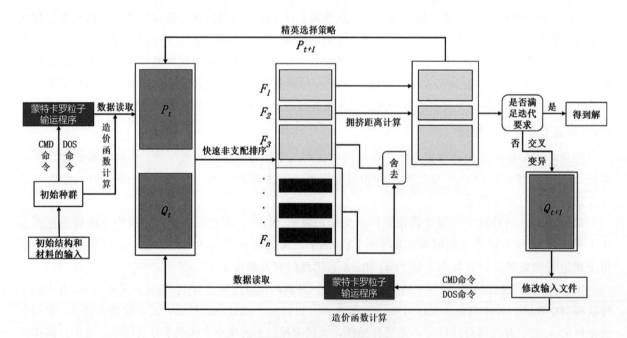

图 3　辐射屏蔽多目标优化程序流程

在该辐射屏蔽多目标优化程序中，首先对蒙特卡罗模型的输入文件参数和种群进行初始化。设置种群每一代的个体数为 N，共迭代 T 代，并指定交叉和变异的概率。将父代种群（P_t）与子代种群（Q_t）合并为交配池。然后使用快速非支配排序算法对种群进行层级排序，并通过选择操作保留精英个体，同时通过保留拥挤距离较大的个体来保持子代种群的多样性。根据非支配排序层级，依次选取层中的方案加入新一代种群（P_{t+1}）中。若新一代个体数超过 N 个，根据拥挤度距离进行排序，选择拥挤度距离较大的方案加入 P_{t+1}，直到个体数达到 N 个。

基于 NSGA-Ⅱ算法进行迭代优化。使用非支配排序层级作为方案适应度参考值，根据精英策略从不同层级中依次选取方案加入 P_{t+1}。若个体数超过 N，对拥挤度距离较大的方案进行择优，直到个体数满足 N 个。P_{t+1} 由 F_1 层方案、F_2 层方案和 F_3 层拥挤度较大的方案部分组成。最后，将精英种群 P_{t+1} 作为新一代父代种群放入交配池，进行变异和交叉操作，生成新一代种群 Q_{t+1}。通过更新 Q_{t+1} 中每个方案的设计参数，进行设计函数计算和辐射剂量计算。这些计算值将用于下一次迭代时种群的非支配排序。重复以上过程直至达到指定循环代数，最后一代 F_1 前沿面上的方案即为最优方案[19]。

针对屏蔽方案辐射剂量的计算，本文采用蒙特卡罗粒子输运程序代替拟合函数进行计算，因为该程序是基于蒙特卡罗方法的用于计算三维复杂几何结构中的中子、光子、电子或者耦合中子/光子/电子输运问题的通用软件包，也具有计算核临界系统（包括次临界和超临界系统）本征值问题的能力。能够真实地模拟实际物理过程，故解决的问题与实际非常符合，可以得到极其精确的结果[20]。因此，本文特地开发了 MATLAB 与蒙特卡罗粒子输运程序的耦合程序，实现屏蔽剂量计算自动化。

3.2 辐射屏蔽多目标优化计算

在优化过程中，本文将 ^{60}Co 源简化为各向同性的点源，并设置源强度为 18wCi；同时 ^{60}Co 核主要是发生 β 衰变并释放两个 γ 光子，能量分别为 1.17 MeV 和 1.33 MeV，概率近似为 1:1，所以通过 MCNP 输入文件采用 Mode P 模式（仅考虑光子输运）。考虑到该容器材料组分和容器结构主要影响优化效果，而容器内部的铅层和钨合金层起主要屏蔽效果，所以在辐射剂量上需考虑铅层和钨合金层的厚度；且钨合金在该工程中造价占比较高，所以在工程造价优化上需考虑合金中钨的占比。

在优化过程中，多目标遗传算法的控制参数为：①每代种群个数为 50 个，总共进化迭代代数为 200 代，交叉概率为 0.8，变异概率为 0.05；②辐射屏蔽优化类型为钨层、Pb 层厚度和钨合金中钨元素占比的混合优化；③辐射屏蔽优化目标为"辐射剂量-工程造价"约束目标。

基于蒙特卡罗软件与 MATLAB 耦合进行辐射屏蔽计算，种群迭代 200 次后，辐射屏蔽方案收敛到优化方案集合（Pareto 前沿），如图 4 所示。现选取 3 种具有代表性的优化方案（图 4 中标记）和原方案对比，加大计算精度再次计算，计算结果如表 2 所示。其中 A 代表辐射量最优方案，B 代表兼顾造价和辐射量的相对优化的折中方案，C 代表造价最优方案，D 代表初始设计，其中选定层屏蔽量相对误差小于 3‰，最外层屏蔽量相对误差小于 6%。

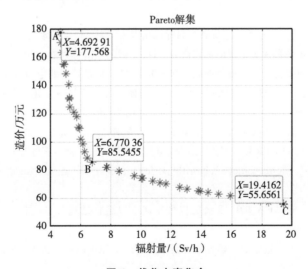

图4 优化方案集合

如表 2 所示，B 方案下的容器造价为 85.5455 万元，选定层辐射剂量为 6.870 855 6 SV/h，最外层辐射剂量为 3671.891 11 μSv/h，均要优于 D 方案。相比之下，A 方案的辐射屏蔽效果要优于 B 方案，但造价高于 D 方案。而 C 方案的经济效益优于 B 方案，但辐射屏蔽效果劣于 D 方案。在实际情况下，可根据工程需求，确认辐射屏蔽效果和工程造价的权重占比，选取合适的优化方案。

表 2　方案对比

方案	钨合金中钨占比	厚度/cm	价格/万元	选定层屏蔽量/（Sv/h）	最外层屏蔽量/（μSv/h）
A	0.90	9.72	177.5678	4.870 051 74	2672.111 88
B	0.89	5.05	85.5455	6.870 855 6	3671.891 11
C	0.50	5.07	55.6561	19.381 199 4	10 978.01
D	0.76	6.50	97.9642	9.734 522 4	5483.357 82

4　结论

辐射屏蔽设计从数学模型上来看，是一个复杂的非线性多目标多参数组合优化问题。本文针对辐射屏蔽设计组合优化问题，基于 NSGA -Ⅱ开发了辐射屏蔽多目标智能优化程序，并对 FCTC10 型工业辐照 ^{60}Co 运输容器进行优化。数值结果表明，该程序可以实现对辐射屏蔽材料组分、几何结构等关键设计参数的自动修改与迭代优化，可以快速获得满足多目标约束下的辐射屏蔽优化方案，证明了该程序在辐射屏蔽优化应用中的工程意义和科学意义。同时，本文方法可为提高放射源运输容器的设计性能和设计效率提供一定的技术支撑，还可为新型放射源运输容器辐射屏蔽概念设计提供一定价值的参考建议。

致谢

本研究受到湖南省大学生创新创业训练计划项目资助，项目编号：D202305182341199364（FCTC10 型工业辐照 ^{60}Co 运输容器智能优化研究）。

参考文献：

[1] 陈法国，李国栋，杨明明，等. 基于遗传算法的中子屏蔽材料组分优化研究 [J]. 辐射防护，2020，40（1）：38 - 44.

[2] 张震宇，赵世伦，陈珍平，等. 基于进化多目标遗传算法的辐射屏蔽优化方法研究 [J]. 核动力工程，2020，41（S1）：124 - 129.

[3] 张泽寰，宋英明，卢川，等. 反应堆辐射屏蔽多目标优化方法研究 [J]. 核动力工程，2020，41（5）：178 - 184.

[4] 张泽寰. 反应堆辐射屏蔽多目标快速智能优化研究 [D]. 衡阳：南华大学，2021.

[5] 杨寿海. 基于遗传算法的多目标智能辐射屏蔽方法研究 [D]. 保定：华北电力大学，2012.

[6] 韩文敏，戴耀东，姚初清，等. 遗传算法在中子-γ混合辐射场屏蔽材料优化设计中的应用 [J/OL]. [2023 - 06 - 16]. https：//kns. cnki. net/kcms2/detail/11. 2011. O4. 20230522. 1127. 002. html.

[7] 王雨芹. 遗传算法在辐射防护中的应用 [J]. 电子技术与软件工程，2022（14）：143 - 146.

[8] 王炳衡，刘志宏，施工，等. CARR 堆冷源孔道组合屏蔽优化设计 [J]. 核科学与工程，2006（3）：220 - 228.

[9] ASBURY S T . Multi - grid genetic algorithms for optimal radiation shield design [D]. University of Michigan. 2012.

[10] 朱丽兵，周云清，丁捷，等. CANDU 重水反应堆钴调节棒组件结构设计 [J]. 原子能科学技术，2010，44（S1）：418 - 422.

[11] 薛娜，王炳衡，毛亚蔚. 大容量钴源运输容器屏蔽研究 [J]. 原子能科学技术，2015，49（7）：1298 - 1302.

[12] 李国强，庄大杰，孙洪超，等．FCTC10 型工业辐照～（60）Co 运输容器屏蔽测量与评价［J］．辐射防护，2015，35（4）．

[13] 电离辐射防护与辐射源安全基本标准［EB/OL］．［2023 - 06 - 16］．http：//www7. zzu. edu. cn/ _ local/5/9F/AF/AC4F6DC25D249 F29A4589BF551B _ F1DF14E2 _ F5C98. pdf.

[14] 杨寿海，陈义学，王伟金，等．多目标辐射屏蔽优化设计方法［J］．原子能科学技术，2012，46（1）：79 - 83.

[15] 应栋川，肖锋，张宏越，等．基于遗传算法的核反应堆辐射屏蔽优化方法研究［J］．核动力工程，2016，37（4）：160 - 164.

[16] 刘元．进化多目标优化算法研究［D］．长沙：湖南大学，2021.

[17] 郭军．带精英策略的非支配排序遗传算法优化研究［D］．沈阳：辽宁大学，2017.

[18] 郑强．带精英策略的非支配排序遗传算法的研究与应用［D］．杭州：浙江大学，2006.

[19] 曹奇锋，张震宇，陈珍平，等．基于非支配排序遗传算法的辐射屏蔽多目标优化方法研究［J］．核动力工程，2020，41（1）：167 - 171.

[20] GALLOWAY J，RICHARD J，UNAL C. Supporting design analysis of the VTR using MCNP and TRACE［J］．Nuclear science and engineering，2022，196（S1）：50 - 62.

Research on multi-objective intelligent optimization of gamma radiation source transport container based on non-dominated sorting genetic algorithm

ZHOU Yu，WAN Hong-tao，WU Jun-liang，LUO Run*

(School of Resource & Environment and Safety Engineering, University of
South China, Hengyang, Hunan 421001, China)

Abstract：In order to make up for the deficiencies of traditional radioactive source shielding design methods and meet the needs of precise radiation shielding design required for gamma radioactive source transport containers, a Monte Carlo program and a MATLAB coupling program were developed, and based on the non-dominated sorting genetic algorithm (NSGA-Ⅱ) An automatic optimal design method for key design parameters such as the geometric dimensions and material composition of the γ-radiation source transport container was established. Aiming at minimizing the shielding dose and material cost, a three-dimensional model of the gamma radiation source transport container was constructed. Based on the developed program, the Pareto optimal solution set of the material composition ratio and geometric size of tungsten and lead in the shielded container was automatically obtained. The results show that the method proposed in this paper can accurately obtain the global optimal radioactive source shielding design scheme that satisfies the multi-objective constraints, so that a more economical and safer gamma radioactive source transport container can be obtained.

Key words：Radiation shielding；Nondominant quick sort genetic algo；Multi-objective intelligent optimization；Radiation source transport container

不同特征组合对 γ 射线累积因子极限树模型的影响

陈志涛，刘永阔*，胡冀峰

（哈尔滨工程大学核安全与仿真技术国防重点学科实验室，黑龙江　哈尔滨　150001）

摘　要：累积因子是对窄束衰减规律的一种修正，是 γ 射线衰减计算过程中的重要参数。当前，快速计算累积因子普遍使用的 GP 拟合公式有 5 个参数，均与射线能量、穿透深度和材料种类有关，导致参数库庞大臃肿，计算过程复杂，涉及大量的多元插值运算。为了简化累积因子的计算过程，在之前的工作中已经提出了一种基于极限树的 γ 射线累积因子计算方法，并初步验证了其可行性。本文对该方法作了进一步深入研究。从射线能量 E、屏蔽厚度 t、密度 ρ、2 种原子序数（有效原子序数 Z_{eff} 和等效原子序数 Z_{eq}）及 4 种截面共 9 个特征中选择了 4 个不同的特征，将 ANS 照射量累积因子数据作为训练集各自训练得到不同的极限树模型，并计算了几种单质和玻璃材料的累积因子。通过将模型计算结果与 ANS 数据和 GP 公式结果进行对比，综合考察模型的准确性和效率，最终确定了最优的特征组合，实现了 0.15～15 MeV 范围内 γ 射线累积因子的快速准确计算。

关键词：γ 射线；辐射防护；累积因子；极限树；回归技术

γ 射线作为电离辐射防护主要考虑的射线类型之一，具有穿透能力强、对生物组织损伤大的特点。指数减弱规律只能表征理想窄束 γ 射线在屏蔽介质中穿行时的衰减特性，而现实中多数情况下宽束射线才是被计算和分析的对象[1]。累积因子表示在通过介质的辐射中，某点的总辐射量与同一点的未包括散射贡献辐射量的比值[2]，是对指数衰减规律的修正，主要用来分析 γ 射线的透射和散射。确定累积因子，可以对不同屏蔽材料中的有效能量沉积进行校正，从而有助于对伽马辐射、放射性物质和核能在各领域的安全利用进行更为详细地研究。

通过累积因子来估计 γ 辐射在介质中的多次散射，大大简化了 γ 射线的衰减计算过程。因此，累积因子的概念被研究人员广泛接受，并针对不同材料的累积因子开展了大量研究。1991 年，美国核学会（American Nuclear Society，ANS）发布了一套较为系统全面的累积因子标准参考数据[3]，考虑了 23 种单质和水、空气及混凝土共 26 种材料，能量范围为 0.015～15 MeV，穿透深度达到 40 mfp。自发布以来，ANS 累积因子数据一直是 γ 射线屏蔽设计和分析等行业的参考标准，得到了广泛的应用。

根据已有的累积因子数据，研究者们提出了一系列半经验拟合公式。例如 Taylor 公式[4]、Berger 公式[5]及 GP 公式[6]等。相比前两者，GP 公式的拟合准确度更高，被应用于对 ANS 数据的拟合。但拟合公式参数较多，尤其是 GP 公式，有 5 个参数，且各个参数均与射线能量、屏蔽材料有关，在推导公式的拟合参数的过程中需要较专业的拟合技巧，且最终形成的参数库庞大臃肿。另外，不使用通过直接访问数据库这一方法得到累积因子的原因之一就是，对于数据库不包含的材料，要获取其累积因子需要进行大量的多元插值等数学运算，而 GP 公式同样没能有效规避这一问题。以上都给传统半经验拟合公式的实际使用带来一定的不便。

针对上述问题，为了简化累积因子的计算，在之前的研究中，作者已经提出了一种基于极限树的 γ 射线累积因子计算方法，并初步验证了其可行性[7]，但对建立累积因子极限树模型的特征选择问题并未做深入探索。因此，本文对该问题进行进一步研究，从射线能量 E、屏蔽厚度 t、密

作者简介：陈志涛（1998—），男，博士生，现主要从事核设施退役仿真、辐射防护最优化等科研工作。

通讯作者：刘永阔，lyk08@126.com。

基金项目：哈尔滨工程大学 2022 年度"高水平科研引导专项"项目（3072022TS1501）。

度 ρ、2 种原子序数（有效原子序数 Z_{eff} 和等效原子序数 Z_{eq}）及 4 种截面共 9 个特征中选择了 4 个不同的特征，以 ANS 照射量累积因子数据作为原始训练集，采用极限树算法，建立 4 种不同的累积因子回归模型。模型计算结果与 ANS 数据和 GP 公式结果进行对比，考察模型的准确性，从而确定最优的特征组合。本文工作的主要目的是，形成一种准确度高，使用方便，且易于实现的累积因子拟合方法。

1 基础理论

1.1 GP 公式

GP 公式是一种被普遍使用以计算 γ 射线累积因子的方法，对 ANS 数据具有很高的拟合准确度，本文中 GP 公式被用于在测试集上验证所提出方法的准确性。其具体形式见式（1）：

$$\begin{cases} B(E,t) = 1 + \dfrac{b-1}{K-1}(K^t - 1) \ for \ K \neq 1 \\ B(E,t) = 1 + (b-1)t \ for \ K = 1 \\ K(E,t) = ct^a + d \dfrac{\tanh(t/X_k - 2) - \tanh(-2)}{1 - \tanh(-2)} \end{cases} \quad (1)$$

式中，B 为累积因子；E 为 γ 射线能量；t 为射线的穿透深度，是一个无量纲数，以平均自由程的倍数来表示；b，c，a，X_k，d 为 GP 公式拟合参数。ANS 提供了一系列参数数据表以供查询，对于介质材料为混合物或化合物等需要插值的情况，见插值式（2）：

$$p = \frac{p_1(\log Z_2 - \log Z_{eq}) + p_2(\log Z_{eq} - \log Z_1)}{\log Z_2 - \log Z_1} \quad (2)$$

式中，p 为待计算参数；Z_1 和 Z_2 是组成该物质的元素中两种相邻的元素；p_1 和 p_2 为与 Z_1 和 Z_2 对应的 GP 公式拟合参数；Z_{eq} 为介质材料的等效原子序数，介于 Z_1 和 Z_2 之间，通常采用式（3）计算得到：

$$Z_{eq} = \frac{Z_1(\log R_2 - \log R) + Z_2(\log R - \log R_1)}{\log R_2 - \log R_1} \quad (3)$$

式中，R 为该材料康普顿散射过程的质量衰减系数 $(\mu/\rho)_{Compton}$ 与总质量衰减系数 $(\mu/\rho)_{Total}$ 的比值，与 γ 射线能量 (E) 相关。在特定能量下，在组成该物质的元素中，找到两种相邻的元素，其原子序数分别为 Z_1 和 Z_2，使得 R 介于 R_1 和 R_2 之间，就可利用上述插值式（1）计算得到该材料的等效原子序数 Z_{eq}。

1.2 极限树

极限树[8] 是一种集成算法，原理示意如图 1 所示。极限树的基本决策单元是决策树，每棵个体决策树都是一个"个体学习器"，当个体学习器的数量一定时，每个学习器之间的独立性越好，集成学习的准确率就越高。极限树在构建每棵决策树时，都使用训练集中全部的训练样本。为了提高个体之间的独立性，在进行节点分裂时，随机选取全部特征的一个子集。对子集中每一个非常数特征，又随机选择一个处于该特征属性的最大值和最小值之间的任意数，当样本的该特征属性值大于该值时，作为左分支，当小于该值时，作为右分支。然后计算此时的分裂值。遍历子集内的所有特征属性，按上述方法得到所有特征属性的分裂值，选择分裂值最大的那种形式实现对该节点的分裂。极限树既可以处理分类问题，也可以处理回归问题。对分类问题，考虑每一棵决策树的输出类别，最终的输出结果为投票次数最多的类别；对回归问题，将所有决策树的输出结果的平均值作为最终输出结果。

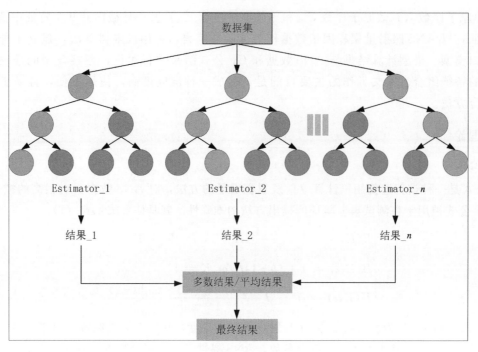

图 1　极限树原理示意

2　累积因子极限树模型的建立

训练集的累积因子数据取自 ANS 照射量累积因子。在构建训练集之前，需要确定输入空间所包含的特征，本义选择了 4 种不同的特征组合，如表 1 所示。影响累积因子数值的主要因素有人射 γ 射线的能量 E（MeV）、屏蔽厚度 t 及屏蔽材料。一般来说，原子序数 Z 是计算累积因子时非常重要的物理量[9-10]，通常用来区分材料的种类。对于混合物或化合物，通常使用等效原子序数 Z_{eq} 或有效原子序数 Z_{eff}[11] 来代替 Z，分别对应特征组 1 与特征组 2。对于特征组 3，则是由于 GP 公式在计算 Z_{eq} 时，使用了 $(\mu/\rho)_{Compton}$ 和 $(\mu/\rho)_{Total}$ 这两个光子截面数据，而 $(\mu/\rho)_{Photoelectric}$ 则直接导致 $(\mu/\rho)_{Total}$ 在 K 壳层边缘的不连续特性。3 种截面数据从 NIST 网站的光子截面数据库中获得[12]，其中 $(\mu/\rho)_{Total}$ 不包括相干散射贡献。特征组 4 则是对材料密度的考虑。

表 1　4 个不同的特征组

特征组 1	特征组 2	特征组 3	特征组 4
Z_{eff}	Z_{eq}	$(\mu/\rho)_{Compton}$	ρ
E	E	$(\mu/\rho)_{Photoelectric}$	Z_{eq}
t	t	$(\mu/\rho)_{Total}$	E
—	—	E	t
—	—	t	—

屏蔽厚度 t 通常用平均自由程（mfp）来度量，t 与用厘米（cm）度量的几何厚度 d 通过式（4）进行换算：

$$d = \frac{t}{\left(\dfrac{\mu}{\rho} \cdot \rho\right)}。 \tag{4}$$

式中，ρ 为介质材料的密度；(μ/ρ) 为材料的质量衰减系数。

有效原子序数 Z_{eff} 采用式（5）进行计算：

$$\begin{cases} Z_{\mathrm{eff}} = \sqrt[2.94]{\sum_{i=1}^{n} f_i Z_i^{2.94}} \\ f_i = \dfrac{\dfrac{w_i}{M_i} Z_i}{\sum_{j=1}^{n} \dfrac{w_j}{M_j} Z_j} \end{cases} \tag{5}$$

式中，f_i 是第 i 种元素的电子数份额，M_j 和 w_j 分别是第 j 种元素的原子质量和质量份额。

根据上述建立的 4 个训练集，分别训练得到 4 种不同的极限树模型。极限树有一个重要特点，即通常情况下不需要调参也能获得良好的拟合效果。因此，训练过程中不对模型进行任何调参处理，所有的参数全部使用默认值，令每棵决策树完全自由生长。在某些能量下，屏蔽厚度的增加会使得累积因子的数值急剧增大，因此在训练过程中需要对训练集的累积因子做对数化处理（以 10 为底）。

3 结果与讨论

使用表 1 中的 4 个特征组分别建立了对应的累积因子极限树回归模型 ET-1、ET-2、ET-3 及 ET-4。为了评估模型性能，首先在训练集上查看了各个模型的拟合效果。其次选取了训练集范围以外的 6 种不同材料构建了测试集，以考察各个模型在新材料上的预测效果。这 6 种材料包括 4 种单质：Ti（$Z=22$）、Zr（$Z=40$）、Ba（$Z=56$）、Pt（$Z=78$），以及两种玻璃材料 LBWB0[10] 和 TAW-A[14]。两种玻璃材料的化学组成如表 2 所示。

表 2 LBWB0 和 TAW-A 的化学组成与密度

LBWB0	Li_2O	Bi_2O_3	B_2O_3	密度/（g/cm³）
	0.2	0.2	0.6	3.969
TAW-A	TeO_2	Ag_2O	WO_3	密度/（g/cm³）
	0.85	0.075	0.075	5.903

3.1 训练集上的拟合效果

如图 2 所示，ET-1、ET-2、ET-3 及 ET-4 4 条曲线都与 ANS 数据曲线完全重合，这说明 4 种模型对训练集中 Fe 和 Pb 的累积因子数据能做到无偏差拟合。限于篇幅只展示 Fe 和 Pb 的拟合效果曲线，事实上，对于训练集中其他材料的累积因子数据，4 种模型都能做出无偏差拟合。

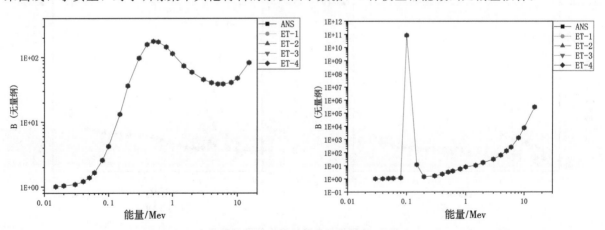

图 2 4 种模型在训练集上的拟合效果

3.2 测试集上的预测效果

4 种模型在测试集上的预测效果如图 3 所示。从图中可以看出，对于测试的 6 种材料，不管是单质还是两种玻璃材料，在 0.15 MeV 以上时，4 种模型计算得到的累积因子曲线与 GP 公式曲线一致程度良好，但当能量增大到 6 MeV 以上时，对于 ET-1，从图 3（e）（f）中能够观察到其曲线与 GP 公式曲线有一定偏差。对于 ET-3，从图 3（a）中能够观察到与 GP 公式的偏差。对于 ET-4，从图 3（a）（c）（e）中可以观察到与 GP 公式的偏差。而 ET-2 则始终与 GP 公式高度重合。在 0.15 MeV 以下，各个图中的累积因子曲线出现尖锐的峰，且峰对应的能量 E_p 随着 Z 的增大而增大。在本次测试中，E_p 的最大值为 0.1 MeV。由于累积因子峰的存在，各个模型的累积因子曲线均与 GP 公式有较大偏离。

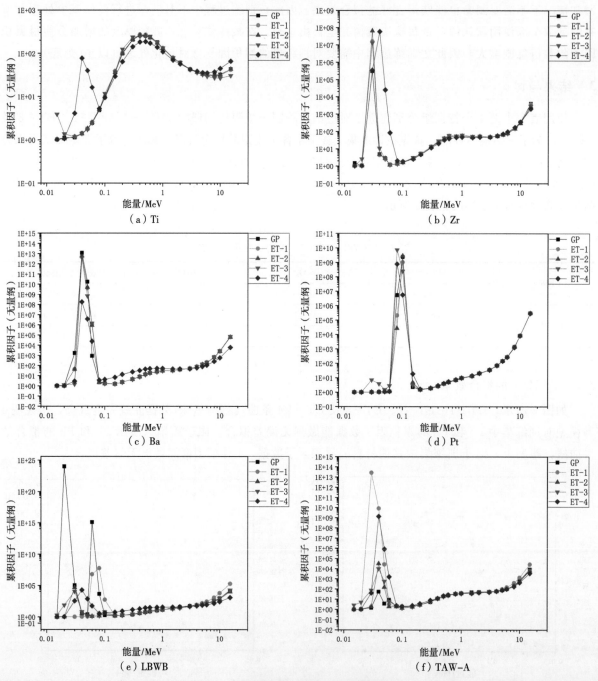

图 3　4 种模型在测试集上的预测效果

从测试结果来看，4 种模型在 $E > 0.15$ MeV 时均能较准确地计算累积因子，在 $E \leqslant 0.15$ MeV 时 4 种模型的计算准确度欠佳。如果仅考虑准确度，可以认为 ET-2 模型优于其他 3 种模型，从而可以得出结论，即在本文所研究的 4 种特征组合中，第二组特征（Z_{eq}，E，T）是最优的特征组合。除此之外，需要指出的是，ET-2 模型对应的特征组为特征组 2，当材料为混合物/化合物时，为了得到 Z_{eq}，需要使用式（1）进行插值计算。相对于其他模型所使用的特征组来说，ET-2 模型在建立训练集和测试集的时候涉及的计算量最大。尽管如此，相对于 GP 公式，ET-2 模型仍避免了对拟合参数的插值。如果不希望在建立数据集的时候涉及等效原子序数的计算，则 ET-3 是个不错的选择，在 6 种测试材料上，其仅对 Ti 在射线能量较高时与 GP 公式出现小幅偏差。

4 结论

本文提出了一种基于极限树的 γ 射线累积因子拟合方法。通过分析，选取 4 种不同的特征组分别建立了用于累积因子计算的回归模型 ET-1、ET-2、ET-3 和 ET-4。对 4 种模型的计算准确度进行了测试，结果表明在 0.15 MeV 以上时，4 种模型的计算结果均与 GP 公式结果较为一致，而 ET-2 模型表现出了最高的计算准确度，ET-3 稍次之。而 ET-2 模型涉及的计算量大于其他三者。综合考虑，假设累积因子计算过程中准确度占主导地位，则 4 种特征组合中，ET-2 对应的特征组合最优，ET-3 对应的特征组合次优。本文可以为材料的屏蔽性能分析、γ 射线屏蔽设计计算等工作，提供一种计算累积因子的新的解决办法。

参考文献：

[1] 龚军军，张磊，郑昌焘. 各向同性 γ 点源积累因子高效计算方法 [J]. 海军工程大学学报，2018，30（5）：86-91.

[2] 杨体波，王敏，范新洋，等. 屏蔽材料 γ 射线积累因子的 MCNP 模拟 [J]. 核技术，2021，44（3）：69-74.

[3] ANSI/ANS-6.4.3, Gamma-Ray Attenuation Coefficients and Buildup Factors for Engineering Materials [S]. La Grange Park：American Nuclear Society，1991.

[4] TAYLOR J J. Application of gamma ray build-up data to shield design [R]. Pittsburgh：Westinghouse Electric Corp. Atomic Power Div，1954.

[5] CHILTON A B. Tchebycheff-fitted berger coefficients for Eisenhauer——Simmons gamma-ray buildup factors in ordinary concrete [J]. Nucl Sci Eng，1979，69（3）：436-438.

[6] HARIMA Y. An approximation of gamma build-up factors by modified geometrical progression [J]. Nucl Sci Eng，1983（83）：229-309.

[7] CHEN Z T, YONG K L, NAN C, et al. Gamma-rays buildup factor calculation using regression and Extra-Trees [J]. Radiation physics and chemistry，2023，209：110997.

[8] GEURTS P, ERNST D, WEHENKEL L. Extremely randomized trees [J]. Machine learning，2006，63（1）：3-42.

[9] CHEN R K, CAMMI A, SEIDL M, et al. Calculation of gamma-ray exposure buildup factor based on backpropagation neural network [J]. Expert systems with applications，2021：115004.

[10] KUCUK N. Computation of gamma-ray exposure buildup factors up to 10 mfp using generalized feed-forward neural network [J]. Expert systems with applications，2010，37（5）：3762-3767.

[11] KHALIL M B, SOROUSH M, MAHDI S. Estimating buildup factor of alloys based on combination of Monte Carlo method and multi-layer feed-forward neural network [J]. Annals of nuclear energy，2021，152：108023.

[12] BERGER M J. XCOM：photon cross sections database [DB/OL]. [2023-07-10]. http：//physics. nist. gov/PhysRefData/Xcom/Text/XCOM. html.

[13] SALAVADI S, GAIKWAD D K, AL-BURIAHI M S, et al. Influence of Bi_2O_3/WO_3 substitution on the optical, mechanical, chemical durability and gamma ray shielding properties of lithium-borate glasses [J]. Ceramics international，2021，47（4）：5286-5299.

[14] AL – BURIAHI M S, MANN K S. Radiation shielding investigations for selected tellurite – based glasses belonging to the TNW system [J] . Materials research express, 2019, 6 (10): 105206.

Effect of different feature groups on extra-trees model of γ-ray buildup factor

CHEN Zhi-tao, LIU Yong-kuo*, HU Ji-feng

(Fundamental Science on Nuclear Safety and Simulation Technology Laboratory,
Harbin Engineering University, Harbin, Heilongjiang 150001, China)

Abstract: The buildup factor is a correction of the narrow beam attenuation law, which is an important parameter in the calculation of gamma ray attenuation. At present, the GP fitting formula commonly used for rapid calculation of accumulation factors has 5 parameters, all of which are related to ray energy, penetration depth and material type. As a result, the parameter library is bulky and the calculation process is complicated, involving a lot of multivariate interpolation operations. In order to simplify the calculation process of the buildup factor, an Extra-Trees-based method was proposed in our previous work, and its feasibility has been preliminarily verified. In this paper, this method is further studied, 4 groups of different features are selected from 9 features including γ-ray energy E, shielding thickness t, density ρ, 2 kinds of atomic numbers (effective atomic number Z_{eff} and equivalent atomic number Z_{eq}) and 4 types of cross sections. Different Extra-Trees models are trained by using the ANS exposure accumulation factor data as training sets, and the accumulation factors of several elemental and glass materials are calculated. By comparing the results of the models with the ANS data and GP formula results, the accuracy and efficiency of the model are comprehensively investigated, and the optimal feature set and model are finally determined, realizing the rapid and accurate calculation of the γ ray buildup factors in the range of 0.15~15 MeV.

Key words: Gamma-rays; Buildup factor; Radiation protection; Extra-trees; Regression technique

一种基于硅 PIN 的便携式超高量程剂量率探测装置

李　瑞[1]，施　礼[1]，范　磊[1]，蔺常勇[1,2]，王　杰[1]，王　强[1,2]

(1. 武汉第二船舶设计研究所，湖北　武汉　430064；2. 武汉海王核能装备工程有限公司，湖北　武汉　430064)

摘　要： 本文主要研究便携式超高量程剂量率探测装置，原理为利用硅光电二极管（硅 PIN）对 γ 射线的响应特性，搭配低噪声低功耗的模拟电路输出具有高信噪比的高斯脉冲波形及 TTL 电平信号，在 6000 mAh 电池供电下，整机能持续工作 60 h。中国计量院测试报告中表明，本探测器在 $1 \times 10^{-3} \sim 40$ Gy/h 剂量率范围内具有很好的线性，相对固有误差在 10% 以内，并对重复性、能量响应、响应时间及角响应出具测试报告，均表现较好。实验结果表明，本探测装置可使用在超高量程剂量率场合下，快速并准确测量当前剂量率，为便携式辐射探测装置提供一种设计方案。

关键词： 硅光电二极管；便携式；超高量程剂量率；低功耗；高信噪比

在核辐射监测领域，人们无法通过感知了解当前环境的核辐射剂量，因此需要采用各类核辐射探测设备来准确测量，而不同的场景对探测装置的要求也各异，如核反应后产生的废水中超高的剂量率对探测器要求更加严苛。核辐射探测装置可以分为固定台架式和移动便携式[1]，固定台架式常见于某一固定场景对其进行长时间监测，而移动式测量场景则更加多样，但对其工作时长有一定要求，即设备需功耗低、体积小、便于携带和使用。本文介绍了一种移动便携式核辐射探测设备，在 $1 \times 10^{-3} \sim 40$ Gy/h 剂量率范围内线性相对固有误差小于 10%，根据中国计量院出具的测试报告，本设备的重复性、能量响应、响应时间及角响应均表现较好，可使用在超高量程剂量率场合下，并能快速准确地对周围环境的辐射剂量率进行检测，为便携式辐射探测装置提供一种设计方案。

1　设计方案

本辐射探测设备由探测装置和主机构成，中间由 30 米电缆连接而成，在保证测试人员安全的情况下，对被检测环境中的核辐射剂量进行测量。探测装置将硅 PIN 集成到前放电路中，搭配后续电荷积分放大、去基线、同相电压放大、零极相消、有源带通滤波及推挽放大电路、TTL 转换电路后，将信号通过电缆输出至主机中，进行计数并将其转换为剂量率在液晶屏上显示，探测器整体构造如图 1 所示。为了保证探测设备的角响应，探测器外形成圆柱形，在端盖处使用不锈钢材质，使探测器具有一定重量，适用于更多场合，外壳多处使用铝制材料，减少 γ 粒子能量损失，同时外壳整体的导电材料可起到电磁屏蔽效果。

1.1　设计思路

为了满足便携设备要求，设备使用两节锂电池供电，安装在主机端，并通过电缆直接传输至探测装置，在前放电路中经过低压差线性稳压器（LDO）后输出 5 V 电压对运放及比较器供电。这样设计的好处在于：一方面，能充分利用锂电池电量，单节锂电池输出电压一般为 3.7 V，当其降为 3 V 即可视为电量不足，即电量耗尽也不会导致 LDO 关断，同时主机端配置电源低压检测功能，当电池电量不足时，在显示屏上提醒用户；另一方面，电源经过长距离电缆输出会引进工频等电磁干扰，利用 LDO 可输出纹波很低的稳定电压。

作者简介： 李瑞（1996—），男，硕士研究生，助理工程师，现主要从事核辐射探测设备电路设计等科研工作。

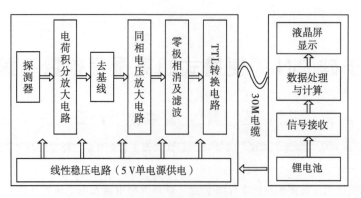

图 1　探测器整体构造

在前放电路设计中，硅 PIN 在辐射粒子照射下产生微弱电流信号，经过电荷积分放大电路后输出负脉冲信号，在本级设计中需在运放同相端增加直流偏置，保证有效信号不会损失，同时对于运放的选择应为电荷灵敏型，其具有极低的电流噪声和偏置电流。后续信号去基线及同相电压放大电路转变为无偏置的正脉冲信号，经过零极相消及滤波电路后可输出信噪比极好的高斯信号，零极相消的作用为对信号进行整形，消除电荷积分电路输出时的过冲，滤波为二阶有源窄带宽带通滤波电路，同时增益为 2，抑制有效带宽以外高低频杂波，以此提高信噪比。

1.2　方案验证

按照上述思路绘制电路原理并制板调试，前放电路 PCB 制板如图 2（a）所示，印制板外圈预留阻焊层，设置为接地网络，在安装过程中使用铜制外壳与之相连并固定，可以起到良好的电磁屏蔽作用[2]，并在铜壳内壁增加一层锡片，进行低能补偿[3]，提高信噪比及能量响应。探测装置前放电路模拟输出脉冲及 TTL 电平信号如图 2（b）所示，示波器显示波形为探测器前放电路使用豁免 $Sr^{90}-Y^{90}$ 测试结果，可看出模拟脉冲信号（示波器通道 1）具有很好的信噪比，同时 TTL 转换电路可正常输出电平信号（示波器通道 2），以此说明该方案可行。

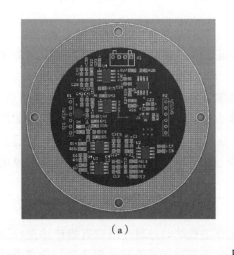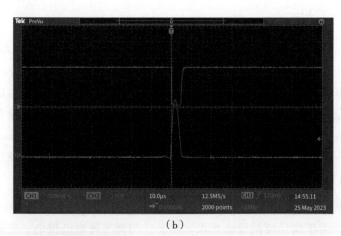

（a）　　　　　　　　　　　　　　　（b）

图 2　探测器实物及测试

（a）PCB 印制板；（b）前放电路输出波形

2　实验验证

为了进一步验证本辐射探测装置的可靠性，在中国计量院进行了鉴定试验，测试其线性偏差、重复性、能量响应、响应时间及角响应等参数特性。

2.1 线性偏差

测试方法为在 $1×10^{-3}$～40 Gy/h 的剂量场下，选取 8 个点进行测量，读取探测装置主机液晶屏上显示的剂量率，将其与理论值计算得出相对固有误差，根据中国计量院出具的测试报告，其结果如表 1 所示。

表 1　剂量率相对固有误差

剂量率/（mGy/h）	相对固有误差	备注
$1.01×10^0$	2.50%	^{137}Cs
$5.02×10^0$	3.30%	
$1.01×10^1$	− 0.20%	
$5.01×10^1$	− 0.90%	
$5.00×10^2$	− 7.50%	
$5.00×10^3$	− 8.00%	^{60}Co
$2.01×10^4$	− 8.20%	
$4.12×10^4$	− 9.50%	

2.2 重复性

辐射探测设备在低能测量时，对其信噪比有着更高的要求，过大的噪声会导致设备出现假计数情况，因此在对设备进行准确度检测时，往往选取其下限进行标定。在开源 2 min 后，每隔 30 s 记录一个数据，连续记录 10 组，并计算其平均偏差，表 2 为测试结果。

表 2　重复性测量

剂量率/（mGy/h）	相对固有误差	备注
$1.01×10^0$	8.5%	^{137}Cs

2.3 能量响应

能量响应是本设备较为重要的一个参数[4]，说明了设备是否能在同一剂量率不同射线能量的环境中准确测量当前剂量率。实验中选取 10 mGy/h 附近的剂量率，参考辐射在 65～208 keV 进行测量，计算设备的能量响应偏差，测试结果如表 3 所示。

表 3　能量响应偏差

剂量率/（mGy/h）	参考辐射	能量响应偏差
$1.01×10^1$	N80 （65 keV）	− 4.2%
	N100 （83 keV）	− 1.9%
	N120 （100 keV）	− 14.0%
	N150 （118 keV）	− 22.0%
	N200 （164 keV）	− 2.0%
	N250 （208 keV）	9.2%

2.4 响应时间

测试报告表明本设备在测量下限剂量率（$1.01×10^0$ mGy/h）的辐射场中，从开机至准确测量仅需要 9.4 s，响应时间较快。

2.5　角响应

γ 射线在与硅 PIN 相互作用时，会在沿途路径上与探测器外壳发生电离而沉积能量，导致一部分能量损失，不同的入射路径损失的能量不同，影响探测器准确度[5]，因此角响应成为辐射检测设备的重要参数之一。图 3 为设备试验时 4 个不同的入射角度，由于设备为圆柱形，角度对称效果一样，不进行测量。

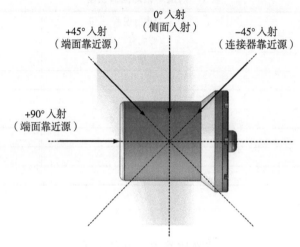

图 3　角响应测试入射角度

表 4 为测量试验结果，其中 - 45°入射角角响应偏差较大，因为本设备使用场景对其重量有一定的要求，因此探测器的端盖使用的不锈钢材质导致 γ 射线在此方向损失能量较多，其他部位均使用铝制材料，角响应表现较好。

表 4　角响应偏差

剂量率/（mGy/h）	角度	能量响应偏差（I_E）
5.01×10^1	0°	—
	+90°	- 3.3％
	+45°	3.3％
	- 45°	- 34.0％

3　结论

本文详细介绍了一种基于硅 PIN 的便携式超高量程剂量率辐射检测设备的设计方案，利用核电子学对微弱电流信号进行放大、滤波、去噪，输出信噪比极好的脉冲模拟波形，并将其转换成 TTL 信号以便于长电缆传输至主机，最后在液晶屏上显示当前剂量率。后续搭配实验验证了设备量程内线性偏差、能量响应及角响应等参数，说明本设备可使用在超高量程剂量率场合下，并能快速准确地对周围环境的辐射剂量率进行检测。

致谢

在设备原理设计阶段，得到了同事关于核探测领域的详细指导，并全程配合完成全部试验，在此表示衷心感谢。

参考文献：

[1] 郭晓彬. 一种用于便携式低功耗核辐射探测器的前放电路 [EB/OL]. [2022 - 03 - 22]. https：//kns. cnki. net/ kcms2/article/abstract? v＝p7sfyaWOx3PSwmZmmPKv4VeQfr3djLgaoB0YCI72amazh3pqeU4lh0VfLQt_pD02tnTqzsWF ZfwsSwf_8A1VRd3U641m8ADGbZEUnE7fdUTfdm2CH0WldPRmSe3DHbYYPzbETM6moUI＝＆uniplatform＝NZKPT ＆language＝CHS.

[2] 李彬，王聪. 浅析常见电磁屏蔽效能测试军用标准 [J]. 中国标准化，2022，610 (13)：145 - 147，151.

[3] 翁秀峰，黑东炜，韩和同，等. 能量响应平坦的康普顿探测器设计 [J]. 强激光与粒子束，2012，24 (6)： 1488 - 1492.

[4] 李如荣，彭太平，张建华，等. γ 射线探测器能量响应标定技术 [J]. 原子能科学技术，2006 (1)：88 - 91.

[5] 徐国庆，李永明，张宏俊，等. LaBr3：Ce 探测器对低能 γ 射线角响应研究 [J]. 核电子学与探测技术，2018， 38 (2)：187 - 191.

A portable ultra-high range dose rate detector based on silicon PIN

LI Rui[1], SHI Li[1], FAN Lei[1], LIN Chang-yong[1,2],
WANG Jie[1], WANG Qiang[1,2]

(1. Wuhan Secondary Institute of Ships, Wuhan, Hubei 430064, China; 2. Wuhan Haiwang Nuclear Equipment Engineering Co Ltd, Wuhan, Hubei 430064, China)

Abstract：The main research content of this paper is to use silicon photodiode (silicon PIN) response characteristics to gamma rays, through circuit design to output Gaussian pulse waveform and TTL level signal with high signal-to-noise ratio, which is convenient for subsequent counting, and consider power consumption and noise level in component selection, and finally form a portable ultra-high range dose rate detection device. Under the 6000 mAh battery power supply, the whole machine can continue to work for 60h. The test report of the China Institute of Metrology shows that the detector has good linearity in the dose rate range of $1 \times 10^{-3} \sim 40$ Gy/h, the relative inherent error is less than 10%, and the test report on repeatability, energy response, response time and angular response is issued, the result performed good. The experimental results show that the device can be used to measure the current dose rate quickly and accurately in the case of ultra-high range dose rate, which provides a design scheme for portable radiation detection device.

Key words：Silicon photodiode；Portable；Ultra-high range dose rate；Low power consumption；High signal-to-noise ratio

离散纵标和点核积分耦合计算方法研究

杨旭辉[1]，马库斯·赛德[1,2]，王　翔[1]*

（1. 哈尔滨工程大学核科学与技术学院，黑龙江　哈尔滨　150001；2. 德国普鲁士电力有限公司，德国　汉诺威　30457）

摘　要：针对现存的大部分点核积分程序在屏蔽计算中存在的明显缺陷，即在面对较大源和多层屏蔽组合的计算过程中会产生数量级级别的误差，本研究在点核积分计算中引入离散纵标方法，并研究 TORT 与 QADS 两个程序的特点，编写了接口程序，实现两者的耦合计算，解决了传统点核积分程序中源离散计算精度差、缺乏斜角分解技术等问题，并设计简单的几何模型针对该方法进行可行性研究。结果显示，在计算深穿透问题时，离散纵标和点核积分耦合计算方法极大提高了计算精度，能够在辐射屏蔽计算实践中提供相对于所涉及方法更优的结果。

关键词：TORT；QADS；离散纵标；点核积分

点核积分在计算三维辐射场剂量分布时具有许多优点，但由于精度问题，对于较复杂的源项和多层屏蔽的情况无法准确匹配实际结果。目前，点核积分已经涵盖了源项和射线跟踪路径的处理[1]、光子输运路径中积累因子的计算[2]、新材料的开发[3]及多层屏蔽的效果[4]等方面的研究，一些程序（如 RANKERN 和 NARVEOS）证实[5]，在完善了积累因子数据库之后，计算精度相对于 QAD‒CG 系列程序有了较大的提升。但在计算辐射剂量场时，即便积累因子已经足够精确，传统的点核积分计算方法仍然存在源离散计算精度差和几何锐化等问题，光线追踪技术也存在许多不足。

与之对应地，离散纵标程序在计算大尺度空间几何时，也存在收敛速度慢、光子深穿透误差大等问题。早期的 SN 方法如 Wick‒Chandrasekhar 方法，仅限于一些简单的问题，如各向同性的单能中子在一维平板中的输运问题[6]，Carlson 把 SN 技术扩展到了球形和圆柱形的几何条件[7]。反应堆屏蔽设计中的关键程序如一维屏蔽程序 ANISN[8]、二维屏蔽程序 DORT，三维屏蔽程序 TORT[8]都是基于 SN 方法开发的。基于 SN 方法的屏蔽输运计算程序优点是计算速度快、精度高，适于解决"深穿透"问题，更重要的是可被编制成适用于不同离散方向数的通用程序，但同时也存在一些局限性。如对于孤立点源、强吸收介质、大空腔模型等问题，SN 方法计算出的通量密度会呈现出空间震荡如锯齿波纹状分布，此分布现象称之为射线效应。因此，本研究扬长避短，探索了一种结合离散纵标和点核积分的计算方法来计算空间辐射场剂量率，并结合优化后的积累因子计算辐射场剂量率。

1　计算方法

本研究旨在提供一个简单的方案，以加快对于燃料运输桶的屏蔽分析，并得到一个比直接使用点核积分程序计算更理想的结果。在计算中，采用了 TORT 离散纵标程序和 QADS 点核积分程序进行耦合计算分析。

为了实现离散纵标和点核积分耦合计算，要解决 TORT 角通量密度到点核积分面源分布的转换。在 TORT 程序中，相应能群对应的每个离散方向 Ω_m 的角通量密度在二进制文件 DIRFLX 中给出，同时给出了能群、网格、求积组等信息[9]。离散纵标的角通量密度不能和点核积分面源直接建立联系，因此需要结合求积组的分割方法展开式中的对应计算。

作者简介：杨旭辉（1996—），男，硕士，从事辐射防护与辐射屏蔽设计方面的研究。

$$\Phi_{i,j,k}^{S_N} = \sum_m \sum_g w_m \Psi_{i,j,k,m,g}。 \tag{1}$$

式中：$\Phi_{i,j,k}^{S_N}$ 为网格 i、j、k 处的 S_N 标量通量，$\Psi_{i,j,k,m,g}$ 为网格内的角通量密度，w_m 为求积组权重。

根据对 Boltzmann 方程的分析，可知在一个封闭曲面内的源和物质，其对探测器的响应可以由该曲面上的粒子流量率来代替，这两种情况的响应是相同的[10]。因此，可以通过计算封闭曲面上的粒子流量率来确定探测器的响应，并使用点核积分方法来计算每个探测点的辐射强度。点核积分公式可以被转换为：

$$D(\vec{r}) = K \int_E dE \iint_S \frac{\Psi_{s,E}^{PKI} \times B(r) \times exp\ (-\mu(E)\,|\,\vec{r}-s\,|)}{4\pi\,|\,\vec{r}-s\,|^2} ds。 \tag{2}$$

式中：S 为源区外的封闭曲面，$\Psi_{s,E}^{PKI}$ 表示在 S 面上粒子流量率。

2 计算模型

在本文的两个模型的计算中，分别将系统坐标原点设置在乏燃料桶中心位置，坐标系 Z 轴和燃料桶中心线重合，并基于几何结构的特点采用 R-θ（二维柱坐标）和 R-θ-Z（三维柱坐标）几何模型。由于 TORT 使用离散纵标法对相空间各方向自变量进行离散以求解粒子输方程，因此在二维和三维问题中分别采用 S12（12 个离散点）和 S8（8 个离散点）全对称高斯求积组，截面库为 BUGLE-93 光子能群结构，实际计算中将光子能群从 42 群并为 18 群。

示例一展示了一个二维问题，在中心燃料区域（62.81 cm），分布 7 个正方形乏燃料棒和填充铝，屏蔽层 1（3.81 cm）和屏蔽层 2（32.38 cm）分别为不锈钢屏蔽层和外屏蔽层（包含了铅屏蔽层及中子屏蔽层等多层组合），在屏蔽层 1 内表面和屏蔽层 1 外表面分别进行离散纵标和点核积分耦合计算，得到屏蔽层 2 外表面光子剂量率。由于当前离散纵标程序和点核积分程序都不能对矩形和圆柱形结构同时给予精准的几何描述，因此对于该模型源区域材料进行均匀化处理（图 1）。

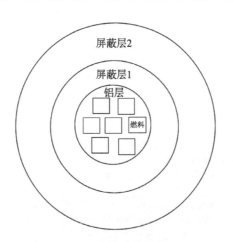

图 1　二维计算示意

示例二是一个三维轴对称辐射场计算问题，涉及一个径向厚度 78 cm 的圆柱形铸铁运输容器的部分区域，其具有一个半径为 40 cm 的干燥内腔，填充材料为乏燃料，如图 2 所示。该源的总源强度为 5.068×10^{16} 光子/s，分别在 1 MeV 和 8 MeV 相应的能群上展开通量和剂量值的计算。在点核计算中，每个源网格权重均被设置成 1，在 TORT 中将源区域对应权重转化为光子源强平均到材料 1 的细网格内，铸铁运输桶的周围都被描述为真空边界。

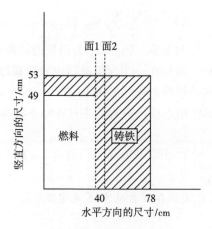

图 2　燃料桶计算示意

3　计算步骤

实现离散纵标和点核积分耦合计算的关键是解决 TORT 角通量密度到点核积分面源分布的转换。在 TORT 程序中，相应能群对应的每个离散方向 Ω_m 的角通量密度在二进制文件 DIRFLX 中给出，同时给出了能群、网格、求积组等信息。离散纵标的角通量密度不能和点核积分面源直接建立联系，因此需要结合求积组的分割方法展开对应计算。

在以上两个模型的计算中，分别将系统坐标原点设置在乏燃料桶中心位置，坐标系 Z 轴和燃料桶中心线重合。TORT – QADS 耦合计算具体步骤如下，相应伪代码如图 3 所示。基本步骤为：

```
    输入：计算网格；源分布 S；几何分布（R、θ、Z）；截面数据；求积组权重 w_m；边界
          条件；
    输出：探测点剂量值 D；
 1  求积组第一个方向余弦值计算 μ_1 = -np.cos((π * (w_1 / ∑_i^{m/8} w_i));
 2  全对称求积组余弦值的计算 μ_i^2 = μ_1^2 + (i-1) (2(1-3μ_1^2))/(N-2);
 3  for g = G to 1:
 4      while ψ_{i,j,k,m} ∀ i,j,k,m not converged do
 5          /*4/8 个象限循环*/;
 6          forall o ∈ [1,8] do
 7              /*关于 o 象限的角度循环*/;
 8              forall m ∈ M(o) do
 9                  初始化边界的 ψ_{j,k,m}, ψ_{i,k,m}, ψ_{i,j,m};
10                  /*进行空间扫描*/;
11                  forall i,j,k ∈ I,J,K do
12                      /*DZ: 线性零菱形差分格式*/;
13                      ψ_{j,k,m}, ψ_{i,k,m}, ψ_{i,j,m}, ψ_{i,j,k,m} ←
                          DZ(ψ_{j,k,m}, ψ_{i,k,m}, ψ_{i,j,m}, S);
14                      /*将角通量准换成 Legendre 展开通量*/;
                        ψ_{i,j,k,l,g}^k ← ψ_{i,j,k,l,g}^k + ∑_m w_m C_{l,m}^k ψ_{i,j,k,m,g};
15                  end
16              end
17          end
18      end
19      连接面角通量输出 ψ_{i,j,k,m,g};
20      接口程序面源计算 φ_g = ∑_m w_m ψ_{i,j,k,m,g} μ_m;
21  剂量值计算 D(r̄) = K ∑_{i=0}^N ∑_{s∈S} (φ_g)/(4π(r-s)^2) B(r,E_i) exp(-μ(E)|r̄ - s|);
```

图 3　离散纵标和点核积分耦合方法计算伪代码

（1）在 TORT 程序中建立源区域模型，源的分布和点核积分中呈一一对应关系，即点核积分源强除以源总权重并乘以每个网格内源权重的结果，为 TORT 程序中对应位置分布源的数量；

（2）得到 TORT 程序计算的角通量密度输出文件，通过对于角通量密度的积分，可以得到相应能群、不同网格内粒子流量率；

（3）不同网格内的粒子流量率，按点核积分源外边界的网格划分，将 X（或 R）轴、Y（或 θ）轴、Z 轴粒子流量率和每个（i、j、k）方向上的源权重一一对应，得到点核积分面源信息；

（4）将面源信息写入 QADS 程序输入文件进行体屏蔽的计算，得到最后探测点处剂量率结果。

4 计算结果与分析

4.1 网格划分和源离散敏感性分析

在离散纵标和点核积分耦合计算中，TORT 网格划分大小和 QADS 源离散程度直接影响计算结果。在使用离散纵标时，根据已有的计算经验表明（相关基准题的验证等），勒让德展开阶数和离散纵标数目在三维情况下选取 P_3S_8，并采用合适的网格划分可以得到很好的结果，因此对于三维问题进行了初步的敏感性分析。

图 4 为 TORT 网格划分对光子通量密度的影响，其中图 4（a）为 Z 方向不同网格大小划分下对应的光子通量密度结果分布。在网格减小到 1 cm 时，计算结果趋于稳定；在 Z 选择 1 cm 网格的基础上，在 R 方向上网格大小分别选择 1 cm、0.5 cm、0.25 cm、0.125 cm，计算结果如图 4（b）所示，在 R 方向网格大小为 0.25 cm 时，再减小网格大小对计算结果影响不大，相对误差低于 2.5%，而计算时间增加 4 倍；由于计算的为轴对称问题，θ 方向网格对于计算结果影响不大，因此选取 10 度的粗网格展开计算，以节省计算时间成本。综上所述，耦合计算中 TORT 在 R、θ、Z 方向上网格个数分别取 160 个、36 个、53 个。

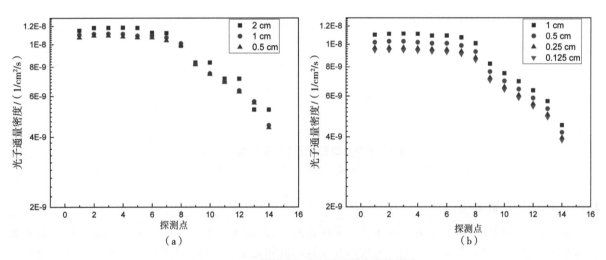

图 4 TORT 网格划分对光子通量密度的影响

（a）Z 方向网格划分；（b）R 方向网格划分

由点核积分计算的理论可知，当源项为二维和三维时，需要对源区进行积分，然而在大多数情况下，很难得到积分运算公式。因此需要对源项进行离散处理，将整体分隔成若干个点源，虽然如上操作使计算变得简单，但同时会引入误差，并且通过增加离散点使体源、面源离散更均匀，会增加点核积分和离散纵标的计算成本。因此，需要对于点核积分 3 个方向的离散数目进行讨论。

图 5 为在 QADS 中各个方向及总的离散点数量对光子通量密度的影响，在 R、θ、Z 3 个方向上初步确定离散点数为 15×15×10 后，成倍增加 3 个方向的离散点数目，计算得到的探测点位置剂量值和原剂量率差值低于 0.3%，因此在 15×15×10 离散点分布的基础上无需再继续增加离散点数量，即可满足计算上的需求。

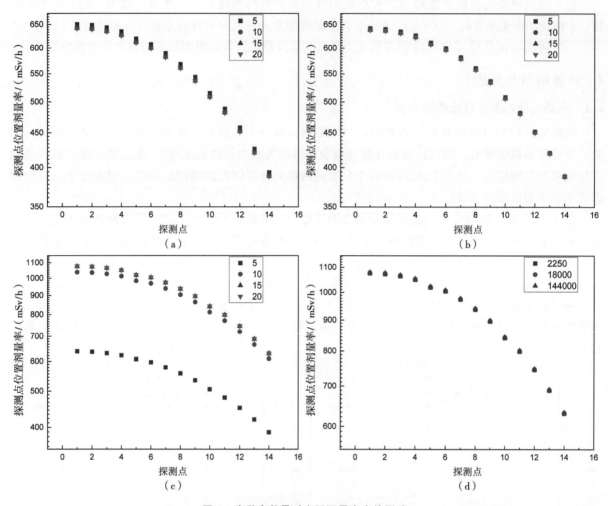

图 5 离散点数量对光子通量密度的影响

(a) R 方向离散点数量；(b) θ 方向离散点数量；(c) Z 方向离散点数量；(d) 总离散点数数量

4.2 示例一计算结果

首先，对示例一屏蔽层 1 的内表面（体源外表面）、外表面上进行耦合计算，在屏蔽层 2 外表面得到光子剂量率结果，如表 1 所示。S_N 程序在计算二维问题上有着较高的精确度，因此从表 1 中可以看出，通过离散纵标和点核积分耦合方法计算剂量率的方法，可以较好地解决点核积分的计算精度问题，但随着耦合面的向外扩展，粒子分布方向均匀性变差，剂量率的计算并没有更优的结果。因此在点核程序没有得到每个网格内离散角度和能群细分的优化之前，耦合面的确立应结合实际计算的需求和具体的模型分析，通常选择粒子在各个方向均匀性更好的源表面。

表 1 示例一的计算结果

	S_N 计算	点核计算	耦合面 1	误差	耦合面 2	误差
剂量率/（mSv/h）	3.99E−04	7.59E−04	4.01E−04	0.33%	3.76E−04	5.76%

4.3 低能群计算结果

图 6 为示例二计算结果，从容器桶外表面中心开始，每隔 2 cm 取一个探测点，进行 S_N 方法、点核积分方法，以及分别以面 1 和面 2 为耦合面的离散纵标和点核积分耦合方法的剂量率计算，表 2 给出了容器外表面中心点和距离外表面中心点 100 cm 处探测点及外表面平均的剂量率统计。从数据中不难看出：剂量率在低能 γ 射线源下，离散纵标和点核积分耦合方法相对于单独使用点核积分方法或 S_N 方法，大大提高了空间中辐射场剂量率的计算精度。

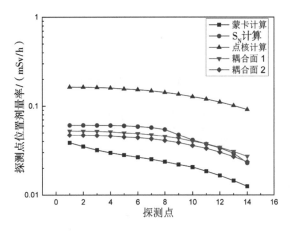

图 6 低能群下各探测点剂量率

由于积累因子的影响因子和辐射源能量值相关，因此本文基于不同能群对文中涉及方法在辐射场计算中存在的误差进行分析。在低能群辐射场剂量值计算中，光子和屏蔽材料相互作用对于积累因子计算误差影响不大，积累因子实际值受几何影响较大，因此对于积累因子的高估来自计算模型不同带来的计算误差，通过源表面一次耦合，便可以将屏蔽表面中心误差从 322％降低到 32.1％，边缘误差从 629％降低到 116％，在第二个面耦合，中心点误差减小到 22.1％，边缘点误差逐渐减小至 87.2％（表 2）。

表 2 低能 γ 源辐射场剂量率   单位：mSv/h

	MCNP 计算	TORT 计算	QADS 计算	耦合计算（面 1）	耦合计算（面 2）
点 1	3.86E−02 (±0.001 9)	6.03E−02	1.63E−01	5.12E−02	4.70E−02
点 2	1.08E−02 (±0.000 6)	—	3.86E−02	1.10E−02	9.67E−03
外表面平均	2.45E−02 (±0.0015)	3.82E−02	1.38E−01	4.38E−02	3.91E−02
计算时间	8 h	40 min	2 s	5 min	6 min

4.4 高能群计算结果

在高能群辐射场剂量值计算中，光子和屏蔽材料相互作用对于积累因子值影响较大（图 7），积累因子值被低估，同时 γ 光子前向散射能力增强，计算模型带来的高估相对于低能条件较低，因此点核积分计算的剂量率比较接近蒙特卡罗计算值，中心点和边缘点误差分别为 17.4％和 41.9％，通过源表面一次耦合，两个点误差分别降低到 0.1％和 7.3％，但中间区域的剂量值和边缘点仍然存在接近 7％的误差。这是由于计算角度对于积累因子值的影响，随着 γ 源能量的升高，单调性变差，而点核积分的积累因子来源于拟合值，因此规律性更好，剂量率曲线更平滑，但局部和实际情况相差较大（表 3）。

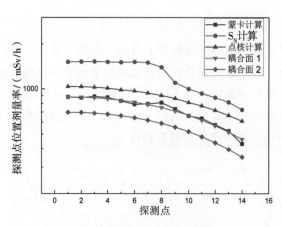

图 7　高能群下各探测点剂量率

表 3　高能 γ 源辐射场剂量率

单位：mSv/h

	MCNP 计算	TORT 计算	QADS 计算	耦合计算（面 1）	耦合计算（面 2）
点 1	8.84E＋02 （±20.33）	1.52E＋3	1.04E＋03	8.84E＋02	6.99E＋02
点 2	1.40E＋02 （±4.34）	—	2.16E＋02	1.88E＋02	1.56E＋02
外表面平均	7.37E＋02 （±5.16）	1.24E＋03	8.82E＋02	7.31E＋02	5.73E＋02
计算时间	10 h	1 h	2s	5 min	6 min

4.5　耦合面的选择

以上计算表明，随着耦合面的向外扩展出现耦合计算误差增大的现象。因此针对示例二，分别计算了耦合面 1 和耦合面 2 的表面能谱与标通量能谱（如图 8 所示，表面能谱通过将每个能群对应的各个方向角通量乘以与耦合面的夹角余弦得到）、表面各点的辐射剂量率（图 9），并对结果进行分析。

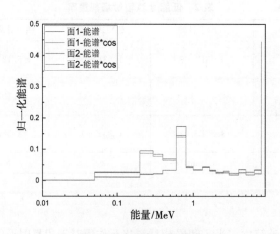

图 8　耦合面归一化能谱

① 在耦合面 2 上，出现表面能谱和标通量能谱较大差别的现象，在耦合面 1 则没有这种现象，说明在源表面方向均匀性更好。由于当前点核积分计算程序对于能群的统计并没有落实到每个网格上，就导致了能群在位置上的分布接近于同性，同时随着耦合面的外扩，γ 光子射线均匀性变差，容易造成剂量率的低估。

② 由于 S_N 方法在穿透深度不高的情况下具有较高的计算准确性,可以为点核积分提供精度较高的面源。对于深度不大的耦合面 1(图 9a),S_N 方法计算误差低于 2%,而对于深度更大的耦合面 2(图 9b),误差接近 5%。

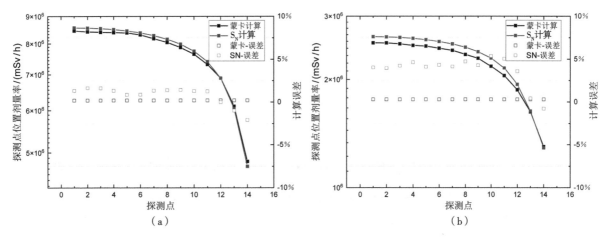

图 9 不同探测点剂量率

(a) 耦合面 1 剂量率;(b) 耦合面 2 剂量率

综上所述,在混合能量 γ 源辐射场中为了降低低能 γ 源带来的计算误差,而选择耦合面的外扩,但是这会损失高能 γ 源的计算精度,显然得不偿失。同时在将体源变成面源的过程中,极大降低了几何模型所带来的积累因子误差,但不足以抵消掉忽略轫致辐射等相互作用过程带来的积累因子的误差,因此得到的辐射剂量率偏小。

5 结论

本文介绍了一种用离散纵标和点核积分相结合的方法来计算空间辐射场剂量率。通过将 TORT 离散纵标程序和 QADS 点核积分程序进行耦合计算分析,得到了探测点的光子剂量率。计算流程包括建立源区域模型、得到角通量密度输出文件;对角通量密度进行积分,为满足 QADS 程序进行点核积分计算需求,因此需要将角通量信息转换成表面源分布,即得到每个网格内的源权重;对表面源进行体屏蔽计算,并得到最终探测点处的剂量率结果。三维燃料桶计算问题展示了该方法在计算辐射场剂量率方面的应用。计算结果表明,该方法在深穿透问题上,相对于单独使用点核积分方法和 S_N 方法计算精度更高,同时降低了计算的时间成本,可以更好地应用于工程评估计算。

参考文献:

[1] 李华. γ 辐射场快速计算与源项反演算法研究及初步应用 [D]. 北京:清华大学,2016.

[2] 谢明亮,杨森权,彭波,等. 基于体素化点核算法的三维辐射场计算应用研究 [J]. 核动力工程,2020,41(S1):82 - 86.

[3] SINGH T, KUMAR N, SINGH P S. Chemical composition dependence of exposure buildup factors for some polymers [J]. Ann Nucl Energy,2009,36(1):114 - 120.

[4] RAMMAH Y S, MAHMOUD K A, MOHAMMED F Q, et al. Gamma ray exposure buildup factor and shielding features for some binary alloys using MCNP - 5 simulation code [J]. Nuclear engineering and technology,2021,53(8):2661 - 2668.

[5] CHUCAS S, IAN C. Streaming calculations using the point - kernel code RANKERN [J]. Journal of nuclear science and technology,2000,37(S1):515 - 519.

［6］ CARLSON B G. Solution of the Transport Equation by Sn Approximations ［EB/OL］. ［2023 - 06 - 06］. https：// doi. org/10. 2172/4376236.

［7］ 戴维逊. 中子迁移论 ［M］. 和平，译. 北京：科学出版社，1961.

［8］ RHOADES W A，SIMPSON D B. The TORT Three-Dimensional Discrete Ordinates Neutron/Photon Transport Code ［EB/OL］. ［2023 - 06 - 06］. https：//doi. org/10. 2172/582265.

［9］ RHOADES W A，CHILDS R L. TORT：A Three-Dimensional Discrete Ordinates Neutron/Photon Transport Code ［EB/OL］. ［2023 - 06 - 06］. DOI：10. 13182/NSE91 - A23802.

［10］ 郭亚平，宋英明，卢川，等. 蒙卡-点核耦合方法计算核设施退役辐射场 ［J］. 核科学与工程，2018，38（6）： 1002 - 1007.

Study on the coupled calculation method of discrete-ordinates and point kernel integration

YANG Xu-hui[1], MARCUS Seidl[1,2], WANG Xiang[1*]

(1. College of Nuclear Science and Technology, Harbin Engineering University, Harbin, Heilongjiang 150001, China；

2. PreussenElektra GmbH, Hannover 30457, Germany)

Abstract：To address the obvious shortcomings of most of the existing point kernel integration programs in shielding calculations, i. e. , they produce errors of order of magnitude in the calculation process in the face of large source and multi-layer shielding combinations. In this study, discrete-ordinates method is introduced in the point kernel integration calculation, and the characteristics of the two programs TORT and QADS are investigated, and an interface program is written to realize the coupling of the two programs. The results show that the coupled discrete-ordinates and point kernel integral method greatly improves the computational accuracy in the calculation of deep penetration problems and can provide better results in the practice of radiation shielding calculation compared with the involved methods.

Key words：TORT；QADS；Discrete-ordinates method；Point kernel integration

低辐射本底实验室条件下的低剂量率测量研究

万琳健[1,2]，黄建微[2*]，柳加成[3]，曹　蕾[4]，

张春雷[1*]，李德红[2]，张晓乐[2]

（1. 北京师范大学核科学与技术学院，北京　100875；2. 中国计量科学研究院电离辐射研究所，北京　100013；

3. 生态环境部核与辐射安全中心，北京　102400；4. 中山大学 理学院，广东　深圳　518107）

摘　要： 使用一台电制冷高纯锗（HPGe）γ 谱仪测量能谱并结合能谱-剂量 G 函数法，实现了低辐射环境水平下的剂量率准确测量。针对环境辐射监测仪表在低剂量率水平下的量值溯源问题，使用 HPGe γ 谱仪在环境辐射水平以上的 X/γ 参考辐射场中完成 G 函数的实验刻度和利用 MCNP 完成 G 函数的模拟刻度；在生态环境部核与辐射安全中心长阳基地的低辐射本底实验室，在利用多个放射性同位素点源建立的标准点源参考辐射场中对 G 函数进行了实验验证。研究发现，G 函数法测量低辐射本底实验室的环境本底约为 3 nGy·h^{-1}；在 ^{60}Co 和 ^{137}Cs 标准点源提供的剂量率范围为 3～500 nGy·h^{-1} 的参考辐射场中，实验和模拟刻度 G 函数测量剂量率结果与约定真值的相对误差均不超过±7%；在 ^{22}Na、^{152}Eu 和 ^{133}Ba 等标准点源参考辐射场下，模拟刻度 G 函数测量剂量率结果的响应差异在±20%之内，优于实验刻度 G 函数测量剂量率结果的响应差异。此外，还将该方法测量结果与 AT 1121、AT 1123 及 6150 AD 5H 型 3 台剂量率仪在标准点源参考辐射场中的响应做了比较，实验结果表明：该方法在低剂量率水平下的测量结果符合距离平方反比规律且优于市售的环境水平剂量率仪，同时对环境水平剂量率仪在低剂量率条件下的响应进行直接校准是必需的。

关键词： 低辐射本底实验室；HPGe γ 谱仪；G 函数；标准点源参考辐射场

　　为保障国家辐射环境质量监测评价体系的实施，目前我国已经建立辐射环境监测网络，其中环境 γ 辐射剂量率自动监测站功能的实现依托于高气压电离室的准确测量[1]，而电离室的技术性能和量值准确需要可靠的检定、校准和量值溯源加以保证。根据《环境监测用 X、γ 辐射空气比释动能（吸收剂量）率仪》（JJG 521—2006）中表述，环境辐射监测中常用的探测器有高气压电离室[2]、具备能量补偿功能的 G - M 计数管[3]、闪烁体探测器[4]和半导体探测器等，且这些剂量率仪表在 X/γ 参考辐射场中需要溯源的剂量率范围是 30 nGy·h^{-1}～10 μGy·h^{-1}[5]，但上述剂量率仪表需通过探测器收集到的电信号与剂量率的线性转换实现剂量率的测量，它们在便携性、灵敏度、能量响应和时间响应等方面存在一定的缺陷。

　　目前，我国 X/γ 参考辐射场都是建立在地表之上，参考辐射场中天然环境辐射本底会极大地影响环境辐射监测仪表校准的准确性和可靠性。降低天然辐射本底并建设低辐射本底实验室和低辐射环境水平参考辐射场可以进一步完善我国的量值溯源体系，目前降低自然辐射本底的主流做法是利用铅或铜等原子系数大、密度大的材料屏蔽环境本底辐射和在极深的水下、冰下或者地下建造实验室屏蔽宇宙辐射[6]。1991 年德国联邦物理技术研究院（PTB）在矿井建立了一个地下低辐射本底实验室 UDO，依托该实验室实现了 10～300 nGy·h^{-1} 低剂量率 γ 参考辐射场的搭建并可以提供低剂量率条件下环境辐射监测仪表的校准服务[7-8]，英国、日本等国家也已解决环境辐射监测仪表在低辐射环境水平下的量值溯源问题[9]。目前，我国生态环境部核与辐射安全中心长阳基地已在地下浅层建立了一个低辐射本底实验室，作为参考辐射场建立的基础，其自身辐射剂量的

作者简介： 万琳健（1998—），男，硕士研究生在读，现主要从事放射性核素快速识别和辐射环境剂量测量等工作。

基金项目： 基本科研业务费重点领域项目（AKYZD2015）。

准确测量就显得尤为重要。常见的环境辐射监测仪表由于上述的缺陷使其在低辐射环境水平下的性能还有待进一步的研究，而 γ 谱仪作为一种对射线敏感度极高的探测器，通过结合能谱-剂量 G 函数法改善其能量响应，可以有效解决上述剂量率仪性能上的不足并且非常适用在低辐射环境水平下的剂量率测量。

综上所述，本文选用 HPGe γ 谱仪在环境辐射水平以上的 X/γ 参考辐射场中基于无卷积全谱转换法完成 G 函数的实验刻度和利用 MCNP 完成 G 函数的模拟刻度；参考 PTB 在 UDO 实验室利用放射性同位素点源提供低剂量率参考辐射场和将理论计算剂量率值作为约定真值[7]，本研究在核与辐射安全中心低辐射本底实验室使用多个放射性同位素点源建立标准点源参考辐射场对 G 函数进行实验验证，并将其与 3 台剂量率仪在标准点源参考辐射场中的响应做了比较。

1 原理

1.1 HPGe γ 谱仪测量剂量率原理

G 函数法是通过对 γ 谱仪测量的能谱全谱进行加权积分从而测量辐射剂量的一种能谱-剂量法。设在某点有能量注量谱 $\Phi(E)$，则该点的能谱 $N_{n\times 1}$ 和剂量 D 可用下式描述：

$$N_{n\times 1} = M_{n\times m} \times \boldsymbol{\Phi}_{m\times 1}, \tag{1}$$

$$D = C_{1\times m} \times \boldsymbol{\Phi}_{m\times 1}。 \tag{2}$$

式中：M 可理解为能谱仪的响应矩阵，C 可理解为剂量仪的响应矩阵。

根据文献 [10]、[11]，在实验过程中取 $m = n$，基于峰位的个数合理划分 m 个能区，并根据峰位能量从小到大测量能谱-剂量数据对 $N_i - D_i (1 \leqslant i \leqslant m)$。

令 $\boldsymbol{G}_{1\times m} = \boldsymbol{C}_{1\times m} \times \boldsymbol{M}_{m\times m}^{-1}, \boldsymbol{N}_{m\times m} = [N_1, N_2 \cdots N_m], \boldsymbol{D}_{1\times m} = [D_1, D_2 \cdots D_m]$，可得：

$$\boldsymbol{D}_{1\times m} = \boldsymbol{G}_{1\times m} \times \boldsymbol{N}_{m\times m}。 \tag{3}$$

式中的 $\boldsymbol{N}_{m\times m}$ 是一个下三角矩阵，故其逆矩阵 $\boldsymbol{N}_{m\times m}^{-1}$ 存在且唯一，因此 G 函数的求解有：

$$\boldsymbol{G}_{1\times m} = \boldsymbol{D}_{1\times m} \times \boldsymbol{N}_{m\times m}^{-1}。 \tag{4}$$

1.2 点源剂量率理论计算

放射性同位素点源在一定距离处产生的空气吸收剂量率可以用下式来描述[12]：

$$\begin{cases} D_{air} = A \cdot \Gamma_\delta / L^2 \\ \Gamma_\delta = \dfrac{1}{4\pi} \sum_{i=1}^{n} \eta_i \cdot E_i \cdot \left(\dfrac{\mu_{en}}{\rho}\right)_{i, air} \end{cases}。 \tag{5}$$

式中：D_{air} 是空气吸收剂量率；A 是放射性活度；Γ_δ 是空气比释动能率常数；L 是放射源到探测器等效中心的距离；n 是点源的特征 γ 射线的数量；η_i 是第 i 条特征 γ 射线的分支比；E_i 是第 i 条特征 γ 射线的能量；$(\mu_{en}/\rho)_{i, air}$ 是第 i 种特征 γ 射线在空气中的质能吸收系数。

2 G 函数实验及模拟刻度

使用 HPGe γ 谱仪和 UNIDOS 剂量仪配备 10 L 球形空腔电离室测量能谱-剂量数据对，使用无卷积全谱转换法求解 G 函数，已有学者基于本文所用 γ 谱仪进行了 G 函数的部分研究，并对该方法的准确性和自洽性进行验证[10-13]，本节仅涉及使用该方法完成 G 函数的求解。

实验所用射线源由 X 辐射场提供低能部分和由 ^{60}Co、^{137}Cs γ 辐射场提供高能部分；MCNP 模拟以 10 keV 为步长在 10～3000 keV 范围设置能量点，可以实现更精确的能谱和剂量率测量。实验和模拟均表明 HPGe γ 谱仪探头外铝制外壳对能量低于 30 keV 的射线存在巨大的屏蔽作用，设置 G 函数下阈值为 30 keV。

图 1 是 G 函数的实验和模拟刻度曲线。通过实验和 MCNP 模拟分别得到能谱-剂量数据对 $\boldsymbol{N}_{m\times m} - \boldsymbol{D}_{1\times m}$，利用式（4）完成实验和模拟刻度 G 函数的求解。由图 1 可知，实验和模拟刻度 G 函数先下降

后上升，两者刻度趋势一致，与相关文献的结果吻合[14-15]，结果表明：$G(E)$ 函数在 $E = 100$ keV 附近存在极小值，研究认为是 HPGe γ 谱仪在该能区的探测效率存在极大值导致。

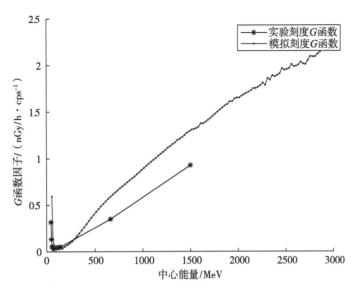

图 1　实验和模拟刻度 G 函数结果

3　实验室条件及测试用设备

低辐射本底实验室位于生态环境部核与辐射安全中心地下负三层。实验室长约 11 m、宽约 7 m，通过 5 mm 厚的铅外加不锈钢外壳可以实现对大部分辐射本底的屏蔽。

3.1　6150 AD 5H 测量本底剂量率

为评估实验室各点位辐射本底的一致性，以便选取实验室适当位置使用探测器进行后续的测量研究，使用 6150 AD 5H 剂量率仪对实验室各点位的本底进行测量，将实验室划分为 11×7 的网格并在离地高 1 m 处进行测量，图 2 是用 6150 AD 5H 测量本底，每个点位测量时间不少于 300 s 以便 6150 AD 5H 数值稳定，取最后 30 s 数值的均值作为最终剂量率结果，实验室结构及本底测量结果如表 1 所示。

图 2　用 6150 AD 5H 测量本底

表 1　实验室结构及本底测量结果

			铅墙			
10.8	12.0	11.9	11.0	×		
14.1	10.8	10.6	11.0			
8.6	13.3	11.2	12.2	11.7	16.0	
8.3	10.8	13.0	15.0	15.0	14.3	
12.1	10.7	14.4	12.8	15.2	9.4	
10.5	11.3	13.1	12.0	12.5	15.6	×
10.5	13.6	12.6	11.9	14.2	15.3	
9.3	10.5	10.7	15.0	14.7	16.7	
10.3	11.7	13.4	13.0	12.3	15.2	
11.3	12.1	9.5	13.1	10.7	14.7	
9.8	10.5	12.6	17.1	13.1	14.4	

(左侧:铅墙　右侧:铅墙)
(下部:铅墙　铅门)
(过道)
(铅门　铅墙)

注：1. × 表示该位置未测量；

　　2. 单位是 nSv·h^{-1}。

3.2　HPGe γ 谱仪测量本底能谱

图 3 为分别使用 AT 1121 剂量率仪和 HPGe γ 谱仪在选定点位离地 1 m 高的轨道小车实验平台上测量本底剂量率和本底能谱，此外本课题组使用相同 γ 谱仪完成了在锦屏地下实验室 CDEX 聚乙烯房、中国计量科学研究院昌平基地铅制低本底箱的本底能谱测量和使用部分剂量率仪完成剂量率测量，环境辐射的本底能谱如图 4 所示。

（a）　　　　　　　　　　　　　　　　　　　（b）

图 3　低辐射本底实验室的本底测量

（a）AT 1121 剂量率仪测量低辐射本底实验室本底剂量率；（b）HPGe γ 谱仪测量低辐射本底实验室的本底能谱

据能谱可知：辐射屏蔽主要针对 1500 keV 以下的连续光子谱，3 个低本底环境中的放射性核素主要为来自混凝土和岩石的原生放射性核素，有 ^{40}K、^{208}Tl、^{214}Bi、^{228}Ac、^{214}Pb、^{212}Pb 和 ^{226}Ra 等。

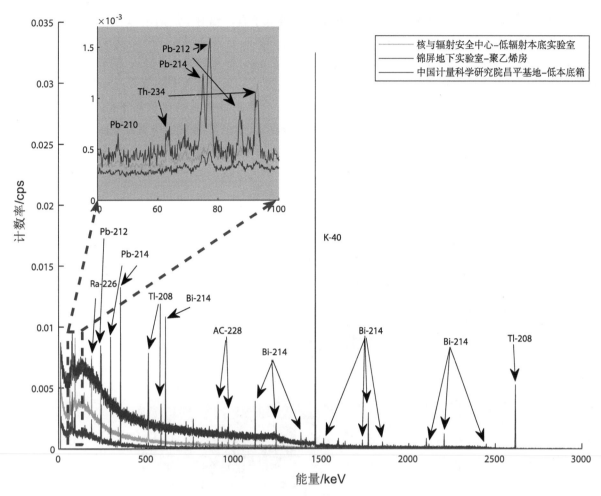

图 4 本底能谱测量结果

3.3 本底数据处理及比较

将本底的能谱数据结合 G 函数法计算剂量率，数据和部分剂量率仪的本底测量数据都列于表 2。

表 2 G 函数法及剂量率仪的本底剂量率测量结果

仪器		锦屏地下实验室–聚乙烯房（CDEX）	核与辐射安全中心–低辐射本底实验室	中国计量科学研究院昌平基地–低本底箱
GE 高气压电离室/nGy·h⁻¹		0.1	11.6	×
AT 1123/nSv·h⁻¹		*	19.4	42.5
6150 AD 5H/nSv·h⁻¹		×	12.6	40.6
AT 1121/nSv·h⁻¹		×	42.0	×
HPGe γ 谱仪	全谱计数率/cps	2.9	7.9	19.9
	G 函数测量剂量率/nGy·h⁻¹	0.9	2.7	8.9

注：1. ＊ 表示超量程；

2. × 表示当前还没完成测量。

由表 2 可知，低辐射本底实验室的本底剂量率显著低于自然辐射本底剂量率（约 100 nGy·h⁻¹），低辐射本底实验室的铅墙极大地屏蔽了环境辐射本底；HPGe γ 谱仪测量 3 个环境本底的能谱总计数与 G 函数测量剂量率之间的比值分别为 3.28、2.90 和 2.23，存在较大的差距，表明 3 个环境本底的放射性核素成分占比存在显著差异。图 5 是对总计数进行归一化后的 3 个能谱，比较发现：低辐射本底实验室和聚乙烯房的 0～250 keV 能量范围的射线占全部射线数量的比重高于低本底箱；能量为 400～1500 keV 区间时，低本底箱的射线数量比重最高，其次是低辐射本底实验室，聚乙烯房最低；另外在归一化能谱中低辐射本底实验室和聚乙烯房能谱的全能峰计数显著高于低本底箱，表明低辐射本底实验室和聚乙烯房的辐射本底更干净。

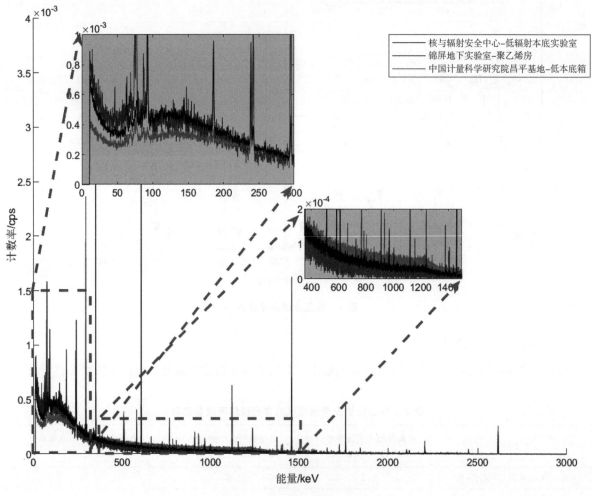

图 5   总计数归一化后的能谱

4   低辐射本底条件下的 G 函数验证

4.1   标准点源参考辐射场 G 函数验证

使用不同放射性同位素点源在低辐射本底实验室提供准直光子束，核素信息列于表 3，通过式（5）计算辐射场理论剂量率，将其作为约定真值 D_{real}，剂量率水平可以达到自然辐射本底剂量率及其以下水平 3～500 nGy·h⁻¹。其扩展不确定度通过标准点源可溯源至中国计量科学研究院地表的标准装置。

表 3　放射性核素信息

核素	编号	扩展不确定度 U_{rel} ($k=2$)	标定日期	标定活度/Bq	半衰期/d	测量日期	空气比释动能率常数[16]/ $Gy \cdot m^2 \cdot Bq^{-1} \cdot s^{-1}$
^{60}Co	191101	0.024	2020 – 06 – 21	50110	1925.228	2023 – 03 – 20	8.67E – 17
^{137}Cs	341	0.026	2020 – 06 – 29	9495	10963.84	2023 – 03 – 20	2.12E – 17
^{22}Na	386	0.031	2020 – 07 – 15	50860	950.6889	2023 – 03 – 20	7.85E – 17
^{133}Ba	0609 – 9	0.029	2020 – 07 – 28	158900	3849.288	2023 – 03 – 20	1.57E – 17
^{152}Eu	115	0.03	2020 – 07 – 29	63600	4938.805	2023 – 03 – 20	3.80E – 17
^{241}Am	152	0.031	2020 – 06 – 28	9450	158003.8	2023 – 03 – 20	4.13E – 18
^{57}Co	327	0.033	2020 – 07 – 26	28650	271.8	2023 – 03 – 20	6.36E – 18

如图 6 所示，将 HPGe γ 谱仪放置在低辐射本底实验室测量标准点源参考辐射场的能谱，改变源-探测器前端面距离以调整剂量率，使用实验和模拟刻度 G 函数分别测量剂量率为 $D_{G\text{-}exp}$ 与 $D_{G\text{-}simu}$，计算与约定真值 D_{real} 之间的相对误差范围，将数据列于表 4。

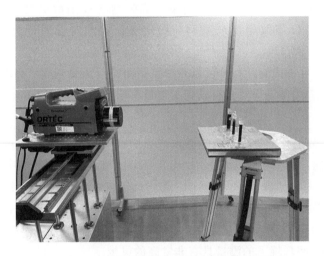

图 6　HPGe γ 谱仪测量标准点源参考辐射场能谱

表 4　G 函数测量剂量率结果

核素	剂量率/nGy·h⁻¹	100	150	200	250	300	350	400	450	500	相对误差范围
		放射源-HPGe 前端面距离/mm									
^{60}Co	D_{real}	572.5	308.5	192.4	131.4	95.4	72.4	56.8	45.7	37.6	
	$D_{G\text{-}exp}$	556.9	295.4	184.0	125.4	90.8	68.9	53.9	43.3	35.8	– 6%～– 2%
	$D_{G\text{-}simu}$	559.1	294.4	183.1	124.2	89.8	68.1	53.2	42.8	35.3	– 7%～– 2%
^{137}Cs	D_{real}	35.7	19.2	12.0	8.2	5.9	4.5	3.5	2.8	2.3	
	$D_{G\text{-}exp}$	34.9	18.7	11.6	7.9	5.9	4.5	3.5	2.7	2.4	– 4%～6%
	$D_{G\text{-}simu}$	37.1	19.5	12.1	8.2	6.1	4.6	3.6	2.8	2.5	– 1%～7%
^{22}Na	D_{real}	369.9	199.3	124.3	84.9	61.6	46.8	36.7	29.5	24.3	
	$D_{G\text{-}exp}$	407.9	226.6	145.4	100.3	73.1	55.8	44.0	34.9	28.7	10%～20%
	$D_{G\text{-}simu}$	371.6	203.1	129.5	89.1	64.8	49.3	38.8	30.8	25.2	0～6%

核素	剂量率/nGy·h^{-1}	放射源–HPGe前端面距离/mm									相对误差范围
		100	150	200	250	300	350	400	450	500	
^{133}Ba	D_{real}	396.3	213.5	133.2	91.0	66.0	50.1	39.3	31.7	26.0	
	D_{G-exp}	612.7	339.2	213.0	145.6	106.0	80.4	63.1	50.8	41.8	54%～61%
	D_{G-simu}	417.3	229.3	142.9	97.3	70.5	53.3	41.8	33.7	27.6	5%～8%
^{152}Eu	D_{real}	399.0	215.0	134.1	91.6	66.5	50.4	39.6	31.9	26.2	
	D_{G-exp}	511.5	276.8	172.4	117.3	85.0	64.3	50.7	40.7	33.4	27%～29%
	D_{G-simu}	478.7	257.9	159.2	108.2	78.2	59.2	46.5	37.2	30.6	16%～20%

在 ^{60}Co 和 ^{137}Cs 提供的剂量率范围为 3～500 nGy·h^{-1} 的标准点源参考辐射场中，实验和模拟刻度 G 函数测量剂量率结果与约定真值的相对误差均不超过±7%。受限于实验条件，实验刻度 G 函数在 140～3000 keV 的高能区仅根据 ^{137}Cs 和 ^{60}Co 划分为了两个能区，比较图 1 中实验和模拟刻度 G 函数曲线可以发现，该能区的实验刻度 G 函数不够精确，使得在 ^{22}Na、^{133}Ba 和 ^{152}Eu 标准点源提供的剂量范围在 30～500 nGy·h^{-1} 的参考辐射场中，实验刻度 G 函数测量剂量率与约定真值存在较大系统误差，而模拟刻度 G 函数测量剂量率与约定真值的相对误差则分别不超过±6%、±8% 和±20%。

实验结果表明，通过更细的能区划分可以获取更精确的 G 函数刻度，HPGe结合 G 函数在低剂量率环境下 3～500 nGy·h^{-1} 的测量仍然具有良好的剂量率响应和能量响应。

4.2 距离平方反比验证

根据式（5）可知，放射性同位素点源在某点产生的剂量率与点源到该点距离的平方成反比，即与距离平方的倒数成正比，图 7 和图 8 在 ^{60}Co、^{137}Cs、^{22}Na、^{133}Ba 和 ^{152}Eu 标准点源 3～1000 nGy·h^{-1} 参考辐射场和 ^{241}Am 和 ^{57}Co 标准点源 0～3 nGy·h^{-1} 参考辐射场中，分别使用实验和模拟刻度 G 函数测量剂量率结果进行距离平方反比验证，拟合结果显示在 3～1000 nGy·h^{-1} 标准点源参考辐射场拟合优度 R^2 均大于 0.999，在 0～3 nGy·h^{-1} 标准点源参考辐射场拟合优度 R^2 均大于 0.995，表明 HPGe γ 谱仪结合 G 函数在低剂量率环境下的测量具有非常高的灵敏度。

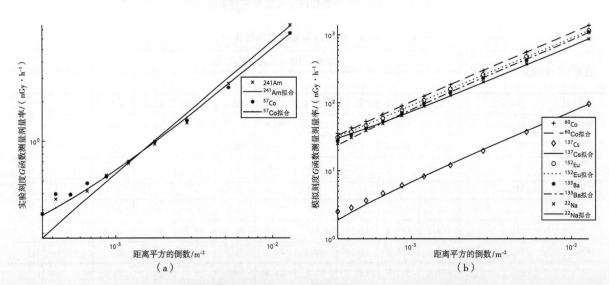

图 7 G 函数测量剂量率的距离平方反比验证（3～1000 nGy·h^{-1}）

（a）实验刻度 G 函数测量剂量率的验证；（b）模拟刻度 G 函数测量剂量率的验证

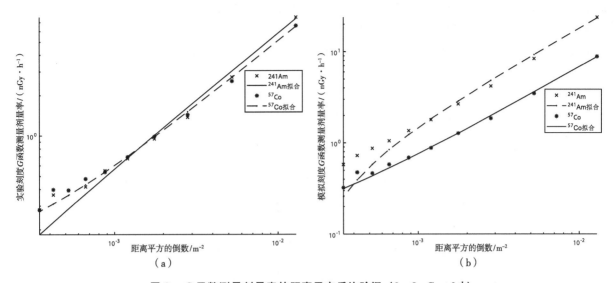

图 8　G 函数测量剂量率的距离平方反比验证（0～3 nGy·h⁻¹）

（a）实验刻度 G 函数测量剂量率的验证；（b）模拟刻度 G 函数测量剂量率的验证

4.3　剂量率测量的角响应

在实际测量过程中，光子总是沿 4π 角入射 γ 谱仪的灵敏体积，由于 γ 谱仪晶体和外部结构的影响，探测器对 γ 光子的响应并非各向同性，因此还需要对刻度 G 函数作角响应修正[17]。本文所用的 HPGe 晶体为同轴圆柱形，实验布局如图 9 所示。

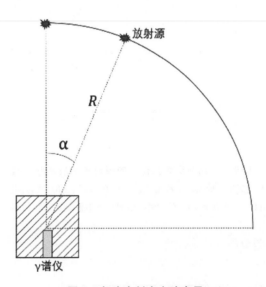

图 9　角响应刻度实验布局

保持放射源-HPGe 等效中心距离 $R=1$ m，此时放射源的光子束对于 γ 谱仪来讲相当于平行束，而当距离小于 1 m 时，放射源的射线束就不能近似为平行束，γ 谱仪对放射源的立体角随距离的改变会有较大的变化；控制 γ 光子入射角度 α 以 15° 为步长从 0°～90° 增大并测量能谱数据，定义 G 函数相对角相应函数为 $D_{G\text{-}\alpha}/D_{G\text{-}0}$，$D_{G\text{-}\alpha}$ 和 $D_{G\text{-}0}$ 分别使用 G 函数法测量的沿 α 角度与 0° 入射的光子的剂量率。

模拟获得了低能段射线和 ⁶⁰Co、¹³⁷Cs 的 G 函数测量剂量率的角响应曲线，受限于实验条件在低能段无法获取单能射线，实验选取了 ¹³³Ba、⁶⁰Co、²²Na 和 ¹⁵²Eu 提供标准点源参考辐射场，计算了 G 函数测量剂量率相对于放射源的相对角响应曲线。实验和模拟的相对角响应刻度曲线如图 10 所示。实验结果表明：在低能段（≤70 keV）的相对角响应变化剧烈，高能段（≥100 keV）的相对角响应随角度变化先保持不变，再平稳缓慢下降（100%→85%），实验和模拟的结果相吻合。

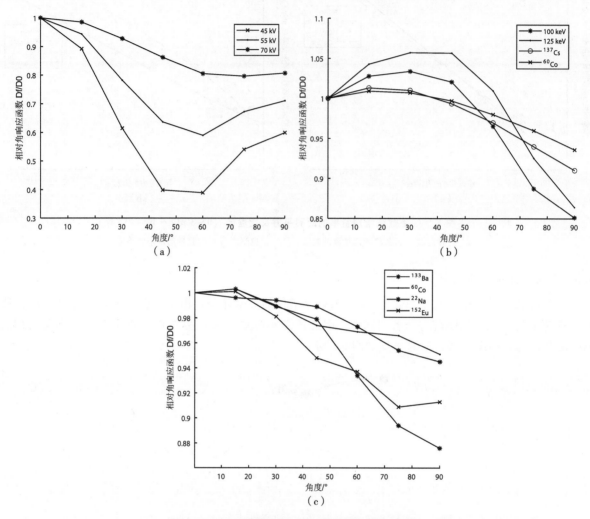

图 10　G 函数测量剂量率的相对角响应函数曲线

（a）模拟刻度 G 函数测量剂量率的相对角响应函数（≤70 keV）；（b）模拟刻度 G 函数测量剂量率的相对角响应函数（≥100 keV）；（c）模拟刻度 G 函数测量剂量率的相对角响应函数

4.4　G 函数测量剂量率的误差分析

4.4.1　测量条件、方法和模型

G 函数刻度实验中测量能谱-剂量数据对所用的探测器为 HPGe γ 谱仪和 10 L 球形空腔标准电离室（型号：TW32003；SN：1797）配备 PTW UNIDOS 剂量仪，G 函数的求解模型如式（4）所示。

G 函数验证工作所在环境为核与辐射安全中心低辐射本底实验室，环境温度为 21.6 ℃、相对湿度为 33.4%，高气压电离室测量本底剂量率为 11.6 nGy·h⁻¹，所用放射性同位素点源信息如表 3 所示，G 函数测量剂量率的测量模型为：

$$D_G = G \times N = G \times M \times \Phi = G \times M \times \sum_{i=1}^{n} k \frac{A}{4\pi l^2} \eta_i。 \tag{6}$$

4.4.2 误差分析

在式（4）G 函数的求解过程中，标准电离室和 HPGe γ 谱仪测量结果的误差对 G 函数的刻度结果引入一个随机误差，能区的划分对刻度 G 函数会引入一个系统误差。根据式（6）在低辐射本底实验室使用 G 函数测量标准点源参考辐射场的剂量率时，剂量率与约定真值的误差由 G 函数刻度和能谱测量的准确定性引入，能谱项的放射源活度和放射源-HPGe 距离的偏差是主要误差来源。

标准电离室和标准点源的不确定度是个定值；放射源-HPGe 前端面距离的测量则使用常规直尺（最小刻度值为 1 mm），先手动固定放射源-HPGe 前端面距离为 50 mm，后使用导轨以 50 mm 为步长移动 HPGe，导轨的精度是 0.0001 mm，此处误差主要由手动固定 HPGe 和手动测量导致，取 50 mm 处的偏差为 ±10%，即初始源-HPGe 前端面距离为 50 mm±5 mm，则在放射源-HPGe 前端面距离不小于 100 mm 后有距离偏差引入的剂量率相对误差不超过 3.5%。

观察表 4 的相对误差范围一栏数据我们可以发现：每个源的相对误差波动范围均很小，在 150～500 mm 距离内，每个源实验刻度 G 函数测量剂量率误差的极差不超过 5%；模拟刻度 G 函数测量剂量率的误差显著小于实验刻度 G 函数测量剂量率的误差，并且不同距离下的误差的极差仍保持在 5% 以内。表明 G 函数测量剂量率的误差主要是由 G 函数刻度的系统误差导致的，而通过划分更加细致的能区和对 G 函数进行修正可以显著降低 G 函数测量剂量率的误差。

5 低剂量率条件下本方法与 AT 1123、AT 1121 及 6150 AD 5H 的测量比较

5.1 标准点源参考辐射场测量比较

通常环境辐射水平剂量率仪表都是在 500 nGy·h⁻¹ 以上参考辐射场进行检定、校准和量值溯源，本文所选用的 3 个剂量率仪在中国计量科学研究院 500 nGy·h⁻¹ 以上 X/γ 参考辐射场完成校准，这些仪器在环境辐射水平及以下的测量性能还需另外研究。

参考 HPGe γ 谱仪测量标准点源参考辐射场能谱时的实验布局，图 11 是相同条件下在 HPGe 等效中心（等效中心距前端面约 38 mm）处分别使用 AT 1121、AT 11213 及 6150 AD 5H 测量标准点源参考辐射场的剂量率，为降低剂量率仪体效应（剂量率的点源近似）的影响，放射源-剂量率仪前端面距离从 238 mm 开始以 50 mm 为步长增加，AT 1121 和 AT 1123 测量结果不确定度小于 5%，6150 AD 5H 选取后 30 s 数值的均值作为测量结果。

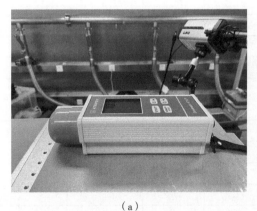 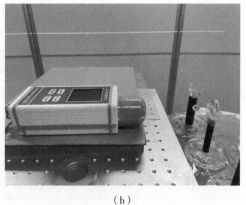

　　　　　　　　（a）　　　　　　　　　　　　　　　　（b）

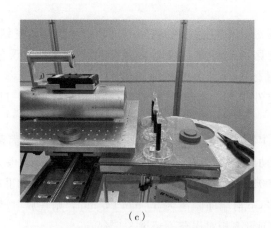

（c）

图 11　3 台剂量率仪测量标准点源参考辐射场剂量率

（a）AT 1121 测量标准点源参考辐射场剂量率；（b）AT 1123 测量标准点源参考辐射剂量率；

（c）6150 AD 5H 测量标准点源参考辐射场剂量率

　　测量数据列于表 5，由于剂量率仪是在 500 nGy·h⁻¹ 以上参考辐射场完成校准，其校准因子无法对本文所测量的剂量率（<200 nSv·h⁻¹）进行校准（nGy·h⁻¹），故此处相对误差定义为测量结果数值与约定真值数值之间的误差。由表 5 可知：3 台剂量率仪在 ^{60}Co、^{22}Na 和 ^{152}Eu 标准点源参考辐射场约 30～200 nGy·h⁻¹ 低剂量率水平范围的测量值与约定真值相对误差不超过 ±30%，但是相比较 G 函数测量剂量率结果，剂量率仪的误差偏大且误差波动大不易校准、修正；在 ^{137}Cs 标准点源参考辐射场中，剂量率仪在 3～10 nGy·h⁻¹ 范围内随剂量率的减少而误差有逐渐变大的趋势，3 nGy·h⁻¹ 及以下剂量率范围的测量则超过这 3 台剂量率仪的测量下限。

表 5　剂量率仪测量剂量率结果

核素	剂量率	放射源-剂量率仪前端面距离/mm						
		200	250	300	350	400	450	500
^{60}Co	D_{real}/nG·h⁻¹	192.4	131.4	95.4	72.4	56.8	45.7	37.6
	D_{AT1121}/nSv·h⁻¹	172.0	129.5	105.0	72.0	59.5	46.5	40.0
	D_{AT1123}/nSv·h⁻¹	164.0	126.5	97.5	70.5	58.5	46.5	38.5
	D_{6150AD}/nSv·h⁻¹	187.3	134.3	99.8	85.3	58.3	52.1	46.3
^{137}Cs	D_{real}/nGy·h⁻¹	12.0	8.2	5.9	4.5	3.5	2.8	2.3
	D_{AT1121}/nSv·h⁻¹	11.0	8.0	4.0	3.0	3.0	×	×
	D_{AT1123}/nSv·h⁻¹	13.5	9.5	7.5	6.0	6.5	5.5	5.5
	D_{6150AD}/nSv·h⁻¹	8.3	6.5	5.3	6.3	0.6	×	×
^{22}Na	D_{real}/nGy·h⁻¹	124.3	84.9	61.6	46.8	36.7	29.5	24.3
	D_{AT1121}/nSv·h⁻¹	117.0	81.0	65.5	51.0	40.0	30.0	25.0
	D_{AT1123}/nSv·h⁻¹	122.5	83.0	62.5	51.5	38.5	30.5	22.5
	D_{6150AD}/nSv·h⁻¹	130.3	89.3	71.3	60.3	50.8	37.3	30.3
^{133}Ba	D_{real}/nGy·h⁻¹	133.2	91.0	66.0	50.1	39.3	31.7	26.0
	D_{AT1121}/nSv·h⁻¹	168.0	115.5	86.5	66.0	56.0	43.0	33.0
	D_{AT1123}/nSv·h⁻¹	179.0	134.0	100.0	83.5	53.0	39.5	36.5
	D_{6150AD}/nSv·h⁻¹	159.3	114.1	87.3	67.3	54.3	44.3	31.3

核素	剂量率	放射源-剂量率仪前端面距离/mm						
		200	250	300	350	400	450	500
¹⁵²Eu	D_{real}/(nGy·h⁻¹)	134.1	91.6	66.5	50.4	39.6	31.9	26.2
	D_{AT1121}/nSv·h⁻¹	141.0	103.0	81.0	61.0	49.0	36.0	31.0
	D_{AT1123}/nSv·h⁻¹	158.5	112.5	83.5	64.5	44.5	38.5	32.5
	D_{6150AD}/nSv·h⁻¹	152.8	107.3	85.8	61.3	53.8	43.8	29.3

注：× 表示超量程。

对测量结果进行平方反比验证，如图 12 所示，拟合结果显示在 30～200 nGy·h⁻¹ 参考辐射场中 AT 1121、AT 1123 和 6150 AD 5H 的拟合优度 R^2 分别不小于 0.984、0.980 和 0.990。对比 G 函数测量误差、拟合曲线和拟合优度 R^2 可以发现：G 函数测量剂量率具有更好的能量响应特性，并且通过更精确的 G 函数的刻度和修正可以进一步改善其能量响应；G 函数测量剂量率还具有非常高的灵敏度，在剂量率低于 1 nGy·h⁻¹ 时，G 函数法依然可以给出测量结果并且大致服从距离平方反比规律。

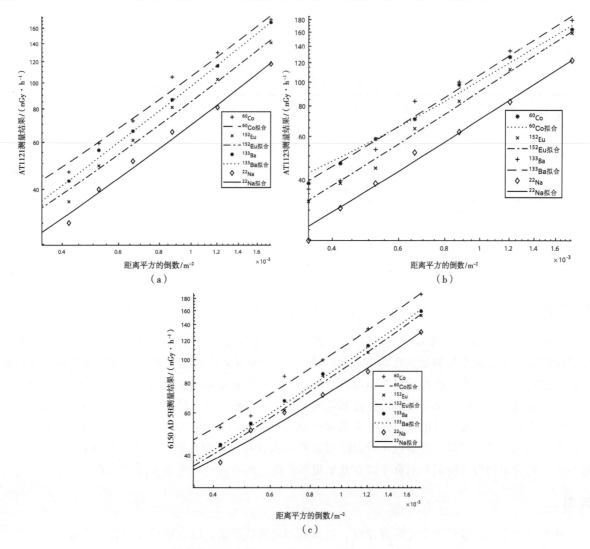

图 12　剂量率仪测量结果的距离平方反比验证（30～200 nGy·h⁻¹）
（a）AT 1121 测量结果的距离平方反比验证；（b）AT 1123 测量结果的距离平方反比验证；
（c）6150 AD 5H 测量结果的距离平方反比验证

5.2 混合源辐射场比较

此外，使用 ^{137}Cs 和 ^{60}Co 组成混合源对 G 函数与 3 台剂量率仪的准确性进行验证比较，实验结果分别列于表 6 和表 7，实验结果显示：实验和模拟刻度 G 函数测量 45～200 nGy·h^{-1} 剂量率范围的 ^{137}Cs＋^{60}Co 混合源辐射场的剂量率，其误差不超过±6％；而 AT 1121、AT 1123 和 6150 AD 5H 的误差则分别不超过±14％、±13％和±20％。表明 G 函数在低剂量率水平下测量混合源的剂量率可行、准确且优于市售的环境水平剂量率仪。

表 6　混合源辐射场的 G 函数验证

核素	放射源-HPGe 前端面距离/mm	D_{real}/nGy·h^{-1}	D_{G-exp}/nGy·h^{-1}	相对误差	D_{G-simu}/nGy·h^{-1}	相对误差
^{137}Cs＋^{60}Co	50＋250	216.5	222.9	2.97％	227.5	5.09％
	100＋300	129.2	131.2	1.59％	131.2	1.60％
	150＋350	90.2	92.5	2.59％	91.6	1.63％
	200＋400	67.7	69.6	2.91％	68.8	1.65％
	250＋450	53.0	55.7	5.01％	54.9	3.54％
	300＋500	42.8	45.3	5.78％	44.6	4.15％

表 7　混合源辐射场的 3 台剂量率仪验证

核素	放射源-剂量率仪前端面距离/mm	D_{real}/nGy·h^{-1}	D_{AT1121}/nSv·h^{-1}	相对误差	D_{AT1123}/nSv·h^{-1}	相对误差	$D_{6150\,AD}$/nSv·h^{-1}	相对误差
^{137}Cs＋^{60}Co	50＋250	216.5	188.0	−13.10％	188.6	−12.90％	194.4	−10.20％
	100＋300	129.2	129.0	−0.15％	130.6	1.06％	134.4	3.99％
	150＋350	90.2	92.0	2.00％	92.6	2.63％	100.4	11.26％
	200＋400	67.7	75.0	10.70％	66.6	−1.67％	80.9	19.44％
	250＋450	53.0	58.0	9.43％	49.6	−6.47％	60.9	14.83％
	300＋500	42.8	41.0	−4.21％	46.6	8.81％	50.4	17.66％

6　结论

使用 HPGe γ 谱仪在环境辐射水平以上的 X/γ 参考辐射场中完成 G 函数的实验刻度和利用 MCNP 完成 G 函数的模拟刻度。在 ^{60}Co 和 ^{137}Cs 的 3～500 nGy·h^{-1} 参考辐射场中实验和模拟刻度 G 函数测量剂量率与约定真值的相对误差不超过±7％，表明 G 函数具有良好的能量响应特性；对小于 1 nGy·h^{-1} 的剂量率仍能给出测量结果并且测量结果大致满足距离平方反比的规律，表明 G 函数低剂量率条件下仍具有非常高的灵敏度；此外将测量结果与 AT 1121、AT 1123、6150 AD 5H 在标准点源和混合源的辐射场的测量结果进行比较，结果表明 G 函数在能量响应和灵敏度等方面都优于这 3 台剂量率仪，同时表明对环境辐射剂量率仪在低剂量率条件下的响应进行直接校准是必要的。

致谢

特别感谢中国计量科学研究院成建波、刘博和郝光辉的帮助；感谢中国计量科学研究院全体员工给予的支持和建议；感谢北京师范大学黄羿彤的鼓励。

参考文献：

[1] 中华人民共和国生态环境部，国家核安全局．2021年全国辐射环境质量报告［EB/OL］．［2023-06-06］．http：//nnsa. mee. gov. cn/ztzl/haqbg/.

[2] 郭思明，黄建微，杨扬．用于环境辐射监测的高气压电离室性能研究［J］．计量学报，2020，41（S1）：172-176.

[3] 王成竹，张佳，沈杨，等．GM计数管能量响应补偿研究的新思路［J］．核电子学与探测技术，2013，33（10）：1215-1218.

[4] 韦应靖，方登富，孙训，等．一种基于薄塑料闪烁体探测器的定向剂量当量率监测仪研制［J］．辐射防护，2019，39（1）：7-12.

[5] 上海市计量测试技术研究院．JJG 521—2006 环境监测用X、γ辐射空气比释动能（吸收剂量）率仪检定规程［S］．北京：中国计量出版社，2006.

[6] 程建平，李元景，曾志．暗物质直接探测实验辐射本底研究——以锦屏大设施项目为例［J］．实验技术与管理，2021，38（7）：1-10.

[7] NEUMAIER S，ARNOLD D，BÖHM J，et al. The PTB underground laboratory for dosimetry and spectrometry ［J］．Applied radiation and isotopes，2000，53（1-2）：173-178.

[8] DOMBROWSKI H，NEUMAIER S. Traceability of the PTB low-dose rate photon calibration facility ［J］．Radiat prot dosimetry，2010，140（3）：223-233.

[9] 赵瑞．环境水平X射线周围剂量当量测量与研究［D］．成都：成都理工大学，2018.

[10] 曹蕾，李德红，杨扬，等．能谱-剂量转换法用于环境辐射剂量测量［J］．同位素，2022，35（4）：297-303.

[11] 曹蕾，张耀锋，杨扬，等．MC模拟无卷积全谱转换法测量X，γ辐射剂量［J］．强激光与粒子束，2022，34（2）：29-36.

[12] 黄建微，李德红，张健，等．γ能谱-剂量转换法测量环境辐射剂量［J］．核电子学与探测技术，2017，37（5）：468-473.

[13] 曹蕾．基于能谱剂量法的环境辐射剂量测量方法研究［D］．北京：北京师范大学，2022.

[14] 任晓娜，胡遵素．用NaI（Tl）探测器测量γ辐射场剂量特性的加权积分法研究［J］．辐射防护，2003（2）：65-73.

[15] 李惠彬，贾明雁，吴睿，等．便携式HPGeγ谱仪能谱剂量转换函数计算［J］．核电子学与探测技术，2013，33（6）：699-704.

[16] 中国剂量测试学会电离辐射专业委员．辐射剂量学常用数据［M］．北京：中国计量出版社，1987.

[17] 贺军，杨朝文．用γ能谱全能峰计数率测量辐射剂量率的方法研究［J］．核技术，2014，37（7）：49-54.

The research of low dose rate measurement based on G-function in low radiation background laboratory

WAN Lin-jian[1,2], HUANG Jian-wei[2*], LIU Jia-cheng[3], CAO Lei[4],
ZHANG Chun-lei[1*], LI De-hong[2], ZHANG Xiao-le[2]

(1. College of Nuclear Science and Technology, Beijing Normal University, Beijing 100875, China;
2. Institute of Ionizing Radiation Metrology, National Institute of Metrology, Beijing 100013, China;
3. Nuclear and Radiation Safety Center, Ministry of Ecology and Environment, Beijing 102400, China;
4. School of Science, Sun Yat-Sen University, Shenzhen, Guangdong 518107, China)

Abstract: Anelectric-cooled high-purity germanium (HPGe) gamma spectrometer was used to measure the energy spectrum and combined with the energy spectrum-dose G function method to achieve accurate measurement of dose rate under low-radiation environmental levels. In order to solve the traceability problem of environmental radiation monitoring instruments at low dose rate levels, completing the experimental calibration of the HPGe γ spectrometer G function in the X/γ reference radiation field above the ambient radiation level and using MCNP to complete the simulation calibration; In the low-radiation background laboratory of the Changyang Base of the Nuclear and Radiation Safety Center of the Ministry of Ecology and Environment, the G function was experimentally verified in a standard point source reference radiation field established using multiple radioisotope point sources. The study found that the G function method measured the environmental background of the low-radiation background laboratory is about 3 nGy $\cdot$ h^{-1}; In the reference radiation field with a dose rate ranging from about 3 nGy $\cdot$ h^{-1} to 500 nGy $\cdot$ h^{-1} provided by ^{60}Co and ^{137}Cs standard point sources, The relative error between the dose rate results measured by the experimental scale G function and the simulated scale G function and the theoretical value does not exceed $\pm$7%; Under standard point source reference radiation fields such as ^{22}Na, ^{152}Eu and ^{133}Ba, The response difference of the dose rate results measured by the simulated scale G function is within $\pm$20%, which is better than the response difference of the dose rate results measured by the experimental scale G function. In addition, the measurement results of this method were compared with the responses of three dose rate meters AT 1121, AT 1123 and 6150 AD 5H in the standard point source reference radiation field. The experimental results show that the measurement results of this method at low dose rate levels conform to the inverse square law of distance and are better than commercially available environmental level dose rate meters, direct calibration of the response of environmental radiation dose rate meters under low dose rate conditions is also required.

Key words: Low radiation background laboratory; HPGe γ spectrometer; G-function; Reference radiation field of standard point sources

放射性气溶胶取样装置研究

胡昌立

（武汉第二船舶设计研究所，湖北　武汉　430064）

摘　要： 随着我国国民经济的飞速发展，国家已将辐射环境的监测、节能减排工作提到了重要的议事日程。目前，在核与辐射环境监测领域，我国的放射性气溶胶取样装置长期依赖进口，而国外所提供的同类产品价格昂贵，并非完全符合中国国情，且不能提供应用所需的技术支持，某些性能指标亦非最先进；国内有关部门在该行业所开展的工作并未形成相应的规模，性能指标与产品质量参差不齐，且不稳定。利用我们所掌握积累的专业及其他知识，采用最新的科学技术，以国家标准为依据，以用户与相关政府部门为依托，勇于探索，敢于创新，从而树立民族品牌的形象，以早日结束该行业长期被国外所垄断的局面。

在产品的设计过程中，以流体力学、现代控制理论、信息与计算机技术及新材料学科等为依托，同时采用了拥有自主知识产权的新技术，对放射性气溶胶取样装置国产化研制展开模拟计算。

关键词： 核与辐射环境监测；放射性气溶胶；流体力学

1　工作原理

风机抽取的空气样品流经滤纸时，放射性气溶胶就会分别聚集在滤纸上，由空气中放射性气溶胶浓度的灵敏度确定总的空气取样体积。而总的空气取样体积由空气体积累加器进行测量，在 LED 显示屏上直接显示。

取样装置采集到的气体经过滤膜、取样头，由气泵和相应管路排出。传感器将采集到的压差值转换成相应的电信号，根据现场大气压力、环境温度、湿度及用户设定的采样流量，经过必要的运算与处理后，自动将实际流量与设定流量进行比较，以实际恒流采样，从而大大提高了采样控制的精确度。

2　模拟计算

2.1　工作状态下气体流量的密度补偿

标准状态下差压气体流量计的示值修正在气体温度和压力改变时给出了气体体积流量计量的补正公式：

$$q'_v = q_v \frac{\epsilon'}{\epsilon} \sqrt{\frac{p'TZ}{pT'Z'}} \text{。} \tag{1}$$

式中：q_v 为气体体积流量；

$\quad\quad p$ 为气体压力；

$\quad\quad T$ 为气体温度，Z 为气体压缩系数；

$\quad\quad \epsilon$ 为流束膨胀系数。

上述的符号为标况值，符号右上角加 "'" 表示工况值。

根据流体的连续性方程与伯努利方程[1]，测量气体流量时依据下列公式：

作者简介：胡昌立（1986—），男，高级工程师，现主要从事辐射防护等科研工作。

$$q_v = \frac{c}{\sqrt{1-\beta^4}} \varepsilon \frac{\pi}{4} d^2 \sqrt{\frac{2\Delta p}{\rho}} \text{。} \tag{2}$$

式（2）为工况状态下气体体积流量，单位为 m^3/s；

c 为流出系数（无量纲）；

ε 为流束膨胀系数（无量纲）；

d 为直径，单位为 m；

Δp 为压差，单位为 Pa；

ρ 为气体密度，单位为 kg/m^3。

由式（1）可知，当气体的温度压力变化时，其密度也随之发生改变，于是：

$$q'_v = q_v \frac{\varepsilon' \sqrt{\frac{\Delta p}{\rho'}}}{\varepsilon \sqrt{\frac{\Delta p}{\rho}}} = q_v \frac{\varepsilon'}{\varepsilon} \sqrt{\frac{\rho}{\rho'}} \text{。} \tag{3}$$

注意，当有关参数变化较大而引起流量系数 a 改变时，应相应地乘以 a'/a 数值（$a = c/\sqrt{1-\beta^4}$）。

气体的质量等于其体积流量与密度的体积，即

$$q_m = q_v \times \rho = \frac{c}{\sqrt{1-\beta^4}} \varepsilon \frac{\pi}{4} d^2 \sqrt{2\Delta p \times \rho} \text{，} \tag{4}$$

$$q'_m = q_m \frac{\varepsilon'}{\varepsilon} \sqrt{\frac{\rho'}{\rho}} \text{。} \tag{5}$$

以上推导了气体流量计量在气体密度发生改变时，其工况体积流量与质量流量的密度补偿公式。

在实际应用中，是不能用式（3）进行流量补偿的，其原因为：

① 在实际应用中，气体流量一般计量的是标准状态（0℃、101.325 kPa 或 20℃、101.325 kPa）下的体积流量；

② 在实际应用中，一般是测量气体的温度压力参数，而不是直接测量气体的密度。

根据质量守恒原理可得流量状态的换算公式：

$$q_v = q_{vN} \frac{\rho_N}{\rho} \tag{6}$$

式中：q_v 为工况下的体积流量；

$\quad\quad q_{vN}$ 为标况下的体积流量；单位为 kg/m^3；

$\quad\quad \rho$ 为工作状态下的气体密度；

$\quad\quad \rho_N$ 为标准状态下的气体密度。

由理想气体状态方程可知，气体密度的大小与其压力成正比，与其温度及其压缩系数成正比。即

$$\rho = \frac{p}{ZRT} \text{。} \tag{7}$$

式中：ρ 为气体密度，单位为 kg/m^3；

$\quad\quad P$ 为气体压力，单位为 Pa；T 为气体温度，单位为 K；

$\quad\quad Z$ 为气体压缩系数，单位为 Pa；

$\quad\quad R$ 为气体常数（气体常数不变）。

将式（6）、式（7）代入式（2）得：

$$q'_{vN} = q_{vN} \frac{\varepsilon'}{\varepsilon} \sqrt{\frac{p'ZT}{pZ'T'}} \text{。} \tag{8}$$

在常温、低压状态下，气体压缩系数 Z 的变化非常小，故能忽略其影响。同时也忽略流束膨胀系数 ε 的影响，公式则可简化为：

$$q'_{vN} = q_{vN}\sqrt{\frac{p'T}{pT'}} \text{。}\tag{9}$$

式中：q'_{vN}为标准状态下气体实际流量；

q_{vN}为标准状态下气体设计流量；

p'为气体实际压力；p为气体设计压力；

T'为气体实际湿度；

T为气体设计温度。

上式也可写成：

$$q'_v = q_v\frac{\sqrt{p'T}}{\sqrt{pT'}} \text{。}\tag{10}$$

将式（7）代入式（5）得：

$$q'_m = q_m\frac{\varepsilon'}{\varepsilon}\sqrt{p'ZT/pZ'T'} \text{。}\tag{11}$$

同理，忽略气体压缩系数Z和流束膨胀系数ε的影响，则公式简化为：

$$q'_m = q_m\sqrt{p'T/pT'} \text{。}\tag{12}$$

式中：q'_m为气体实际质量流量，q_m为气体设计质量流量。

同理，将式（7）代入式（3），可得工作状态下气体体积流量的温度、压力补偿公式：

$$q'_v = q_v\frac{\varepsilon'}{\varepsilon}\sqrt{pZ'T'/p'ZT} \text{。}\tag{13}$$

综上所述，通过对标况体积下温度压力补偿的推导，可以得出以下结论：在选择气体流量的温度压力补偿算法时，应根据设计时所选定气体流量的计量单位而定，当流量为质量流量 kg/h 或标况状态（0 ℃，101.325 kPa 及 20 ℃，101.325 kPa）下的体积流量时，适用于质量流量的补偿算法及标准状态下气体体积流量的补偿算法；当流量为工作状态下的体积流量时，适用于工作状态下体积流量的补偿算法。两种算法中的补偿系数互为倒数关系，在实际气体流量的计量中，通常所计量的是标准状态下的气体体积流量。

2.2　模拟控制器的设计

采样器模糊控制器的基本结构如图 1 所示。

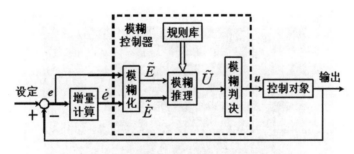

图 1　采样装置模糊控制器的基本结构

本模糊控制器具有如下 3 项功能：

① 将系统的偏差，从数字转化为模拟量（模拟化、数据库实现）；

② 对模拟量按给定的规则进行模拟推理（规则阵、模拟推理实现）；

③ 将推理结果的模拟输出量转化为实际系统能够接受的精确数字量或模拟量（解模拟实现），提高模拟控制稳态精度的方法。

对于模糊控制器的使用，仍有许多不足之处，其中最主要的就是系统存在一定的静态偏差无法消除，特别是对于滞后系统，稳态误差尤为明显。取控制对象为 $G(s)$ ，则

$$G(s) = \frac{1}{120s(60s+1)}e^{-\pi s} \text{。} \tag{14}$$

式中，根据现场情况取 $s = 120$ ，得

$$G(s) = \frac{1}{120s(60s+1)}e^{-120\pi} \text{。} \tag{15}$$

取输入幅值为 1 的阶跃响应信号，在 MATLAB 的 SIMULINK 下进行仿真。在仿真结果中可以看到系统存在一定的误差。究其原因主要是由于模糊论域的量化等级是有限的，特别是在零域内，尽管有误差（误差很小），系统也被认为处于稳定状态，于是控制输出为零，即零域内的小偏差没有得到控制。再加上简单模糊控制器在参数的选取时，既要考虑当误差较大时，控制系统的主要任务是消除误差；又要考虑当误差较小时，控制系统的主要任务是减小超调量、使系统尽快稳定下来。从控制的结果看，系统在稳态时就有一定的小误差的存在，即所谓的稳态误差。因此，为了提高系统的稳态精度，必须采取相应的措施。

2.3　取样装置仿真

在菜单操作方式下，建立 Fuzzy Logic Controller 模块与 SUN.fis 文件之间的联系。由于模糊控制器模块参数变量名为 fismat，因此必须利用 readfis 指令将模糊推理系统文件 SUN.fis 转换成变量名为 fismat 的模糊推理矩阵，readfis 指令的调用格式为：

fismat＝readfis（"SUN"）

取文件名为：SUN2.m

对 SUN2.m 进行仿真，运行 SUN2 文件，为此可建立变量初始化模块以打开该文件。仿真前，双击初始化模块或仿真前在命令窗口运行该文件，然后再按照 SIMULINK 的仿真方法设置仿真参数并进行仿真计算（快捷键 Ctrl＋T）。最后，双击示波器（Scope）观察波形，记录仿真结果。

利用前述模糊控制器进行仿真，控制对象选为 1/（1＋0.1 S），利用示波器观察输出波形图。

① 输入为常数（constant）时，输出波形如图 2 所示。

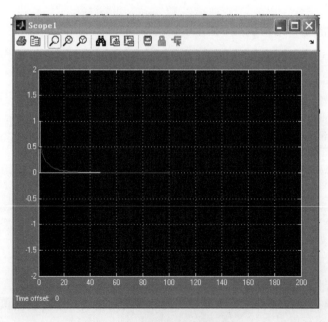

图 2　输入为常数时的输出波形

② 输入信号为梯形波时，输出波形如图 3 所示。

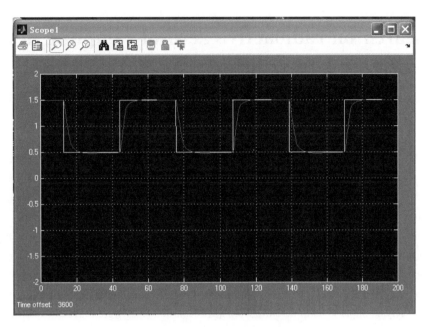

图 3 输入信号为梯形波时的输出波形

在上述两图中，实线的波形是输入信号波形，虚线的波形是输出信号波形。从图中可知，对于一阶系统，输出信号在有限的延时范围内能够及时跟随输入信号的改变而变化，达到了较好的控制效果。

在系统的 SIMULINK 模型中，修改模糊控制器模块的名称使其与存入工作空间的 FIS 的名称相同，通过示波器能观察仿真的结果，也可通过 M 函数绘制系统的仿真曲线。经比较可以看出，模糊控制系统进入稳态快（开机后 2.4 s 左右），进入稳态后工作稳定。

SIMULINK 仿真模型的建立方法及利用 GUI 建立 FIS，对于工具函数而言，更加简便、直观。通过对仿真结果的分析表明，采用模糊控制可以得到比传统的控制方式更好的控制效果。

3 结论

本取样装置是以流体力学、现代控制理论、信息与计算机技术及新材料等跨学科专业相结合而成，圆满地解决了温湿压对同载体的自动补偿等，使之达到恒定的流量。同时，它具有取样、运算、参数设定、测量、保护及数据通信等功能。其控制核心经历了分立元件—集成线路—单片机—DSP 及 ARM 芯片的一个快速发展过程，功能也更加完善。放射性气溶胶取样装置的性能指标得到了明显的提升，已形成了一定的理论支持，且不断被丰富。

参考文献：
[1] 陶文铨 . 热传学［M］. 北京：高等教育出版社，2019.

Research on radioactive aerosol sampling device

HU Chang-li

(Wuhan Secondary Institute of Ships, Wuhan, Hubei 430064, China)

Abstract: With the rapid development of China's national economy, the country has placed monitoring of the radiation environment, energy conservation and emission reduction work on an important agenda. So far, in the field of nuclear and radiation environmental monitoring, China's radioactive aerosol sampling devices have long relied on imports, while similar products provided by foreign countries are expensive, not fully in line with China's national conditions, and cannot provide the necessary technical support for applications. Some performance indicators are also not the most advanced; However, the work carried out by relevant domestic departments in this industry has not formed a corresponding scale and often remains in local imitation, with performance indicators and product quality severely uneven and unstable. By utilizing our accumulated professional and other knowledge, adopting the latest scientific and technological advancements, based on national standards, and relying on users and relevant government departments, we are brave in exploration and innovation, in order to establish the image of a national brand and end the long-term monopoly of the industry by foreign countries as soon as possible.

In the process of product design, relying on Fluid mechanics, modern control theory, information and computer technology, and new materials disciplines, and adopting new technologies with independent intellectual property rights, simulation calculation was carried out for the localization of radioactive aerosol sampling devices.

Key words: Nuclear and radiation environmental monitoring; Radioactive aerosols; Fluid mechanics